星汉灿烂

中国天文五千年

李亮◎著

人民邮电出版社
北京

图书在版编目（CIP）数据

星汉灿烂 : 中国天文五千年 / 李亮著. -- 北京 :
人民邮电出版社, 2024.1(2024.4重印)
（启明书系）
ISBN 978-7-115-61354-7

Ⅰ. ①星… Ⅱ. ①李… Ⅲ. ①天文学史－中国－古代
－普及读物 Ⅳ. ①P1-092

中国国家版本馆CIP数据核字(2023)第044078号

内 容 提 要

从古至今，灿烂壮丽的星空一直寄托着人类的梦想，吸引着各地区各民族的目光。其中，中国在长达五千年的历史中形成了独具特色的东方传统天文体系，保留了最为系统、完整的天象记录资料，为世人留下了丰富的文化遗产。那么，中国传统天文学是如何发展起来的？它在古代社会生活中曾发挥了什么作用？古代中国曾取得了哪些突出的天文成就？这些成就对于我们今天的生活和社会发展产生了什么影响？

本书以时间为主线，通过大量历史故事和 60 多个专题回顾了中国天文学的发展历程、重大科学成就与贡献，同时通过历史档案、出土文献和传世文物等载体全面系统地介绍了中国古代丰富的天象记录、科学的星图、精致的仪器、精确的历法以及深邃的天文学思想，展示了中华民族的智慧和探索未知事物的执着。

读者可以通过天文这个窗口进一步加深对中国传统文化的理解。

◆ 著　　　　李　亮
责任编辑　刘　朋
责任印制　陈　犇

◆ 人民邮电出版社出版发行　　北京市丰台区成寿寺路 11 号
邮编　100164　　电子邮件　315@ptpress.com.cn
网址　https://www.ptpress.com.cn
鑫艺佳利（天津）印刷有限公司印刷

◆ 开本：720×960　1/16
印张：28.5　　　　2024 年 1 月第 1 版
字数：456 千字　　2024 年 4 月天津第 3 次印刷

定价：128.00 元

读者服务热线：(010)81055410　印装质量热线：(010)81055316
反盗版热线：(010)81055315
广告经营许可证：京东市监广登字 20170147 号

前　言

生活在现代的中国人，当然要对自己的国家有所了解。要了解中国，可以有多种不同视角，从历史文化角度来认识中国就是一个非常好的视角。中国拥有五千多年未曾中断的文明史，还有着四千年传承不绝的文献史，这在整个人类文明发展史上是绝无仅有的。毫无疑问，经久不衰的中华文明一定有其无可比拟的文化底蕴和积淀。

天文学作为中国文化的一个重要源头，有着独特的历史和文化价值。考古证据表明，中国古人的天文观测活动至少可以追溯至新石器时期。20 世纪 70 年代中期，河南郑州大河村出土了一批新石器时期的彩陶，上面绘有太阳、月亮和星星等图案，经测定距今 4000 年至 6000 年。山西陶寺观象台遗址的发现，证实了在 4000 多年前中国就已有官方的天文台，这是目前考古发现的世界上最早的观象台之一。古代中国人仰观天象，逐渐形成了“天人合一”的宇宙观。人们普遍相信，“天”既是人类生存其中的空间与时间，也是人类理解和判断世间万物的基本依据。

《易经》提到“刚柔交错，天文也。文明以止，人文也。观乎天文，以察时变；观乎人文，以化成天下”。正是因为刚、柔两种力量的交会，宇宙才摆脱了混乱无序，于是才有了天文。天文学焕发出的文明，让人们摆脱了野蛮，从而有了人文。圣人们通过观察天文，预测自然的变化；通过观察人文，教化人类社会。

从古至今，神秘壮丽的浩瀚星空吸引着地球上不同人类文明的关注。“逐梦星河”不仅是普通人的浪漫情怀，也是千百年来人们的事业追求。一方面，天文学的发展源自人类的一些最基本的问题，比如“我们是谁”“我们从哪里来”；另一方面，天文学具有许多应用价值，也是一门实用科学。从现代的角度来看，不同古代文明在天文学上所达到的精度和复杂程度都要远远超过古代的其他自然科学。

在中国古代的天、算、农、医四大科学中，天文学担负着“历象日月星辰，敬授民时”的重要任务，与生产和生活息息相关。天文历法在中国古代的政治体制中占据着举足轻重的位置，甚至长期被供奉为官方“正统”之学。于是，中国古代出现了专门负责观测天象和编制历法的官方机构。这种运作方式对中国天文学的发展起到了积极的推动作用，使中国在众多的古代文明中成为了天文观测活动从未中断过的国家，从而留下了丰富的天文遗产。

从现存的考古和历史资料可以看出，大约从公元前 8 世纪开始，人们有了比较系统的天象记录。虽然灿烂壮丽的星空一直吸引着地球上不同文明的人们的目光，但是只有古巴比伦、古代中国以及中世纪以后的欧洲和阿拉伯文明给我们留下了丰富的天文记录遗产。古巴比伦衰落之后，在大约从公元前 50 年至公元 800 年之间，中国几乎成为唯一长期坚持勤勉观测和记录天象的国家，这一时段幸存的大多数天象记录也几乎都来自中国。

与古巴比伦等文明不同，中国的天文学家几乎对每一种肉眼可见的天文现象都很感兴趣，不论它们是不是周期性的天文现象。在欧洲文艺复兴之前，中国对太阳黑子、超新星和彗星的观测都是世界上其他任何国家和地区所无法比拟的，而且中国古代关于日月食、极光和流星的记录也相当常见。对于中国古代在天文观测方面的辉煌成就，英国科学史学家李约瑟（1900—1995）曾评价道：“中国人的天象记录表明，他们是在阿拉伯人以前全世界最持久、最精确的天象观测者。甚至在今天，那些要寻找过去天象信息的人也不得不求助中国的记录，因为在很长一段历史时期内，几乎只有中国的天象记录可供利用。或者如果中国的记录不是唯一的，那也是最多、最好的。”

其实，中国古代的天象资料在今天依然具有非常重要的价值。在现代天文学研究的对象中，有不少是关于天体和宇宙演化的，所涉及的时间范围极为漫长，这就需要更大时间尺度的观测证据。中国古代有数千次关于日食和月食的记载，这对于研究地球自转速度的变化是很有价值的。中国历史上关于彗星、新星、超新星以及太阳黑子等的记载，对于现代天文学的研究也起着不可替代的作用。这些保存在古代典籍中的丰富天象观测记录都是古人辛勤劳动和智慧的结晶。

天文学也是古代科学与文化传播的重要纽带之一。在天文学的发展历程中，中国有着自己持续的输出和特殊的贡献。中国古代的天文知识曾传播至日本、朝鲜半岛和越南等地。例如，中国唐朝的《宣明历》在日本一直使用了 823 年。朝鲜李朝的官方历法《七政算内篇》也是在元朝的《授时历》和明朝的《大统历》的基础上编纂而成的。可以说，在“书同文”的历史与社会大背景下，中国发展出了与西方不同的、极具特色的“东方天文学体系”，并在东亚等地区形成了很强的文化认同。

与此同时，中国一直注意积极吸收各种优秀的外来科学和文化，曾多次从域外引入天文学知识，其中规模较大的有三次。对此，梁启超在《中国近三百年学术史》中指出：“历算学在中国发达甚古，然每每受外来的影响而得进步。第一次为唐代之婆罗门法，第二次为元代之回回法，第三次则明清之交耶稣会士所传之西洋法。”文明因交流而多彩，因互鉴而丰富。可以说，天文学交流是推动文明互鉴和人类进步发展的重要动力。

当然，中国的天文学也经历过“荣辱兴衰”。自明末耶稣会士带来了欧洲科学革命的新知识后，中国传统天文学虽然得以与西方的天文学相互碰撞与交融，但从总体上来说，就如同整个国家的命运一样，中国的传统天文学自此逐渐衰落，并大幅落后于西方。如今，得益于经济的迅猛发展，中国的天文学逐渐复兴，开始追赶西方，甚至在某些方面已经引领世界。

近年来，中国天文学涌现出了一批新成果。郭守敬望远镜（大天区面积多目标光纤光谱天文望远镜，LAMOST）帮助人们揭示更多有关银河系的奥秘。“中国天眼”（500 米口径球面射电望远镜，FAST）大幅拓展了人类的视野，在脉冲星、中性氢和星体演化等方面的研究中发挥重要作用。目前，中国“巡天”空间望远镜、“太极计划”、平方公里阵列射电望远镜等项目正在推进中。

曾经，“羿请不死之药于西王母，姮娥窃以奔月”；而今，中国航天将月球作为一个重要的探索目标，并给这一任务起了一个极其浪漫的名字——“嫦娥工程”。曾经，屈原在《天问》中通过一连串问题来追问和思考整个宇宙的本源；而今，“天问一号”探测器和“祝融号”火星车正为我们深入认识火星提供重要的科学依据。曾经，“夸父不量力，欲追日景”；而今，中国综合性太阳探测专用卫星“夸父一号”（先进天基太阳天文台）发射升空，开启对太阳的探测之旅。

以上成果都表明，中国天文学在一些领域已达到了国际先进或领先水平。

虽然宇宙中还有很多未解之谜等待着我们去揭示，但在遥远的地方，有着人类文明的先驱载着人类的梦想与勇气一路前行。我们相信，通过一代代人的共同努力，不断追溯宇宙的起源，人类探索的脚步将走向更遥远的星辰大海。

李　亮

目　　录

注：目录中的插图源自明代吴彬的《月令图》。

序篇　宅兹中国，何以中国

天下：中国与“天下之中”

我们都说自己是“中国人”，“中国”是我们国家的名称。在历史上，自秦汉以后，统一的中央王朝也经常以“中国”自称。不过，作为“民族国家”这一概念的“中国”仅仅是现代知识的产物。在此之前，“中国”更多地是一个地理、文化与政治的概念。那么上下五千年，我们的“中国”又是从何而来的呢？

在传世文献中，“中国”一词最早出自《尚书》，其中的《梓材篇》说道：“皇天既付中国民越厥疆土于先王，肆王惟德用，和怿先后迷民，用怿先王受命。”这句话是周公教导康叔如何治理殷商故地的训诰之词，意思是“上天既已将中国的臣民和疆土都付给先王，今王也只有施行德政来和悦、教导那些受了迷惑的殷民，以此来完成先王所受的使命”。

“中国”一词最早的文物证据是西周早期的青铜酒器何尊，其底部铸有12行122字的铭文。其中，“宅兹中国”为“中国”一词最早的文字记载。该铭文记载的是成王继承武王遗志营建东都成周之事，大意是说成王五年四月，成王就开始在成周营建都城，祭奠武王。武王灭商之后告祭于天，以此为天下的中心来管理民众。

何尊，1963年陕西宝鸡贾村塬出土，西周早期青铜器，藏于陕西宝鸡青铜器博物院。

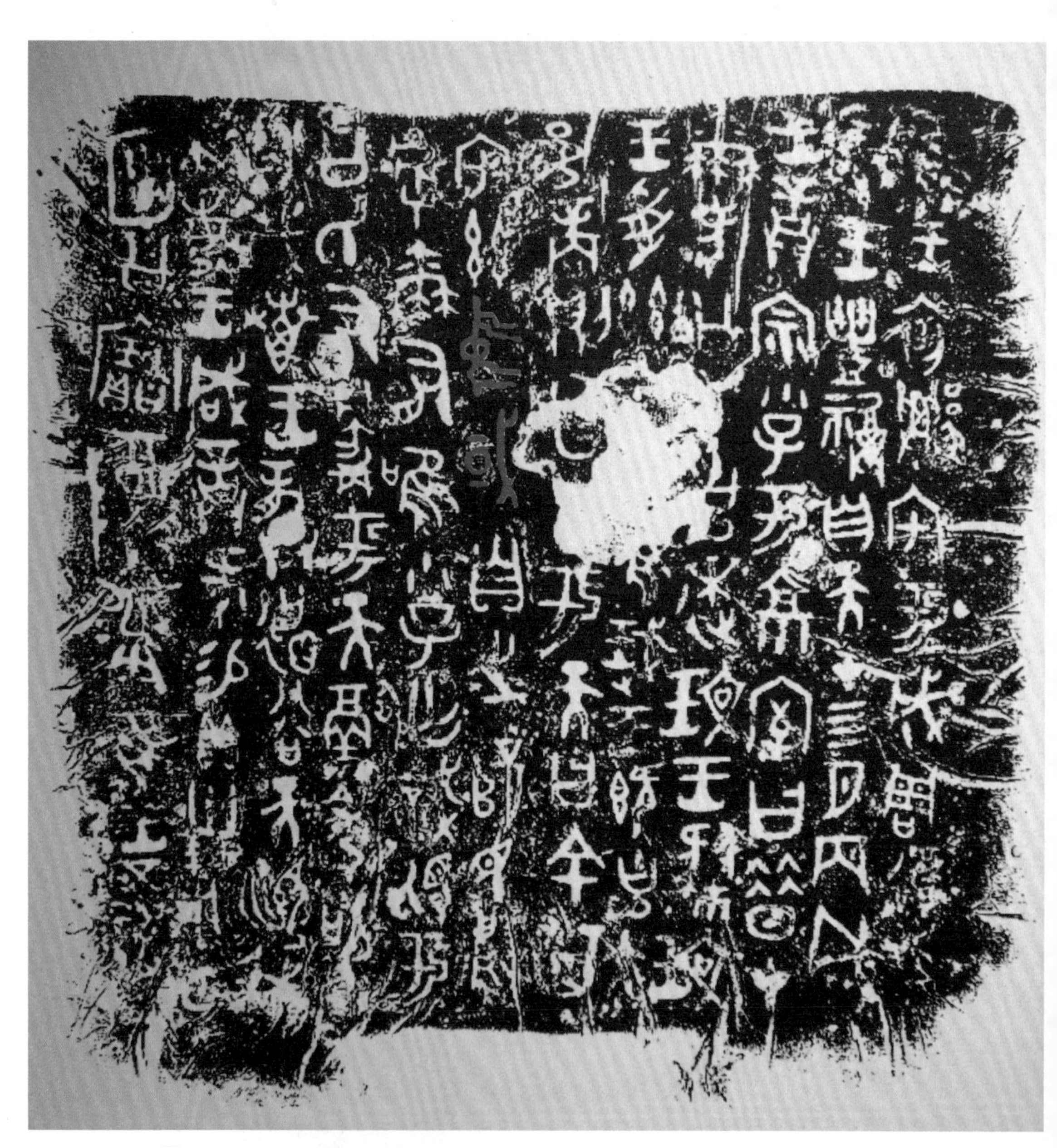

"宅兹中国"铭文。剥离外表的锈迹，透过历史的沧桑，何尊展露出深藏的一颗"中国心"。铭文右起第七列前四字即"宅兹中国"，这是"中国"一词今天所见最早的文字记录。

《尚书》和《诗经》中所谓的“中国”实际上包含多种意思，不仅指地理上的“天下之中”，也指当时最高的文明程度和传统文化的发源地，而这一切都与我们的天文学有着紧密的联系。

“中国”的本义是居于天下中间区域的意思，而古代的“地中”观念其实与圭表测影和天文宇宙论密切相关。“地中”这一观念在中国古代十分重要，中央之国是政治文化中心，四方都来臣服。因此，古代建都时，首先要辨正方位，所选的位置应该为“地中”才行。然而，“地中”又如何来确定呢？这些都是中国古代天文学所要解决的问题。

地球呈球形，任何一个点都可以成为天下的中心。周公在营建成周洛阳的时候说过这样一句话：“此天下之中。”于是，何尊中就有了“宅兹中国”的说法。但是，一个地方要被认定为中心，还需要某种特殊的理论和方法作为支撑，而古时候确定“地中”的方法就是圭表测影。何尊铭文的“中”，从金文的字形来看，很可能就是指日影测量。在殷商卜辞中，也常有“立中”一词。一些学者认为这就是圭表测影，“中”就是一根垂直于地面的杆子，用来确定方位和季节。

圭表测影实际上是一种非常古老的方法，考古学家在 4000 多年前的陶寺文化遗址中发现了一根带有刻度的漆杆，有研究认为这就是用来测日影的。圭表的发现说明，在很早的时候，测日影就对建立国家政权有重要意义，其实质就是要确立“地中”的位置。传说周公曾测量表影，以求得“地中”的位置。对此，《周礼》记载有“以土圭之法测土深，正日景，以求地中”。

测量结果表明“日至之景，尺有五寸，谓之地中”，也就是说《周礼》中给出的数据为夏至日正午影长一尺五寸。此处是天地之所合、四时之所交、风雨之所会、阴阳之所和之地，在这样的地方建都乃是建国之根本。《吕氏春秋》也说：“古之王者，择天下之中而立国。”这里的国是都城的意思，这是大一统之前人们对首都定位的基本思路。

据《周礼》所述，其相应的日影观测年代为西周初年，观测地点为阳城，即今河南登封告成镇。时至今日，在登封告成镇观星台南面仍有周公测景台的遗址，相传是周公立表测影之地。

土中毖祀圖
土圭
周禮大司徒云以土圭
之法測土深正日影以
求地中日南則影短多
暑日北則影長多寒日
東則影夕多風日西則
影朝多陰日至之影
尺有五寸謂之地中

《钦定书经图说》中的“土中毖祀图”，其中提到以土圭之法测日影以求地中。

周公测景台。2008 年，周公测景台和元代观星台等作为“天地之中”历史建筑群，被联合国教科文组织列入《世界遗产名录》。周公测景台其实就是一座圭表，其起源可能与“髀”有关。《周髀算经》说：“周髀长八尺。……髀者，股也。……髀者，表也。”“髀”作为测日影的工具，它的起源也是非常早的。

按照中国先民的宇宙观念，在不同时代，“地中”的概念也有所不同。盖天说认为“北极之下为天地之中”，地域性的差别由表影的长度所决定。浑天说将“地中”转变为一个地方性概念，即利用浑仪进行天文观测的地点。《周礼》说：“土圭之长，尺有五寸。以夏至之日，立八尺之表，其景适与土圭等，谓之地中。”这个地点应指洛邑、阳城一带，此处日影不长不短，刚好符合要求。浑天学家张衡在《东京赋》中曾这样描述洛阳：“昔先王之经邑也，掩观九隩，靡地不营。土圭测景，不缩不盈。总风雨之所交，然后以建王城。”因此，“地中”这个位置并非随意选择的，而是要有政治上的权威和历史根据的。

由此看来，“中”本来用于描述地理位置，后来逐渐附带上了文化和政治的含义，表现出超越“四方”的优越地位。《荀子》说：“欲近四旁，莫如中央，故王者必居天下之中，礼也。”欧阳修在《正统论》中也说：“夫居天下之正，合天下于一，斯正统矣。”也就是说，在天下中心统治天下，是王道所必需的。“天子居中国，受天命，治天下”这种理念深入人心，成为中国社会的基本思维方式，并对中国的政治社会产生了深远影响。

你也许会感到奇怪，夏、商、周是三个不同部族主宰的年代，竟然都被视为中国；元、明、清是三个不同民族建立的政权，也被认为是中国。除了地理和政治的概念之外，“中国”还是一种超越种族的文化概念。所谓的“宅兹中国”，除了“定居”天下之中之意外，还有一层恪守“中国”文化的含义。

中华文明是世界文明史上唯一从未间断地延续到现在的古老文明，其他早期文明包括古埃及文明和苏美尔文明等，都相继湮灭和陨落。唯独华夏文明，从夏到商，发展至周，然后经过汉唐，发展出中华文明。中国与华夏合称“中华”，华夏之地即为“中国”。

中华文明的历程如长江黄河般绵延不绝，其根源在于高度的文明发展水平和深刻的文化认同。文明程度高的就被认同是“中国”，低的就不是，而科技文明是其中不可或缺的一部分。英国科学史学家李约瑟曾指出，中国古代科技水平远远超过同时代的欧洲，在15世纪之前更是如此，特别是中国文明在将自然知识应用于人类实践需要方面要比西方高明得多。

文明决定着一个国家在世界上的地位和声誉，决定着一个国家的过去和现在，决定着民众的自尊和自信，也直接影响着一个国家的前途和未来。在人类历史上，科技与文明一直是相辅相成的。如果说文明是一个整体，那么科技就是文明的内核。在很大程度上，科技的高下直接决定着文明水平的高低，拥有多发达的科技就拥有多灿烂的文明。当然，科技的形成和发展也有其文化背景，与文化有着很紧密的联系，不同的历史和文化会孕育出不同的科技和思维方式。

对于中国人来说，天文学在历史上曾经是一门非常重要的科学。在古代的天、算、农、医四大科学中，天文学担负着“历象日月星辰，敬授民时”的重要任务，与生产和生活息息相关。同时，在古代中国，天文学也与政治（特别是皇权）紧密相关，甚至长期被供奉成官方“正统”之学。

在出土和传世的天文文物中，既有与生产和生活相关的器具，也有可以“窥天”的国之重器，它们向我们展示着古人的智慧及其探索未知事物的执着。中国古代典籍中保存着最为丰富的天象观测记录，这些都是古人的辛勤劳动和智慧的结晶。科学的星图、精致的仪器、精确的历法、深邃的思想以及无穷的想象力，无论是在物质层面还是在精神层面，古代天文中都有我们可以汲取的养分。

天命：尧给舜的一句话

小说《三国演义》里有这么一个情节。魏王曹丕称帝之时，汉献帝让曹丕登坛受禅，坛下聚集着 400 多名官员和 30 万余众的御林禁军。汉献帝刚将印鉴交给曹丕，下面的群臣和军士便齐刷刷地跪了下来。汉献帝说道：“咨尔魏王！昔者唐尧禅位于虞舜，舜亦以命禹：天命不于常，惟归有德。”他以此表明他自愿禅位于继承天命的曹丕。在典礼的最后，汉献帝还不忘补充了一句“天之历数在尔躬”。

虽然小说中描述的情节并不完全是真的，但是“天之历数在尔躬”这句话在历史上非常有名，以至于在许多古代典籍中都会被反复提到。对此，司马迁在《史记》中说，远古的颛顼帝曾任命重、黎二人为天文官，以扭转当时历数无序、生产和生活混乱的局面。这二人努力观测天象，掌握了天象和季节变化的关系，尤其是发现了“大火”这颗星的位置与春夏季节的联系，从而保证了社会生产与生活顺利进行。

阎立本《历代帝王图》中的曹丕。

后来，三苗部落的首领率部造反作乱，尧帝就没有再设置天文官来管理历法，导致出现了历数失序的局面。尧帝平定三苗之乱后，任命羲氏与和氏专门负责天文和历法工作，从而深得民心。考虑到历法的重要性，尧帝根据自己的治理经验，在晚年向舜帝禅位的时候，曾语重心长地对舜帝言道："天之历数在尔躬。"当大禹接替舜帝的时候，舜帝郑重地将同样的话向大禹又讲了一遍。

事实上，早在《史记》之前，这个故事就已广为流传。《尚书·尧典》记载了尧帝一统天下，设立了羲和之官，并将这种授时立法的权力传给了舜帝。《论语·尧曰》也说："尧曰：'咨！尔舜，天之历数在尔躬，允执其中。四海困穷，天禄永终。'舜亦以命禹。"意思是说，尧告诫舜道："唉！就是你舜啦！天命历数已经落在你的身上，你一定要忠实地执行好的政策。假如四海都陷于困顿，上天赐给你的禄位就会永远终止。"后来，舜也这样告诫了禹。《论语》以此作为历代先圣先王的训诫，强调以天命和德政为本，这也是后世儒家对其政治思想的凝练和总结。

尧（左）和舜（右）的画像。

宋代马麟《夏禹王立像》(局部)，画中禹的服饰上有多种天文元素。

虽然这只是根据传说记述下来的故事，但它告诉我们一个道理，那就是在中国这样一个适合农耕文明发展的地方，如果古代的统治者没有掌握历法，就不会得到人们的拥护和支持，而忽视历法实际上就是对黎民百姓的漠视。所以，对于早期部落首领而言，管理天文历法确实是举足轻重的大事。“天之历数在尔躬”这句话正是古人总结出的一条如何治理天下的经验。

后来，司马迁对此传说做了概括，并着重指出“由是观之，王者所重也”，即掌握历数的变化是古代权力世代相授的重要环节。对于这种天文与权力之间的联系，可以说古人有着相当深刻的理解。《周髀算经》也提到“是故知地者智，知天者圣”。所谓只掌握大地的人，充其量仅算得上智者，而掌握上天的人才无愧于圣者的称号。

明代仇英《帝王道统万年图》中的羲和之官。

同时，这个故事反映了中国天文历法久远的历史，也符合远古时期古人所处的环境特征。中国古代文献中很早就有关于天文的记录，相传《尧典》就是唐尧时期的天文历法纪事。据《尧典》中的记载，尧帝曾命人观测天象，以星象来确定用于判断四季的四仲中星，也就是仲春、仲夏、仲秋、仲冬时节傍晚南天所出现的最显眼的恒星。

虽然尧帝的传说是经后世转述流传下来的，但是从目前发掘的古代遗迹来看，它大体上应该是可信的。一系列考古证据显示，大约在新石器时代晚期，距今 5000 年的时候，中国就出现了远古时期天文历法的雏形。比如，仰韶文化遗址中出土了一些太阳纹彩陶片，其中有些在复原后呈现出由 12 个太阳组成一圈的图案，很有天文学含义。另外，山东莒县出土了刻有日出陶文的陶尊，它也被认为是 4500 年前用日出方位来确定季节的遗存。

自尧舜以后，“天之历数在尔躬”这句话也成为中国古代历代帝王的一条重要行事准则。《史记》说道：“幽厉之后，周室微，陪臣执政，史不记时，君不告朔。”当周王朝衰落后，朝中史官无法记下国家大事的确切日期，君主也未能在每月初一去太庙行告朔之礼。这些都是国家衰败的迹象。与此同时，各地诸侯却谨记着“天之历数在尔躬”，他们招募天文历算家为自己效力。于是，许多天文人才流散至各地，即所谓的“畴人子弟分散，或在诸夏，或在夷狄”。这些分散于各地的天文学家编制出多部历法，为诸侯争霸服务。

战国时期，各诸侯国推行了不同的历法，主要包括《黄帝历》《颛顼历》《夏历》《殷历》《周历》和《鲁历》六种。这六种历法也被称作“古六历”。由此可见，在不同历法的背后，暗含着诸侯们争当霸主的野心。其中，秦国采用的是《颛顼历》。秦灭六国以后，《颛顼历》也就成为秦朝颁行天下的历法。后来，汉朝在太初元年制定了新的历法，也就是《太初历》，以求在历法上区别于秦朝。此后，几乎每一次朝代更替都同时会改变历法，甚至有的新皇帝登基后不但要更换年号，有时也会颁用新历。

自《太初历》之后，中国历史上先后出现了 100 多种历法，而这些历法的产生都源于历代君王对“天之历数在尔躬”的执着。在古代，颁历是皇权的一种标志，代表着君王效法尧舜，亲自执掌上天赐予的历法，以此来行使自己作为天子的职责。

“天之历数在尔躬”的传统使天文历法在中国古代的政治体制中占据着举足轻重的位置。于是，在古代出现了专门负责观测天象和编制历法的官方机构。历朝历代的天文台都是一个重要的职能部门，天文历法官员也许没有太高的官职，但着实有着巨大的影响力。

皇帝设立了专门的机构和人员来管理历法，这就保证了中国天文历法机构和人员的稳定性，也保证了中国天文历法的传承和发展。统治者对天文历法的特别重视，也使得中国古代天文历法的水平得到了迅速提高。例如，唐代一行和元代郭守敬等人曾在全国范围内开展天文大地测量工作。此外，几乎历代都制作过大型天文仪器，而这些都需要极为充沛的人力和物力。以北宋年间苏颂主持制造水运仪象台为例，当时仅此一项就需花费 5 万贯，这已经占到朝廷岁入的千分之一。2022 年我国财政收入约为 20 万亿元，按照这个比例计算，此项花费相当于 200 亿元。如此规模的投入，在今天看来让人难以置信。

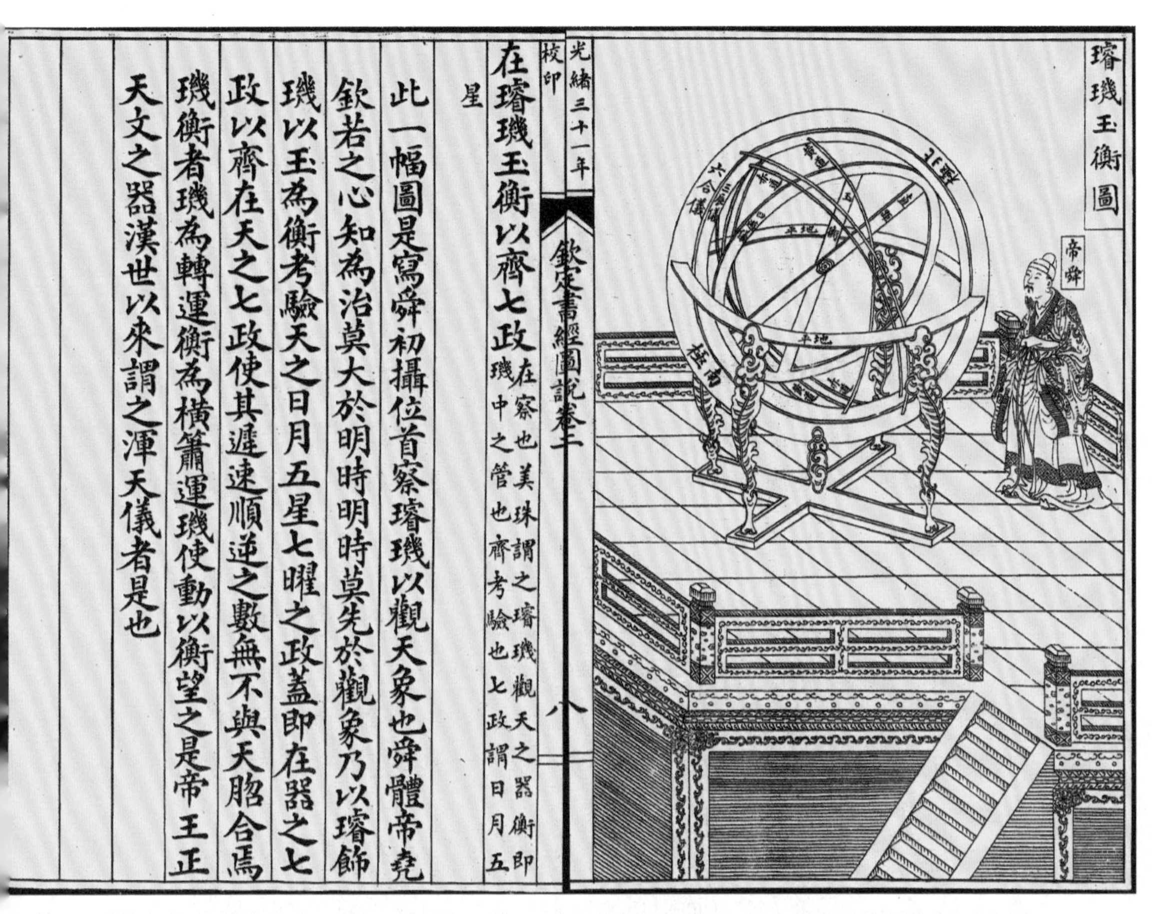
光緒三十一年校印

欽定書經圖說卷三 八

在璿璣玉衡以齊七政在察也美珠謂之璿璣觀天之器衡即璣中之管也齊考驗也七政謂日月五星

此一幅圖是寫舜初攝位首察璿璣以觀天象也舜體帝堯欽若之心知為治莫大於明時明時莫先於觀象乃以璿飾璣以玉為衡考驗天之日月五星七曜之政蓋即在器之七政以齊在天之七政使其遲速順逆之數無不與天脗合焉璣衡者璣為轉運衡為橫簫運璣使動以衡望之是帝王正天文之器漢世以來謂之渾天儀者是也

璿璣玉衡圖

《钦定书经图说》中的“璇玑玉衡图”。“璇玑玉衡”指的就是浑仪，图中描绘了舜帝摄政之后使用浑仪观测天象的情景。这幅图为后人想象，当时还没有浑仪这样复杂的天文仪器。

正是由于天文学在古代如此重要，关系到国家的治理与兴衰，所以历代统治者总是试图加以垄断，在组织、人员和物质上都有相应的保障措施，从而形成了相当持久、稳定且具有较强活力的天文学运作机制。但这一机制也存在很多弊端，比如有些天文家族世代相袭形成垄断，这导致了民间人士研习天文和历算受到了极大的限制，阻碍了必要的人才流动。如此一来，也造成天文官员囿于历法的编算，以及追求天象变化与帝王行为之间的联系，却很少去关心隐藏在这些天象背后的自然规律，妨碍了天文学向近代科学转变。但总的来说，官办天文学这种“集中力量办大事”的运作方式对天文学的发展起了非常积极的推动作用，也保障了天文学发展的世代积累和延续。

可以说，中国古代官办天文学这种形式是由当时天文学的社会功能所决定的。由于天文在政治上的神圣性，它被赋予了通天理人的神秘色彩，成为统治者的一项特权。这种制度形式使中国在众多的古代文明中成为了天文观测活动从未中断过的国度，从而留下了丰富的天文文献资料。天文学人才和机构由官方主导的机制，也确保了天文历法工作的严肃性、连续性和有效性。

天意：天文星占的互动

唐朝诗人白居易在《司天台》一诗中提到“羲和死来职事废，官不求贤空取艺。昔闻西汉元成间，下陵上替谪见天”，他还感慨“是时非无太史官，眼见心知不敢言”，由此导致了“天文时变两如斯，九重天子不得知”。

在这首诗中，白居易说在羲和之后，很多从事天文和占验的官员很不尽职。汉元帝刘奭（前 48—前 33 年在位）和汉成帝刘骜（前 32—前 7 年在位）年间，上下失序，纲纪废驰，引起了天谴，异常天象频繁出现。在此，他引古以儆今，通过汉朝天象之变的往事，斥责当朝大臣明哲保身、不敢直言。同时，他还告诫主管天象的官员要将天象的占验如实汇报给天子，让他们知道执政的得失。由此可见星占在古人心目中的重要地位。

不过，假如有人要问天文学和星占术哪一个先出现，这就相当于问是先有鸡还是先有蛋。早期人类在面对风雨雷电等各种无法解释的自然现象时，都将其视为“神”，认为那是上天的旨意。在未充分了解自然规律的蒙昧时期，人们对于以预卜吉凶祸福为目的的星占学有着很强烈的需求。可以说，大到关系国家兴亡的大政，小到涉及家庭个人的小事，人们想要预知吉凶，自古都是很正常的事情。

在各个文明发展的初期，天文学几乎都是随着农业生产和星占预卜两种需要而诞生的，以分别满足人们在物质和精神上的需求。所以，对星占的需求往往也是早期天文学发展的最主要的动力来源。在四大文明古国中，相对于古巴比伦和古代中国，古埃及和古印度的天文学发展似乎有些“相形见绌”，其实这也与星占学发展的背景和因素有关。

例如，古埃及人很重视观测天狼星，因为天狼星偕日升现象可以用来预报尼罗河的洪水。但是，古埃及人对宇宙和星空的认识与美索不达米亚人和古代中国人存在一些明显的差异。他们对感知预兆的天体现象不太感兴趣，以预兆为基础进行天象解释并不是古埃及人的主要需求，以至于与星占术相关的内容直到很晚才被从希腊引入埃及。

由于没有天象预测的需求，古埃及人也就没有形成对日食、行星运动和其他天文事件进行长期观测和记录的传统，因此也没有发展出使用复杂的数学知识来处理天文事件的方法，没能形成较为完整的数理天文学系统。相应地，由于星占需求对天文学的“促进”作用，古巴比伦和古代中国都发展出了完善的天文观测和天象预测体系。

天文学具有的实用性是所有早期古代文明都呈现出的共同特征，而且这一点在古代中国表现得尤为突出。中国的星占术和古巴比伦的类似，都具有“预警”性质。这种预警性的星占术利用天象，特别是异常天象的观测来占卜国家大事，如一年的收成、战争的胜负、国家的兴衰、皇室和重要官员的行动等。在司马迁的《史记·天官书》中，几乎三分之二的星占术文都是关于战争、收成以及君臣事务的，而中国的先哲对天文学也普遍有着“观乎天文，以察时变”的诉求。《易传》曰：“仰以观于天文，俯以察于地理，是故知幽明之故……天垂象，见吉凶，圣人象之。”这大概是古人最早观象以见吉凶的经典论述。这种思想最迟可以追溯到殷商时期，因为在殷墟甲骨文中，我们可以见到很多关于异常天象的卜辞。

其实，古人最早用于占验和预卜未来的方法有多种。在商代中期，出现了龟甲占卜，其占卜手法是将龟壳或者兽骨先凿、再烧，看其所呈现的纹路。这种方式通常也被称作龟卜。后来，和龟卜相对应，又出现了筮占，因为周朝人主要使用蓍草的茎来占卜，这种草茎长的可达 2 米，获取也很便捷。

相对于这些利用自然界中的动植物的占验方式，星占术在古代的地位是最高的，因为它与天文有着千丝万缕的联系，被认为是与上天直接沟通的途径。从用龟甲占卜和蓍草算卦，再到仰观天象，这是古代先民自然观的一种迭代。在秦汉之后，星占的地位越来越高，以至于和帝王政治关联起来。

安阳殷墟出土的甲骨。

《帝王道统万年图》中周代占卜的场景。

汉代儒家代表人物董仲舒在《春秋繁露》中说，“凡灾异之本，尽生于国家之失”，唯有圣人才能预知，防止祸患灾变的发生。儒家的士大夫们希望借助“通天”这种手段来实现他们的理想政治。他们相信，如果统治者忽略那些以天象和灾害作为征兆的“天谴”，就会招致更大的灾祸，甚至是王朝更替。所以，以天象占吉凶成了中国古代天文学家的一项政治任务。其实，为了应对这些需求，在很早的时候，中国古代天文学就有着两项重要的分工，一是天文历法，二是星占。例如，《周礼》记载，冯相氏掌岁月交替与天体运行规律，以“辨四时之叙”，而保章氏掌星辰、日月之变动，以“辨其吉凶”。由此可见，天文历法依据的是有一定周期的天象，而星占依据的则多是异常和偶见天象。

《历代帝王圣贤名臣大儒遗像》中的董仲舒像。

唐朝的天文学家一行曾说：“其循度则合于历，失行则合于占。”历法以数学模型来模拟天体运动，呈现天上的“常态”。然而，由于天体运动也有非常态的时候，所以历法无法涵盖一切天文现象。因此，必须在历法的“常”之外引入星占术来应对其中的“变”，以此作为历法的补充。也就是说，历法与星占分别负责天象中的“常”与“变”，只有将二者相互配合起来，才能掌握天道。

天文和星占是关乎政权和统治者个人吉凶的实用之学，同时又是表明“天命”和“正统”所在以及建构统治合法性的重要工具。那么，星占术又是如何发挥作用的呢？中国古代的星占术主要有三大理论支柱，那就是天人感应论、阴阳五行说和分野说。

天人感应论认为，天象与人事的关系紧密，天可以影响人事、预示灾祥，而人的行为也能感应上天。阴阳五行说结合了阴阳和五行这两种朴素的自然观，将天象变化和“天命论”联系起来，认为天象的变化乃因阴阳作用而生，王朝的更替也对应于五德循环。分野说则将天上的天区与地上的地域联系起来，使得发生于某一天区的天象能够对应于某一地域的事变。

这些学说和方法的建立，也决定了中国古代星占术具有政治意义，并且具有宫廷星占的性质。正是因为星占在政治活动中的重要地位，所以观测天象就成了一项必须坚持的官方工作。于是，这也造就了中国古代天文学的官办属性，因而能够得到雄厚的财力和物力保障，推动了天文事业持续而稳定地发展。

在古代，星象的预兆关乎国家和皇帝的命运，属于高度机密。皇帝为了防止大臣们随意解说，要求官方机构必须依据官修星占书籍来做出占验。但是，如果官方占验由一家之说垄断，占测的渠道就会单一，政治风险也会增大，这是皇帝所不愿意看到的。因此，有时天文观测和相应的占验结果会来自多种途径。例如，魏晋以后，历代经常在禁中设立所谓的“内灵台”；宋代在司天监、太史局之外，在翰林院中设立天文院，各自独立运作，这样就能比对观测和占验结果，起到彼此监督的作用。

由于星占的历史非常悠久，所以几乎所有早期的天文学家都是星占家。星占家的天文观测会涉及各种天象，如太阳黑子、日月交食、月掩星、行星的顺行和逆行、彗星流陨、新星和超新星爆发、极光等。其中，不少天象记录也成为现代天文学家非常重视的研究资料。

这些珍贵的古代记录具有长时间跨度的优势，其中一些甚至是最准确的现代天文观测也无法取代的。比如，太阳的活动周期和地球自转速度的变化等现象在较短的时间内是无法辨别的。此外，对于超新星爆发等罕见天文现象的研究来说，早期历史资料的使用也是无可取代的。

古人对天象进行观测和记录的理由各不相同，但毋庸置疑，星占的需求在天文学的发展中发挥了重要作用。如果没有星占术这种如今来看属于“伪科学”的内容所提供的强大推动力，很难想象有如此丰富的古代天象记录。当然，其实也只有极少数早期文明在这方面有着比较大的贡献。古埃及、古印度以及中美洲的玛雅等文明在记载天象方面都相当有限，只有早期的巴比伦、古代中国以及中世纪以后的欧洲和阿拉伯给我们留下了丰富的天文记录遗产。

由保存下来的考古和历史资料可以看出，人类比较系统的天象观测开始于公元前 8 世纪末，而这些天象记录基本上都依赖古巴比伦和古代中国。然而，随着古巴比伦的衰落，从公元前 50 年至公元 800 年，中国几乎成为唯一长期坚持勤勉观测的国家，而这一时段中大多数幸存的天文记录也几乎都来自中国。如今，这些珍贵的、无法替代的资料依然具有现实价值。

巴比伦楔形泥板，上面记录有月亮运动所经过的星座。

第 1 章　宇宙洪荒：从神话到科学

盘古开天与女娲补天

我们从哪里来，要到哪里去？世界原本是什么样子？宇宙究竟是如何形成的？从古至今，这些问题一直困扰着人类。对此，屈原在他著名的《天问》一文中用一连串问题来追问和思考整个宇宙的本源。

遂古之初，谁传道之？

上下未形，何由考之？

冥昭瞢暗，谁能极之？

屈原问道，远古天地初生的事情，是谁传述下来的？天地混沌尚未分开成形，依据什么去考证它？昼夜不分，昏暗迷蒙，谁能够探究其中原因？人类探问自身的来源，追问整个宇宙的本源，是多么执着，多么渴望得到确切的回答！但是，谁又能回答这些问题呢？人们在无法获得满意的答案时，便展开丰富的想象力，遐想出了一系列创世神话。

中国上古时代的神话和传说丰富多样，其中不乏反映早期先民对宇宙的想象和对日月星辰的认识的，涉及宇宙结构、恒星观测、日月运转和日影观测等一系列问题，几乎涵盖了天文学的所有主要方面。先民对这些问题的探讨也影响了他们对于传统文化的构建。

在这些神话和传说中，盘古的故事反映了远古时代人们对于天地起源的想象。在西方，人们想象万能的上帝创造了宇宙。在天地混沌的黑暗之初，上帝觉得“要有光”，于是“就有了光”。在古老的华夏大地上，人们也通过想象为自己的困惑做出了解释，于是出现了盘古开天、女娲补天等神话。

关于屈原对天地未开之时的疑问，三国时期吴国的徐整在《三五历纪》中通过一个神话故事进行了回答。他说在天地尚未开辟时，天和地犹如混沌一片，不分重轻，不分陆地、海洋和大气，也不分上下和东西南北，就如同鸡蛋一样。就在这个时候，盘古在其中诞生了，即所谓“天地浑沌如鸡子，盘古生其中”。随着“天日高一丈，地日厚一丈，盘古日长一丈”，最终世间有了开天辟地之壮举。

混沌便是开天辟地以前宇宙清浊不分的状态。那么，混沌还是什么呢？对此，庄子曾引述另一个神话进行阐释。他说南海之帝叫作倏，北海之帝叫作忽，中央之帝叫作混沌。由于倏与忽常常在混沌所统治的中央相遇，并且受到混沌的热情招待，于是倏与忽便商量着要回报混沌的恩德。他们想到“人皆有七窍，以视听食息，此独无有”，应该也为混沌凿出七窍来。因此，他们每天给他凿出一窍，等到了第七日，七窍凿齐全的混沌却死了。

在这个神话中，混沌已经被人格化了，他代表一种浑浑噩噩的状态。混沌原来是没有七窍的神，当有七窍之后，他便能够“视听食息”。混沌的死也就意味着宇宙向非混沌转化，向更明朗的境界转化。又是什么促成这种转化的呢？是“倏忽”的力量，也就是迅疾的时间，正是时间促成了天地的开辟。

盘古和混沌到底有什么关系？盘古的化身实际上就是混沌。徐整又说，盘古死后呼出的气形成了风和云，发出的声音成了雷霆，眼睛变成太阳和月亮，身体中的血液和筋脉变为河川道路。后来，古人在《淮南子》中又将混沌看作一团朦胧不分的气。在经过摩荡、流动和分化后，这些气逐渐扩散，一些上

《三才图会》中的盘古。

《山海经》中的混沌。

升成为阳气，另一些下沉成为阴气。天和地也就这么分开了，阴阳二气也就被神格化了。

世间万物皆由盘古而生，这个故事并非徐整捏造，而是根据南方少数民族更早的传说编辑加工而成的。对此，西汉时期的东方朔在《神异经》中说混沌住在昆仑山的西部，形似狗，闲着无事可做，经常咬着自己的尾巴转个不停，还仰面大笑。

我国的苗、黎、畲等少数民族都有很古老的关于槃瓠的传说，这里的人自称盘瓠后裔。据说槃瓠是高辛氏的一条狗，由于杀敌有功，高辛氏只得依据约定将女儿许配给它。但是，槃瓠不是一条寻常的狗，只要被金钟罩住七天便可变成人。只是由于公主太性急，第六天就打开金钟，结果槃瓠的身体变成了人，却剩下了一个狗头。传说这个槃瓠就是人类的先祖，而盘古也被认为是槃瓠的音转。由此可见，盘古开天辟地的传说及其所形成的宇宙观念源自南方少数民族的传说。后来，当它们融入汉文化之后，就发展成为中华各民族共同的信仰。

槃瓠。

除了盘古之外，中国人的心目中还有一位与创世有关的女神，这便是女娲。她创造了人类，并使他们之间互为婚姻，繁衍后代，后来炼石补天，恢复了人们的正常生活。那么，为什么会有女娲炼石补天的神话呢？

对于这一点，屈原在《天问》中曾提出过一种在当时有代表性的天地观念。他问道："斡维焉系？天极焉加？八柱何当？东南何亏？"由《天问》可知，先秦时期的人们曾将天看成由八根天柱支撑的伞盖，这个伞盖绕着天极这个伞把昼夜不停地旋转，日月星辰也都附在伞盖上运动。但是，天空斗柄的轴绳系在何处？天极遥远延伸到何方？八根擎天之柱撑在哪里？大地为何在东南方低陷？这些都是需要解释的问题。

其中，屈原提出的东南方大地低陷这个问题源自一个更为古老的神话。《淮南子》说，在远古的时候，有一个英雄共工与颛顼争做天子，在与颛顼的战争中，他竟然将不周山给撞坏了。不周山崩裂后，天盖少了一根支撑的柱子，致使天空失去依托而倾塌。天的四极也都受到破坏，大地上的九州断裂，造成天不能完全覆盖大地，地不能遍载万物。于是，熊熊大火燃烧不灭，洪水汪洋泛滥成灾，更有猛禽恶兽趁机窜出山林，攫食善良的人民和老弱妇孺。

这个时候，女娲看到天地毁灭、洪水横流，便用五色石去填补塌陷的苍天。她以大龟的脚取代天柱，立于四极，支撑着天空，并且杀掉了兴风作浪的水怪黑龙，以拯救生活在中原大地上的人们。女娲还将芦苇烧成灰烬，堆积起来以堵住洪水。这样，苍天补好了，四极也平稳了，洪水退去后中原得以平复。

按照《淮南子》中的说法，当时天柱折断，西北倾斜，天再也无法完全覆盖大地，大地上火光冲天，很多地方成了浩瀚的海洋，这一切都是因为天空破碎了一角。为了平息这场灾难，女娲不但用五色石填补了破损的苍天，还解决了天破之时大地上发生的各种灾难。不过，苍天补好后，被共工撞塌的天再也无法恢复到原来的状态，只能永远地向西北方倾斜着，所以人们所看到的天一直都是向西北倾斜。也正是由于这个原因，日月星辰旋转至西北方后便隐没于地下，直到转向东北以后才又升到地平之上。同时，大地在东南部塌陷也导致了河流百川都向东南流去。

我们可以注意到，其实在神话中有很多与天文相关的内容。神话中的天是一块覆盖在大地上的大石头，因此补天也就需要炼石，而且需要用特殊的五色石。随着天破，地上火光连天，破碎的天空无法完整地覆盖大地。以上这些情节仅靠幻想是不能产生的，因为幻想需要感性认知作为基础，而构筑这些动人神话的素材离不开先民对天象知识的积累。

清代萧云从绘《离骚图》中的女娲。

其实，神话中的天崩地裂有流星和大陨石的元素。大陨石划破长空，高速坠落，与空气摩擦，由此剧烈地燃烧，发出耀眼的光芒和巨大的声响。这些壮烈的天象都被巧妙地纳入女娲补天的神话之中。陨石落地后，经过一段时间的自然冷却，人们发现它们原来是石头，这就让人产生了天是石质的错觉。于是，人们联想到某一处天的破损，其残块降落人间，造成了巨大的破坏。

天上出现裂缝，激起了女娲的怜悯和责任感，于是她决定炼石补天，以拯救人类。那么，陨石又是如何与天裂联系起来的呢？是否存在被称为“天裂”的天象，可以令人想到天破了而无法完全遮盖大地呢？答案是肯定的，那就是极光现象。《史记·天官书》记有“天开县物，地动坼绝”，前半句是“天裂”时露出悬在其中的景象之意。在中国古代，人们经常将极光现象称为“天裂”。

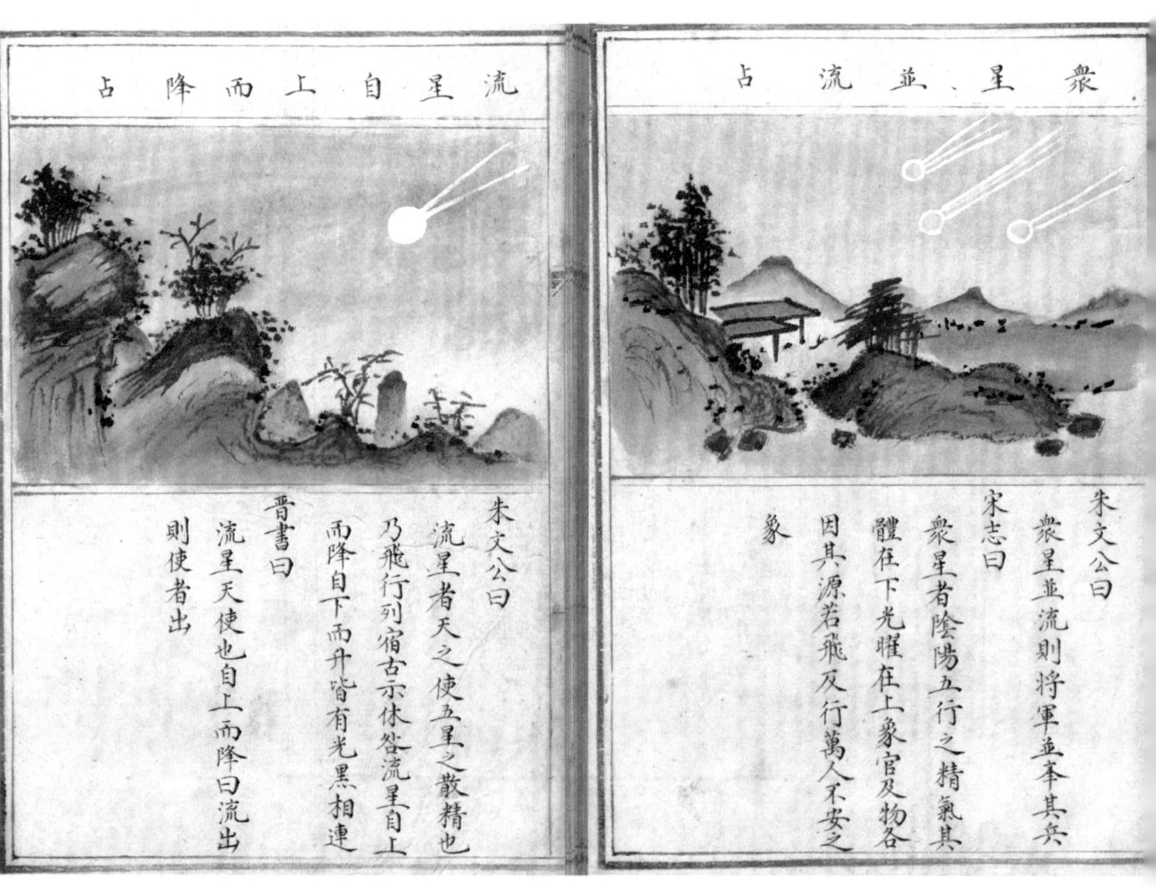

“流星自上而降占”和“众星并流占”。流星实际上是指星际空间的流星体，包括宇宙尘粒和固体块等空间物质。它们在接近地球时，由于受到地球引力的摄动而被地球吸引，从而坠入大气层，摩擦燃烧，产生光迹。现代天文学将一般的流星称作“偶发流星”。

极光是一种绚丽多彩的发光现象，是在地球磁场和太阳发射的高能带电粒子流（太阳风）的作用下高层大气分子或原子受激发或电离而产生的。在大约公元前6世纪，西方人大概就已经可以正确地辨认出这种天象，并将其称为“稀有景色”或者天上的“裂缝”。不过，有时西方人也将其与流星或彗星混为一谈。中国古代也存在类似的情况，人们在对极光进行命名时有时也沿用了流星和彗星的某些名称。当然，更多的时候，中国古人常用金光、赤光、天开、天裂等比较直观甚至夸张的方式来描述极光。

天裂

洪範五行傳曰天裂者陽不足也是謂臣強下將害上之變國後分裂其下之主當之又曰天開見光流血滂滂

漢惠帝二年天開東北長三十餘丈廣十餘丈後有呂氏之亂　晋惠帝元康二年天西北大裂是時人主昏蒙后妃專制　大安二年八月庚午天中裂為二有聲如雷三是時諸王迭專威命晋遂亡　穆帝昇平五年八月己卯天中裂廣三四丈有聲如雷野雉皆鳴是後哀帝荒疾海西失德皇太后臨朝桓温專制威震內外

梁武帝太清二年六月天裂于西北長十丈闊二丈光出如電其聲若雷十二月戊申天裂西北有光如火卒有侯景之亂

《御制天文象占》中描绘的“天裂”。

极光现象。

另外，被称为“天裂”的极光是有颜色的，那么你对女娲为什么要炼五色石来补天就可以理解了。可以看出，神话虽然惊心动魄，但离不开生活经验的积累。很多神话其实都融汇有各种天文现象。这也使我们知道，远在史前的人们就已经知道了某些天象的特征，并在传说中将其世代相传下来。

在中国古代的史料中，也有着丰富的极光记录。最早的一条极光记录见于古本《竹书纪年》，其中提到“周昭王末年，夜有五色光贯紫微。其年，王南巡不返”。也就是说，这是一种五色光贯穿紫微垣的壮观天象，在其出现后不久，周昭王因南征荆楚而葬身江底。

另一条比较早的极光记录可以追溯至公元前 193 年，《汉书·天文志》对此有记载：“孝惠二年，天开东北，广十余丈，长二十余丈。地动，阴有余；天裂，阳不足。”此外，对于汉文帝十四年（公元前 166 年）的一次极光，《汉书·郊祀志》也记有“赵人新垣平以望气见上，言长安东北有神气，成五采，若人冠冕焉”。这些内容将极光出现的方位、颜色以及形状都说得很清楚。

倒映在水面上的极光。

夸父追日与后羿射日

《山海经·大荒北经》中有这样一句话："夸父不量力，欲追日景。"这句话的意思是，夸父立志要追逐太阳的影子，一直到日落。夸父追到一个叫禺谷（即虞渊）的地方，他口干舌燥，就饮完了滔滔黄河之水。但是这还不足以解渴，于是他又赶往大泽，可是还没有走到那里，就渴死在半路上了。这个神话让人很是不解，却又意味深长。夸父为什么要去追逐太阳呢？

对此，《山海经》里说得很清楚，夸父追的其实是日影。这一传说在天文学史上显然比在神话学史上更有价值，它或许揭示了上古先民立表测影的一段历史。

每天早晨，太阳从东边升起。中午太阳到了正南方，晚上又落入西方，这样的视觉运动轨迹周而复始。不过，处于不同纬度上的人所看到的日出和日落的方位是不一样的，而且正午时分太阳在正南方的高度也是不同的。这就意味着如果你将同样长的一根杆子立在纬度不同的地方，中午的日影长度也是不同的。古人无法理解这些现象，于是就产生了疑问：太阳到底是从哪里升起的，又会落到哪里去？在不同的地方，中午太阳的高度为什么不同？究竟什么地方的日影最长呢？

这个问题在中国古代的天文学中有所反映。前文曾说过，古代典籍《周礼》中有“日至之景，尺有五寸”，说的是当时人们用八尺高的圭表在阳城这个地方测日影，发现夏至日这天正午圭表的影长刚好是一尺五寸。后来又有了

《山海经·海外北经》中的“夸父追日图”。

“日影千里差一寸”的说法，说的是假如在同一天正午测量日影，越往南走时影长越短，越往北走时影长越长。两地相距千里，则影长相差一寸。

那么，是不是往南走到某个地方，就再也没有日影了呢？在赤道带上，春分日这天太阳从正东方升起，在正西方落下。正午时分，太阳正好在头顶，倘若在那里立根杆子，这时是没有日影的。这恐怕是夸父追日的寓意所在。

中国古代的天文学最初就是从日影测量开始的。这个神话反映出在很古老的时候，我们的祖先就知道如何通过测量影长来判断季节。跟随着太阳的运行轨迹，不断测量日影的长度，直至日落西山。在这个意义上，夸父可以说是最早的天文学家了。后来，他被神化，于是就变成了追逐太阳的巨人。

测量日影长度，后来也成了中国古代天文学中最基本的内容。观测太阳东升西落的运行轨迹，不断追逐和度量日影长度的变化，这项工作或许就构成了夸父追日神话的科学依据。这个神话还提到夸父“弃其杖，化为邓林”。《淮南子》高诱注说：“邓，犹木。”因此，这里的“杖”有可能就是测影圭表的化身。

在中国古代，用来测量日影长度的天文仪器叫圭表。最晚在周代，它就已经登上历史舞台，到了元代发展至顶峰，并一直沿用至明清。圭表历经两三千年，一直在古代天文学中发挥着重要作用，所以它也被喻为“量天的尺子”。

圭表由“圭”和“表”两部分组成。“圭”原本是古代的一种玉质礼器，这里指水平横卧的尺，用以测定影子长度。“表”是一个会意字，本义指外衣，又通“标”，这里指直立的标杆。表放在圭的南端，并与圭相互垂直。也就是说，圭表由一根竖立于地面的杆和一根水平安放、用于度量太阳影长的量尺组成。古人利用圭表可以方便地测出日影长度，通过日积月累的观测，就可以推算出不同节气的时间和回归年的长度等。所以，《宋史·律历志》记载道：“观天地阴阳之体，以正位辨方，定时考闰，莫近乎圭表。”

圭表的制造一般采用木头或铜等，在西汉首次出现铜表。据记载，“长安灵台，上有相风铜乌，千里风至，此乌乃动。又有铜表，高八尺，长一丈三尺，广尺二寸，题云太初四年造”。其中提到两件仪器，一是相风铜乌，一是铜表。

《钦定书经图说》中的“夏至致日图”。图中描绘了古人在夏至日这天利用圭表观测日影的情形，所使用的圭表由“表竿”（即标杆）和“土圭”两部分组成。这一天正是一年中太阳影长最短的一天。

前者系东汉张衡所造，后者为太初四年（公元前 101 年）制造。当时圭表的表高为八尺，这也成为此后圭表的标准高度。圭尺的长度为一丈三尺，为冬至日正午表影的长度。

1965 年，江苏仪征曾经出土一件东汉时期的铜制圭表，其实际尺寸只是当时标准圭表的十分之一，而且这件圭表可以折叠，外形像一把铜尺。汉代之后，国家的天文机构基本上都使用铜来制造圭表，如今南京紫金山天文台还保存有明代正统年间制造的八尺铜圭表。

后羿射日也是一则关于太阳的神话。后羿是嫦娥的丈夫，也是神话中的大英雄。《淮南子》说，在尧帝时代，十个太阳同时出现，以至于“焦禾稼，杀草木，而民无所食”。应尧帝之命，后羿上射十日，下诛恶禽猛兽，立了大功。

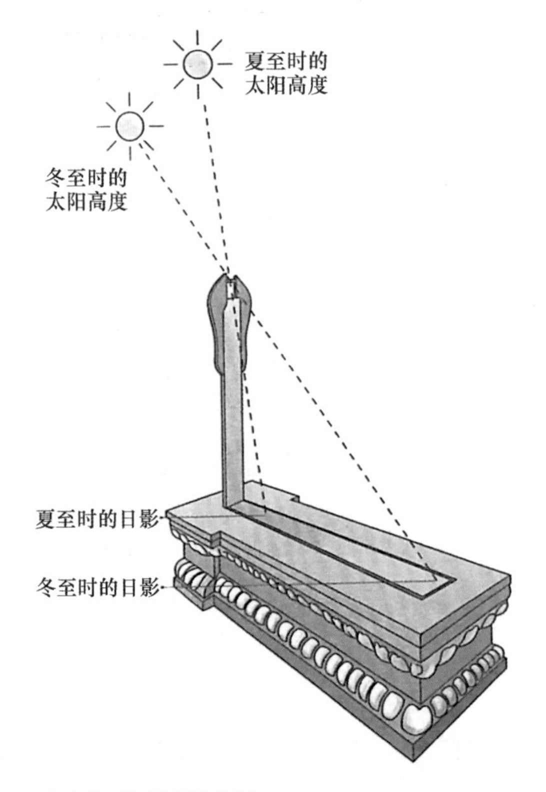

圭表的工作原理示意图。

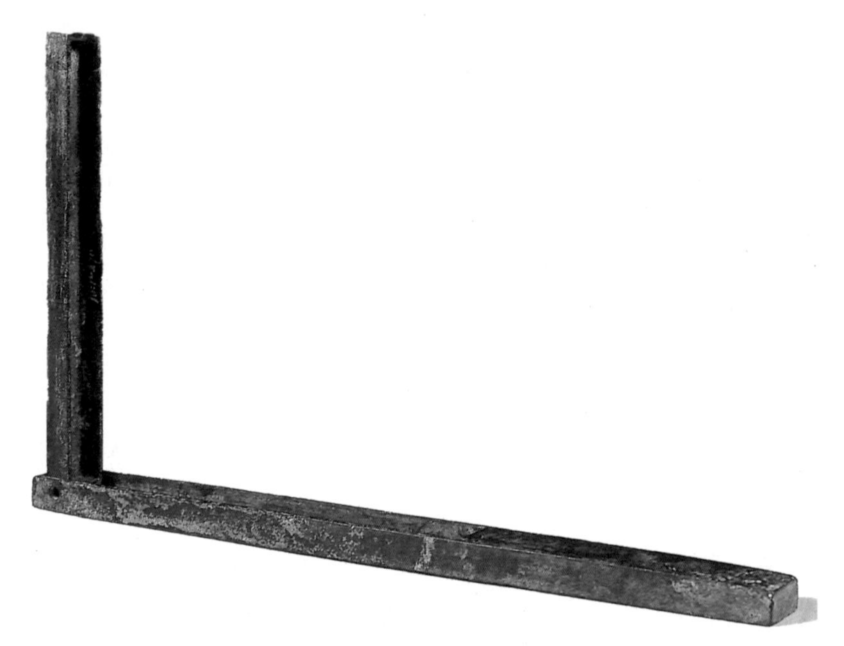

江苏仪征出土的铜圭表，表高八寸，尺寸只有标准圭表的十分之一。

这十个太阳是如何运行的呢？《山海经·大荒东经》说，大荒之中，在一座山上，有扶木高三百里。一个太阳飞上扶木，另一个太阳接着飞出去，它们运行靠的是鸟儿的飞行。《山海经·海外东经》则说，此扶木上九个太阳居下枝，只有一个居上枝。鸟形如乌鸦之黑，它们如乌鸦栖息在树梢上，不同的是载着太阳飞行的鸟有三只足，名字叫“三足乌”。

传说中，后羿射中了九个太阳，但落在地下的是一只只带箭的乌鸦。屈原在《天问》中问道：“羿焉骅日？乌焉解羽？”其中所问就是这回事。王逸注曰：“羿仰射十日，中其九日，日中九乌皆死，堕其羽翼。”也就是说，乌鸦是在太阳里面的。后来，《淮南子·精神训》也就演绎出了“日中有踆乌”的说法。

乌鸦、三足乌或者踆乌又是什么东西呢？这是中国古代对太阳黑子的称呼。太阳表面极其耀眼，即使日初出和日将落之时，光芒会暗淡一些，但仍然很刺眼。只有在有薄云遮掩的时候，才能比较好地观测日面。所以，通常日面上黑子的形态是肉眼不容易看清楚的。但是，那些较大的黑子仍然若隐若现，如同乌鸦遮天蔽日一样，能够引起人们的注意。

“后羿射日”画像砖。

大汶口陶尊上的太阳。

出土文物也证实太阳“皆载于乌”的神话非常久远。后羿射中太阳后，三足乌的羽毛从天上纷纷飘落下来，世间又回到只有一个太阳的状态，人们为此欢呼雀跃。

太阳与人们的生活息息相关，我们的先民曾长期认真地关注和观察太阳。早在大汶口文化时期，人们就已经在陶器上刻画太阳的形象，中国古代的史料对太阳黑子的记录很多都比较翔实。《汉书·五行志》记载有“河平元年，三月乙未，日出黄，有黑气大如钱，居日中央”，这一内容不但记录了黑子出现的日期，还说明了黑子的大小、形状和位置。这是目前已知世界上最早的太阳黑子记录，因此具有十分珍贵的史料价值。

太阳黑子是太阳表面温度较低的区域，在太阳活动比较频繁的年份，会出现太阳黑子，甚至出现黑子群。这是由于太阳磁场的强度比地球磁场强上万倍，强磁场能够抑制太阳内部的能量通过对流的方式向外传递。因此，当强磁场浮现到太阳表面时，该区域的背景温度就会缓慢下降，从而使该区域出现暗点，即太阳黑子。在早晨或傍晚，当太阳光度减弱时，人们用肉眼就可以观测到这种现象。

中国的历史文献曾使用不同的术语（如“卵”“桃”“李”“乌”等）来描述太阳上的暗斑。虽然了解它们的确切含义并不容易，但据不完全统计，中国从汉代至明代的1600余年中，有关太阳黑子的记载多达100余次，这是没有任何争议的。上百次的记载看起来数量并不少，但这只是实际观测的一小部分。由于太阳活动的周期性，其表面经常会出现斑点，所以太阳黑子是一种常见的天文现象。中国古代文献并没有明确提到观测太阳黑子所用的方法。一般认为，最简单的方法是在有薄云或者发生日食的时候进行观测。此外，也可以在水盆中加入墨汁，通过太阳在盆中的影子来观察。

这样的观察方式以及肉眼对太阳黑子的感知程度都会显著地降低太阳黑子被观测到的可能性。在观测条件良好的情况下，人眼可以分辨出大小为1角分的斑点，这大约是太阳视直径的1/30。考虑到观测中面临的各种限制，中国古人所观测到的太阳黑子的数量仍然很少。据大致估计，在所有可以观察到的太阳黑子中，这充其量只占到0.1%。所以，可能的解释是，与客星（新星、超新星和彗星等）的观测不同，中国古代对太阳黑子的观测并不是系统的。

一些研究表明，太阳黑子的记录更多地出现在每个月的月初。月初意味着朔日附近，也就是可能有日食发生的时候，在此期间太阳更容易被人们所关注，特别是这一时期人们更关注通过观测太阳来确定是否发生日偏食，以及判断日食的食分大小。也正是这些关键性的时刻才促使人们更加注意太阳黑子的出现。

后羿射日的神话，或许有着太阳黑子观测的天文背景。但是，为什么天上有十个太阳呢？古人为何会想到天上十日并出？这种现象恐怕也有一定的生活来源。天空中不可能真的同时出现十个太阳，也不可能真有一个英雄能够射落九个太阳。《左传·昭公五年》说：“明夷，日也。日之数十，故有十时，亦当十位。”这里所指的是日子以十来计数，也就是以旬来计数。

殷墟甲骨文记载有干支纪日法，也就是用六十甲子来纪日。但在此之前，应该也有单纯用天干纪日的方式，因为从甲至癸的十干正是“日之数十”的记录法。《左传·昭公七年》也有“天有十日，人有十等”的表述，杜预注说“甲至癸也”。可见，古人确实也是这样来理解的。天有十日的说法实际上反映了天干的起源，与十干纪日的方法有关。如今，人们在纪日时还有“旬”的概念，这也是采用以十纪日的痕迹。

太阳黑子的观测是中国古代天文学中最具代表性的成就之一，并在相当长的历史时期内在全世界都是遥遥领先的。在欧洲，直到 9 世纪才有疑似太阳黑子的记录留存下来。

黑子若有黑色占

朱文公曰
黑子若有黑色乍三乍五臣
謀君若臣亂爵賞不平
太公曰
日中有黑氣若一二三四五
者教令不明三公為亂爵
賞不平

日中黑氣占

朱文公曰
日中黑氣者臣不掩惡而百
姓惡君
宋志曰
日中黑氣者忝天不順之意
也黑氣者亦為薄蝕陰也若
乍三乍五則臣有謀反又曰
臣蔽主日中黑氣不明所致
也

《天文图注祥异赋》中的“黑子若有黑色占”和“日中黑气占”。

1612 年 6 月 23 日，伽利略使用望远镜成功地区分出了两组太阳黑子的位置，此后欧洲人便将太阳黑子的发现归功于他。不过，欧洲人一直在焦虑的氛围中回避着这一发现。他们很难接受这一事实，即太阳作为最重要的恒星，并不像《圣经》所宣称的那样完美和永恒不变，所以他们一直不愿意承认存在什么太阳黑子。即便在伽利略使用望远镜观测到太阳黑子后，仍旧有人认为黑子只是行星凌日造成的。

中国古代关于太阳黑子的记录，为现代天文学提供了不少非常宝贵的科学证据。首先，可以证实自 17 世纪以来太阳的这些活动是长期存在的，而不是近期才发生的现象。其次，太阳黑子的数量也有一定的变化规律，这至少也得益于中国古人的早期观测结果。到了 19 世纪，人们发现太阳黑子的出现是周期性的，其中包括大家熟悉的 11 年短周期，这与太阳的活动紧密相关。而通过太阳黑子的历史记录，我们可以了解太阳活动更长期的影响，如在 16 ~ 17 世纪的太阳黑子极小期内出现了几千年以来气温最低的小冰期。在 1645 年至 1715 年的蒙德极小期内，太阳黑子非常罕见。天文学家爱德华·沃尔特·蒙德（1851—1928 年）在研究那段时期的观测记录时发现，在蒙德极小期当中的一段 30 年时间里，天文学家只观察到约 50 个太阳黑子，而在平常可以观察到 4 万至 5 万个太阳黑子。此时恰好处于地球的小冰期，由于这个不正常的时期与小冰期有着惊人的联系，有观点认为二者可能存在一定的关联，这也表明了太阳活动对气候变化的影响。

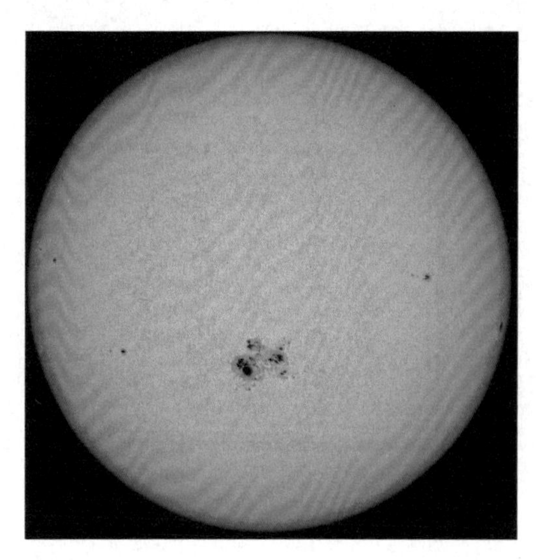

太阳黑子。

虽然中国古代对太阳黑子的观测是零碎的，但是基于这些文献材料，1987 年哥廷根大学的惠特曼和紫金山天文台的徐振韬通过研究表明，在过去的两千多年中，太阳活动的平均周期为 11 年，但它的持续时间可以是 9.9 年到 12.3 年不等。此外，太阳

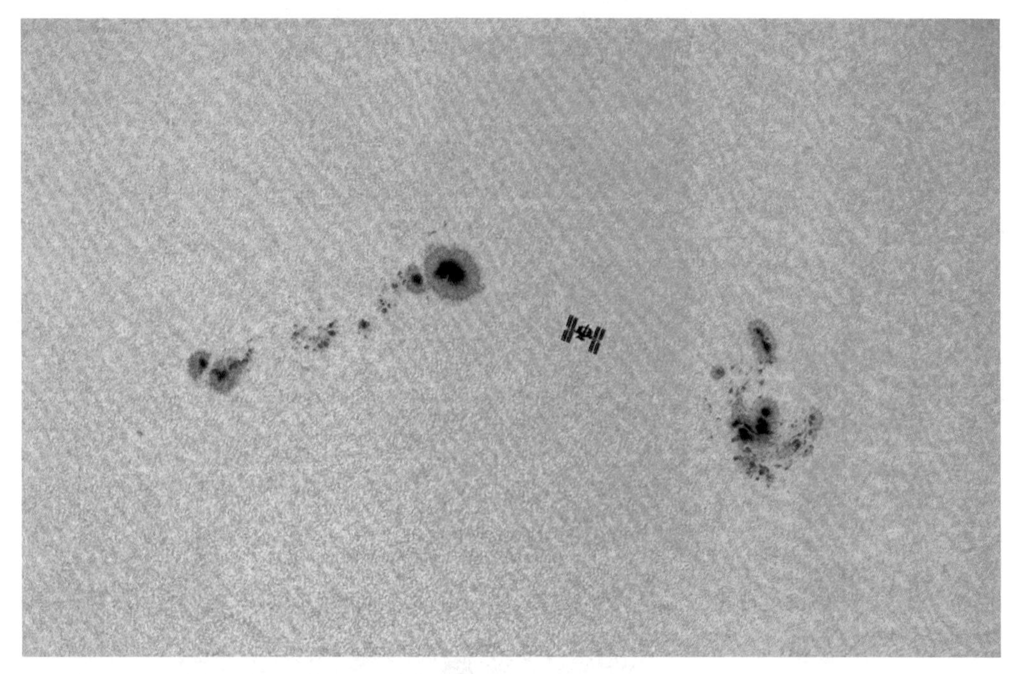

2017 年 9 月国际空间站凌日，位于两群太阳黑子之间。

活动可能同时还存在一个 220 ~ 250 年的长周期，但其原理至今尚不清楚。

日神羲和与月神嫦娥

2021 年 10 月 14 日，中国首颗太阳探测科学技术试验卫星“羲和号”从太原卫星发射中心成功发射。“羲和号”的主要任务是观察太阳光球层、色球层等的特征和日珥等大气活动，以此研究太阳爆发的动力学过程及其物理机制。作为我国首颗太阳探测卫星，它的名字正是来自上古神话中的日神羲和。

在中国古代，有春分祭日、秋分祭月的风俗。祭日和祭月分别祭拜的是日神和月神，而通常日神就是指羲和，月神则是指嫦娥。有关羲和与嫦娥的传说由来已久，但随着时间的流逝，羲和与嫦娥的名字发生过多次变化。羲和在历史上曾被分成羲氏与和氏两个人，之后又演变成羲仲、羲叔、和仲、和叔四个人。嫦娥这个名字则在战国时期才出现，原本写作常仪或常羲，因为“娥”与“羲”在古音上是相通的。

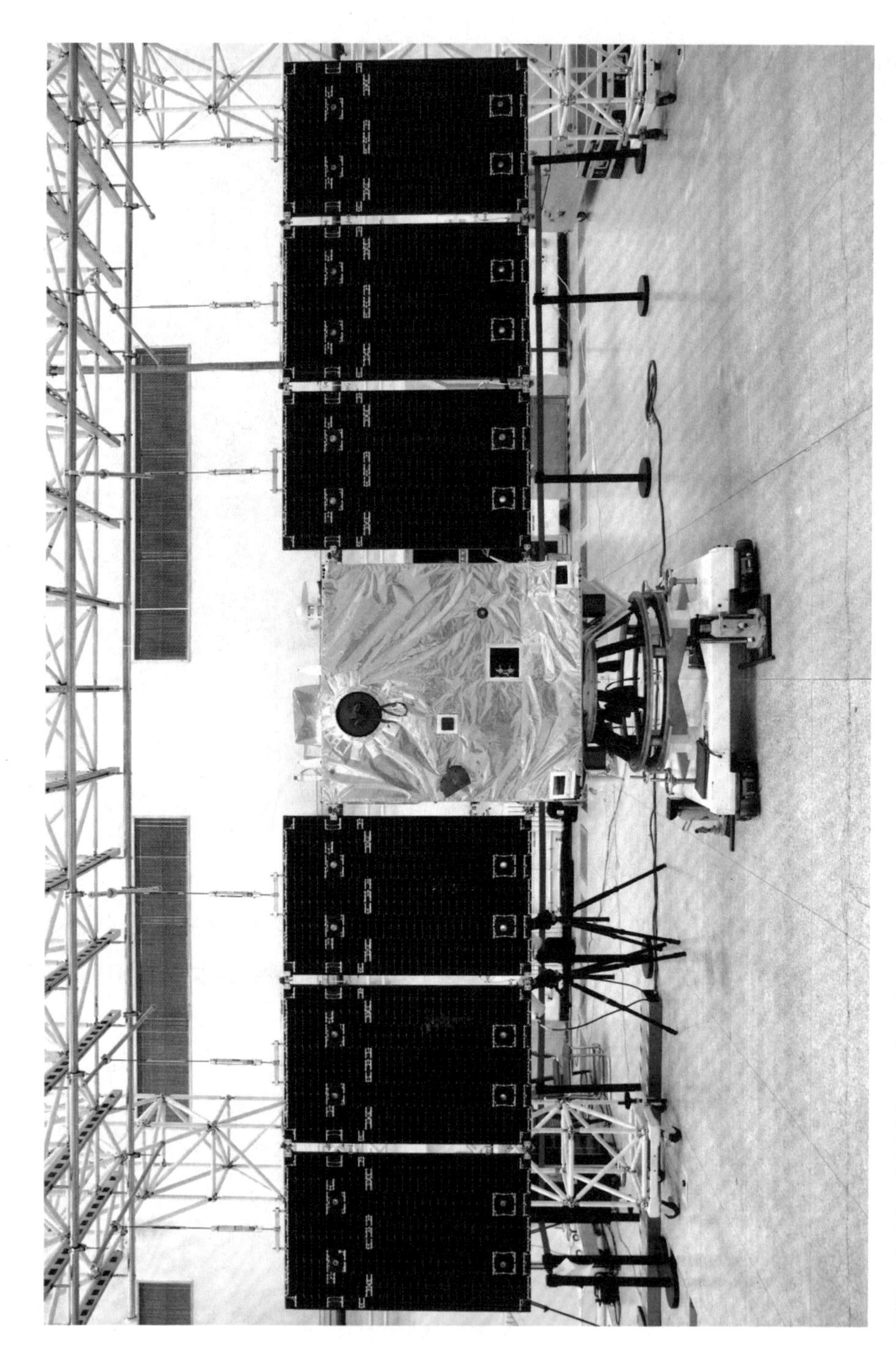

“羲和号”太阳探测科学技术试验卫星。

关于羲和与常仪的传说很多。《史记》记载道："黄帝使羲和占日，常仪占月。"在黄帝时代，这两位似乎并不是神明，而是专门观测日月的天文学家。羲和是从事太阳观测，确定其运动方位的天文官；常仪是观测月亮的圆缺，从而确定十二月和阴阳合历的天文官。所以，后世才称羲和为日神，称常仪为月神。

在神话中，由于太阳为阳性，其人物特征就是男性；月亮为阴性，其人物也就成了女性。这是常仪转变成女性的思想依据，所以其名字也就演化成了带有女性特色的词语。

据古史中的记载，黄帝时有羲和，尧帝时也有羲和，羲和在神话中有多重身份。屈原在《离骚》中写道："吾令羲和弭节兮，望崦嵫而勿迫。"王逸注曰："羲和，日御也。"洪兴祖补注云："日乘车驾以六龙，羲和御之。"由此可知，这里将羲和当成为日神驾车的驭手，据说这辆车是由六条巨龙拉着的。

在屈原那个年代，很多人都认为羲和是为日神赶车的。屈原在《天问》中有这样一句话："羲和之未扬，若华何光？"羲和的鞭子还没来得及挥出，若木的花何以会发光？在传说中，若木生长于日入的地方。所以，在很长时间里，羲和就成了替日神驾驭车辆的大神，他赶着车子每天在空中来回奔波，产生了昼夜更替。

如果将羲和的故事继续回溯，在《山海经 · 大荒南经》中可以找到更为古怪的羲和。《山海经 · 大荒南经》说："东海之外，甘水之间，有羲和之国。有女子名曰羲和，方浴日于甘渊。羲和者，帝俊之妻，生十日。"也就是说，在东海以外，甘水之地，有一个国家叫作羲和。国中有一位女子也叫羲和，她正在甘水的深潭中给太阳沐浴。这位羲和是帝俊的妻子，她一共生了十个太阳。

《山海经》还说，在东海之外，又有一个黑齿国，国中有一个地方名为汤谷。这里生长着一棵扶桑树，是十个太阳沐浴的场所。太阳每天从东边出发，到了西方歇脚。在大地的东西两边，各有两棵大树，分别叫作扶桑和若木。人们称扶桑为"日出之所"，称若木为"日入之所"。

羲和女神养育着太阳，是为了让万物都能感受到温暖。通过太阳不断地东升西落，万物活动的规律得以建立，以帮助人们确定时间、制定历法来进行生产和工作。此外，她还给十个太阳安排了任务，让他们轮流在天上当值。所以，我们俗称的“一天”也就是“一日”，十个太阳轮转一次后，刚好就是一旬十天。

扶桑树耸立在大地的最东边，在黑齿国的北方，位于汤谷的深渊中。它的树干高达数千丈，直插云霄；根须蜿蜒，直达三泉。这原本是两株同根并生的大桑树，但随着岁月的流逝，已经长成了一体。两棵大树的枝叶相互交错，宛如两个巨人伸出手臂互相扶持一样，因此被称作“扶桑”。

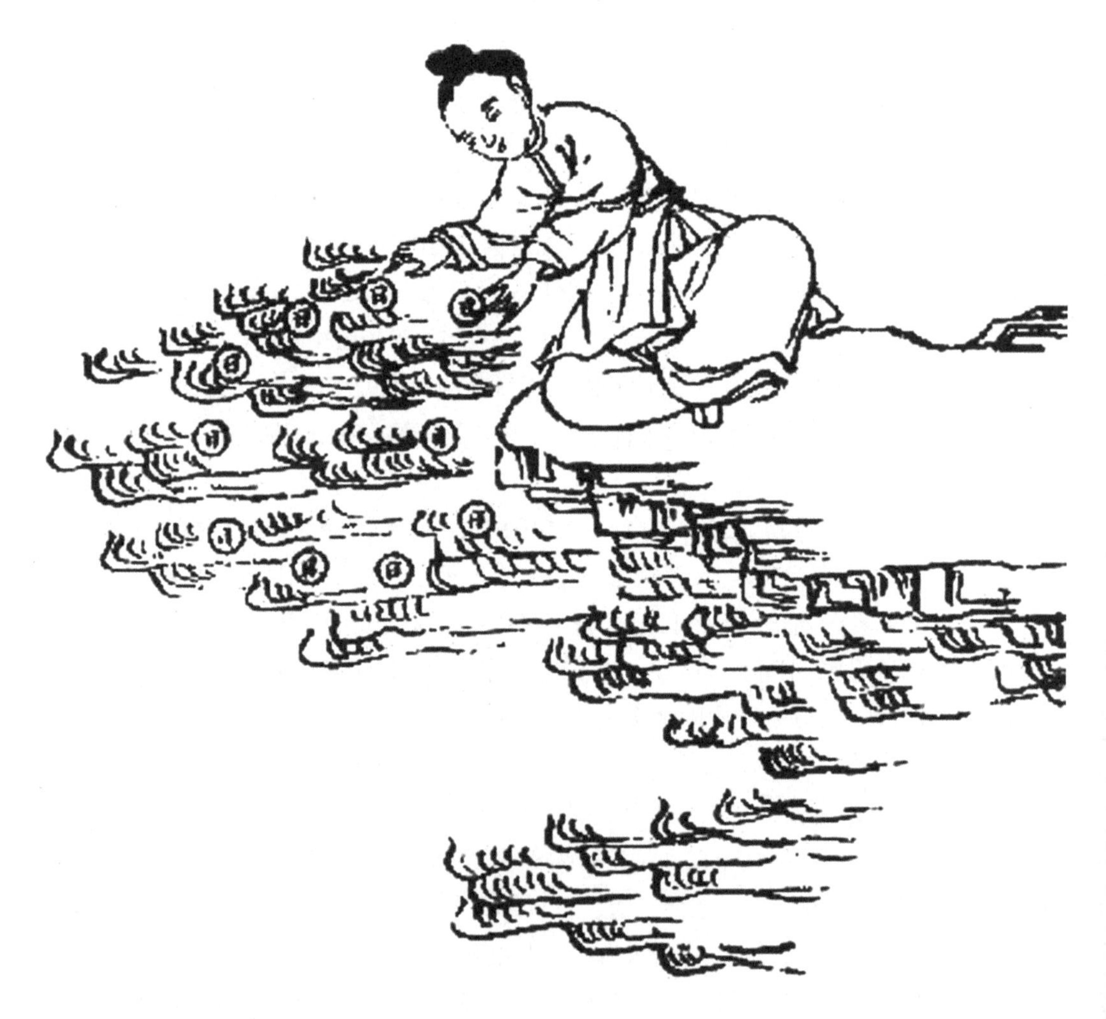

《山海经存》中羲和给太阳儿子洗澡的场景。

从日神的驭手到太阳之母，我们不妨认为，在神话中，羲和就是掌管太阳的神。昼夜交替、寒来暑往都取决于太阳。自古以来，由于农牧业生产的需要，先民们特别重视太阳的运转。《山海经》郭璞注引《启筮》："空桑之苍苍，八极之既张，乃有夫羲和，是主日月，职出入，以为晦明。"因此，羲和应该是管理太阳运行的大神。

汉代画像石中的扶桑树和太阳神鸟。

以上所说的都是神话中的羲和，事实上在上古史中，羲和还时常以历史人物的面貌出现。这样，日神羲和也就成了人间管理天文的官员。《尚书·尧典》说："乃命羲、和，钦若昊天，历象日月星辰，敬授人时。"这里的羲、和被当成两个大家族，负责观象和授时。这两个家族的两对兄弟被分配到东南西北四个方向，分别负责观测鸟、火、虚、昴四仲中星，以此来判断四季。《尚书·尧典》还说："帝曰：咨！汝羲暨和。期三百有六旬有六日，以闰月定四时成岁。"可见，羲氏与和氏家族也掌管历法，负责每年的置闰工作，责任重大。

《史记·历书》也说："（尧帝）立羲和之官，明时正度，则阴阳调，风雨节，茂气至，民无夭疫。"羲和是上古帝王身边的天文官，不仅尧帝设立"羲和之官"，此后的舜和禹也都继承了这个传统。

另外，夏朝的天文官也被称为羲和。《史记·夏本纪》说："帝仲康时，羲和湎淫，废时乱日，胤往征之，作《胤征》。"据此记载，羲和是一位历官，主要负责测定季节和确定日期。羲和整天沉湎于饮酒，废时乱日，致使日食不能及时报告，于是仲康派胤侯出征讨伐羲和。为了讨伐羲和，还要派出一名大将出征，可见当时羲和的势力不容小觑。

总的来说，在上古传说中，从黄帝到尧舜，再到夏代，羲和都是天文官。所以，也难怪王莽一登基就将太史令这个职位改成了"羲和"，也算是托古改制了。《汉书·律历志》和《后汉书·律历志》都记载有"羲和刘歆，典领条奏"等事。敬授民时是古代帝王最为重要的政事，每一个朝代都会设立天文官，因此在远古的各个时期几乎都有关于羲和的记载。

在神话传说中，日神羲和驾着龙车来到西边的天极之后，就将天上的事务交给月神常羲来掌管。那么，常羲又是什么来头呢？其实，常羲的传说与羲和很相似。《山海经·大荒西经》记载道："大荒之中，有女子方浴月。帝俊妻常羲，生月十有二，此始浴之。"常羲和羲和一样，同样是天帝帝俊的妻子，羲和生了十个太阳，常羲却生了十二个月亮。

常羲是月亮之母，她同样给月亮们排序，让她们轮流在夜晚当值，对应的时长是一个月。每当十二个姐妹都完成工作之后，大家发现天空又回到了之前的样子。于是，人们就将这样一个循环的周期定为一个太阴年。所以，关于十二个月亮的传说可能源自一年有十二个朔望月。

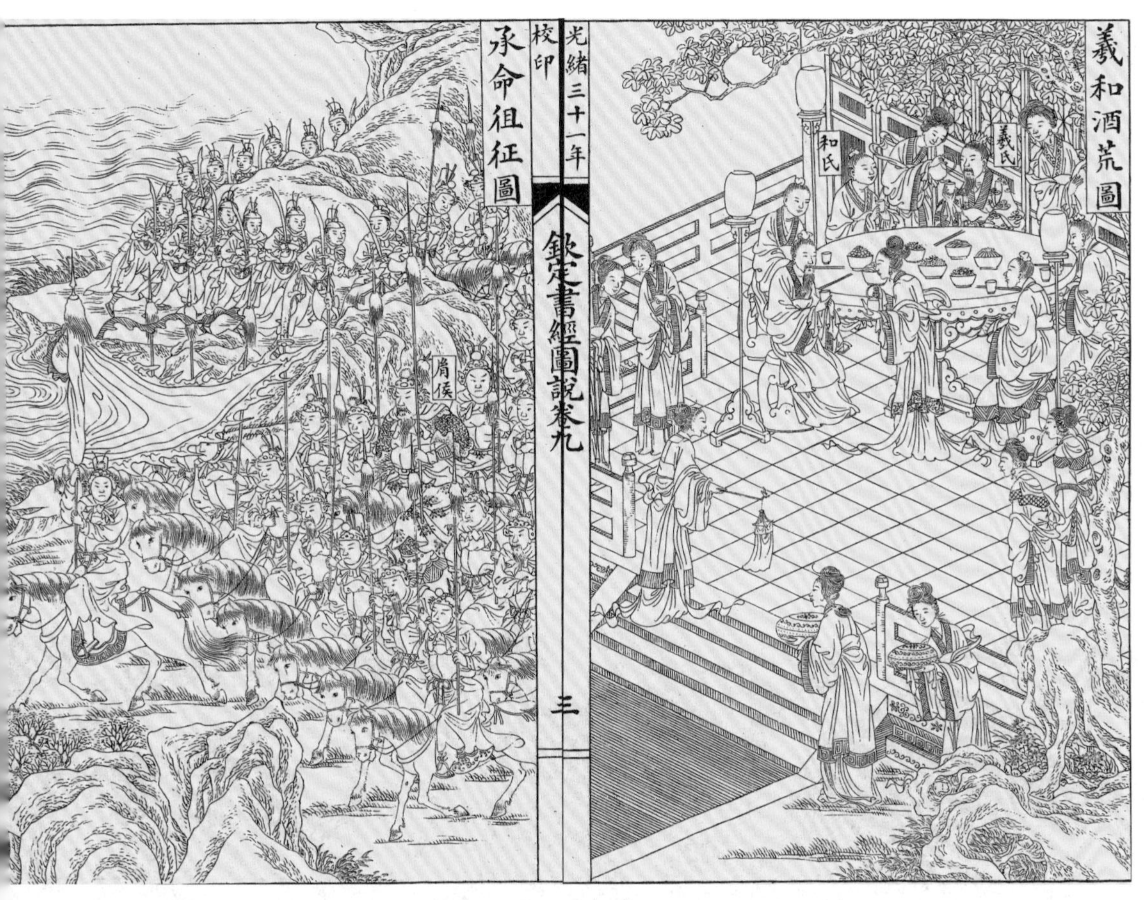

《钦定书经图说》中羲和沉湎于饮酒和胤侯出征讨伐羲和的场景。

在周代的金文中，人们将“朏”（新月刚开始有亮光）到初三（新月比较明显）称为“初吉”，寓意为对月亮的迎接。顺此往前推，就能找出“朔日”，即阴历每月的初一。在周代的时候，“告朔”是一件重要的事情。《尔雅·释天》说：“夏曰岁，商曰祀，周曰年，唐虞曰载。”这里指的都是一个阴历年，也就是十二个朔望月，这也是用来祭祀的一个周期。甲骨文中的“年”就是“稔”，代表庄稼的丰收。如果将一个阴历年（也就是十二个朔望月）与太阳的一个回归年（$365\frac{1}{4}$天）对应起来，就需要用闰法来调和了。

另外，十二进制也是一种专门的进位法，是子、丑、寅、卯、辰、巳、午、未、申、酉、戌、亥十二地支的基础。在殷商以前，十二地支就已经出现了，所以甲骨文中有以天干配地支的六十日作为一甲子的纪日法。干支纪日法能够记录较长的时间周期，是一种方便的计数方法，最晚自鲁隐公三年（公元前720年）二月己巳日起开始连续纪日，至今都不曾间断过，可以说这是世界上最悠久的纪日法了。

后来，就像神话中日神转义为负责观测天象的天文官羲和一样，生了月亮的女神常羲也转义成了“占月”的常仪。不过，“占月”对于历法的制定来说，其重要性并没有“占日”那么大，所以常仪的出现就远不及羲和那么频繁。随着常仪的特征更加女性化，于是常仪又转变成了月神嫦娥，成为了人们津津乐道的一段佳话。

“嫦娥奔月”画像石。

先祖重黎的绝地天通

巴别塔的传说在西方文化中广为流传。巴别塔也被称为通天塔，“巴”是门的意思，“别”是上帝的意思。《圣经》说，人类试图建造一座通天的巨塔。那个时候，大家都讲一样的语言，人与人之间的交流没有障碍，建造中的巴别塔很快便直插云霄。此举惊动了上帝，他为人类的虚荣和傲慢而震怒，决定惩罚这些狂妄的人。于是，上帝有意打乱了人类的语言，增加了大家的沟通障碍。这样，人们彼此间开始起异心，乃至产生仇恨。如此一来，人心就开始涣散了，自然也无法齐心协力继续造塔来通天了。在中国古代神话中，也有将天与地隔绝的传说，这就是所谓的“绝地天通”。

绝地天通是中国古代神话中的一件大事，在很多书籍中都有记载，说它是“变相的阴阳二神开天辟地的神话”。相传远古之时，天和地是相通的，到了黄帝之孙高阳氏颛顼的时候，他让重、黎二人将天地隔绝了，从此凡人就再也无法上天了。

《历代帝王圣贤名臣大儒遗像》中的颛顼像。

颛顼原本是北方的天帝，统治着北方的大片区域，所谓“自九泽穷夏晦之极，北至令正之谷，有冻寒积冰，雪雹霜霰，漂润群水之野”，一共达到“万二千里”的范围。不过，在成为北方天帝之前，据说他还做过一阵子中央天帝，也就是宇宙间的最高统治者。在此期间，颛顼做了两件大事。其中一件是《国语·周语》所记载的“星与日辰之位，皆在北维，颛顼之所建也”。也就是说，颛顼重新建立了天上的秩序。另一件便是所谓的“绝地天通”。

对此，《国语·楚语下》说，“古者民神不杂”，天地有序，人各司其正，因蚩尤之乱，“民神杂糅”，人人皆巫史，天下秩序大乱。所以，颛顼重新任命司天司地之官，“使复旧常，无相侵渎，是谓绝地天通”。

绝地天通的起因是蚩尤这个罪大恶极的家伙作乱，导致神灵和子民混杂，并且将下方的平民百姓都给带坏了，很多人跟着蚩尤干了不少坏事。起初，苗民作为黄帝和颛顼的后裔并不听从蚩尤的煽惑。但是后来，他们还是被蚩尤用五种残酷的刑罚所要挟。于是，这些神的子嗣便违背了先前众神和苗民所订的盟约，不分青红皂白地跟着蚩尤胡作非为。为了恢复天下的秩序，颛顼让重、黎二神再次开天辟地，彻底切断了天地之间的联系。

绝地天通的神话在真实的历史中应该是有根源的，这很可能反映的是不同的原始部落之间发生冲突而引发战争的情景。这种混乱场面在传说中经常被提到，所以就有了黄帝和炎帝的斗争，以及蚩尤蛊惑被压迫的苗民起来与黄帝做斗争的神话。颛顼只好绝地天通，确立独尊之神，新的宇宙秩序出现了。所以，这些上古神话可以说是对于新秩序诞生过程的一种隐喻。

绝地天通中的重、黎二人也是传说中的天文官，或许比羲和的年代还要更早。《史记·天官书》记载道：“昔之传天数者，高辛之前，重、黎；于唐、虞，羲、和。”《左传》也说：“重黎之后，羲氏、和氏，世掌天地四时之官。”由此看来，重、黎可以算是早期的天文学家。

《国语·楚语》中曾记载有这样一段话：“昭王问于观射父，曰：《周书》所谓重、黎实使天地不通者，何也？若无然，民将能登天乎？”天地一绝，重和黎也就分了家。“重实上天，黎实下地”，也就是所谓的“命南正重司天以属神，命火正黎司地以属民”。这两句话到了《史记》中就成了“昔在颛顼，命南正重以司天，北正黎以司地”。

《钦定书经图说》中的“帝命重黎图”。

这里的“南正”和“北正”都是官名，而“重”和“黎”是人名，不过“重”和“黎”后来也演变成了官名。那么，二者分别又是干什么的呢？所谓南正就是指太阳到了南方中天，这在天文学上叫“上中天”。太阳上中天的准确时刻在天文观测中具有很重要的意义。

首先，人们能够由此较为精确地测定南方，从而可以定出东、南、西、北的方位。其次，还可以定出午时，也就是一天之中时间的中点，这也是时刻制度中不可或缺的内容。如今，我们还将白天分为上午和下午两部分。此外，可以据此定出夏至和冬至。具体方法是：立一根垂直于地面的长杆（一般长八尺），然后不断测量日影长度的变化。一天当中日影最短的时候便是太阳上中天的时刻，也就是所谓的午时。如果观测得久了，就会发现午时太阳影子最短的一天，它对应的就是夏至，而太阳影子最长的一天对应的就是冬至。从某一年的夏至到下一年的夏至，或者从某一年的冬至到下一年的冬至，刚好是一个回归年。相应地，夏至到冬至间的平分点就是秋分，冬至到夏至间的平分点就是春分。

“南正”是负责测量日影长度的司天官，负责确定回归年的长度，以及二分、二至的时刻。“北正”则负责观测大火星，以授民时。他们一个专门管制历，一个专门管农事，职务上有所分工。

“北正”又被称作“火正”，即《左传·襄公九年》中所说的“陶唐氏之火正阏伯居商丘，祀大火，而火纪时焉。相土因之，故商主大火”。这段话提到尧派阏伯到商丘去担任“火正”一职，阏伯的后裔相土世袭了这一职位，而相土则是商人的祖先。“火正”又是干什么工作的呢？这个职位专门观测大火星，是这颗亮星的司官。每年当大火星在傍晚出现于东方的时候，也就到了该播种的季节。因此，火正黎实际上是观测天象以确定农时，从而指导农业生产的司官。

另外还有一个问题：火正黎既然专门负责农事，为什么《国语·郑语》将他与火神祝融混为一谈呢？这说明这个传说的年代非常久远，甚至可以追溯到早期先民刚开始利用火的年代。在“刀耕火种”的原始农业的耕作条件下，火与农业一直有着紧密的联系。《尸子》中有“燧人察辰心而出火”的说法，还提到“燧人上观辰星（即大火星），下察五木，以为火也”。汉末的徐干也有“燧人察时令而钻火”之说，也就是说燧人氏通过观测大火星的位置来判断季节，进而安排相应时节钻木取火的事宜。这一传说解释了燧人氏与大火星之间的关系。大火又名心宿二，是古人最早关注的恒星之一。《夏小正》里有“五月……初昏大火中”，《诗经》里也有“七月流火，九月授衣”。可见，大火星不但用于指导农时，而且用来指导人们的生活。

古人一般认为尧帝时的羲和之官相当于颛顼和帝喾时的重黎，仅名称不同而已。孙星衍《尚书今古文注疏》引用郑注说：“重黎当颛顼之时，既为句芒祝融之官，其后即以重黎为号。故至高辛之时，再居此职。”他认为，在颛顼时担任“重”这个官职的是少昊氏的后代句芒，而担任“黎”这个官职的是高阳氏颛顼的玄孙祝融。

句芒和祝融都是自颛顼时开始的第一代重黎，到了高辛氏帝喾的时候，他们的后代仍然担任着重黎的职务。帝挚在位时，这两个官职衰废，到了尧的时候，句芒和祝融的后代才得以复职，并且改用羲和的官名。后来，又有火正黎司地的传统说法，所以人们又将祝融当作火神。

据《史记·楚世家》的记载，重黎因平共工氏之乱不尽，被帝喾高辛氏所杀；其弟吴回接替他，任火正之职，仍称为祝融。帝喾封阏伯为火正，大约就在此前后。其后，又发生了三苗之乱，南正和火正的设置被中断，到了唐尧的时候才再次得到恢复。由古史传说可知，自燧人氏之后，除了短时间的中断外，观测大火等星来授时的工作一直延续到殷商时期，前后超过千年之久。

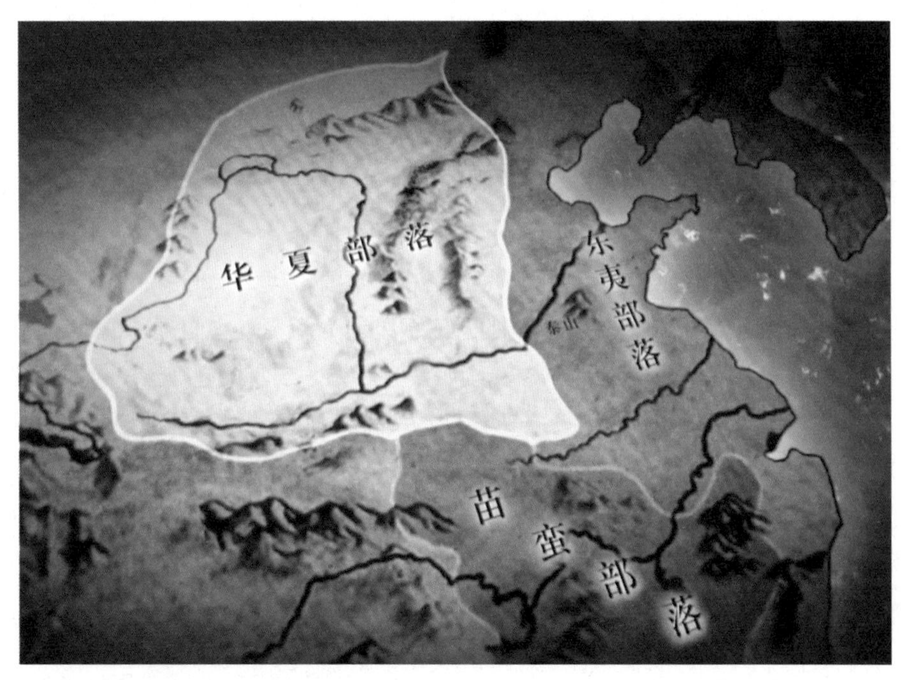

上古时期的部落分布。

后来，到了明清之际，重黎传说被当成了“西学中源说”的证据。明万历年间的进士熊明遇曾对西学非常推崇，同时他又认为“重黎氏叙天地而别其分主。其后三苗复九黎之乱德，重黎子孙窜乎西域，故今天官之学，裔土有耑门”。这便是典型的西学中源观念，认为西方天文历算源自中国，只不过这些掌握历算之学的畴人因为动乱而分散于各地，才导致了中国后来被西方所超越。

阏伯实沈人生不相见

或许你还记得杜甫的诗句“人生不相见，动如参与商。今夕复何夕，共此灯烛光”。有的时候，人生就是如此无助，明明是好朋友，却要像参星和商星一样，永远无法相见。

杜甫的这首诗是在肃宗乾元二年（759 年）春天写成的，是他在从洛阳返回华州（今陕西华县）的途中所作的。这首诗里的卫八处士是谁并不清楚，如今他的名字和生平都已不可考。我们只知道处士是指隐居不仕的人，而卫八处士是杜甫的一位朋友。

其中，杜甫描写了一段在动荡的年代寻访到故人的一幕，特别是在长别 20 年之后，在经历了沧桑巨变的情况下，能够与老友相见。此情此景，使相聚之时显得弥足珍贵。诗的开头也非常巧妙，将普通的人生感慨一下子提升到了宇宙星辰的高度。

那么，杜甫为何要提及参星和商星呢？在中国古代，人们将猎户座腰带上的三颗星称为参宿，将天蝎座躯干上的三颗星称为商星。它们分别位于黄道的东西两头，商星在东边升起时，参星刚好没于西方，二者此起彼落，永不相见。那么问题又来了，一颗升起来，一颗落下去，天上两两相对的星星又并不只有参星和商星，为何非拿它们作比喻呢？

这背后有一个典故。据《左传·昭公元年》的记载，郑国子产在回答晋侯的问题时提到“昔高辛氏有二子，伯曰阏伯，季曰实沈，居于旷林，不相能也。日寻干戈，以相征讨。后帝不臧，迁阏伯于商丘，主辰，商人是因，故辰为商星；迁实沈于大夏，主参。唐人是因，以服事夏、商”。

这个故事说，黄帝的曾孙帝喾，也就是我们前面提到的高辛氏，他有两个儿子，即长子阏伯和次子实沈。然而，兄弟俩并不和睦，性格也都非常要强，动不动就整天打架，一天也没闲下来。更可怕的是，他们还打得很厉害，就像在打仗，甚至用上了各种兵器。两人打红了眼，和仇人一般，不将另一个打趴在地上，就决不会罢休。

《历代帝王圣贤名臣大儒遗像》中的帝喾像。

他们的父亲帝喾对于两兄弟的好勇斗狠感到头疼极了。俗话说手心手背都是肉，天底下哪位当老爸的不希望自己的孩子们能相亲相爱呢？为了阻止这两个熊孩子继续胡来，帝喾不得不将大儿子阏伯分封到商丘（今属河南），主商星（即天蝎座的心宿一、心宿二和心宿三），又将二儿子实沈分封到大夏（今属山西），主参星（即猎户座腰带上的参宿一、参宿二和参宿三）。这样，爱打斗的两个熊孩子都变成了星星，从此兄弟俩便永不相见。因此，“参商”也就有了不和睦的意思。

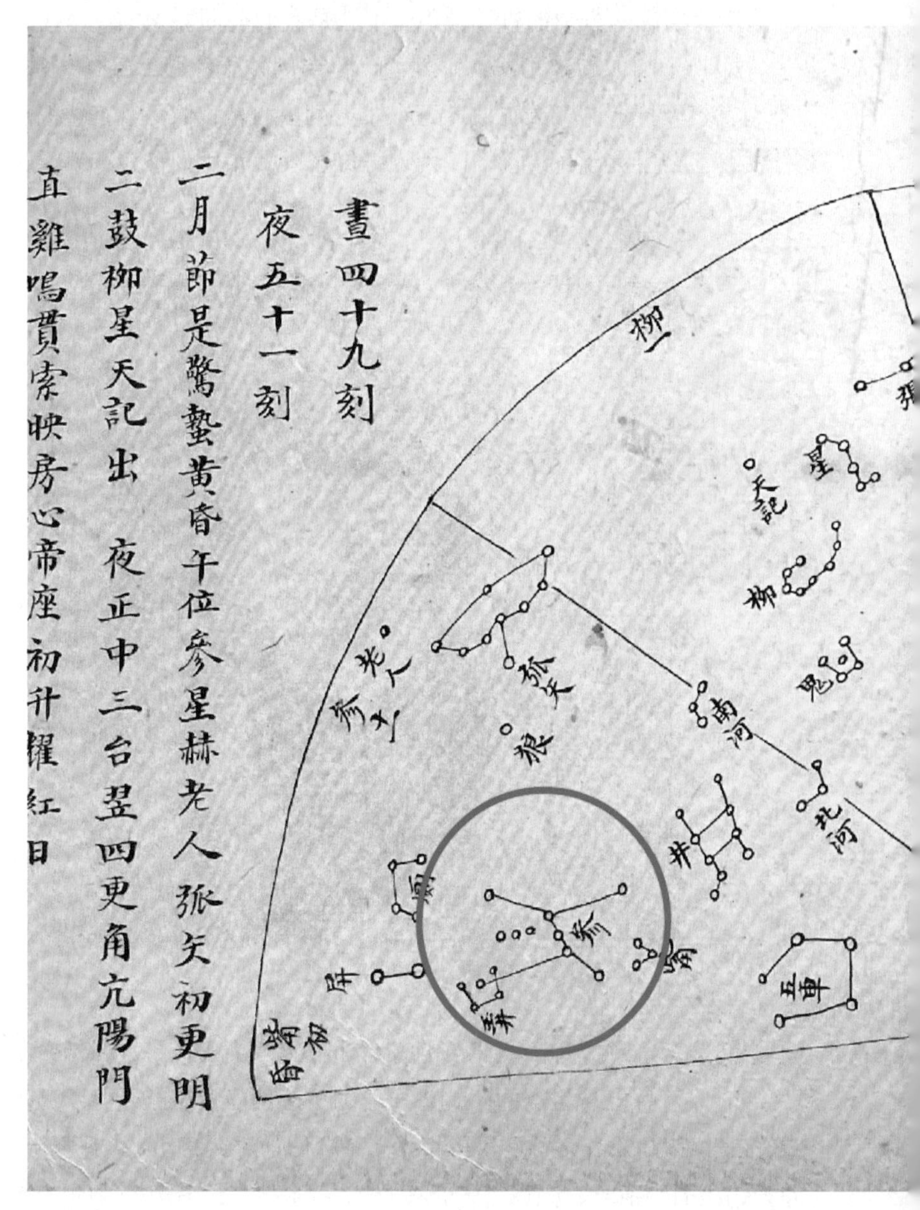

晝四十九刻
夜五十一刻
二月節是驚蟄黃昏午位參星赫老人弧矢初更明
二鼓柳星天記出　夜正中三台昰四更角亢陽門
直雞鳴貫索映房心帝座初升耀紅日
柳
星
天記
柳
鬼
南河
北河
井
五車
狼
弧矢
老人

明代《天文节候躔次全图》中的惊蛰中星图。星图左边的参宿和右边的心宿遥遥相对，二者相距约180度，所以《国语》有言“大火，阏伯之星也，是谓大辰”“且以辰出，而以参入”。人们几乎不可能同时在天上看到参宿和心宿的大火星。

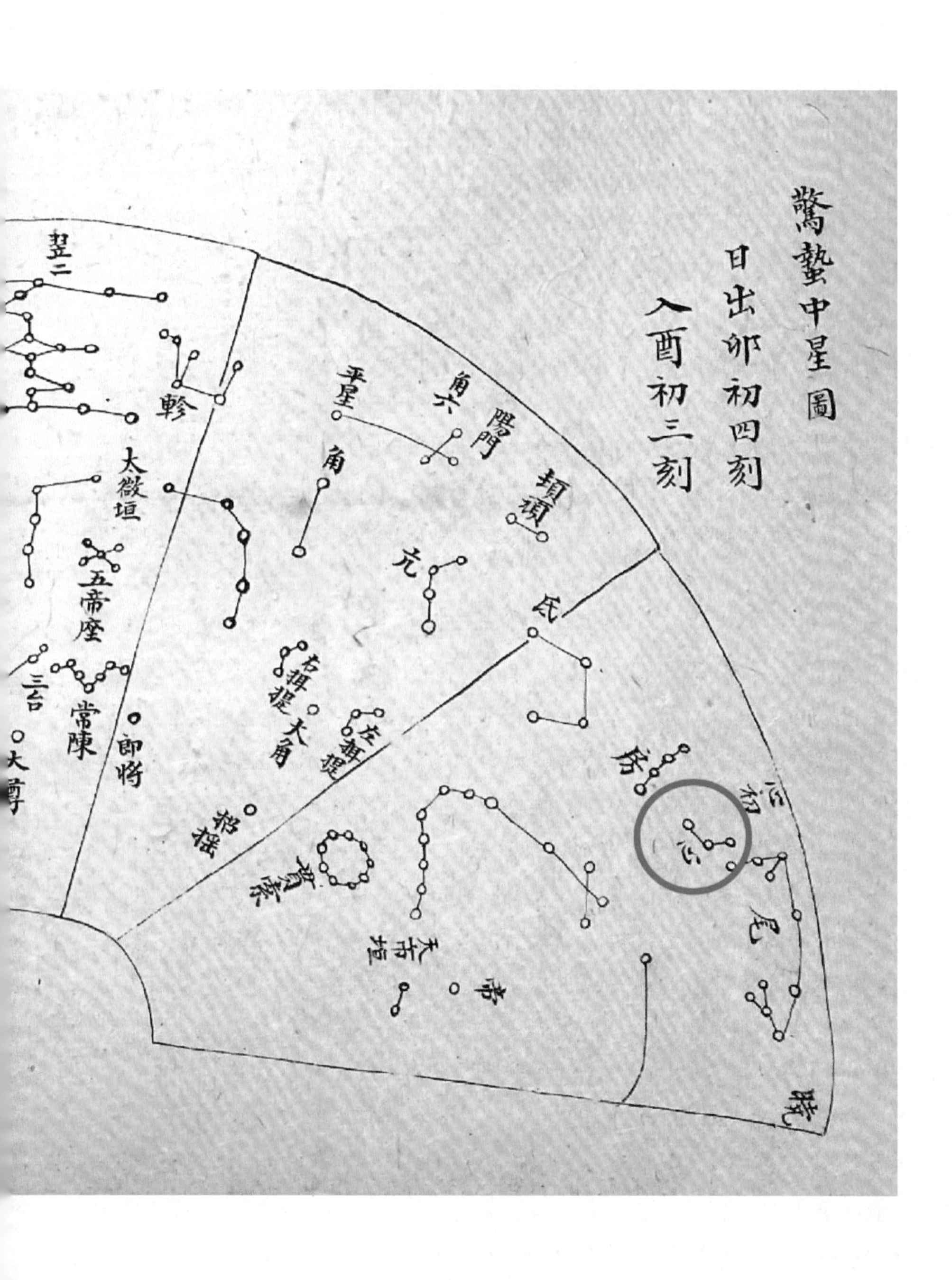

驚蟄中星圖
日出卯初四刻
入酉初三刻
軫
太微垣
五帝座
常陳
三台
平星
角
陽門
頓頑
亢
氐
右攝提
大角
左攝提
招搖
貫索
房
心
尾
天市垣
帝

阏伯和实沈这对老冤家终于碰不了头了，这当然是老父亲高辛氏的高招。但是，这件事并未结束。后来，阏伯的后裔在商丘这个地方繁衍下来，商星就成了古代河南人的守护星。据说，大名鼎鼎的商朝就是阏伯的后裔所建立的。今天在商丘这一带还存有一处名为“阏伯台”的遗址，以表示人们对阏伯的纪念。

那么，实沈所居的大夏到底是什么地方呢？原来这正是夏族活动的中心。夏为商灭亡后，其地建立了一个名为唐的方国。周起而代商，到周成王，就把唐国分封给他的兄弟虞，因此称之为唐叔虞。《左传·定公四年》说“封唐叔于夏墟”，也证明了唐叔虞所封之地正是当年夏王朝的地方。到了春秋时代，唐叔虞的后裔在此地建立晋国。因此，参宿也成了晋国的主管星。也就是说，实沈的后代在大夏这个地方繁衍了下来。古时候山西人会祭拜参星，因为他们以实沈为始祖。

事实上，《左传》所记载的阏伯和实沈之争也是上古时期夏商两个民族长期征战的形象化体现。商族打败了夏族，于是奉始祖阏伯为老大，夏族的始祖实沈也就只能屈居老二了。可见，《左传》中的相关描述已打上了商代的文化烙印。

山西晋人的民歌《唐风》中还有歌颂参宿的内容，以示不忘先祖。这也体现了夏族的观星习俗。直到今天，山西临汾等地还有观参宿的习俗，人们称参宿的三星为“三晋”，可见夏族的流风余韵影响之深远。

另外，有意思的是西方也有和“人生不相见，动如参与商”非常相似的故事。在古希腊神话中，天蝎座被认为与猎户座永不相见。神话中猎户座的原型是猎人奥里翁，他是狩猎女神阿尔忒弥斯的情人。奥里翁不但擅长打猎，而且力大无比。英俊的外表和高大健壮的身材更是让他变得非常骄傲自大。因此，他常常向别人夸耀自己是世上最伟大的猎手。

为了教训狂妄的奥里翁，天后赫拉派了一只毒蝎子在他每天经过的路上埋伏，想趁其不备袭击他。奥里翁发现了毒蝎子，但为时已晚。在被毒蝎子蜇了之后，他没多久便毒发身亡了。奥里翁倒下的身体恰巧压在了来不及躲闪的毒蝎子身上，毒蝎子被活活压死了。毒蝎子由于忠于职守，被天后赫拉升到天上成为天蝎座。

位于河南商丘的阏伯台。

奥里翁也被升到天上成了猎户座。为了阻止猎户与毒蝎子在天上继续搏斗，天神们不得不将二者放在天空中遥遥相对的位置上。每当天蝎座的头部刚从东方的地平线上升起时，猎户座已没入西方的地平线之下。于是，二者此起彼落，互不相见。中国古代的参星和商星分别对应的就是西方的猎户座和天蝎座。

第 2 章　星斗回转：天文学的萌芽

尧都的史前天文台

公元前 2000 年的这个“千禧年”，对于都邑陶寺的贵族来说，并不是什么好年头，反而有大祸即将来临。谁都没有想到，在当时中原地区首屈一指的都邑陶寺，居然发生了一场非常激烈的“暴力革命”。

数千年过去了，如今的考古学家通过各种蛛丝马迹，推断出这是陶寺下层社会对上层社会的一次暴力行动，也是明火执仗的报复性行动。这场史前的“大革命”不仅对陶寺贵族造成了巨大的打击，也几乎摧毁了整个陶寺文化。

在此之前，陶寺已经历了两三百年的辉煌。当时，陶寺古国“风头正盛”，规模巨大的都邑让同时代的其他古国都黯然失色，到处都彰显出陶寺睥睨天下的“王者之气”。整个陶寺的城墙周长约为 7 千米，城墙所围护的面积达到 280 万平方米。守城的士兵绕着陶寺城巡查一圈，需要一个多小时。在 4000 多年前，这样的城市显然是都城级的规模了。

那么陶寺为何如此重要呢？我们常说中国是世界四大文明古国之一，有着五千年灿烂的文明。但是，如果按照历史编年，中国实际上只在商周以后有明确的文献记载。司马迁在《史记》中所述的殷商之前的历史，不少都因缺乏确切的考古资料而长期以来被视为传说。

1978 年，位于山西南部襄汾的陶寺遗址开始发掘，这个呈现在世人面前的史前城邑打破了长久以来人们对中华文明起源的沉寂。陶寺城始建于距今 4300 ~ 4100 年，我们可以看出这个时段不属于夏文化的范畴，大致处于夏朝之前的尧舜时期。

城邑的出现意味着人们有了聚居的需要，而且它是为了满足国家机器能够有效运转的需要而产生的。对于一个刚刚初具国家形态的史前城邑来说，陶寺具备了宫殿、王陵、宗庙和城墙等王都所必备的基本要素，其规模之大也是超乎寻常的。随后的多次考古发掘表明，这里很可能就是尧帝都城的遗址。

《钦定书经图说》中的“尧都”。

陶寺文化中最令考古学家感到好奇的是，在该遗址中发现了疑似观象台的夯土基址和半圆形的夯土墙。该建筑位于陶寺中期城址的祭祀区内，占地约1400 平方米，是目前在陶寺文化中发现的最大的单体建筑。这座建筑原有三层台基，造型奇特，结构复杂，而且附属设施众多。

最初，考古学家对它的用途感到困惑。后来在天文学家的帮助下，他们在中心部位发现了同心圆状的夯土圈。这个新发现表明该建筑应该具有天文观测功能，而同心圆极可能就是观测点的位置。

根据典籍上的记载，尧帝时代的天文历法就已有相当的发展。相传尧帝曾经命羲、和兄弟分别观测鸟、火、虚、昴四颗恒星，通过判断它们在黄昏是否正处于南中天，确定春分、夏至、秋分和冬至这些划分四季的时间节点。对此，《尚书·尧典》有所记载。另外，相传尧帝将 366 日定为一年，每三年设置一个闰月，用闰月来调节历法和四季的关系，使得一年中的农时都很准确，不出现任何偏差。以上这些都是关于中国古代天文观测的最早记载。

不过，这些文献还得和考古发现相印证，才能让人信服。此外，要确定陶寺文化和尧帝是否有关系，也得从天文历法入手。对于这一点，陶寺没有辜负考古学家的期望。

对于陶寺城址东南处的这座半圆形的大型附属建筑，虽然它的地表建筑早已荡然无存，但从其夯土台基来看，我们可以推断出夯土柱呈圆弧状排列，柱间构成十余道狭窄的缝隙。考古学家看到这样的夯土台基时，一般会认为这是古人的祭祀场所，因为古代先民的祭祀场所通常会以祭台或祭坛的形式出现。但是，这座三层台基的建筑与一般的祭台和祭坛有很大的区别。后来的研究表明，它很可能是一座集观测和祭祀功能于一体的大型建筑。

通过模拟计算和实地观测，天文学家发现如果站在中心部位的同心圆观测点上，就可以在冬至和夏至的时候从狭缝中观测到太阳从遗迹后方的崇山（又称塔儿山）上升起的景象，并且建筑的其他观测缝分别对应于不同的时节。因此，可以判断这座建筑具有观测日出方位以确定季节的功能，即所谓的“观象授时”。若果真如此，这里岂不就是中国古代最初的天文台吗？

陶寺史前天文台的推测模型。陶寺遗址是中国黄河中游地区以龙山文化陶寺类型为主的新石器时代的遗址，经过 20 世纪 70 ~ 80 年代的大规模发掘后，其遗存的文化面貌逐渐明朗。近年来，随着天文考古的不断发现，一座中国版的“巨石阵”逐渐进入了人们的视野，这就是陶寺天文台。

陶寺天文台遗址上的春分日出。

《钦定书经图说》中的“命官授时图”。

提到史前天文台，人们很容易联想到英国的巨石阵。陶寺天文台与其他大多数类似的遗迹有一个显著的区别，就是它以自然山峰作为观测背景。英国的巨石阵等往往只有人工遗迹，而陶寺天文台则以自然山峰作为衬托，将人工建筑与自然背景相融合，组成一个巨大的天文照准系统。这与美洲的一些原始部落长期使用日出山峰来判断季节的方法是一致的。

除了天文台遗址，考古工作者于 2002 年在陶寺中期王族墓地中还发掘了一座王级大墓。该墓的随葬品主要放置在墓壁墙根处和壁龛里，出土随葬品 72 件。其中，墓室东南角壁龛口的西侧立有一根漆杆。经过对其进行复原、模拟观测与计算，得出漆杆上的粉色环带所对应的日期与陶寺天文台遗址日出狭缝所对应的日期基本一致。另外，根据计算可以推测出残损的漆杆全长约为 173 厘米，这也表明漆杆可能是当时用于测日影的早期圭尺。

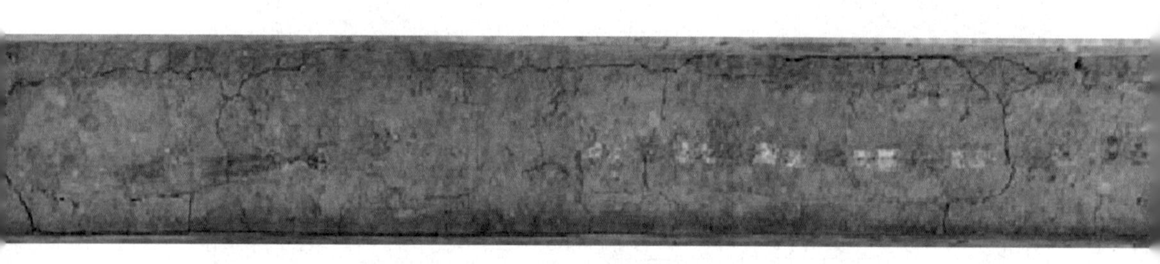

陶寺遗址出土的漆杆。

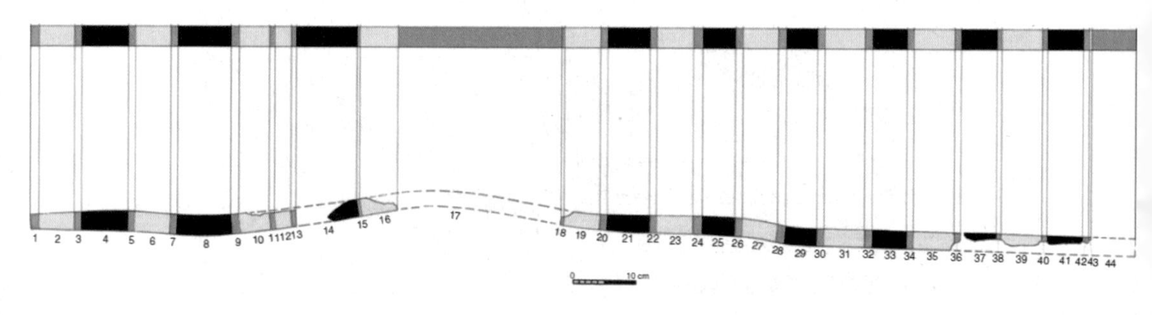

陶寺遗址出土的漆杆的复原图。

中国有着光辉灿烂的文明史，但由于文献记载的缺失，我们对于商周以前上古天文学的发展依然知之甚少，而陶寺遗址的天文考古发掘为此提供了一些有益的线索。考古学界和历史学界一般认为陶寺古城可能就是尧帝的都城。近年来的天文考古工作表明，早在 4300 多年前的尧帝时期，我国就已经拥有了“测日出方位”和“测正午日影”两套天文测量系统，拥有了当时世界上最先进的天文观测技术。从城墙、宫殿、贵族墓葬和天文台等建筑取得的考古进展，也验证了这个新石器时代中国最大的都邑聚落遗址可能就是传说中的“尧都”所在地。

从物候到天文历法

我们知道“沆瀣一气”这个成语，它的大意是两个臭味相投的人结合在一起。其实，这个词的本义并非如此，原来说的是物候现象。它之所以成为一种贬义的说法，只是因为唐朝的一位考生崔瀣在科举考试中被考官（也是他自己的老师）崔沆录取，当时人们便以“沆瀣一气”来嘲讽此事。“沆”和“瀣”原指不同的水气，尤其是夜半霜露的寒凉之气。可见，古人对于大自然的观察是相当细致的。为什么古人那么喜欢观察自然界的这些物候现象呢？因为长期以来物候都是古人最为信赖的时间信息来源，所以古人经常抬头看物候，正如现代人常常低头看手机一样。

我们现代人对于时间的管理驾轻就熟，召开一个在线视频会议，只要事先通知一声，与会者就会准时上线。试想一下，如果没有统一的历法和时间制度，将会造成怎样的混乱呢？如果人们不知道如何推算日期，一切需要协同的工作都将无法开展，社会也就无法正常运转。

在远古时代，人们过着原始群居的渔猎游牧式生活。人们在与大自然的抗争中，渐渐了解了自然界中各种现象的运作规律。一年四季，春夏秋冬；寒来暑往，周而复始。孔子说：“天何言哉？四时行焉，百物生焉。”大自然一直按照自己的规律和节奏默默地运行着。与此同时，古人从太阳的东升西落和月亮的阴晴圆缺中逐渐意识到了一天和一个月，看到植物的发芽、生长、枯萎以及寒暑的交替便意识到了一年。

不过，人类对时间规律的认识，其实经历了一个非常漫长的过程。最早的时候，人们都是将时间和寒暖的变化联系起来。由于这些直接影响到食物的来源，在解决防寒避暑等问题的过程中，人们也就对寒暖交替的周期有了更深刻的认识。

南宋诗人陆游曾在诗《鸟啼》中说过："野人无历日，鸟啼知四时。"这里的野人指未开化的少数民族，他们没有历法知识，只能靠观察物候来判断季节。南宋的《蒙鞑备录》记载女真人"每草青为一岁，有人问其岁，则曰几草矣"。这说明当时一些少数民族还处于以"草青为岁"的阶段，所谓"若见草青迟迟，方知是岁有闰也"。

在古代记录农事的历书《夏小正》里，有以观察天象、草木、鸟兽等自然现象来确定季节和月份的内容。例如，田鼠什么时候出洞，杨柳什么时候萌芽，冰雪什么时候消融。根据这些物候的变化，可以看出一年季节的不同，将其与农业活动对应后，就能用来指导农业和畜牧业生产。相传《夏小正》是夏代的历法，也可以看作最早的历书。

古人以花、鸟、草、虫等自然法则来描述四季，将其称为物候。后来还形成了一整套"候应"理论，将一年时间分为七十二候，每候对应于一种物候现象。七十二候的候应可分为两类：一类是生物物候，其中有动物的（如鸿雁来、寒蝉鸣等），也有植物的（如桃始华、萍始生等）；另一类则是非生物性的物候（如水始冰、雷乃发声等）。

不过，候应也有自身的缺陷。一般将一个节气中的各种物候以五天为间隔进行时段划分，但真实的物候现象未必如此规整。这种"一刀切"的方式多少有些削足适履的感觉。此外，古代的七十二候大体上体现了黄河流域的物候规律，这就导致有时在南方无法应验，因此它在地域上也有一定的局限。

随着农业的发展，人们意识到作物的生长和气温密切相关，在适当的时候播种是获得好收成的关键。这就要求人们更加准确地掌握时节。人类在观察季节变化时，除了联系物候现象之外，还发现季节变化与天文现象也有关联。根据物候来确定季节带有一定的经验性质，比较粗略，很难做出更精准的判断。

后来，人们发现想要提高准确性，只能利用天象作为判断标准。比如，太阳升落的方位、正午日影的长短以及不同恒星的出没都可以用来判断季节。天象的循环往复也给人以深刻的印象，于是人们为了确定季节的变化，开始观察日月星辰的运动规律，逐渐发展出了天文学。

《史记·五帝本纪》记载了黄帝时候的“迎日推策”，又说了颛顼时候的“载时以象天”。这里说的就是远古时期人们以天象来判别季节。古人将木片穿起来，在每天太阳升起时翻过一片，以此来计算日子。宋代的王应麟在《玉海》中写道：“尧之作历，仰观象于天，俯观事于民，远观宜于鸟兽。”他说，尧帝根据天象和物候的变化规律制定了历法。

用當作周

十餘年即亡是非明數大驗乎人言曰聽言之道必以其事觀之則言者莫妄言今子或言禮義之不如法令教化之不如刑罰人主胡不承殷用秦事以觀之乎

夏小正第四十七

正月啓蟄言始發蟄也鴈北鄉先言鴈而後言鄉者何也見鴈而後數其鄉也鄉者何也鄉其居也鴈以北方爲居何以謂之爲居生且長焉爾九月遰鴻鴈先言遰而後言鴻鴈何也見遰而後數之則鴻鴈也何不謂南鄉也曰非其居也故不謂南鄉記鴻鴈之遰也如不記其鄉何也曰鴻不必當小正之遰者也雉震呴震也者鳴也呴也者鼓其翼也正月必雷雷不必聞惟雉爲必聞之何以謂之雷則雉震呴相識以雷魚陟負冰陟升也負冰云者言解蟄也農緯厥耒緯束也束其耒云爾者用是見君之亦有耒也初歲祭耒始用暢也（暢作暘一）其用初云爾暢也者終歲之用祭也言是月之始用之也初者始也或曰祭韭也囿有韭囿也園之燕者也時有俊風俊者大也大風南風也何大於南風也曰合冰必於南風解冰必於南風生必於南風收必於南風故大之也寒曰滌凍

其用初用字當作曰

《夏小正》节选。

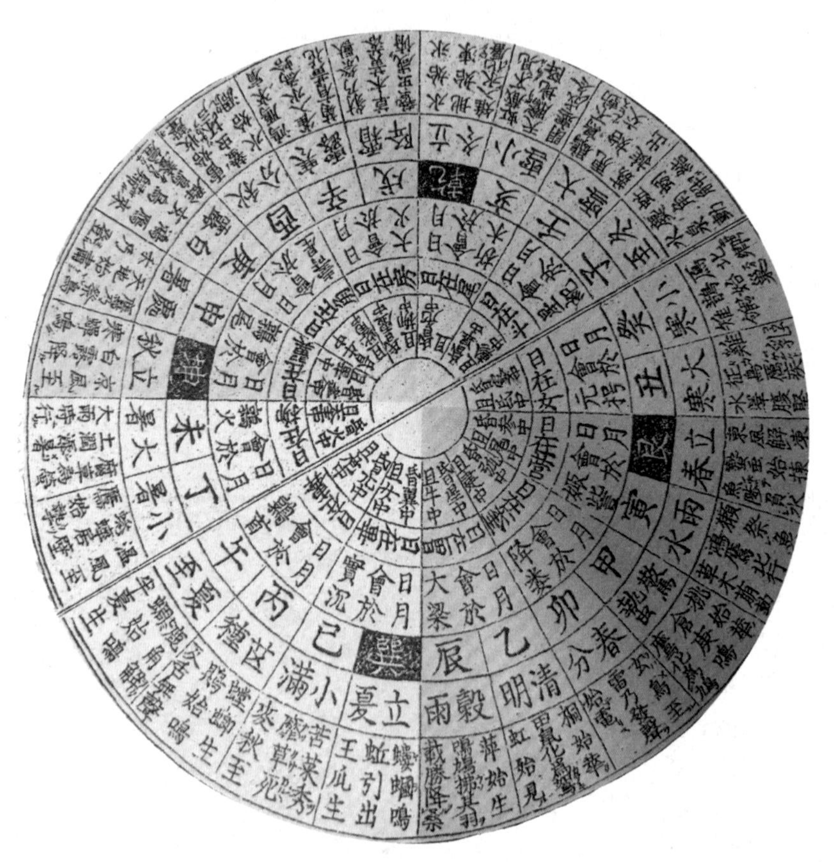

二十四节气与七十二候。七十二候是对节气物候的细化，图中每个节气对应三种物候。七十二候始见于《逸周书》，它体现了节气的物候历史传统。

人类最早关注的天象之一就是月相，月亮圆缺的变化周期应该是人们最早计算长时间的单位。月光在夜晚给人照明，这对于原始部落在夜晚的活动来说非常重要。因此，月亮圆缺的变化最能引起古人的注意。

《汉书·匈奴传》说匈奴人“举事常随月，盛壮以攻战，月亏则退兵”。匈奴人行军打仗要利用月色，这也反映了游牧民族在生活中对月相的依赖。月亮的圆缺周期大约为 30 天，这样的间隔周期不太长，而且非常明显，比较容易掌握，很符合人类早期的纪日需求。

随着认识的加深，人们不仅关注月亮的阴晴圆缺，还注意到了“年”这个周期。春生夏长，秋收冬藏，这些农事活动都与季节变化有关，而四季更替的周期就是一年。

人们注意到在同一地点，在不同的季节，太阳的出入方位是不同的。假如房子的大门朝南，你观察室内每天中午太阳光能照射到的地方，就会发现太阳光所及之处的位置是不同的。其实，根据太阳光投射方位的差异，就可以判断大概的季节。

除了观察太阳之外，古人还发现利用恒星出没的方位也能确定季节。只要经过细致观测，就可以发现在傍晚或者黎明时分，某个星官在天空中的方位在每个月都是不同的。数千年前，我们的先民就已经注意到北斗星方位的变化。那时的北斗星距离北天极很近，位置常年不隐且明亮醒目。如果你每隔一个月在黄昏时画下北斗星在天上的位置，就会发现它一直在绕着北天极旋转。

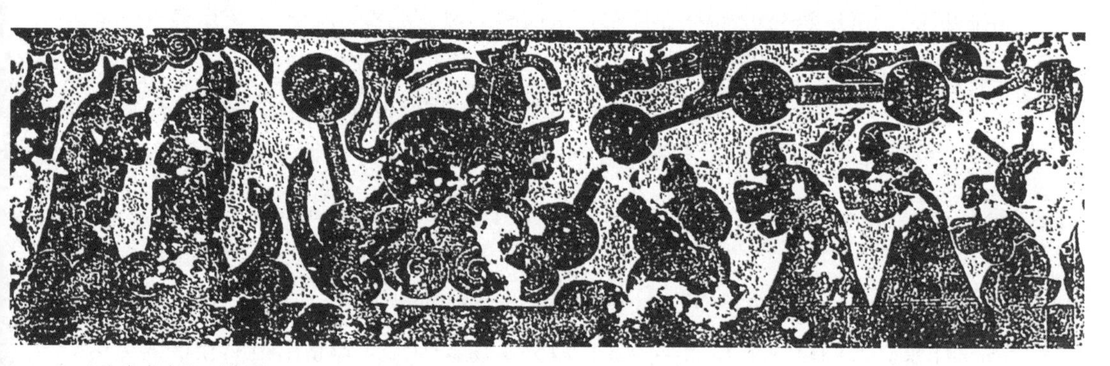

“斗为帝车”画像石。

先秦典籍《鹖冠子》中有这样一句话：“斗柄东指，天下皆春；斗柄南指，天下皆夏；斗柄西指，天下皆秋；斗柄北指，天下皆冬。”这种通过观察北斗星绕极旋转来确定季节的方法在《夏小正》中也有描述。根据天象变化来确定四时叫作“观象授时”。在没有成熟历法的日子里，观象授时是人们长期采用的一种方法。

此外，根据《春秋公羊传》的说法，在三代之前，用于判断季节的代表性星官共有三个，那就是大火星、伐星和北斗星。大火星就是东方苍龙中的心宿二，在如今的天蝎座内；伐星是西方白虎参宿中的一个星官，在如今的猎户座内。人们利用大火星、伐星以及北斗星，就可以获知季节的早晚。

《周礼·春官》有云：“三月大火星始见，九月大火星始伏。”《左传·昭公三年》

说："火中，寒暑乃退。"大火星六月昏中，十二月旦中。这些都是利用大火这颗恒星的出没来判断季节的方法。

《诗经·小雅》说"月离于毕，俾滂沱矣"，这也是古人总结出来的一条经验规律。西周初年，东征的将士在旷野中跋涉，他们在倾盆大雨中行军，恰逢满月靠近毕宿，所以唱出了上面这句诗歌。十五的月亮处在毕宿的位置，对应的是什么季节呢？通过天文知识就可以推断出，这时太阳与月亮相对，也就是位于毕宿的对面，即心宿附近。在 4000 年前，这种天象对应的是秋分时刻。所以，后人也有"月离于毕俾滂沱，兆及丰年喜欲歌"的诗句，这是秋雨来临时的写照。

另外，"月离于箕风扬沙"也是古人总结出来的一条规律。当满月出现在箕宿附近时，正是春分过后一个月左右，这时大风开始扬起尘土，预示着气候回暖，万物开始复苏。

大自然有着无穷的力量，人们为了生存和发展，必须不断地认识自然规律。人类在漫长的发展过程中逐步积累了如何判断年、月、日等周期的各种经验，这正是历法的思想基础。二十四节气与太阳在天空中的视位置有一定的对应关系，古代历法中的"气""朔""闰"这三个基本要素也是太阳和月亮运动在时间上的体现。中国的古人通过认识物候和天象的变化规律，形成了自己独特的知识体系。人们以时节和物候为经，以天文现象为纬，勾勒出自然和谐的生活节奏。

甲骨上的天象记录

1900 年的一天，小说《老残游记》的作者刘鹗在北京的街头匆忙地走着。不久前，他听说有人在售卖上面刻有神秘花纹的龟壳和牛胛骨，便好奇地跑去看一看。然而，他当时并不知道这些奇特的图案不经意间泄露了 3000 多年前殷商时代的秘密。这些龟壳和牛胛骨正是从河南安阳附近的小屯村挖出来的甲骨。

河南安阳西北的洹河两岸，原本是商代晚期都邑的所在地。据《史记》引《竹书纪年》所载："自盘庚徙殷，至纣之灭，二百七十三年，更不徙都。"在近 300 年的时间里，这里是商朝的政治中心，先后经历了 8 代 12 位殷王的统治，留下了大量的遗迹和遗物。商代末年，这里经过武王伐纣的一场兵燹之灾，遂成了废墟。这正如《吕氏春秋》所云："自古及今，未有不亡之国也。无不亡之国者，是无不掘之墓也。"而自 1899 年这里发现甲骨文以来，有关殷墟和商文明的谜团逐渐被揭开。

有一个流传很广的故事是关于甲骨文如何被发现的。据说，清朝国子监的王懿荣曾派人去买一种名为"龙骨"的药材。买回来后，他发现"龙骨"上竟然刻着文字。王懿荣精通金石，熟悉篆文。他仔细辨认后，发现其中有些文字跟大篆相似。大篆是西周晚期采用的一种字体，相传为夏朝伯益所创。"龙骨"上还有更多的文字是他完全没有见过的。他感觉这些没准儿是更古老的文字，于是赶忙派人去多购买些。

但没过多久，八国联军攻进了北京。王懿荣以国子监祭酒的身份任京师团练大臣，他毅然投井殉国。为了筹资发丧，王氏所藏的大部分甲骨都被转卖给了刘鹗。刘鹗不但能作小说和诗词，而且爱好广泛，是一位博学多识的文人。尽管他不是甲骨文最早的发现者，但将发现甲骨文的消息推进了大众的视野，做了很多开拓性的贡献。

1903 年，刘鹗从所购的 5000 多片甲骨中选出 1000 余片，编成了《铁云藏龟》一书。这是第一部著录甲骨文的著作。我国著名的甲骨文学者罗振玉和王国维都是从刘鹗那里见到大批甲骨的，并且产生了研究兴趣。因此，后人评价刘鹗道："知其所重而定为殷人之物者，刘氏也；拓墨付印以广其传者，亦刘氏也。"

文字是人类最伟大的发明之一，它承载着我们的文化传统与智慧，没有文字的世界是无法想象的。在人类的历史中，有许多原生文明，而文字是这些文明最主要的特征。两河流域的楔形文字、埃及的象形文字和中国的甲骨文都是古代文明的代表性成就。也正是由于甲骨文的发现，今人才揭开了殷商的神秘面纱。

在商代，人们用甲骨来占卜凶吉、预测未来，以便对重大事情做出决断。专门从事占卜的人称作"贞人"。他们在龟壳或牛肿骨的表面凿洞、钻孔、烧灼，让龟甲或者牛肿骨的表面产生裂纹，然后观察裂纹的形状和走向，以此来确定占卜的结果。

由于占卜是一件很神圣的事情，贞人会在甲骨上刻下占卜日期、所求的问题等内容。这些文字就是所谓的"卜辞"。在已发现的 10 多万片甲骨中，可以看到祭祀、战争、狩猎、历法和天象等诸多信息，其中一些天象记录弥足珍贵。

比如，甲骨文中最受国内外学者关注的内容包括从武丁至祖庚时期的日食和月食记录。通过现代天文学方法进行推算和验证后，这些记录可以作为中国历史年代学的重要参照点。另外，甲骨文中使用的干支纪日法也让这些记录有章可循。

试想一下，假如我们没有记录天数的方法，就很难确定事件发生的日期。也许今天还好说，明天、昨天、前天、后天、大前天、大后天这些也算方便，但是时间一长，人们就会开始犯迷糊。如果时间再长一些，恐怕就对应不上了。所以，在殷商时期，干支纪日法是一项很重要的创造。

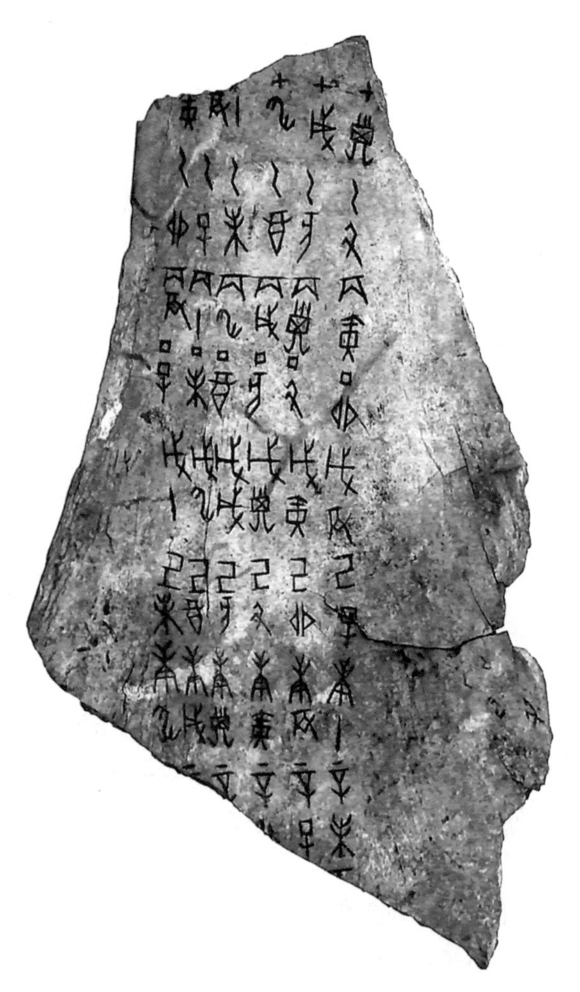

商代甲骨干支表，刻在牛胛骨上，从甲子始，到癸亥止。这一纪日制度一直延续到现在都没有间断。

在殷墟卜辞中，关于干支纪日的内容很普遍。这说明早在商代，人们就已经将干支用于纪日，而且在公元前 14 世纪至前 11 世纪就已经使用连续的干支纪日。基于这一点，历法中的日期就不致错乱。

如果某一天以甲子来表示，那么随后第 1 天就是乙丑，第 2 天就是丙寅，以此类推，等到第 60 天又回到了甲子。人们只要选取某一天作为开头，那么以后所有的日期就都可以这样表示了。这种方法看起来很简单，但是在当时是必不可少的。后来，干支法不但用于纪日，而且用于纪月和纪年，尤其是干支纪年法一直沿用至今。

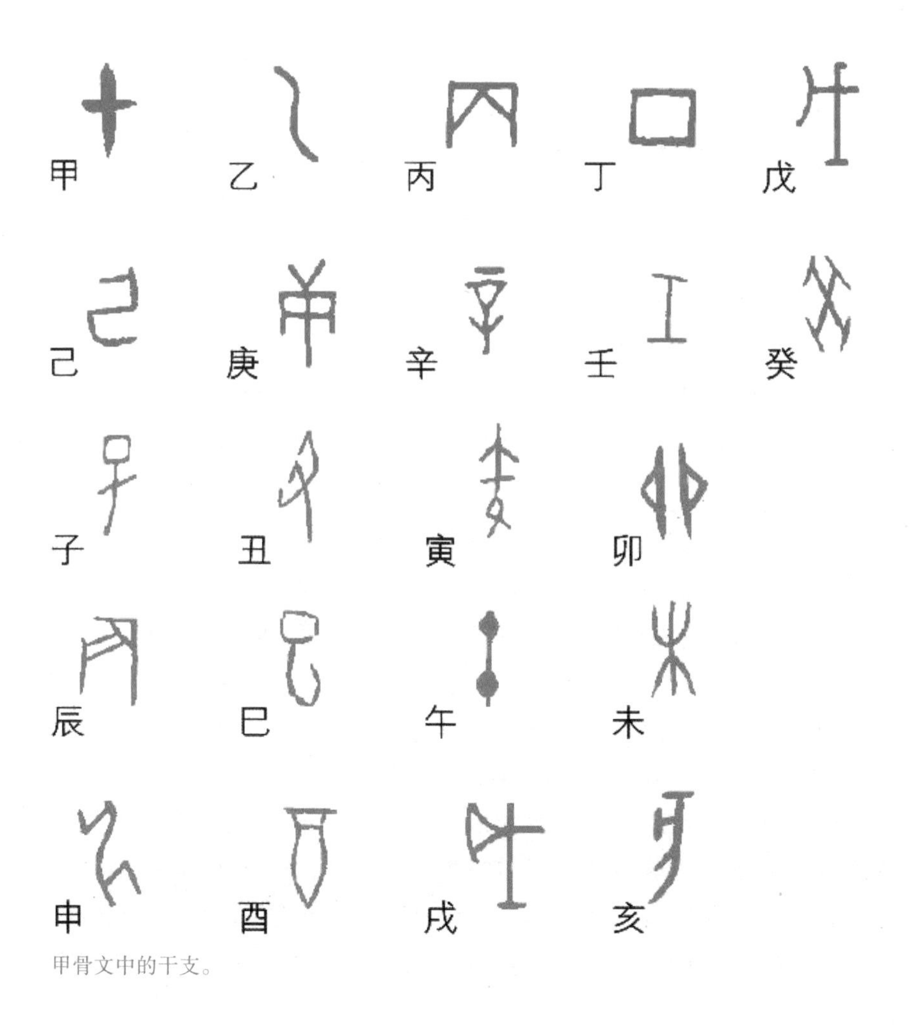

甲骨文中的干支。

另外，从甲骨文中也可以看出，殷商时期已经有了较为完善的历法，出现了大小月、闰月的设置，以及分至日的测定。在没有发现甲骨文的时候，人们对商代历法的了解来自各种推测。

如今，人们除了在甲骨文中发现了干支纪日，还在卜辞中陆续找到了一些年份有 13 个月的记载。之所以有的年份有 13 个月，而有的年份没有，这是因为多出的一个月就是增加的闰月。闰月的存在揭示了商代历法的主要特征，说明这是阴阳合历的产物。为了调整季节和月份的关系，也就是太阳和月亮周期之间的关系，需要有闰月的设置。

商代历法采用干支纪日、太阴纪月、太阳纪年，平年有 12 个月，闰年有 13 个月，而且分为大小月，大月 30 天，小月 29 天。在一个月当中，人们还以 10 天为一旬，有一旬、二旬和三旬。若一旬超出了几天，则用“旬又几日”。这一切表明商代的历法已经有了完善的体系。

另一个问题是，每一天的时刻是从什么时候开始的。我们知道，现在新的一天都是从子夜 12 点开始的，这个问题似乎很简单。可是古时候，人们“日出而作，日入而息”，天亮了就是一天的开始，天黑就是一天的结束。一天的开始和结束到底有没有明确的时间界定呢？

在甲骨文里，已经出现如何划分一整天时间的系统，一天中的不同时间也有不同叫法。比如，黎明叫旦、明或昧旦，也就是既暗又明、暗中泛亮的时候；清晨叫大采、大食或朝食，因为日出后有一段时间是吃早饭的时间；中午叫盖日或中日；午后叫昃，也就是太阳偏斜到西南方向的时间；下午叫小食或郭兮；黄昏叫小采、莫（象日落草木丛中之形）、昏或落日；夜晚叫夕等。与之对应，甲骨文对漫长的黑夜还没有系统的时间分段记载，可见这个时期还没有以夜半为一天的开始。

甲骨文中还有不少天象资料，填补了商代天文学记载的空白。这些记录能反映出当时天文学的发展水平。甲骨上有许多卜辞描述了那时人们所见到的天象。比如，有一块牛胛骨上刻着这样两句话：“癸酉贞，日夕又食，佳若？癸酉贞，日夕又食，非若？”这里的“癸酉”指占卜的日期，“贞”的意思是占卜，“夕”的意思是黄昏。占卜的人问道，黄昏有日食发生，到底是吉利还是不吉利呢？这是世界上最早关于日食的记录之一。虽然我们不知道这次日食发生的确切日

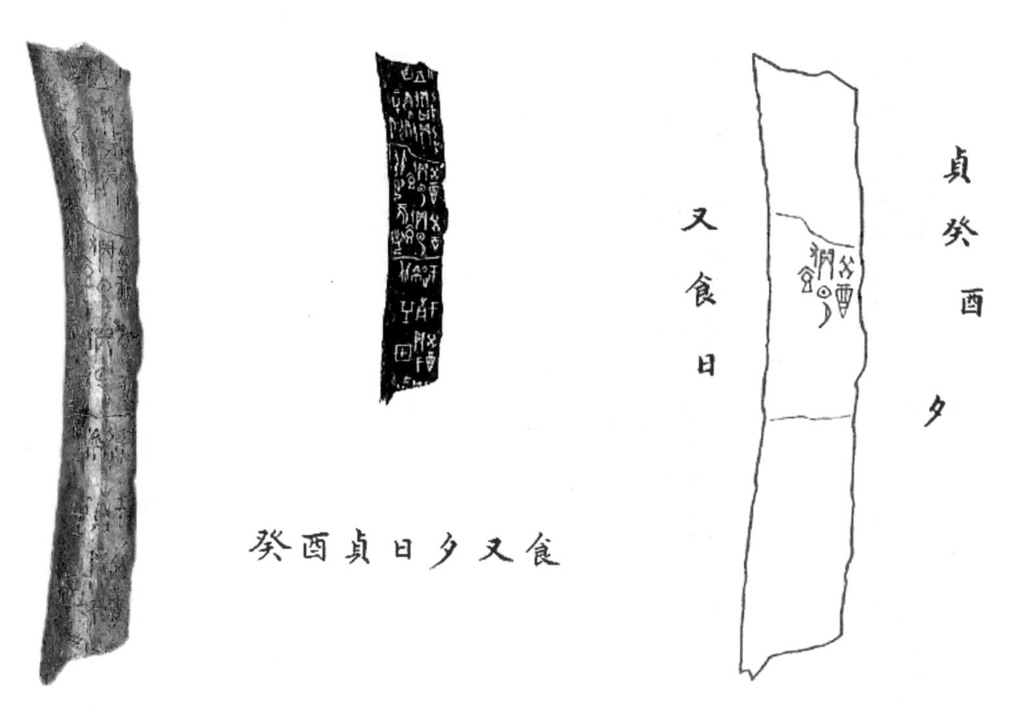

这块刻有“癸酉贞日夕又食”文字的牛胛骨提到在商王武乙某年某月癸酉日的一次日食，是关于日食的较早记载。

期，但是通过对这块牛胛骨的鉴定，大致能够确定是在武乙时期。也就是说，这是距今 3300 多年的公元前 13 世纪的遗物。

甲骨文中除了日食记录之外，还有很多月食记录。有的甲骨上刻有“日又戠”字样，那么“戠”又是什么呢？这个字像是繁体字“识”（識）的右边。最初，人们以为这应该是指太阳上的某种现象，比如太阳黑子等，到后来又发现了刻有“月又戠”的甲骨。由于月亮上没有黑子，所以人们判断它们分别指日食和月食。

此外，在甲骨文中还有一些星辰的名字，如“七日己巳夕，㞢（有）新大晶（星）並（并）火”。这句话的意思是说，七日这一天的干支是己巳，这天晚上有一颗新的大星出现，它位于火星近旁。这里的火星指的是有名的大火星（即心宿二）。在夏日的夜晚，南天上的一颗星突然发亮出现在大火星附近，这其实是极为罕见的超新星爆发现象。

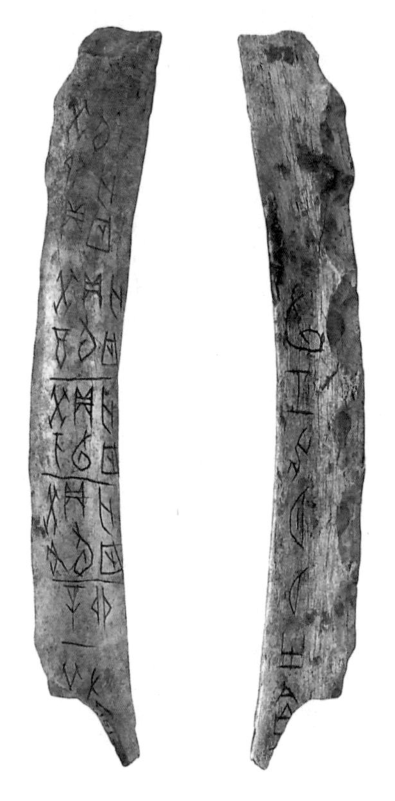

商王武丁时期的月食卜骨，记录了壬申日傍晚发生的月食，是世界上关于月食的最早的完整记录之一，也是夏商周断代工程的重要标本材料。

武王伐纣与年代学

司马迁在《史记》中记载了这样一件事。话说西周天子周厉王暴虐无比，他严厉地压制着所有反对意见，搞得大家走在路上都不敢说话，只能“道路以目”，心照不宣地交换一下眼神。在这种情况下，都城镐京的人们终于忍不下去了，发生了国民暴动，赶走了讨厌的周厉王。这件事发生在公元前 841 年，这一年被称作西周共和元年，是中国最早的一个有确切记载的历史年份。

我们知道中国有 5000 年的悠久历史，但很长时间以来，有人认为确切的有“信史”记载的年代只能上溯到公元前 841 年。在此之后的各个时段，帝王世系和年代都明白无误，没有太多的分歧。但是再往前，即便是古代的史官也没搞清楚以前的帝王世系。留存下来的各家早期记录也不尽相同，历来众说纷纭。

为了解决这一难题，历代史学家付出了不懈的努力。利用古代天象记录进行研究的历史年代学是一种传统的治学方法。因为日月和五星的位置是有着严格规律可循的，所以后世可以反推前代的天象，然后将其与历史记录结合起来，用以判断年代。在古时候，刘歆、一行等学者都为此做出过贡献。

不过，由于古人的历算水平有限，推算的结果有时并不可靠。但是，这种研究思路给后人以很大的启迪。随着西方现代科学的建立，天文历算已达到很高的水平，对于前后 3000 年的日食、月食和行星动态，都可以算得非常准确。因此，利用天文学对历史年代问题进行研究的方法到了近代又有了长足的发展。

夏、商和西周一共有 1000 多年，但真正能够确切讨论年代的只有商后期到西周。在这个时期，武王伐纣恐怕是最重要的历史事件之一。商代后期的出土文献以甲骨文为主，西周则以青铜器铭文为主。武王伐纣刚好处在两个体系衔接的位置，所以这一事件的年代确认也就成了断代工程中的核心问题。

人们对武王伐纣的了解大都来自小说《封神演义》，这个故事在中国民间可谓家喻户晓。但是，这场决定商周两个王朝命数的大决战究竟发生在哪一年，很长时间以来始终无法确定。其实，历史上有相当多的关于武王伐纣年代的记载，大致分为直接或间接的年代记载以及有关天象的记载。这些记载大多为后人所为，往往模棱两可、前后矛盾，不同的校勘、解释和演绎就会产生不同的结论。

《尚书》收录有周武王姬发在战斗打响之前发布的誓词，这就是著名的《牧誓》，其中提到在甲子日的黎明前，周武王向军队下达了最后的战前动员令。《牧誓》向我们提供了牧野之战的一条重要线索，那就是这场战役发生在甲子日。《逸周书·世俘解》证实了这种说法，而且这个重要的日期也得到了出土资料的充分确认。

1976年，陕西临潼南罗村出土了一件西周早期的青铜器利簋，上面的铭文写到武王伐纣的日期刚好是甲子日，就在这一天晚上，周武王的军队占据了商朝的王都（“夙有商”）。这与《牧誓》的记载完全吻合。这个细节的印证成为出土文献与传世文献互相参证的典范，也成为证明《牧誓》的记载基本可信的一个重要证据。

利簋，陕西临潼出土，现藏于中国国家博物馆。利簋铸于周武王时期，是已知最早的西周青铜器。腹内底部铸有铭文4行32字，述及武王伐纣在甲子日早晨，并逢岁（木）星当空。这与《尚书·武成》《淮南子·兵略训》等古代文献所记相合，具有重要的史料价值。利簋也被称作“武王征商簋”。

但是，武王伐纣的具体年份，《牧誓》和利簋铭文都没有提及。《尚书·武成》和《逸周书·世俘解》都只记载了当时的历日和月相。虽然《古本竹书纪年》提到了具体的王年，但这本书是战国时期的著作，后来又经过西晋学者的整理，成书时代相当晚，很难说是否可靠。

西周利簋铭文拓片，大意说周武王征伐商纣，在甲子那天岁星当头的早晨灭了商。辛未这天，周武王赏赐青铜器给有司（官名）利，利将其用作祭祀祖先的宝器。

《国语》还记载了武王伐纣前后发生的一些特殊天象，如“昔武王伐殷，岁在鹑火，月在天驷，日在析木之津，辰在斗柄，星在天鼋”。《今本竹书纪年》和《淮南子》等书也有类似的记载，只不过这些书的成书时间也比较靠后，是否真实可靠，还有待考证。

由于文献材料本身的问题，加上后世对古代历法、月相等天文数据的不同解读，准确判断武王伐纣的时间很困难。对此，历代学者提出了各种不同的论点，其中最早试图解决这一问题的是西汉晚期的刘歆。根据不完全统计，对于这个问题，学界已经提出了 40 多种不同的答案。其中，最早的年份定在了公元前 1130 年，最晚的则在公元前 1018 年，二者竟然相距 100 多年时间。我国在 1996 年启动了夏商周断代工程，初步认定武王伐纣发生在公元前 1046 年。

随着科技的进步和出土文物的大量涌现，对此问题的研究出现了新的机遇，特别是夏商周断代工程的研究成果报告提供了新的夏商周年表。这一成果打破了年代学长久以来的僵局，将我国明确纪年的历史向前推进了 1000 多年。

在断代工程中，专家从考古学和天文学入手，重新探讨了武王伐纣的年代问题。首先，考古工作者在陕西省长安县（今西安市长安区）马王镇一带的周代丰、镐都城遗址上进行了发掘，这里曾经分别是周文王和周武王时期兴建的都城。考古学家对出土的文物进行碳 -14 测定，结合丰、镐建成时间，就能推测出武王伐纣的大致年代范围。

周文王

姓姬名昌黄帝之裔后稷之後父季歷娶太妊
生王有聖德嗣王季位發政施仁必先鰥寡孤獨
殷紂時被崇侯虎譖囚於羑里乃取伏羲六十四
卦次序而演之作易以垂後世息虞芮之爭天下
聞之歸者四十餘國獻西洛地請除炮烙之刑許之賜
弓鉞得專征伐退而修德行善諸侯多叛紂歸西伯
享國五十年受命九年壽九十七歲

周武王

姓姬名發文王第二子后稷十六代孫也文王薨
武王立有十三年春擓師于盟津天下諸侯不期
而會者八百紂聞亦發兵七十萬人拒敵皆無戰
心紂自燔而死諸侯尊武王為天子以建子為正月
以木德王都於鎬封功臣謀士而師尚父惟周公留
佐在西伯位十二祀在王位七祀壽九十三歲葬于
畢

《历代帝王圣贤名臣大儒遗像》中的周文王像和周武王像。

同时，天文学家也在武王伐纣的天象研究方面有了很大的进展。他们对商代后期殷墟出土的一批甲骨进行了考证，利用一组记载有 5 次月食的信息确认了它们发生的年代，再结合其他天象记录，推测出武王伐纣的年代范围。随着各种证据的相互印证，考古学家和天文学家得出了一致的结论，那就是武王伐纣应该发生在公元前 1050 年和前 1020 年之间。虽然这只是一个大致范围，但这个范围已经比以前缩小了很多。

专家推算武王伐纣年份的过程就像用一个大筛子不断地将不符合条件的日期挨个筛出去。经过多次筛选之后，他们找到了一个吻合度最高的结果。最终，他们得出了一个结论，这个最能符合各种条件的时间是公元前 1046 年 1 月 20 日。

为什么这个年份会定在公元前 1046 年呢？因为这个年份不但满足了《武成》的历日和“岁在鹑火”的天象，还解释了其他相关的天象历日记录。例如，利簋铭文中有甲子日岁星在鹑火和岁星中天的记录，《淮南子》有行军时“东面迎岁”的记载，《国语》《史记》和《尚书》中也有武王伐纣的其他信息，这些都能够与公元前 1046 年相符合。天象记录中还有月食、五星会聚等内容，也都能找到适当的对应。这样，利用考古和文献资料，并与古代天象进行印证，就能得出武王灭商的最有可能的日期。

除了确定武王伐纣的确切日期，天文学家还利用“天再旦”现象，确定了懿王元年的日期。据记载，晋朝咸宁五年（279 年），在汲郡的一座战国古墓中发现了一堆竹简。这些是记载中国古代历史的编年体史书，共有 12 篇，包含了从夏商到春秋战国时期的历代大事。后人将这部书命名为《竹书纪年》。

《竹书纪年》使用古老的蝌蚪文书写，其中一些内容让人困惑，譬如记载有“懿王元年天再旦于郑”。这是说懿王元年的某一天，在郑这个地方天先后亮过两次。我们知道每天只有一次日出，一天之中天如何会亮两回？直到现代，天文学家才逐渐揭开了这个谜，原来这是黎明时分发生日食所造成的奇特天象。太阳刚出来就遇上了日食，结果太阳就不见了，天也就黑了。等日食结束之后，太阳重新出现，天也就再次亮了。

这条记载给历史学家帮了大忙。之前的史书关于西周懿王最早的确切纪年是“共和元年”（公元前 841 年）之前的四代。公元前 841 年之前的四代具体是在这之前多少年呢？人们一直不知道。不过，既然“天再旦”，那么当天一定发生了很大的日食，而大食分的日食是很罕见的天象。

由于懿王元年的可能范围只有 30 来年，“天再旦”现象在特定地点发生的概率是 500 年一遇，而我们恰恰在这 30 年中找到了唯一的例证，所以历史学家和天文学家合作通过现代天文计算，推算出这一天是公元前899年4月21日。

时制纪年岁岁年年

我们先来读一句话：“起著 [chú] 雍摄提格，尽玄黓 [yì] 困敦 [kùn dūn]，凡三十五年。”这是《资治通鉴》正文中的第一句。如果你拿起《资治通鉴》刚读到这句话，或许多半和我一样，准备打退堂鼓了。因为这如同天书一样，我们完全不知其所云。其实，这只是现代人不太熟悉的一种古代纪年方式，被称为岁星纪年。

古人发现木星运行一周天，也就是在恒星背景中的位置完成一次循环，大约要花上 12 年时间。于是，他们就将木星经过的天区平均分成了 12 份，每一份对应着一年。如此一来，只要观察木星落在某个天区的哪个位置，就能判断出相应的年份。《资治通鉴》中的这句话的意思翻译过来就是，书中记载周朝历史的第一卷《周纪一》的内容起始于公元前 403 年，结束于公元前 369 年，前后一共 35 年。

在古代，纪年是一个无法回避的问题，古代历法最基本的一个用途就是纪年。中国古代纪年的方式有多种，最初采用的是以君主在位年数纪年，如《左传》中用的“某王几年”。后来，又出现了岁星纪年和太岁纪年。到了东汉初年，又从岁星纪年和太岁纪年演化出了干支纪年。

第一种纪年方式是君主在位纪年，除了第一年称“元年”外，其他年份都用数字表示，比如二年、三年等。

周朝实行分封制，在王室之下还封有众多诸侯国。各诸侯国除了采用周王的纪年之外，也采用本国诸侯的在位时间来纪年。根据《史记》的记载和描述，自西周末年开始，主要的诸侯国大都使用本国国君为时序的纪年方式了。

到了汉代，出现了郡县和分封王侯并立的制度。诸侯王在采用帝王纪年的同时，也会用诸侯的在位时间纪年。到了汉武帝时期，人们开始创建了年号纪年方式，第一个年号就是“建元”，也就是汉武帝即位之年，即公元前140年。

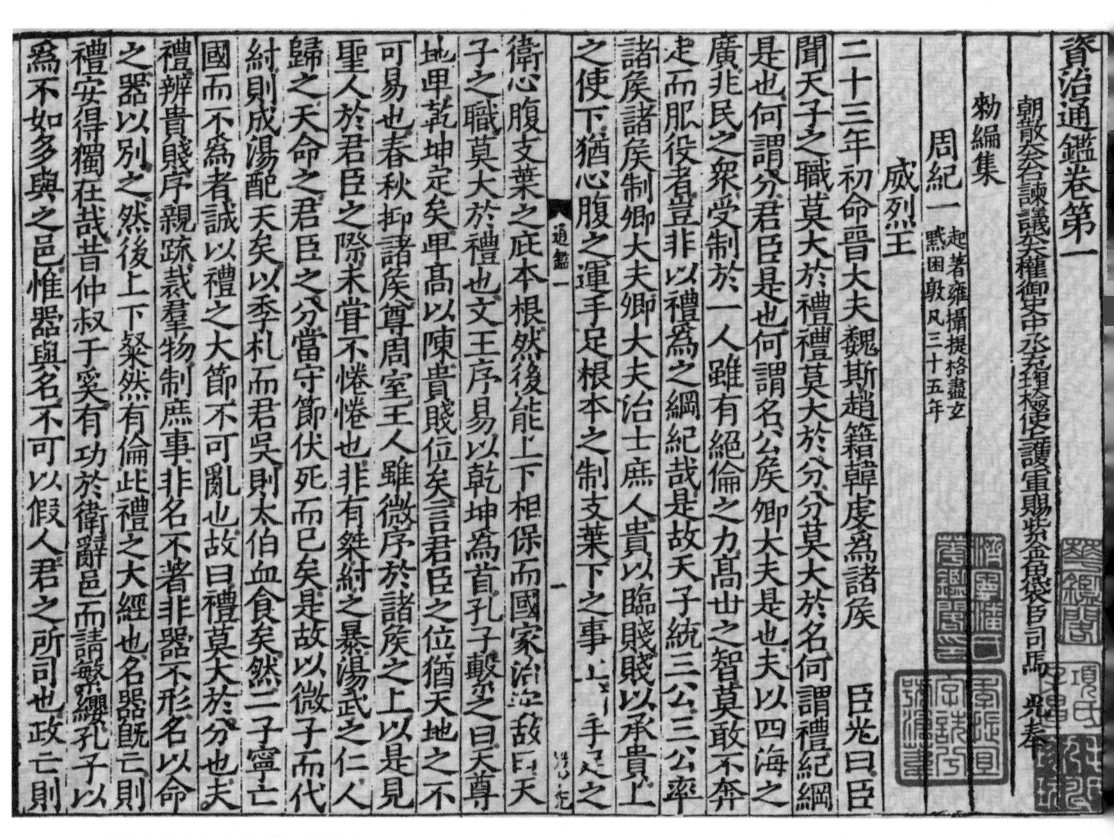
資治通鑑卷第一
朝散大夫右諫議大夫權御史中丞充理檢使上護軍賜紫金魚袋臣司馬光奉
勑編集
周紀一 起著雍攝提格盡玄黓困敦凡三十五年
威烈王
二十三年初命晉大夫魏斯趙籍韓虔為諸侯 臣光曰臣聞天子之職莫大於禮禮莫大於分分莫大於名何謂禮紀綱是也何謂分君臣是也何謂名公侯卿大夫是也夫以四海之廣兆民之衆受制於一人雖有絕倫之力高世之智莫敢不奔走而服役者豈非以禮為之綱紀哉是故天子統三公三公率諸侯諸侯制卿大夫卿大夫治士庶人貴以臨賤賤以承貴上之使下猶心腹之運手足根本之制支葉下之事上猶手足之衛心腹支葉之庇本根然後能上下相保而國家治安故曰天子之職莫大於禮也文王序易以乾坤為首孔子繫之曰天尊地卑乾坤定矣卑高以陳貴賤位矣言君臣之位猶天地之不可易也春秋抑諸侯尊周室王人雖微序於諸侯之上以是見聖人於君臣之際未嘗不惓惓也非有桀紂之暴湯武之仁人歸之天命之君臣之分當守節伏死而已矣是故以微子而代紂則成湯配天矣以季札而君吳則太伯血食矣然二子寧亡國而不為者誠以禮之大節不可亂也故曰禮莫大於分也夫禮辨貴賤序親疏裁羣物制庶事非名不著非器不形名以命之器以別之然後上下粲然有倫此禮之大經也名器既亡則禮安得獨在哉昔仲叔于奚有功於衛辭邑而請繁纓孔子以為不如多與之邑惟器與名不可以假人君之所司也政亡則

《资治通鉴》中的第一篇节选。

如果以汉武帝时期为界，我们可以将纪年分为前后两个不同阶段。前面是无年号的纪年阶段，后面是有年号的纪年阶段。也就是说，自上古至汉武帝之前都是没有年号纪年的时期，而自汉武帝至清朝末年是以年号纪年为主的时期。这种利用君主在位时间的纪年方式在历史上使用的时间最长，自最早已识文字甲骨文记载的殷王纪年直至清朝末帝，历时3000多年。

第二种纪年方式是岁星纪年。古代的先民很早就认识到，在天上众多恒星组成的背景中，还有金、木、水、火、土五大行星，它们大致沿着黄道自西向东运行，而且速度快慢不等。在这些行星中，木星的运动周期是 11.86 年。古人觉得木星运行一周天大致为 12 年，可以用来帮助纪年，于是就出现了基于木星运动的纪年方式。木星又名"岁星"，所谓"岁者年也"。

为了观测与准确判断岁星运行时所在的具体位置，人们还将黄道附近的一周天分为 12 等份，称之为十二次。"次"犹"舍"也，也就是停留之所。可以说，十二次是中国古代划分周天的一种独特方法，它将天赤道均分为 12 等份，让冬至点处于其中一份的正中间，而这部分也被称作星纪。从星纪自西向东依次排列，其他各部分分别被命名为玄枵、娵訾、降娄、大梁、实沈、鹑首、鹑火、鹑尾、寿星、大火和析木。

岁星每年经过十二次中的一次，等到 12 年之后，它又回到 12 年前所在的位置。这种周而复始的方式就是所谓的"岁星纪年"。岁星纪年的起源时间，有人认为大概在商周之际，也有人认为应该在春秋战国时期。根据文献的记载，至少在春秋和战国之交，岁星纪年已经得到了广泛的应用。另外，在天空的恒星背景中，岁星每经过一次，我们都可以用二十八宿中的某些星宿来做标记。于是，后来石申的《星经》中也出现了十二次与二十八宿的对应关系。

中国古代有一种划分周天的方式，与十二次的方法类似，但是方向是相反的。这种划分方式也被称作十二辰。十二辰以十二地支命名，以十二次中的玄枵作为子，自子向西依次为丑、寅、卯、辰、巳、午、未、申、酉、戌、亥。十二次和十二辰这两种划分天区的方式时常和分野理论相结合，出现在中国古代的传统星图中。

第三种纪年方式是太岁纪年。前面我们提到，岁星纪年是一种以天象为依托的纪年方式，它所依据的是岁星 12 年运行一周天。但实际上，岁星的运行周期为 11.86 年，它每绕一圈，都会比人们认定的 12 年要少 0.14 年。

这样一来，每经过 85.7 年之后，岁星实际所在的星次就要比人们认定的它应当在的星次提前一次。这种现象就是所谓的"岁星超次"，也叫岁星超辰。一开始，人们只是用肉眼去观测，比较粗疏，不够精密，对超次现象的认识也不够彻底，只是将岁星运行一周天定为 12 年。虽然岁星在实际运行中的位置会逐年前移，但因移位不太明显，所以在短期内也就没有引起人们的重视。

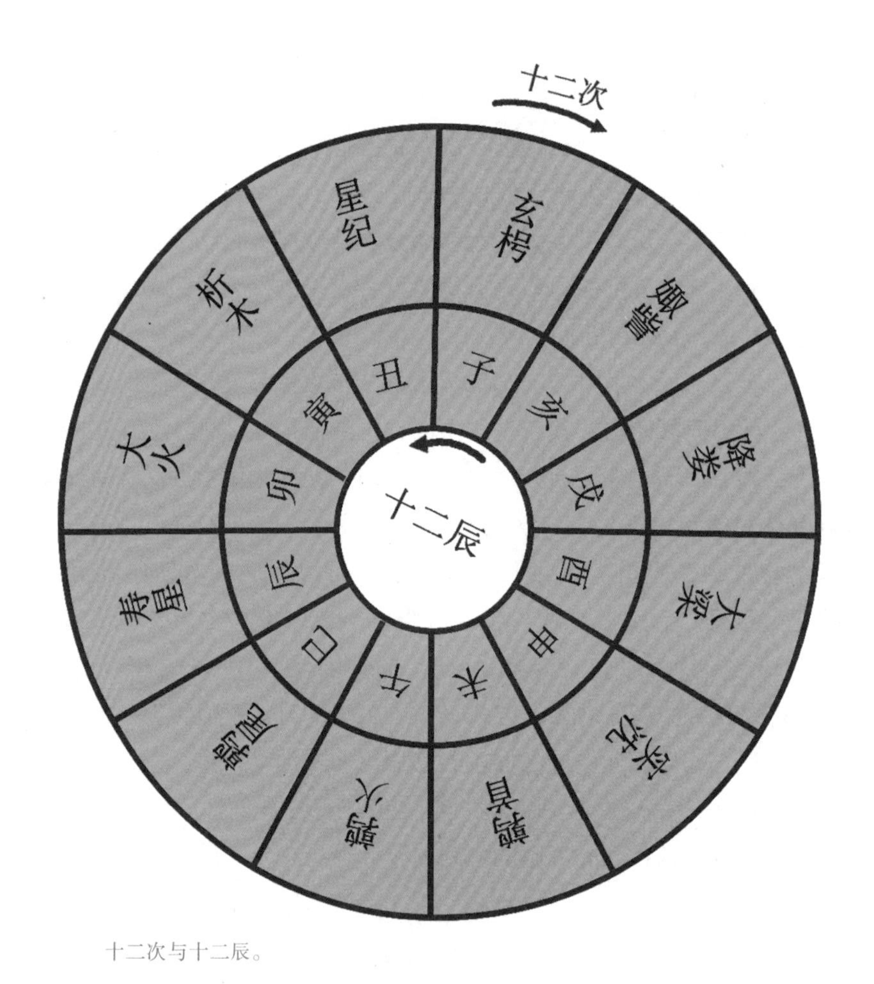

十二次与十二辰。

当时，一旦岁星的运行超过 7 个周期之后，它所在的位置就要提前一次，所以岁星纪年其实并不理想。于是，人们便开始设想，如果有一个天体，刚好 12 年整运行一周，岂不是很完美？但实际上，天上所有行星的运行周期都无法和这个想法吻合。于是，人们干脆就假想出一个虚无的天体，叫作太岁。

人们直接规定，太岁的运行速度和岁星大致相同，但不是大约 12 年一周天，而是刚好 12 年一周天。它的运行轨道也与岁星相同，只是运行方向变成自东向西，这刚好与岁星相反。这样，根据太岁沿十二辰自东向西运行的情况，让它每年经过一辰。如此一来，整整 12 年一个周期，同样是周而复始。这就是太岁纪年。

太岁原本是一个假想的天体，它与岁星脱离了关系，也就和真实的天体运动脱离了关系，变成了一种单纯的纪年方式。后来，人们又将十岁阳与十二岁阴依次相配，组成了 60 个年名，用于太岁纪年。不过，这种方法用字晦涩，而且拗口难读，不方便记忆和使用。于是，人们便放弃了太岁纪年的 60 个年名，而保留了代表太岁所在辰位的干支，以此作为单纯的纪年符号。这就形成了我们所熟悉的干支纪年。

第四种纪年方式是干支纪年。干支用来纪时的方式，我们在前面很早就提到过，只不过早期更多地用在纪日上面。将干支用于纪年大约始于东汉。从那以后，这种方法就与君主在位纪年并用，一直沿用到清朝末期。因此，东汉之前的纪年干支都是由后人逆向倒推出来的。能够逆推出的最早、准确且连续的干支纪年就是西周共和元年。这一年为庚申年，也就是公元前 841 年。这是中国有连续而准确的纪年的开始。

在清朝覆灭之后，干支纪年就不再被正式采用了。不过，我们还是能算出公元 2022 年是壬寅年，2023 年是癸卯年。在如今的挂历和月份牌上，有时还保留着干支纪年方式。

在中国古代，还有一种将十二生肖用于纪年的习俗。将 12 种动物附于十二支，称之为十二生肖。关于十二生肖的记载在秦简中就已出现。1975 年 12 月，在湖北省云梦县睡虎地十一号秦墓中出土了一批秦简，其中保存有两种《日书》。其中，《日书》甲种写道："子，鼠也。丑，牛也。寅，虎也。"

此外，在睡虎地秦简中，还出现了秦昭王元年（公元前 306 年）到秦始皇三十年（公元前 217 年）的历日，其中有后九月的记载。秦朝以十月为岁首，后九月也就是所谓的年终置闰。从殷武丁时代至此时，虽然经历 1000 多年的岁月，中国的社会形态由奴隶制转向了封建制，整个历法体系也几经改革，但是这种年终置闰的传统仍然在施行。

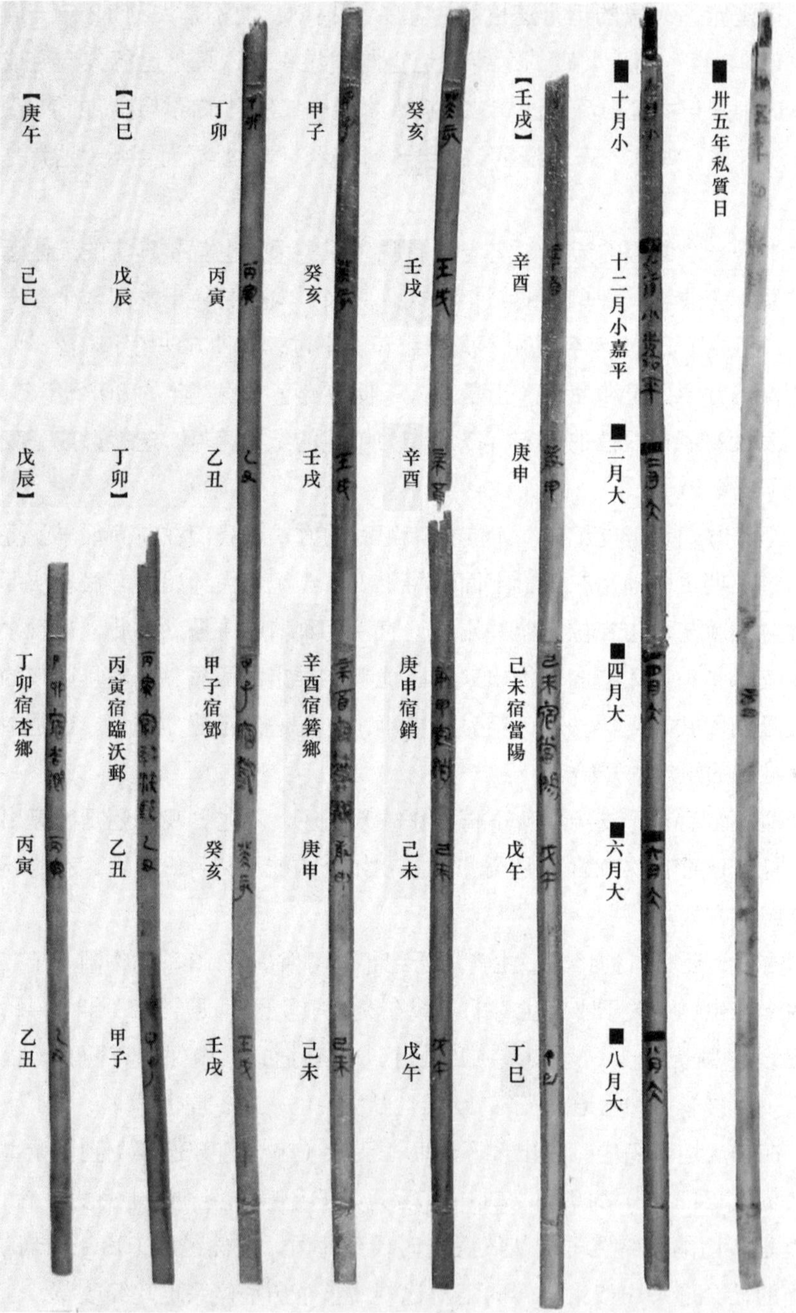

■卅五年私質日

■十月小　十二月小嘉平　■二月大　■四月大　■六月大　■八月大

【壬戌】　辛酉　庚申　己未宿當陽　戊午　丁巳

癸亥　壬戌　辛酉　庚申宿銷　己未　戊午

甲子　癸亥　壬戌　辛酉宿箬鄉　庚申　己未

丁卯　丙寅　乙丑　甲子宿鄧　癸亥　壬戌

【己巳　戊辰　丁卯】　丙寅宿臨沃鄄　乙丑　甲子

【庚午　己巳　戊辰】　丁卯宿杏鄉　丙寅　乙丑

岳麓书院藏秦始皇三十五年竹简“质日”。

第 3 章　天行有常：春秋战国之争鸣

二十八宿系统的确立

二十八宿在中国古代文化里的出镜率很高，在大家都熟悉的《西游记》《水浒传》中都有它们耀眼的身影。《西游记》里唐僧师徒在小雷音寺被黄眉大王用金铙困住，二十八宿星君特意下界来帮忙，最后亢金龙顶破金钵救出孙悟空。《水浒传》也提到，辽国统军元帅兀颜光麾下有二十八宿将军。那么，二十八宿又是如何产生的呢？

每当地球绕着太阳运转一周，我们站在地球上看，就像是太阳在天空的背景中缓慢地移动，一年刚好移动一周，然后重新回到原点。当然，在太阳高悬空中的时候，我们看不到星星，但是可以在日出之前和日落之后的一段时间内进行观测，通过周围的星星来推测太阳在星空背景中的位置。另外，人们还将太阳的视运动在天上划过的这条路径称作黄道，而且发现月亮和五大行星在视觉上也都是沿着黄道运行的。

为了准确测量这些天体的运动，人们将黄道附近的天空划分成若干区域。例如，西方将黄道等分为 12 部分，称为黄道十二宫。中国古人为了观测天象以及日、月、五星在天空中的运行情况，在黄道带与赤道带的两侧选取 28 个星官作为观测的标志，称之为二十八宿。也就是说，这片大致沿黄道和赤道分布的区域被分成了 28 份，每一份就是一宿，合在一起就是二十八宿。

二十八宿又被平均分为 4 组，每组 7 宿，它们与东、西、南、北 4 个方位和苍龙、白虎、朱雀、玄武（龟蛇合体）4 种动物形象相配。这 4 种动物被称作四象。二十八宿以北斗斗柄所指的角宿为起点，由西向东排列，其名称和四象的关系如下。

东方苍龙：角、亢、氐、房、心、尾、箕。

北方玄武：斗、牛、女、虚、危、室、壁。

西方白虎：奎、娄、胃、昴、毕、觜、参。

南方朱雀：井、鬼、柳、星、张、翼、轸。

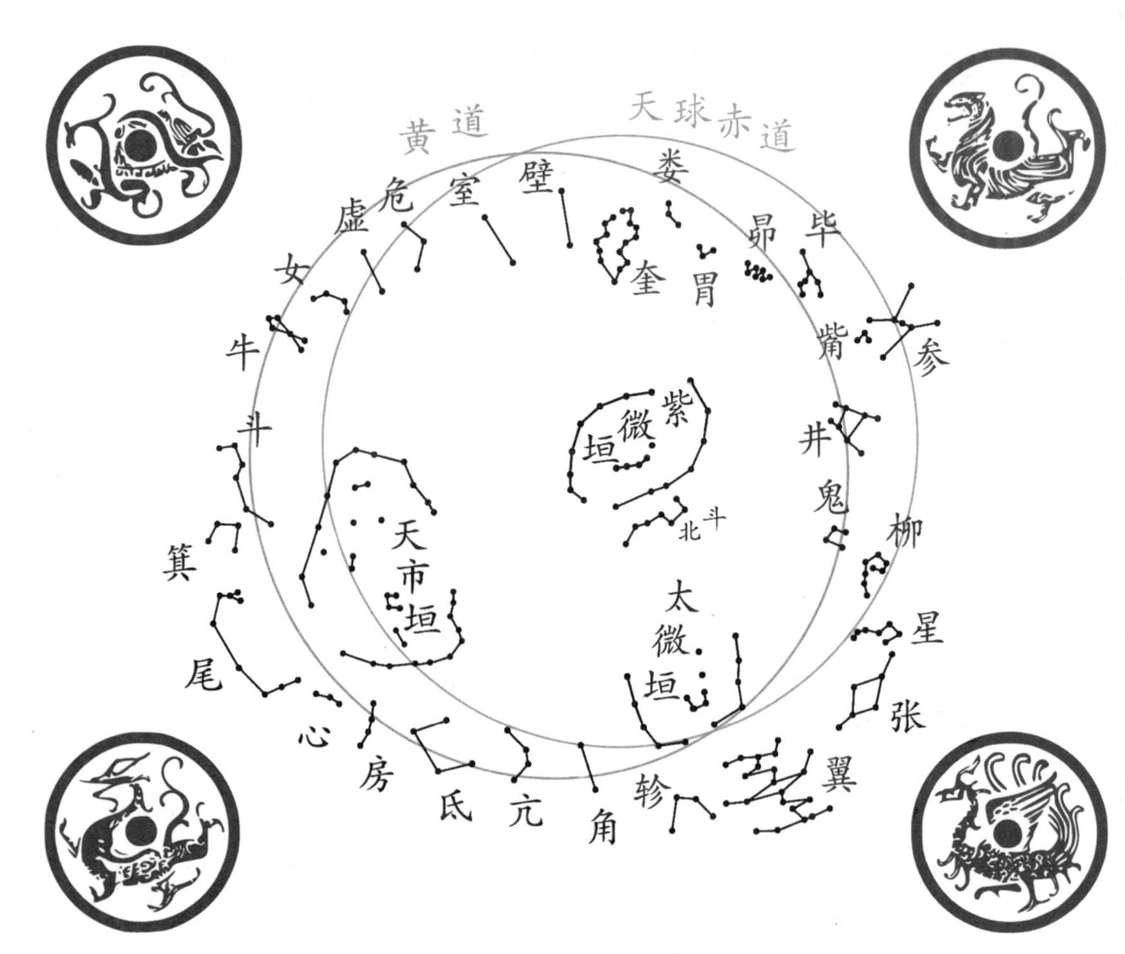

二十八宿与四象。

其实，在此之前，人们已经创造出另一种表示天体方位的方法。例如，古代有某星出东南地平、高数丈等记载。这是粗略的地平坐标。有了方位和高度，即地平经度和纬度，就可以确定天体的方位。

以丈、尺、寸等长度单位作为天球上角度的度量单位，是古人在表示天体相对距离时的一种借用方式，也是一种粗略的估算。这两种单位之间没有严格的换算关系，大约 1 尺为 1 度。这种坐标对于观测和研究天体的运动都不方便，所以中国古代的天文学家又创造出了二十八宿坐标系统。

古人利用二十八宿建立了一种特殊的赤道坐标系统。这个系统以赤道附近的 28 个距星作为标志点进行测量，天体的坐标用入宿度和去极度两个数值表示。入宿度表示某个天体在某宿距星以东的赤道度数，去极度为该天体距离北天极的度数。入宿度就是天体距离其西面最近的一宿距星的赤经差，而各宿距星距离冬至点（或春分点）的位置是已知的，入宿度被测定以后，该天体离开冬至点（或春分点）的赤经也就确定了。去极度是天体赤纬的余角，去极度被测定以后，天体的赤纬也就确定了。

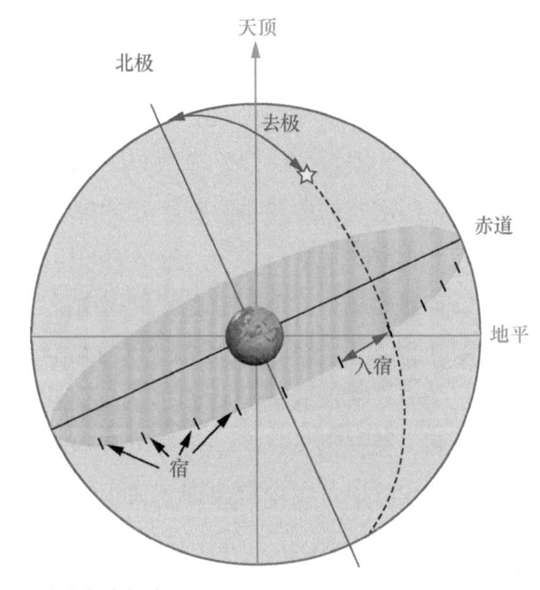

入宿度与去极度。

二十八宿是一种特殊的天空划分体系，但是它的起源时间和地点以及究竟是沿赤道划分还是沿黄道划分一直都有争议。此外，二十八宿的距星是怎样选取的，其距度为何广狭不均，这些问题至今都没有定论。这里所谓的“距星”就是古代天文学家为了观测天象及天体在天空中的视运动，从二十八宿的每一宿中选一颗比较显著的、用来标记距离的代表性恒星。

二十八宿的“宿”究竟是什么意思呢？东汉学者王充在《论衡·谈天篇》中写道：“二十八宿为日月舍，犹地有邮亭为长吏廨矣。邮亭著地，亦如星舍著天也。”也就是说，二十八宿为太阳和月亮的宿舍。这就如同地上有旅馆和驿站，为旅客和邮差提供停留住宿的地方。“宿”可以理解为“停留”和“住宿”的意思。古人根据月亮在天上恒星背景中的视运动，想象月亮每天走过一段距离就相当于依次在每个宿停留，这些宿如同天上的驿站。

既然如此，为什么非得要分成 28 份呢？最常见的解释是，人们最早是根据月亮的运动来划分的，因为月亮也大致沿这条路线运行，而且月亮的位置在夜晚比较容易判断。在恒星背景中，月亮每 27 天多一点走过一圈，所以古人干脆凑个整数，将其分成了 28 份，每天走一份。这就是二十八宿的月亮恒星周期说。

此外，还有土星恒星周期说、四七相配说以及求和说。土星恒星周期说认为土星行天一周是 28 年，土星又称填星，每年填一宿。四七相配说将周天分为四象，而每象衍生出七宿，最后形成了完整的二十八宿。求和说看上去则更像数字游戏，因为 28=1+2+3+4+5+6+7。

这些不同的解释都存在一定的缺憾。月亮恒星周期说和四七相配说无法解释二十八宿的间距不均匀，各宿的间距小到 1 度，大到 33 度，而月亮的运行速度没有如此悬殊。至于土星恒星周期说，其实土星的恒星周期是 29.5 年，并不是刚好 28 年。求和说更是缺乏天文学含义，也不大符合古代的习惯。

二十八宿形成的年代相当久远，它究竟在什么时候开始出现也颇有争议。据推测，公元前 3500 年至前 3000 年间，中国应该就已经形成了二十八宿体系。商代的甲骨文中曾出现了关于二十八宿体系的记载的痕迹，而且早期著作《尚书》和《夏小正》等中也出现过二十八宿中的个别宿名。不过，二十八宿最直接的实物证据最先见于战国初期。1978 年，考古学家在湖北的曾侯乙墓中发现了一只漆盒，其盒盖上绘有二十八宿的名称。这是目前已知最早的完整展示二十八宿的实物。从图像可以看出，盒盖的中央有一个很大的朱书篆文“斗”字，表示“帝车北斗”；四周是按顺时针方向排列的二十八宿，其次序和名称与现代的二十八宿大致相同。在宿名之外，左边和右边分别绘有白虎和苍龙。

曾侯乙墓中出土的二十八宿漆盒。

正如前面所说，二十八宿的分布并不均匀，比如区域最大的井宿横跨 30 多度，而鬼宿等仅有几度，最小的觜宿甚至只有 1 度多。这是中国的二十八宿和西方的黄道十二宫的一个很大的区别。为了解释各宿距度如此不均的原因，人们提出了各种不同的假说，但这些假说大多是主观上的猜测。相对来说，比较合理的是北宋科学家沈括在《梦溪笔谈》中提到的一种解释，即古人在选择距星时一般以距度恰为整数为原则，只有到冬至点的距离恰为整数的星才会被作为距星。所以，为了符合这个原则，各宿的距度和范围也就大小不同了。

曾侯乙墓中出土的二十八宿漆盒的线描图。

二十八宿不仅在古天文中具有重要作用，而且随着时间的推移，它越来越多地融入古人的日常生活中，逐渐成为佛教和道教中的人物，变成具有不同外表和性格的星君形象。在历代的书画和壁画中，都能找到不少以二十八宿为题材的作品。

唐代梁令瓒曾作《五星二十八宿神形图》。梁令瓒不仅是书画家，也是天文学家。开元九年（721 年），他与一行合作，设计制造黄道游仪。他在这幅画中绘有五星二十八宿神像，但如今仅存五星和十二宿图。画中每个星宿各作一图，或作女像，或作老人，或作少年，或作兽首人身，或作怪异形象。每图前有篆书说明，卷首题有“奉义郎守陇州别驾集贤院待制仍太史梁令瓒上”。

《五星二十八宿神形图》绢本设色，现藏于日本大阪市立美术馆。

齐甘德与魏石申

每个国家都会定期做全国性的人口普查，将每个人的情况都记录在案，生成户口信息，里面除了姓名还有住址等内容。有道是“天上一颗星，地上一个丁”，其实天上的星星也有自己的“户口簿”，那就是恒星的星表。

最迟在战国时期，古人就曾将天空中所见的星星的位置记录下来，称作星经。这就是最初的星表。历代的各种星表记录有不同形式的恒星信息，但星星的名称和位置都是最基本的内容。这些位置是用天球坐标来表示的，类似于地面上的经度和纬度之类的地理坐标，而这些坐标位置往往是天文学家经过仔细观测后得到的。

春秋战国时期，各诸侯国都有天文学家从事天文观测活动，其中以甘德、石申最为出名。司马迁在《史记·天官书》中说：“昔之传天数者，高辛之前，重、黎；于唐、虞，羲、和；有夏，昆吾；殷商，巫咸；周室，史佚、苌弘；于宋，子韦；郑则裨灶；在齐，甘公；楚，唐眛；赵，尹皋；魏，石申夫。”这里列出来的是一些早期天文学家的名字，而这也是关于甘德和石申两人最早的记载。

甘德大约生活于公元前360年前后。关于他究竟是当时哪个诸侯国的人，史料对此的记载不一。《集解》说甘公名德，本是鲁国人，当然也有记载称甘德为楚国人。《史记·天官书》又称甘德为齐国人，《晋书·天文志》也称甘德为齐国史官，掌管天文。

甘德曾著有《天文星占》和《甘氏四七法》，但是这两部著作都已散失，仅唐代的《开元占经》摘录有甘氏星占的部分条文。《甘氏四七法》虽然已经失传，但可从古人对四七两字的解释推知其大致内容。

究竟什么是四七法呢？《续汉书·律历志》说：“星从天而西，日违天而东。日之所行与运周，在天成度，在历成日。居以列宿，终于四七；受以甲乙，终于六旬。”这段话的意思是说，计算太阳运动的方法有两种，在天上可用单位“度”来计算，在历法上可用单位“日”来计算。如何用度来计算太阳的运动呢？其实就是太阳在列宿中的运动，这是以四七为周期的。如何用日来计算太阳的运动呢？其实就是用干支纪日法，这是以60天为周期的。

由此可以看出，所谓“四七法”是指以二十八宿为坐标参考系，用以测定太阳等天体运动方位的方法。每方七宿，四个方位合起来就是二十八宿，故称为四七法。

后来，三国时期的陈卓对甘氏的星官体系进行了梳理，将其分为中官星59座201颗星，外官星39座209颗星，紫微垣星20座101颗星，合计118座511颗星。这里的中官就是二十八宿以北的星，外官则是二十八宿以南的星。不过，后世的记载并未给出甘氏中外星官具体的坐标度数，仅仅记载了星官的星数和彼此的相对方位，以及相关的占文等内容。

《开元占经》还辑录了甘德的一项重要天文观测记录，说的是在岁星（即木星）旁边“若有小赤星……是谓同盟”。后来，天文史学家席泽宗先生做了考证后指出，这表明甘德早在公元前364年就已经用肉眼发现木星旁始终有一颗附属于它的小星。也就是说，甘德在当时已经发现了木星有卫星存在。如果确实如此，这比伽利略用望远镜发现木星卫星的时间要早得多。

另一位天文学家石申也被称作石申夫。石申夫这个名称最先见于《史记》，之后《汉书》和《续汉书》也都称其为石申夫。不过，在南北朝时期，情况起了变化。刘宋裴松之的《三国志》和梁代阮孝绪的《七录》都称其为石申，后来人们也都习惯称他为石申。

石申不仅编撰了世界上已知最古老的星表，而且在四分历、岁星纪年、五星运动、天象观测和中国古代星占理论等方面做出了不少贡献。对于中国古代天文学的发展，无论是天文知识的积累和定性研究，还是系统的、定量的科学探讨，他都发挥了重要的作用。

石申的恒星研究工作主要记载在《天文》（后世称《石氏星经》）中。古人在观测恒星时，为了识记满天的星斗，将它们分成不同的群或者组，然后连成不同的图像，并以星官给它们命名。每个星官包含的星数不等，少则一两颗，多则数十颗，它们占据不同的天区范围。

石氏星表所涉及的主要内容是星座的方位、星数，以及它们和人间的联系（如某星主管人间的什么事，其亮度增强或减弱会对人们产生哪些影响等）。据统计，在先秦史料中，已知零散记载的星官大约有25个。石申的《石氏星经》和甘德的《天文星占》属于最早介绍星官的书籍，不过原书都已失传，只有部分内容被后世著作所转述。比如,《开元占经》引述了石氏中官星 62 座和外官星 30 座，加上二十八宿，共计 120 座。

流传至今的、最早的星官著作是司马迁的《史记·天官书》，其中共记录有 91 个星官 500 余颗恒星。后来，陈卓汇总了当时流行的各种星官系统，形成了一个包含 283 个星官 1464 颗恒星的星官体系。这个体系在《晋书·天文志》和《步天歌》中得到了进一步完善，形成了通行中国古代的星官划分体系。另外，中国古代的星官命名有着一些鲜明的特色。张衡在《灵宪》中曾总结道:“在野象物，在朝象官，在人象事，于是备矣。”也就是说，这些星官名称都源自生活，与人世间的事物相对应。

《开元占经》所载的《石氏星经》记录有 120 颗恒星的入宿度、去极度和黄道内外度。黄道内外度是中国的一种特殊的度量方式。沿着赤经方向测量天体至黄道圈的距离，天体在黄道以北时称为内度，在黄道以南时为外度。星表中的所有数值整度以下的部分都以“半”“太”“少”“强”“弱”来表示。这里所谓的“半”指$\frac{1}{2}$,“太”指$\frac{3}{4}$,“少”指$\frac{1}{4}$,“强”和“弱”则是在此基础上分别增加或减少$\frac{1}{12}$。

值得注意的是,《石氏星经》中的有些内容可能是后人依据石申的工作，重新加以编撰、整理而成的。由此看来，所谓的《石氏星经》虽然由石申本人创作，但也经过其门人的不断完善和补充，大约定稿于西汉后期，所以它是石氏学派集体智慧的体现。后来，人们将甘德的《天文星占》和石申的《石氏星经》等书合并起来称作《甘石星经》。但是，目前传世的《甘石星经》其实已经不是甘德和石申的原著了。

甘德和石申还发现了行星的逆行现象。《史记·天官书》对此记载道:“甘、石历五星法，唯独荧惑有反逆行。”另外,《汉书·天文志》也说:“古历五星之推，亡逆行者，至甘氏、石氏经，以荧惑、太白为有逆行。”这里的荧惑和太白分别指火星和金星。

行星在天上的恒星背景中主要是自西往东走，被称为顺行，但偶尔也会反向运动，被称为逆行。现代天文学表明，火星和金星的顺行和逆行的交替十分明显；水星的逆行虽然也很明显，但不易观测；木星和土星的逆行则需要较长时间的观测才能发现。不过总体来说，行星顺行的时间多，逆行的时间少。如果不进行长期系统的观测，我们很难发现其规律。甘德和石申通过观测，对金、木、水、火、土五大行星的运行规律进行了总结。

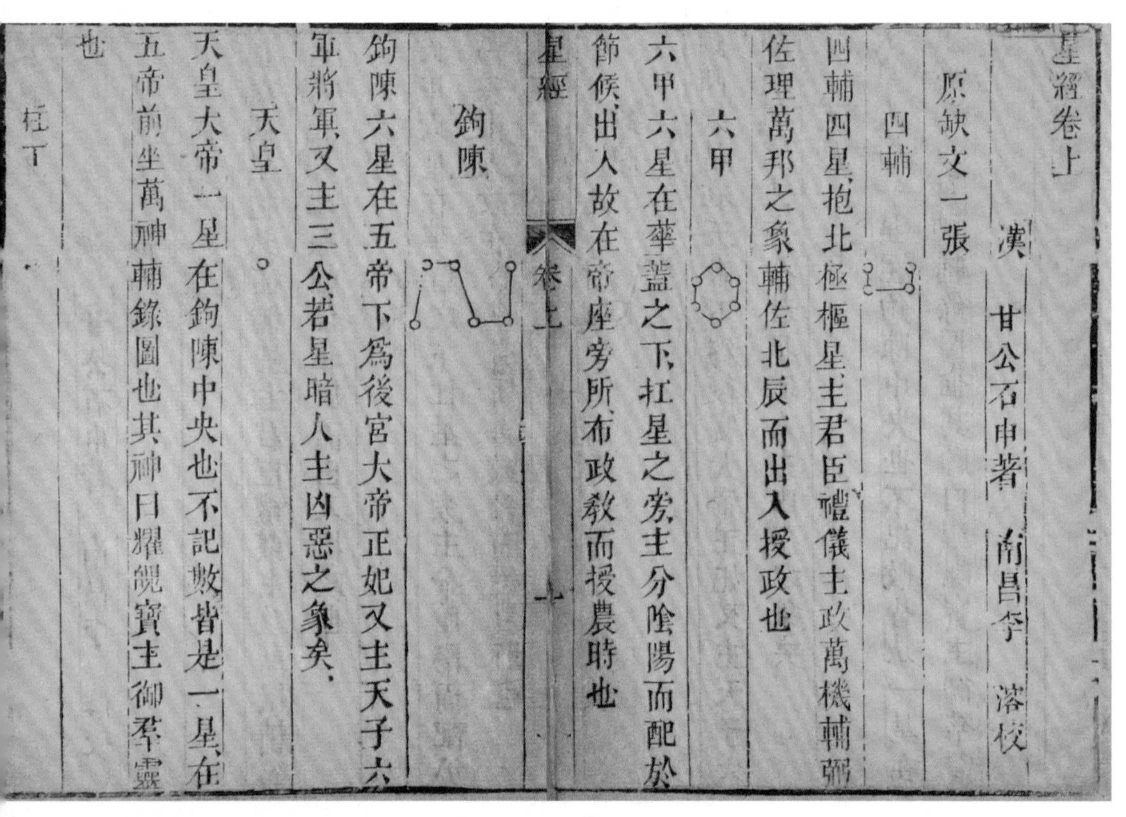

星經卷上

漢 甘公石申著 南昌李 溶校

原缺文一張

四輔

四輔四星抱北極樞星主君臣禮儀主政萬機輔弼佐理萬邦之象輔佐北辰而出入授政也

六甲

六甲六星在華蓋之下杠星之旁主分陰陽而配於節候出入故在帝座旁所布政教而授農時也

星經 卷上

鉤陳

鉤陳六星在五帝下爲後宮大帝正妃又主天子六軍將軍又主三公若星暗人主凶惡之象矣

天皇

天皇大帝一星在鉤陳中央也不記數皆是一星在五帝前坐萬神輔錄圖也其神曰耀魄寶主御羣靈也

柱下

后世辑录的《甘石星经》节选。

《开元占经》记载道：“甘氏曰：去而复还为勾，再勾为巳……石氏曰：东西为勾，南北为巳。”他们将行星的逆行轨迹描述成“巳”字形，这是十分简明和形象的。

后来，东汉的郗萌对此解释道：“星行如巳，字为巳。”宋代沈括在《梦溪笔谈》中则有更为准确和形象的描述：“予尝考古今历法，五星行度，唯留逆之际最多差。自内而进者，其退必向外；自外而进者，其退必由内。其迹如循柳叶，两末锐，中间往还之道相去甚远。故两末星行成度稍迟，以其斜行故也；中间行度稍速，以其径绝故也。”可见，后世用汉字的字形或者事物的形状来描述行星的逆行轨迹也都是受到了甘德和石申的影响。

另外，由《开元占经》的引文可知，甘德和石申还测定了金星和木星的会合周期，并确定火星的恒星周期为 1.9 年（今值为 1.88 年），木星为 12 年（今值为 11.86 年）。

目前，中国现存最早描述五大行星运动的文献是长沙马王堆出土的帛书《五星占》，其中包含从秦始皇元年（前 246）到汉文帝三年（前 177）间金星、土星和木星运行的观测记录。帛书上有一份关于这三颗行星位置的表格，反映了行星运动中的“合”“冲”等状态。根据这些内容，可以推算出当时得到的金星会合周期是 584.4 天，比今值仅大 0.48 天；土星的会合周期是 377 天，比今值仅小 1.09 天。

前文说过，在甘德和石申生活的年代，天体运行位置主要以“度”为基本单位，度以下的部分用“半”“太”“少”“强”“弱”来表示。而《五星占》已经采用 1 度等于 240 分的进位制度。这说明从战国中期到末期，人们对行星的观测和推算又有了不小的进步。

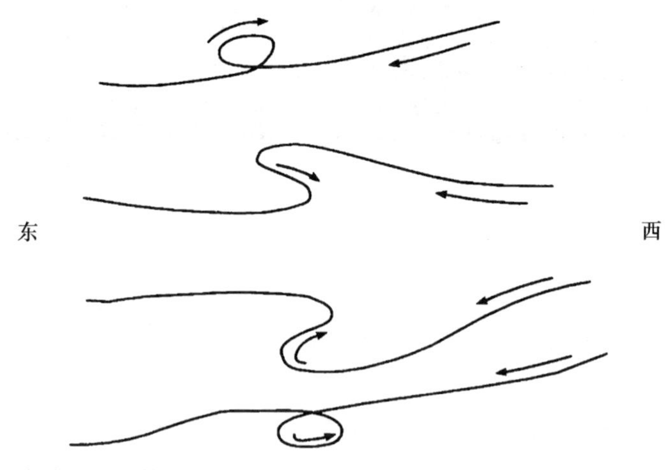

行星逆行阶段的不同轨迹。

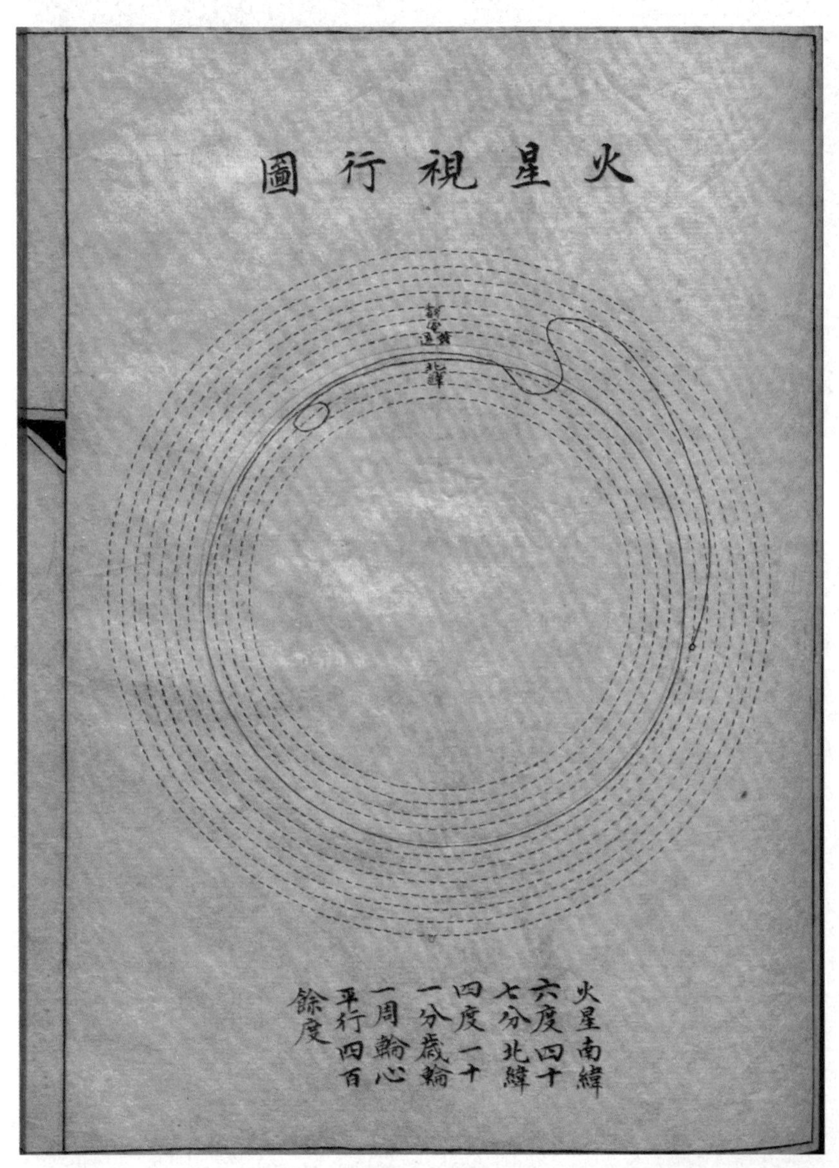

火星视行图。图中的火星轨道有逆行等阶段。中国古人很早就对五大行星的运动有了定性甚至定量的描述。《隋书·天文志》记载道："古历五星并顺行，秦历始有金、火之逆……汉初测候，乃知五星皆有逆行。"

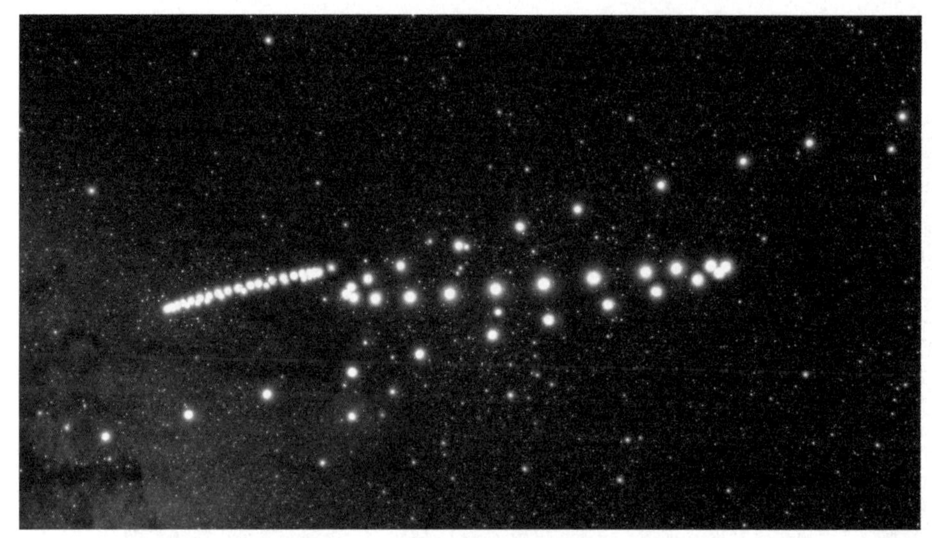

2015年火星逆行轨迹。如果从地球上看，在火星的运动周期中，它有几个月会相对于恒星背景做逆向运动，随后又回到原来的方向上继续向前运动。这就是火星的逆行。其他行星也有逆行现象。

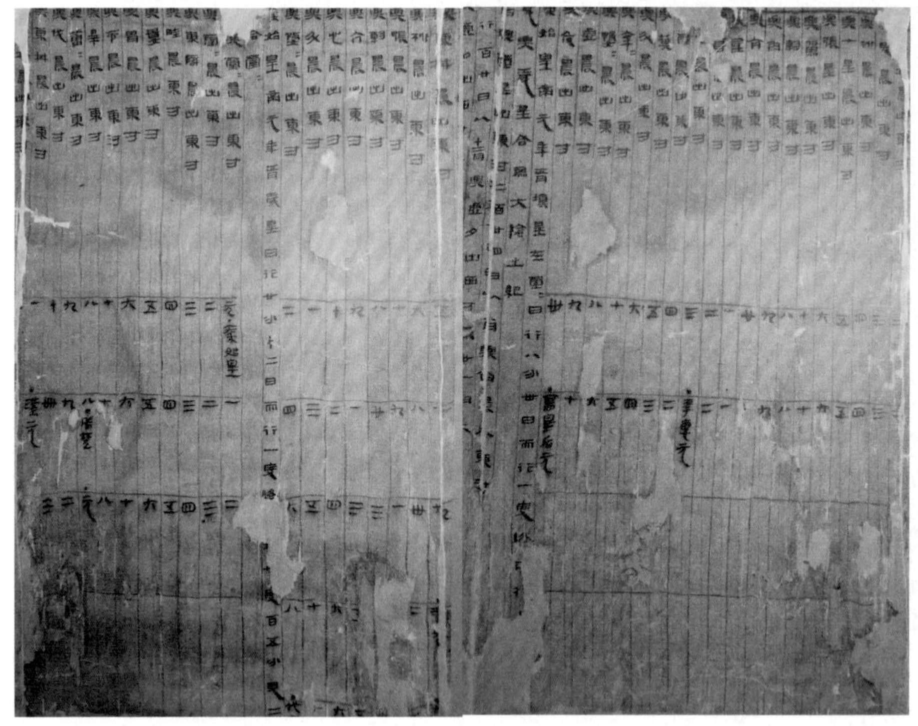

马王堆帛书《五星占》(局部)。

诸子百家的宇宙

春秋战国是一个思想活跃、百家争鸣的时代，涌现出了不少政治家和思想家。所谓的“百家争鸣”反映了那个大变革时代各种意识尖锐激烈的斗争。在诸子百家的争论中，不时会出现一些有关天文学的论述。比如，宇宙的本原究竟是什么，“天”是怎样的一种结构，上天是有意志、有人格的“神”还是客观自然的存在。

关于对宇宙的理解，《墨经》中有“久（宙），弥异时也。宇，弥异所也”的论述。这里的“弥”指的是弥漫；“异时”是指不同的时间；“久”（宙）即时间，指古往今来不同的时间。

与此相对，这里的“所”指的就是空间。因此，“宇”即空间，泛指不同的方位，可将不同的地方都概括进去。《墨经》所说的“宇久”就是后来人们说的“宇宙”，分别指代空间和时间。

《淮南子》中也有这样的说法：“往古来今谓之宙，四方上下谓之宇。”往古来今指的是时间，四方上下指的是空间。后来，汉代张衡进一步提出了“宇之表无极，宙之端无穷”的主张，进而延伸出宇宙无限的思想。

不过，那时这些讨论大多属于思辨的范畴，没有任何科学证据，也没有实验方法去验证。这些都只是早期宇宙理论的一种呈现，但古人对相关问题的思考对后世产生了不小的影响。荀子在《天论》一书的开头提出“天行有常，不为尧存，不为桀亡”，意思是宇宙按照自身的规律运行，无论是尧还是桀都无法影响它的运行。这就是所谓的天命论。

孔子、孟子及其门人的作品也常常表述“天命不可违”的思想，比如“顺天者存，逆天者亡”“死生有命，富贵在天”等。后来，董仲舒在天命论的基础上发展出了天人感应的思想，试图阐明古代统治秩序是由“天”所安排的，因而也是神圣不可侵犯的。

当然，除了这些纯粹思辨性质的讨论，古人对于宇宙结构、天地关系也有着丰富的想象。后来，东汉蔡邕总结道：“言天体者有三家：一曰周髀，二曰宣夜，三曰浑天。”

这里所说的周髀便是盖天说。北京的天坛为何是圆形的？地坛为何是方形的？这是因为圆形的天坛是天的象征，方形的地坛是地的象征。

盖天说是中国的一种古老的宇宙学说，就像北朝民歌《敕勒歌》所唱的那样：“敕勒川，阴山下，天似穹庐，笼盖四野。天苍苍，野茫茫，风吹草低见牛羊。”当你走进一片广袤的原野，举目四望，就会看到四周都是苍穹，它像一个巨大的半球形盖子笼罩在大地上。无垠的大地在远处与天相接，一切景色都消失在天地相接之处。这种景象很容易让人们产生大地是方形的错觉，即所谓的“天圆如张盖，地方如棋局”。这首民歌不仅生动地描述了人们对天与地的直观感觉，而且揭示了盖天说的要义。这种初始的盖天说，即天圆地方说，被后人称作第一次盖天说。

孟子像（左）和荀子像（右）。

为了解释天体东升西落的现象以及日月行星在恒星间的位置变化，盖天说设想出一种蚂蚁在磨盘上爬行的模型。它认为，各种天体都附着于天盖上，天盖周日不停地旋转，带着所有天体东升西落。同时，日月和行星又在天盖上缓慢地往东移动。由于天盖转得比较快，日月和行星运动得比较慢，所以它们仍然被天盖带着做周日旋转。这就如同磨盘上有几只蚂蚁在缓慢地爬行，尽管它们在往东走，但还是被磨盘带着旋转。

在公元前 6 世纪，已经有人意识到天圆地方的说法不能自圆其说。春秋末期，有一位名叫单居离的人问孔子的弟子曾参，天圆地方果真如此吗？曾参回答他说："如诚天圆而地方，则是四角之不掩也。"这句话的意思是，如果天是圆形的，地是方形的，那么天盖和方形大地的四角无论如何也是合不拢的。

为了解决这个显而易见的矛盾，有人提出将天圆地方修改为：天和地并不相接，天就像一顶巨大的伞高高地悬挂在大地的上方，在它的周围有 8 根大柱子支撑着，上面还用一条绳索固定着，天和地的样子就如同一座顶部为圆拱形的八柱凉亭。

对于这种调整后的盖天说，起初人们将信将疑。战国时期的思想家和诗人屈原在他的不朽诗篇《天问》中就提出了这样的疑问："斡维焉系？天极焉加？八柱何当，东南何亏？"可见，这种调整方式仍然有无法克服的矛盾。斗柄的轴绳拴在何处？天极延伸到何方？周围的 8 根擎天柱撑在哪里？大地的东南部为何低陷？这一连串问题发人深省。屈原的疑惑告诉我们，那时的人们在考虑天地的结构关系时，已经对天圆地方和凉亭般的盖天说模型提出了质疑。

天文学发展到一定程度，形成了所谓的第二次盖天说。这个新版本的盖天说认为，天和地都是中央隆起的，二者像两个平行的拱面。这就是《周髀算经》所说的"天象盖笠，地法覆槃"。圆拱形的天位于圆拱形的大地上面。

为此，古人还构建出了一套关于天地关系的数据模型。根据实际观测和勾股定理，这种理论认为天和地相距 8 万里，夏至日道下（即北回归线）到北极下方为 11.9 万里，冬至日道下（即南回归线）到北极下方为 23.8 万里，其极下比冬至日道下高出了 6 万里。由于天在上方，地在下方，而且总要高出 8 万里，所以冬至日的太阳仍然高出了极下 2 万里。也就是说，天最低的地方要比地最高的地方高出 2 万里。

为了解释太阳运行的轨迹，人们还创造了"七衡六间图"来说明日月星辰东升西落、昼夜长短往复以及四季交替等现象，认为太阳在天盖上的旋转每年都是循着 7 条路径来进行的。这 7 条路径就是"七衡"。在不同的节气，太阳运行在不同的"衡"上。通过这个模型，就可以知道太阳一年的运行情况，季节的变化以及不同节气太阳出入方位的变化都能得到相应的解释。

第二次盖天说模型。

尽管新的盖天说对部分天文现象做出了精辟的解释，但也有一些难以自洽的地方。为了克服它的不足之处，人们将目光转向了另一种宇宙结构模型，也就是浑天说。

浑天说认为，天如同一个圆球包裹着大地，大地位于天球正中。天球有一半在地上，另一半则在地下，所有的天体都在天球上运动，又都随着天球旋转。这种观念萌芽于春秋战国时期，在汉代趋于完善。它和盖天说最大的区别在于天的形态不同。盖天说认为“天象盖笠”，半球形的天盖在大地之上，天总是在地的上方。浑天说则主张天呈球形，天球包裹着大地，天在外面，地在里面。

公元前 4 世纪，有个叫慎到的人说：“天体如弹丸，其势斜倚。”这里的

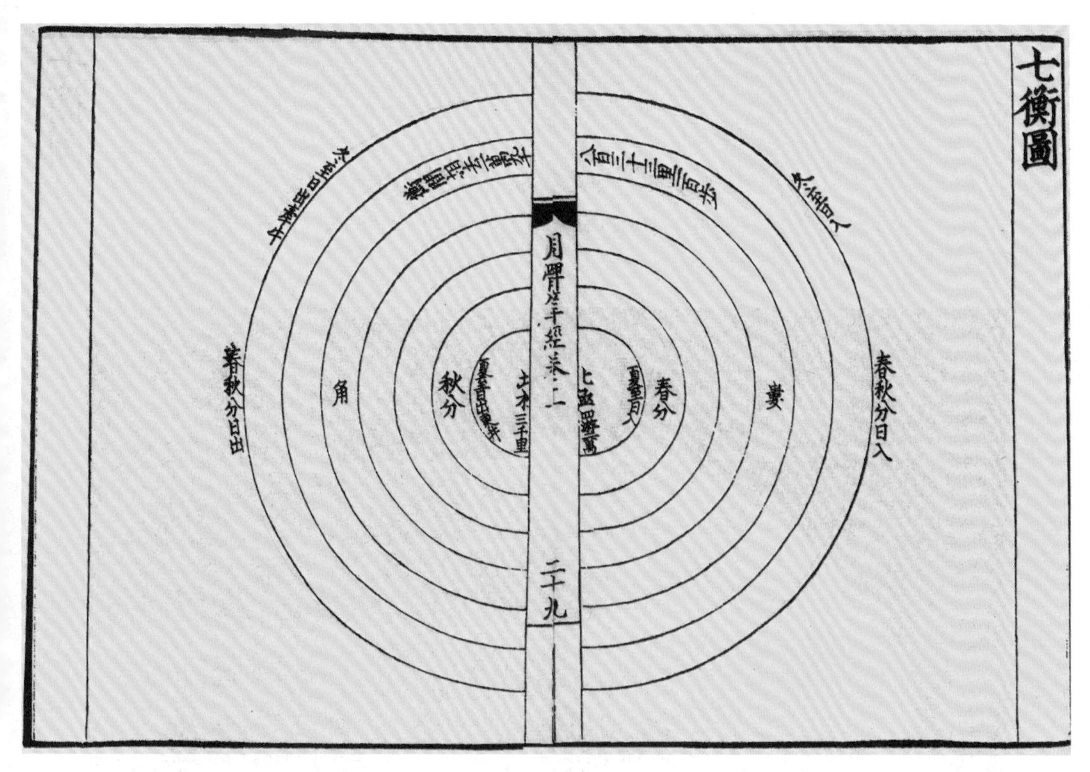

《周髀算经》中的七衡图。

“天体如弹丸”是指天的形状如同弹丸一样，这也是浑天说的思想来源之一。到了汉代，浑天说得到了迅速发展，根据浑天说制造浑象和浑仪的理念被广泛采纳。张衡为了制造浑象，曾写过一部著作《浑天仪注》。这是当时浑天说的代表性著作。

张衡在《浑天仪注》中说：“浑天如鸡子，天体圆如弹丸，地如鸡子中黄，孤居于内，天大而地小。天表里有水，天之包地，犹壳之裹黄。天地各乘气而立，载水而浮。”他认为，天是球形的，大地在天的里面。球形的天有一半在大地的上方，另一半则位于大地的下方。太阳升到地上的时候是白天，没入地下的时候就是黑夜。恒星的运转也是同样的道理，升到地上来就能看得见，没入地下后就看不见了。

《浑天仪注》还说道："天转如车毂之运也，周旋无端，其形浑浑，故曰浑天。"这就是说整个天球像车轱辘一样运转着。浑天说利用天球的旋转来解释一年中昼夜长短和太阳出入方位的变化。天球有两极，北极出于地上，南极没于地下，赤道则在两极之间。太阳的运行轨道（即黄道）与赤道相交，黄道南北最远处距赤道大约24度。夏至日，太阳在赤道以北24度，所以日出东北，

浑天说模型。盖天说认为天在上，地在下；而浑天说认为天包着地，即天在外，地在内。

日没西北，昼长夜短。冬至日，太阳在赤道以南 24 度，所以日出东南，日没西南，昼短夜长。春分和秋分则介乎其间，太阳正好在赤道上，昼夜平分，日出和日入也刚好在正东和正西方向。

如果对浑天说的论述进行归纳，可以得出如下主要观点。首先，天和地都是类似的球体，外面的天包着里面的地。其次，北极是天体绕转的中心。再次，可以用二十八宿体系来记录和描述日月五星的运动，天上的一圈（也就是所谓的周天）被分为了 $365\frac{1}{4}$度。

浑天说弥补了盖天说的缺陷，它不但能比较准确地解释各种常见天象，还可以为精确预报天体运动情况提供基本依据，为古代数理天文学的进一步发展奠定了基础。在西汉编修《太初历》的时候，浑天说被官方正式采用。到了东汉和三国时期，浑天说经过张衡、蔡邕和陆绩等人的补充和发展，基本趋于成熟。以后的历法家大多认同浑天说，浑天说成为一种占主导地位的宇宙结构学说。

在中国古代，除了盖天说和浑天说之外，还有一种思想比较先进的宇宙学说，那就是宣夜说。严格地说，这不算一种明确的宇宙结构体系，因为它并没有讨论天地之间的关系，也没有涉及地球的位置和形状。它只讨论了天的本质和天体的运动，给人们描绘了一幅比盖天说和浑天说更为抽象的宇宙景象。

宣夜说这种理论的发展通常归功于天文学家郗萌。他虽说是和张衡同时代的人，但没有详细的传记留传下来，所以人们对他的生平了解得不多。关于“宣夜”这个名称，东晋的虞喜说：“宣，明也；夜，幽也。”但是，其具体含义如何，一直都没有得到明确解释。后来，清末的邹伯奇认为：“宣劳午夜，斯为谈天家之宣夜乎？”他说，天文学家夜里观测星象，讨论问题，喧闹到半夜，不可开交。这当然只是一种望文生义的解释而已。

《晋书·天文志》描述宣夜说的时候说：“日月众星，自然浮生虚空之中，其行其止皆须气焉。”宣夜说认为日月众星无所根系，根本就没有什么所谓的“天穹”，从大地往上都是延伸到无限远处的气体，日月星辰都在这些气体中飘浮和游动。宣夜说完全否定了有形的“天”，它认为并没有固态的“天球”，宇宙就是无限的空间，充满了无边无涯的气体。

宣夜说模型。

务时寄政的月令

在影视剧中，我们经常听到的一句话叫“秋后问斩”。按理说，秋天是丰收的时节，洋溢着收获的喜悦，但为何在古人那里，秋天变成了肃杀蛰伏的标志？难道天气凉了，就要开始杀戮了？其实，这是古人对“天人合一”思想的一种附会。

西汉大儒董仲舒曾言道："王者配天谓其道。天有四时，王有四政，四政若四时，通类也。天人所同有也。庆为春，赏为夏，罚为秋，刑为冬。"也就是说，帝王的政治行为要与四季变化相适应，春夏行赏，秋冬行刑。我们所熟悉的秋后问斩便来源于此。其实，这背后还有更为深远的思想渊源，那就是月令。《礼记·月令》说："凉风至，白露降，寒蝉鸣，鹰乃祭鸟，用始行戮。"这里描述的气候和风物与春天截然相反，还特别提到了"用始行戮"，所以秋天成了一年中实施刑罚、进行杀戮的季节。

根据《尚书·尧典》的记载，尧帝为了管理好国家，命令天文官羲、和观测天象，依据太阳、月亮和星辰等各种天体的出没状况来确定时节，以便向人们报告。一年的不同时节，太阳升起之前和落下之后，正南方天穹中出现的恒星是不同的，而且这些恒星的出没有一定的规律。由于日出之前，天将要亮的时段被称作旦，所以在这个时段，正南方天穹中出现的恒星被称作旦中星。相应地，日落之后天还未黑的时段则被称作昏，此时正南方天穹中出现的恒星被称作昏中星。昏旦中星的改变代表着节气的变更，也意味着昼夜的长短发生了变化。

最初，人们用鸟、火、虚、昴四颗星来定季节，即所谓的"四仲中星"。后来，人们对此感到不再满足的时候，就制定了基于月令的昏旦中星制度。经过长时间的观测，古人确定了每月初的昏旦中星，由此推得每月初太阳所处的位置。这样，一整套严密的制度就确定了下来。

月令是古代的一种文章体裁，按照一年 12 个月时令的不同，记述了各月相应的祭祀、礼仪和政务等内容。月令大致包括以下几方面的内容：每月初太阳在黄道上的位置，以及初昏和黎明时正南方中天的星象；每个月所能见到的不同物候；为了适应该时节，应该从事的农业生产活动；在不同时段，帝王需要进行的宗教和祭祀活动。以上这些内容，除了宗教和祭祀之外，与天文历法大都是相关的。

古人认为，不仅人们的日常生活要遵守自然规律，就连国家的政令和其他活动也要按照一定的规律来进行。这样才能有益于人们的生产和生活，所以月令才会发展成以时间为序的行事规范。一些年代较早且内容完整的月令收录于《礼记·月令》中，该篇记载了孟春、仲春、季春、孟夏、仲夏、季夏、孟秋、仲秋、季秋、孟冬、仲冬、季冬 12 个月的政令，是对"春生、夏长、秋收、冬藏”这些自然规律的细化和运用。此外，月令不仅将天文、地理、物候等知识融于一体，还将天文、星象与人间的政事和生产对应起来。

《礼记·月令》首先介绍了天文星象。例如：仲秋八月，太阳运行到二十八宿中的角宿；黄昏时分，牵牛星会出现在南天正中位置；拂晓时分，觜宿会出现在南天正中位置；八月的吉日是庚辛日，在五行中属金。接着，《礼记·月令》开始介绍物候和天子应遵守的礼仪。仲秋八月开始刮大风，雁从北来，燕子南飞，鸟类纷纷储藏食物过冬。天子在八月要住在西向明堂的正室，乘坐白色战车，使用白马驾车，还要身着白衣，佩白玉。

另外，月令还涉及敬老的惠政、土木兴建和政令禁忌等内容。官府要在八月慰问和赡养老人，赐给他们手杖和糜粥饮食。这个月可以大兴土木，修建城郭，建设新的都邑。假如这个季节施行了春季的政事，就会导致秋雨不能按时来临，应该结果的草木重新开花，国内会发生让人们恐慌的祸事。假如施行了夏季的政令，国家就会发生旱灾，蛰虫不肯入洞穴藏身，农作物莫名其妙地重新生长。假如施行了冬季的政令，风灾就会频频发生，雷声会提前消失，草木过早地枯死。

古人之所以要将月令收入《礼记》中，是因为月令也是古人的“礼”。“礼”不仅是普通场合下的基本礼仪，而且涵盖了几乎所有的社会风俗与典章制度。古代中国的法律中有很大一部分是与“礼”重合的，正如人们所说的春秋礼崩乐坏，战国以法代礼。其实，战国时期的法律也有很多来自古老的礼仪风俗。例如，秦国当时有禁令，从仲春二月开始不得进山伐木，不得下河捕鱼，不得狩猎幼兽，一直到孟秋七月这些禁令才被解除。这些法律规定都在一定程度上受到了月令的影响，反映了古人的哲学思想和智慧。

明清时期，人们还将月令活动绘在画中，更加贴近日常生活。清宫曾保存有一套十二月令图，这 12 幅画曾经悬挂在乾隆皇帝的宫廷里，每月更换一幅。这些画可能是由当时的宫廷画家合作完成的，描绘了岁时，也就是一年中自农历正月到十二月民间的各种节令与习俗。画中的场景十分丰富，人物形象描写细腻，通过西洋透视法绘制庭园景致，构筑出非常真实的画境。

西方也有和中国月令相似的东西，那就是日课经（breviary）。日课经是罗马天主教会中的神职人员在祷告时使用的祈祷书，包含《圣经》的诗篇、赞美诗和《圣经》选段等，用于每天在固定时刻朗诵。自罗马帝国晚期开始，教会开始使用各种形式的日课经。这些日课经中的一部分还绘有精美的日历，用于指导人们的日常生活。

新鐫黃石齋先生原本

晉安鄭肇修訂

月令明義

芥舟藏版

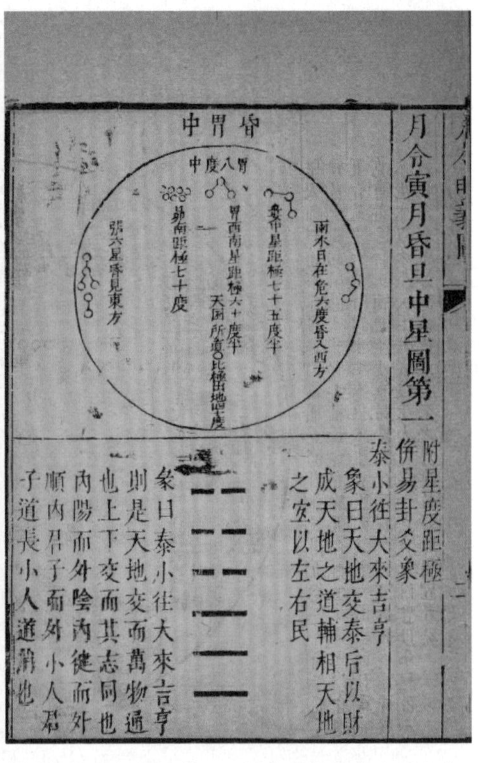
月令寅月昏旦中星圖第一

附星度距極併易卦爻象

昏胃中

象曰天地交泰后以財成天地之道輔相天地之宜以左右民

泰小往大來吉亨

彖曰泰小往大來吉亨則是天地交而萬物通也上下交而其志同也內陽而外陰內健而外順內君子而外小人君子道長小人道消也

《月令明义》中的昏旦中星图。月令著作中通常有对每月星象的记载，一般介绍每月的太阳宿次、昏旦中星等内容，即每月太阳在星空背景中所处的位置，以及黄昏和日出时分中天的星宿。

欧洲现存最著名的日课经是《杜贝里公爵特雷斯描金日课经》（*Très Riches Heures du Duc de Berry*），这部哥特式风格的宫廷杰作常被称为“最美日课经”。该书是专门为法国国王查理五世（1337—1380）的兄弟约翰·杜贝里公爵制作的，初创于1412—1416年，包含66幅大型细密画及65幅小型细密画。1416年，约翰·杜贝里公爵与该书的作者林堡兄弟都不幸去世，书中的很多装饰图案尚未完成，直到15世纪40年代才由不同的画家继续创作完成。这些画作不但使用了稀有、昂贵的颜料，其风格也受到了意大利艺术的强烈影响。

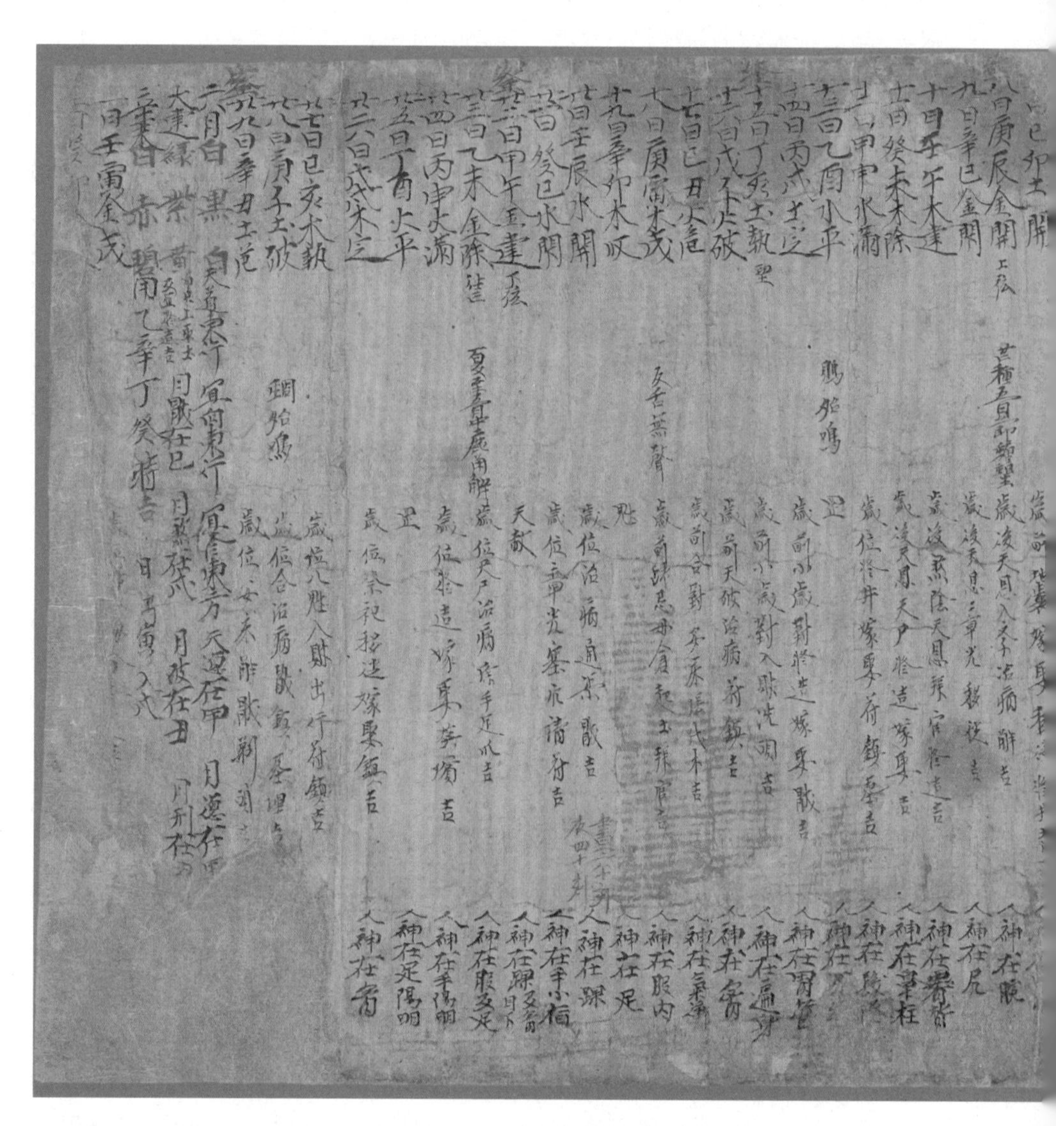

敦煌卷轴中的贞元十年（794年）历书。这件历书包含月令和物候的内容，如写到立夏时有“蝼蝈鸣，蚯蚓出，王瓜生”。也就是说，立夏时节可以听到青蛙在田间鸣叫，大地上可以看到蚯蚓掘土，然后王瓜的蔓藤开始快速攀爬生长。

Pelliot chinois
Touen-houang 2591

清院本《十二月令图轴》，画中描绘了各月的岁时活动，如正月赏花灯、五月赛龙舟、七月乞巧、八月赏月、九月登高赏菊、十二月滑冰等。

这部日课经中最广为人知的部分是日历画，其中绘有一年 12 个月的人类活动和自然现象的循环更替。每月的画大多以公爵的城堡、庭院为背景，显示美食、耕作和劳动等细节。每幅画的上边还绘有半圆形的十二宫图及对应宗教圣人的字母。

《杜贝里公爵特雷斯描金日课经》中的 12 个月。其中，九月描绘的是收获葡萄的场景，一筐筐葡萄正被送往骡车上，画面的背景是杜贝里公爵的精致的白色城堡。十月描绘的是犁地秋种的场景，一名男子在用力播撒谷物，还有一个农夫在耙上放了一块石头，以便让耙齿更深地插入土壤中。这些场景描绘出了一幅封建社会秩序的理想图景。

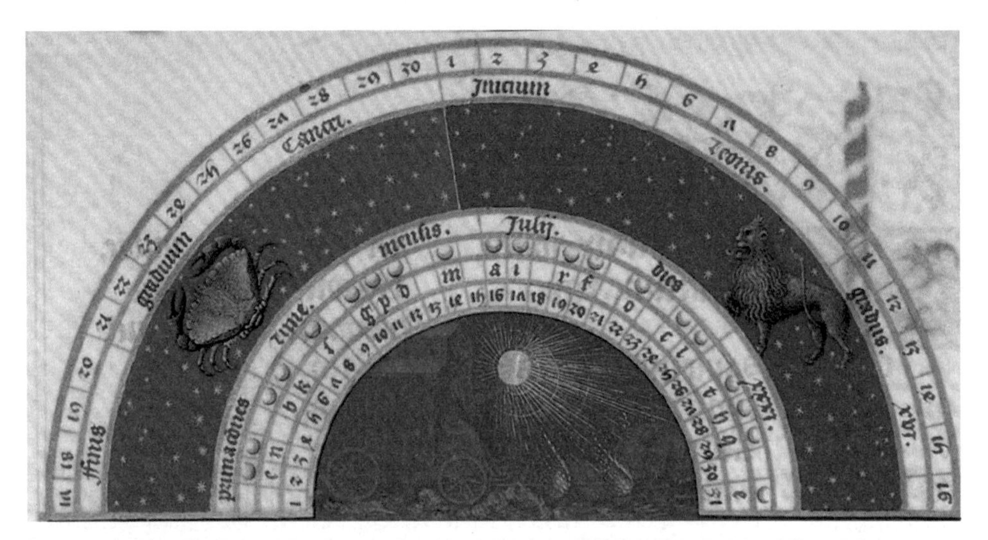

《杜贝里公爵特雷斯描金日课经》上部的七月日历图案，半圆形部分用数字记录着七月的每一天，七月的前半部分为巨蟹座，后半部分为狮子座。

天文地理之分野

读过王勃《滕王阁序》的人应该都熟悉开头的四句“豫章故郡，洪都新府。星分翼轸，地接衡庐”。这几句话的意思是，汉代的豫章郡城也就是那时的洪州府，对应于天上的翼、轸两个星宿的分野，而在地理上连接湖南的衡山和江西的庐山。

前两句“豫章故郡，洪都新府”描写的是历史，一句写汉，一句写唐。后两句“星分翼轸，地接衡庐”，可谓上自天文，下至地理。从历史观到宇宙观，只用了 16 个字，便从平易中见宏伟，于平淡处出奇崛。

另外，李白《蜀道难》写道“蜀道难，难于上青天”。李白感叹山势险峻、道路险阻，于是用了“扪参历井仰胁息，以手抚膺坐长叹”的描述。他说，这山高得伸手可以触摸到天上的参宿和井宿，以此来形容从雍州到益州的路途是多么艰难。

无论是王勃描写南昌还是李白感慨川蜀，他们都不约而同地联想到天上的星辰。其实，这是古代文学作品关于分野的写法。翼宿、轸宿的分野是楚，即荆州，包括洪州郡，滕王阁就建在郡治南昌的长洲上。参宿的分野是属于益州的川蜀地区，井宿的分野是雍州的陕西地区，“扪参历井”就是形容由秦入蜀仿佛是从天上的井宿行至参宿。

上面提到的“分野”这个词，最初是指分封诸侯的境域，后来被借用为分界和界限的代称。“分野”也是古代星占学中的一个概念。古人认为，天上的某个星象与地上的某个区域不但彼此有联系，而且这种联系是固定而持久的。分野就是指通过星象的变化来占卜人间的吉凶，并且地上的州国与天上的星空区域逐一匹配对应的星占方法。星占学之所以能建立起天人之间的联系，其关键因素之一在于这种分野体系的形成。《史记·天官书》称“天则有列宿，地则有州域”，也就是说星宿分野其实是地上的地理区划在天上的映射。

根据分野学说，天上和地上是一个整体，人间的事情都要听从天上神祇的指引。这种观念的形成缘于那时的人们相信天人可以互相感应。如果天上出现某种异常天象，地上就会有相应的事件发生，只不过天上的某一部分星宿还需要通过天文和地理分野的关系与地上的特定区域对应起来才行。所以，每当天象发生变化时，古人就要进行星占，不仅要说明天象所显示的吉凶祸福，还要指出这是地上哪里的祸福。

据《周礼》，周代初期诸侯被分封于九州，所封的地域都有分星与其相配。凡是地下的土地，在天上皆各有主星，也就是所谓的“掌天星，以志星辰日月之变化，以观天下之迁，辨其吉凶。以星土辨九州之地，所封封域皆有分星，以观妖祥”。

周代的星占家通过观察日月星辰的变化，不仅知道各个国家所对应的星官，而且能找出九州与二十八宿的对应关系。当时，保章氏的职责就是密切关注各大星辰的动向，判断出它们的吉凶，然后及时报告给国君，以防不测。

中国古代较为系统的分野观念大约形成于春秋战国时期，分野的说法最早见于《左传》《国语》等。其中，所反映的分野大体以十二次为参照。所谓十二次分野，是指古人依据星纪、玄枵、娵訾、降娄、大梁、实沈、鹑首、鹑火、鹑尾、寿星、大火、析木等十二次的位置划分地上州国的位置并与之相对应。有记载说，武王伐纣这天的天象有“岁在鹑火”，因而周的分野后来就是鹑火。

古代星占家根据天象变化来占卜人间的吉凶祸福，将天上星空的区域与地上的州国对应起来。

战国以后，人们也用二十八宿来划分分野，如《淮南子·天文训》中的叙述。由于十二次与二十八宿是互相联系的，因此这两种分野也在西汉之后逐渐融合互通。至于十二次和二十八宿的分野究竟是如何划分的，后世的说法不一，其中以《晋书》和《汉书》中的总结较为流行。

《晋书·天文志》记载有十二次所对应的分野，如下所述。

星纪：吴、越。

玄枵：齐。

娵訾：卫。

降娄：鲁。

大梁：赵。

实沈：魏。

鹑首：秦。

鹑火：周。

鹑尾，楚。

寿星：郑。

大火：宋。

析木：燕。

对此，唐代儒者贾公彦所作的《周礼疏》在援引《晋书》所整理的十二次分野时指出："如是天有十二次，日月之所躔。地有十二土，王公之所国。"

《汉书·地理志》则记载有二十八宿所对应的分野，如下所述。

东井、舆鬼：秦地。

觜觿、参：魏地。

柳、七星、张：周地。

角、亢、氐：韩地。

昴、毕：赵地。

尾、箕：燕地。

虚、危：齐地。

奎、娄：鲁地。

房、心：宋地。

营室、东壁：卫地。

翼、轸：楚地。

斗：吴地。

牵牛、婺女：粤地。

二十八宿作为天球坐标的作用之一就是用来记录岁星和其他行星的运动，所以古人除了创建十二次分野体系，还形成了与二十八宿对应的分野体系。这两种分野系统只是表现形式不同，它们在本质上都是在天上的天区与地上的州国之间建立起关联。

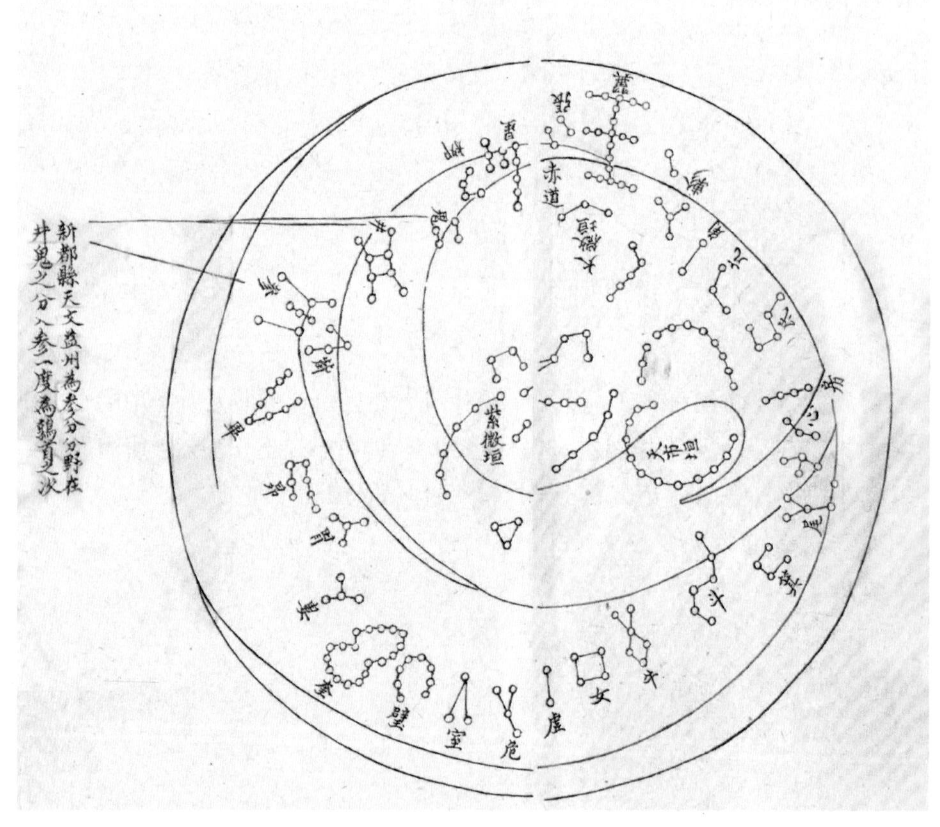

《新都县志》中的星野图。四川新都县（今成都市新都区）的星野图中标有“新都县天文益州，为参分，分野在井、鬼之分，入参一度，为鹑首之次”。

十二次与二十八宿的对应关系不再是整数，这是由岁差变化及各宿宿度大小不等所造成的，但二者之间的基本对应关系仍然是存在的。宋元明清时期，官方编撰的省、州、县地方志经常在开头部分提到该省、该州或者该县的分野是从某宿某度到某宿某度。省、州、县地方志记载恒星分野的目的就是根据这种分野思想来判定异常天象与本地区的关系。一些地方志还绘有当地的分野星图，如《新都县志》。

《淮南子》等文献中也有关于分野的描述，内容大同小异。对以上分野稍加梳理，就可以发现以下现象：属东方七宿的地理分野大都在中国的东部，如韩、宋、燕；属西方七宿的地理分野大都在中国的西部，如魏、赵、益州等；属南方七宿的地理分野大都在中国的南部，如楚和东周；属北方七宿的地理分野大都在中国的北部，如并州和齐等。

可见，天文学与地理分野在星象方位和地理分布上存在一定的对应关系。但是，北方七宿的分野中有江湖、扬州和粤，西方七宿的分野中有鲁，南方七宿的分野中有秦。这些在方位上的不合说明分野的分配并不是完全从地理角度来考量的。

除了十二次和二十八宿分野以外，还有一些其他分野方式，说法和解释也不尽相同。比如，《史记·天官书》中有按五大行星来分配的分野，不仅提到“二十八舍主十二州，斗秉兼之，所从来久矣”，而且认为五大行星应该与诸侯国相对应，即“秦之疆也，候在太白，占于狼弧；吴楚之疆，候在荧惑，占于鸟衡；燕齐之疆，候在辰星，占于虚危；宋郑之疆，候在岁星，占于房心；晋之疆，亦候在辰星，占于参罚”。

秦汉统一以后，随着地理上行政区划的变动，原本较为原始的分野说逐渐被新的天人感应理论所代替。即使如此，将天象变化看作上天对于人事的启示，一直是中国古代社会的主流思想观念。宋代大儒朱熹曾说：“分野之说始见于春秋时，而详于汉志。”到了朱熹那个年代，虽然分野说已经不如之前那么盛行，但朱熹依然强调“然后来占星者又却多验，殊不可晓”，认为分野理论还是应该有一席之地的。

第 4 章　明时正度：秦汉天文体系初成

帛书上的彗星全图

1951 年，考古工作者在长沙马王堆发现了两座土冢，根据封土及有关情况，初步断定这里是一处汉墓群。20 多年后，一批工人在这里挖掘防空洞。在施工过程中，突然有气体从地下涌出，这些气体遇到明火后竟然冒出诡异的蓝色火焰。易燃气体的出现，说明这座神秘的古代墓葬没有被盗扰过，仍然保持着很好的密封状态。

1972 年，当推土机清理了部分封土后，墓口终于露出来了，随后考古人员对这座墓室进行了正式发掘。因为这是一座汉墓，所以被定名为马王堆一号汉墓。这次发掘很快就获得了丰硕的成果，墓中出土了一具保存完好的女尸，还有 T 形帛画、素纱禅衣、漆器、乐器、木俑等上千件珍贵的文物，其中一些器物上还写有“轪侯家”等文字。这些考古材料一经公布，立刻引起了全世界的震动，并被认为是 20 世纪中国考古学上最重要的发现之一。

由于马王堆东土冢被定名为一号汉墓，西土冢就相应地被定名为马王堆二号汉墓。在一号汉墓的发掘过程中，考古人员又在它的南面发现了一座汉墓，将之命名为马王堆三号汉墓。马王堆的这三座汉墓共出土了 3000 余件珍贵文物，其种类也极为丰富，几乎涉及当时社会生活的各个方面。完好的墓葬结构和丰富的随葬品完整地呈现了汉代人的生活方式和丧葬观念。根据出土的文物，人们发现马王堆属于西汉初期第一任轪侯、长沙国丞相利苍的家庭墓地。其中，二号墓的主人是利苍本人，一号墓的主人是其夫人辛追，三号墓的主人是利苍和辛追的儿子利豨。

在马王堆汉墓出土的文物中，最令人印象深刻的就是素有“东方睡美人”之称的千年不朽女尸，她就是辛追夫人。辛追的漆木棺上覆盖有一幅光彩夺目的神秘帛画。这幅帛画呈 T 形，长达两米，上面的彩绘基本上完好无损。这也是中国考古史上首次类似的发现。帛画的主体呈红色，描绘了当时中国传统宇宙论中的各种元素，象征着逝者可以获得重生。

马王堆汉墓出土的T形帛画。

帛画的内容可以分三个层次，最上方描绘的是天上的情形。右边有一轮红日，其上绘有金乌图像，它站立在扶桑树上。左边有一弯新月，月中住着蟾蜍和玉兔。日月的中间则是人首蛇身的女娲形象。帛画的中部画的是人世间的景象，一位妇人拄着拐杖侧身而立，三名侍女紧随其后，两个小吏跪地迎接。在这组人物的下面是一场祭祀的场面。帛画的最下方描绘的是地府的景象，有一位壮汉双手托起了大地，他脚踩两条大鱼，周围都是各种面目狰狞的怪兽。

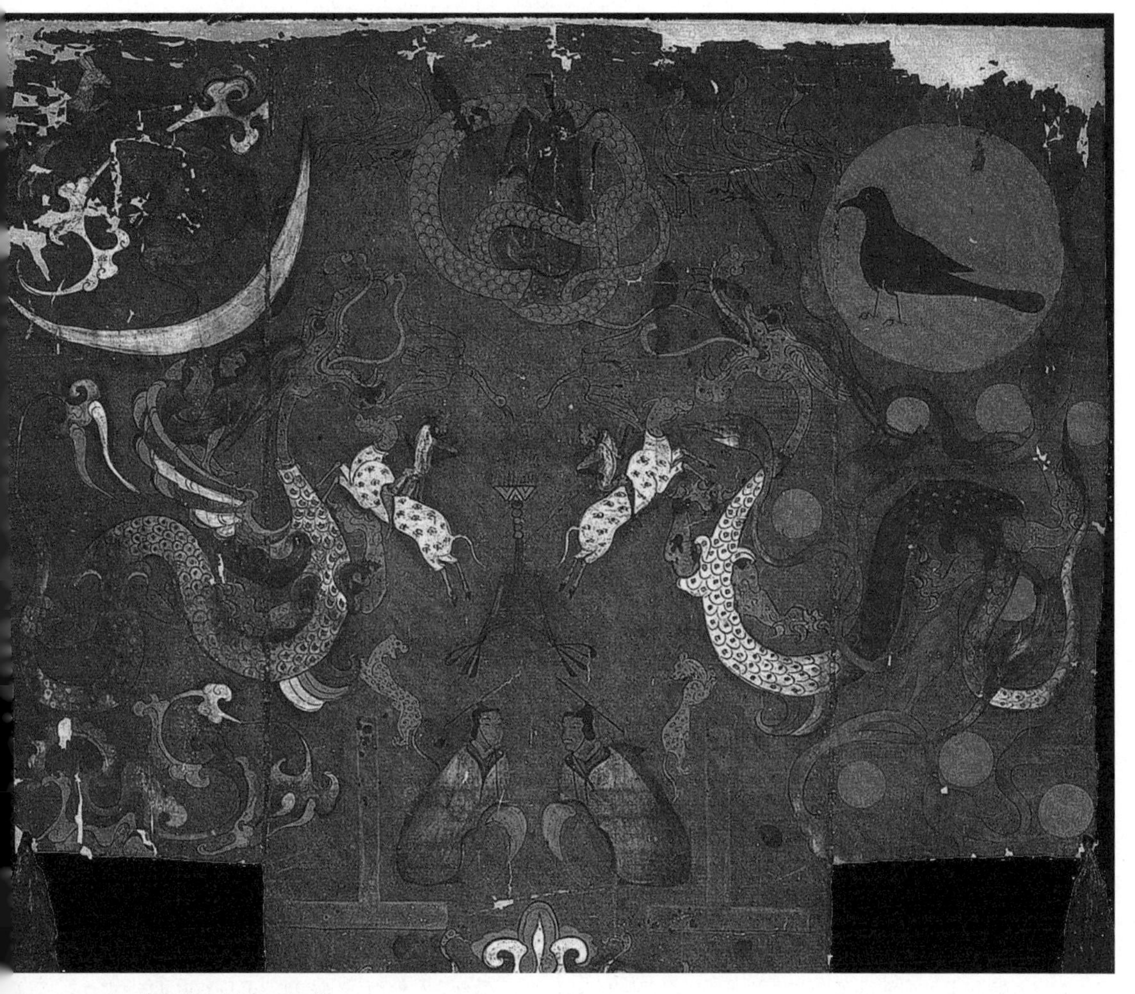

马王堆汉墓 T 形帛画细节。

在马王堆汉墓中，人们还发现珍贵丝帛上记载的古老文献。由于这些文献写在丝帛之上，所以也被称作帛书。马王堆出土的帛书共记有10多万字，被分成了不同的卷，它们的内容涉及政治、军事、天文、医学、阴阳术数、体育等诸多领域。可以说，这几乎是两千多年前的一座微型图书馆。

在马王堆帛书中，有一卷专门描绘各种天象和气象。它原本没有名称，后来被人们命名为《天文气象杂占》。这件帛书长约150厘米，宽约48厘米，自上到下共分为6列，还包括250幅图画，内容涉及云气占、日占、月占、星占以及掩星和彗星等，并且附有说明文字。其中，最引人注目的就是位于第六列中部的彗星图。

在这幅彗星图中，有29种不同的彗星图案。图中的彗星形态各不相同，但能明显地分成彗头与彗尾两大部分。彗尾的形态有宽有窄，有长有短，有直有弯，数量从一至四条不等。

这些彗星图样看上去像是程式化的示意图，但是人们经过深入的研究发现，那时的天文学家显然已经注意到了彗核和彗尾的数量以及它们的外观的差异，并据此对彗星进行了分类。

短而直的彗尾用单线表示，大而弯的彗尾用分叉线表示。彗星存在单尾、双尾、三尾及更复杂的形态。其中有一种“翟星”，其末端形成了旋转的彗尾。这引起了现代天文学家的注意，因为这种结构简明、尾巴醒目的形态在近代所观测的彗星中从未被发现过。不过，根据推测，假如彗星在其轨道上运行的同时还绕轴自转，而且它非常活跃，喷出大量气体和尘埃，就有可能出现这种比较罕见的形态。

因此，这些彗星图很可能是古人对诸多彗星尾部的形态进行认真观测后所做的真实描绘。可见，古人在当时已经积累了不少关于彗星形态的知识。当然，这些对彗星的观测与描绘主要还是出于星占的需求。

马王堆汉墓的年代相当于公元前185年至前168年，也就是汉朝初期。这些帛书所记载的彗星知识在汉朝之前就已经逐步积累起来了。一般来说，用肉眼连续观测，在短短几年内能看到大量明亮彗星的可能性不大。即使平均每十年有一至两颗明亮的彗星经过地球附近，我们每个世纪能看到的不过10 ~ 20颗。用肉眼观测到类型如此完备的彗星，至少需要上百次观测，而这需要很长时间的持续努力才能完成。

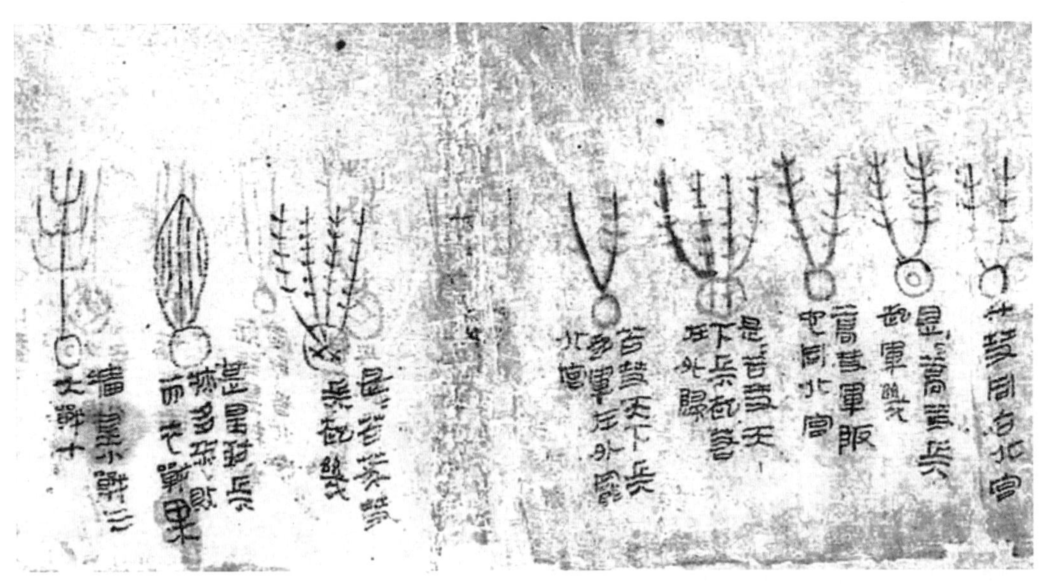

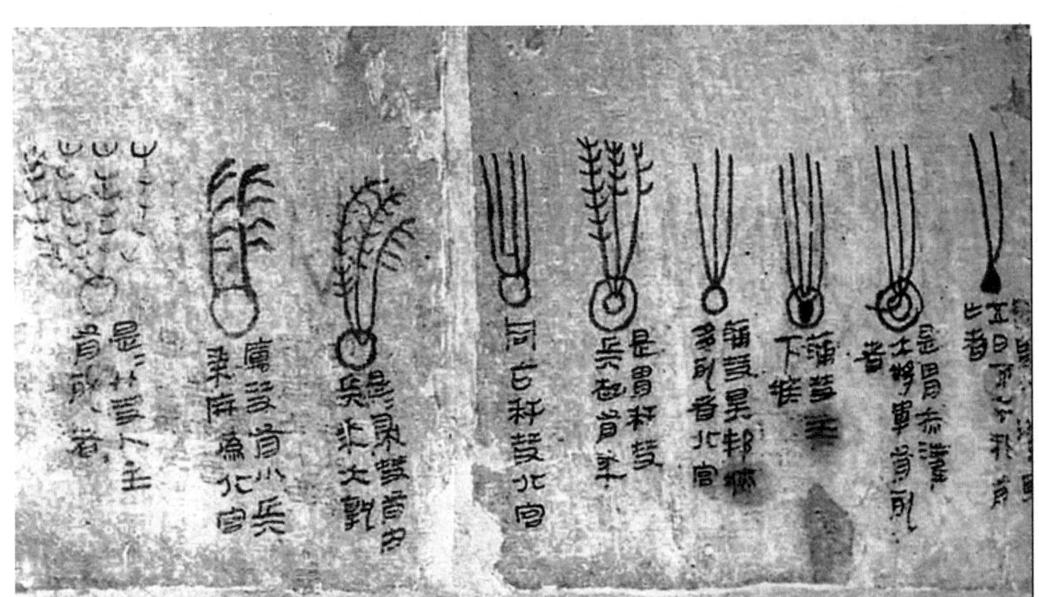

马王堆帛书中的彗星图（局部）。图中的彗星形态各异，既有单尾彗星又有多尾彗星，彗尾或呈集束状，或呈发散状。有的彗尾为直线，有的则为曲线。

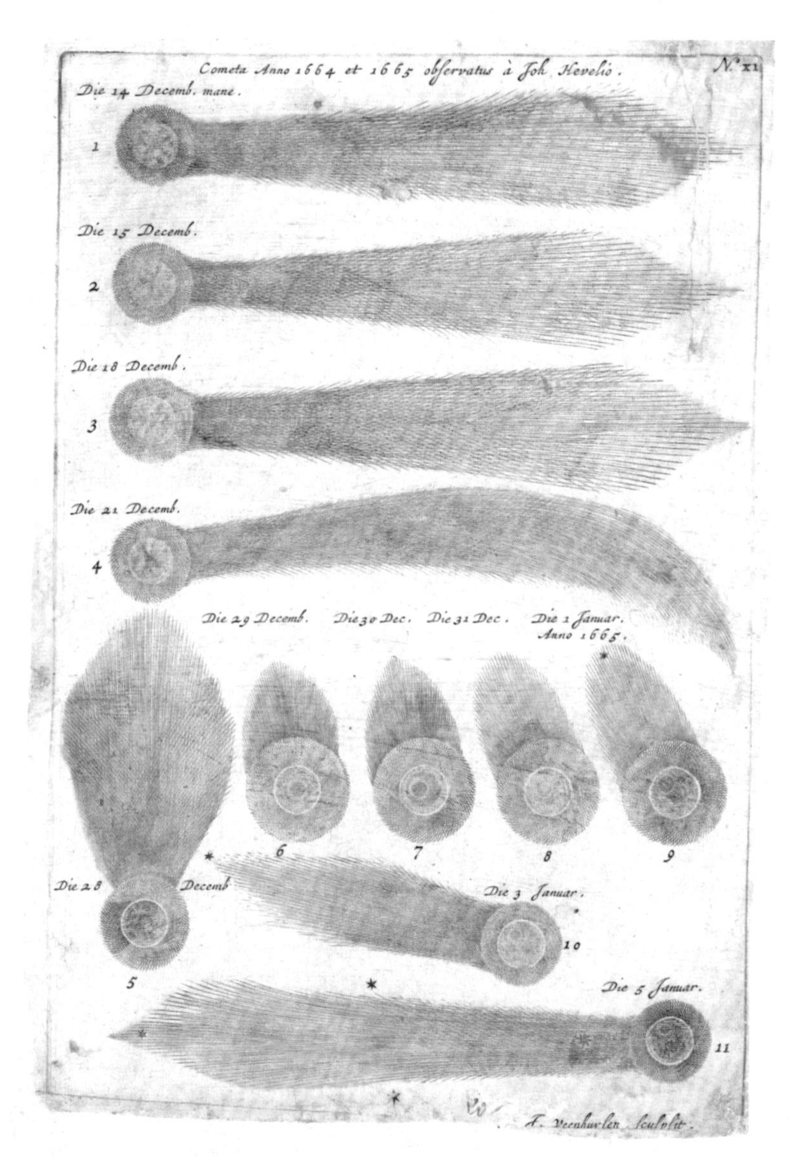

17 世纪波兰天文学家赫维留对彗星的观测和分类。马王堆帛书中的彗星图是世界上最早的彗星图，欧洲到了很晚才有能与其媲美的彗星图。

彗星是太阳系中的一种云雾状的小天体，分为彗核、彗发和彗尾三部分。彗核是中央比较明亮的部分，它实际上是由石块、尘埃、甲烷、氨等所组成的。彗核的体积不大，一般和地球上的小山差不多，是个名副其实的“脏雪球”。当彗星飞向太阳时，其表面的冰会升华成气体，与尘埃颗粒一起绕彗核形成云雾状的彗发，这部分彗发与彗核合称彗头。彗发还会散射阳光，形成闪烁着淡光的彗尾。彗尾只包含很稀薄的气体和尘埃，一般总是朝着背离太阳的方向延伸，有时尾巴会分叉变成两条或两条以上。

与古代西方长期以来都将彗星当作一种大气现象不同，中国古代的天文学家很早就认识到彗星是一种比较奇特的天体，并且还给不同形态的彗星起了不同的名字，其中最为常见的就是“彗”。在汉语中，“彗”字的本义是扫帚，《说文解字》有“扫竹也”，《广韵》作“帚也”。彗星飞过天际时拖曳着长长的尾巴，就像我们平时使用的扫帚一样。“彗”字和彗星的特征非常契合，也十分形象，因此人们有时也称其为扫把星。

由于大多数彗星并不是周期性彗星，它们只是“匆匆过客”，在绕太阳转一个弯后就再也回不来了，所以人们常把彗星称为太阳系里的“流浪者”。彗星的运行轨道极不稳定，当它经过较大行星的附近时，就会受到行星引力的影响，运动速度和方向便会改变，所以行踪非常诡异。

行踪不定的彗星在空中来回游荡，被古人看作诡谲的异常天象。另外，彗星的形态及其出现的位置各不相同，恰好满足了星占学对异常现象进行多样性解释的需求，因此彗星成为难得的占卜对象，也就成为一种不祥的征兆。

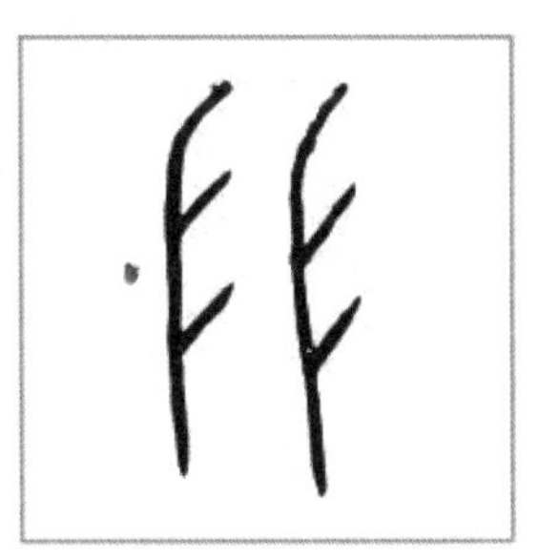

甲骨文中的“彗”字。

在中国古代，不同形态和名称的彗星又有着不同的预示意义，如“赤灌，兵兴。将军死。北宫”“白灌见，五日，邦有反者。北宫”“浦彗，天下疾”等。这里的赤灌、白灌和浦彗都是当时人们根据彗星的颜色、出现的方位及时间长短而起的不同名字。《开元占经》援引战国时期天文学家石申的话："一名孛星，二名拂星，三名扫星，四名彗星。其状不同，为殃如一，其出不过三月，必有破国、乱君、伏死其辜，余殃不尽，当为饥、旱、疾、疫之灾。其星日行一尺，二十日而入，此彗星之行也。"也就是说，石申将彗星分为孛、拂、扫、彗四类，但不论哪一类都预示着灾难即将发生。

古人采用"尺"作为单位来计量彗尾的长短。按照中国古代表示角度的标准，古代的1尺大致相当于现代的1度。古代彗星的尾巴可以长达数丈甚至10丈。10丈为100度，虽然这一说法略有些夸张，但是大彗星的尾巴长达五六十度还是有可能的。这样的彗星横贯天空一定是十分壮丽的景象。

1682年8月，一颗明亮的彗星拖着长尾巴横空出世。当时26岁的英国天文学家哈雷对它进行跟踪观测和研究，他认为这是一颗周期性彗星，周期约为76年，所以它将在1758年底或1759年初再次出现。哈雷去世16年后，他的预言果然应验，为了纪念哈雷的贡献，人们以他的名字命名这颗彗星，这就是著名的哈雷彗星。

其实，早在哈雷之前，古代的不同文明（如古巴比伦、古代中国等）都曾对这颗彗星有着非常详细的记载，只不过当时的人们并没有认识到它们是同一颗彗星，没有像哈雷那样探寻出其中的科学规律。中国古代对彗星的位置、运动和形态有着大量而详尽的记述。从殷商至清代，中国的彗星记录多达数百次。其中，从春秋时期到清代宣统二年（1910年），哈雷彗星共出现了31次，这些在中国古代文献中都有详细的记录。

除了令人惊叹的彗星图，在马王堆帛书中还有一份珍贵的天文学文献，这就是《五星占》。《五星占》是中国现存最早的关于五星运动的文献，记载有五星的运动周期，包含一份关于三颗行星（木星、土星和金星）的位置的表格。这份表格反映了行星运动中的"合""冲"等状态，其时间跨度为公元前246年至前177年。

太初改历开创先河

汉武帝元封七年（公元前104年）的一天，负责天文和宗庙礼仪等工作的机构太常在都城长安张贴出了招贤纳士的告示。告示的内容大致如下：汉王朝自公元前 206 年建立以来，继承了秦代制定的历法，但在使用了多年之后，历法已经出现偏差，不再符合生产和生活的需求，于是朝廷决定进行历法改革。

告示刚一贴出，消息就迅速在长安城里传播开来，前来看告示的人络绎不绝，推举和自荐的人非常踊跃。经过严格筛选，朝廷最后选中了邓平、落下闳、唐都、司马可、侯宜君等 20 多人参加新历的制定工作。那么，为何太常要招贤纳士来修历呢？

原来在改历之初，公孙卿、壶遂和太史令司马迁等人曾商讨过如何编修历法，方案上报后虽然获得了批准，但遭到多方的强烈反对，最终朝廷不得不收回成命，决定广邀行家再议新历。

很多人对于历法的认识，不外乎如何分配一年中的月和日，进行闰日、闰月以及节气的安排等。我们接受的传统教育一般都强调历法是农业文明的产物，农业依赖历法以计算季节的更替，因此历法必然与农业生产紧密相关。其实，古代历法的内容远不止此，还包括对日月和五星位置的推算、日月交食的预报、每日正午日影长度和昼夜时间长度的计算等。这些内容很多与农业生产的需求无关，更多的是与统治者希望预知某些天象的意愿有关。

古人认为这些天象与人间的凶吉祸福存在着某种关系，将祥瑞和灾异看作上天的旨意。因此，天象也被认为与国家的兴亡、帝王的祸福有着直接的联系，即“天人感应”。观象见吉凶这种观念后来发展成为一种根深蒂固的思想。于是，古人更加注重对天体的各种运动规律的总结，以求准确预报天象，从而化险为夷。所以，除了安排历日之外，对日月食和行星运动位置的推算等就逐渐成为中国古代历法不可或缺的内容。

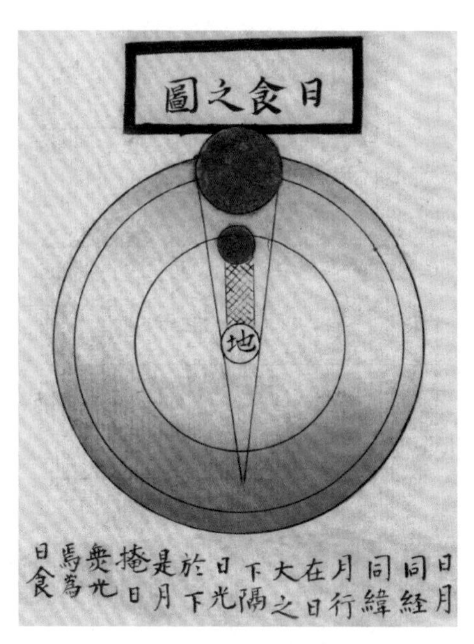

日食之图。

春秋末年至战国初年，历法知

识的长期积累，以及当时人们对科学知识的积极追求，促使天文学不断发展。《孟子》曰："天之高也，星辰之远也，苟求其故，千岁之日至，可坐而致也。"也就是说，天有多高，星辰有多远，冬至出现在何日，这些问题坐在屋子里就能推算出来。这反映了人们对当时的历法已具有充足的信心，已经掌握了季节变化和日月运行的周期，所以季节的变化和许多天象都可以直接推算出来。

战国时期的历法没有具体资料流传下来，甚至各国究竟使用何种历法也未见记载，只是据说它们的名称包括《黄帝历》《颛顼历》《夏历》《殷历》《周历》《鲁历》六种，这些古历都是那个时代所出现和颁行的历法。

这六种古历应该是战国时期不同民族和地区的历法，它们大体可分为三类：一种以国家命名，如《周历》《鲁历》；一种以本民族的始祖命名，如《颛顼历》《黄帝历》；还有一种以其祖先所创建的国家命名，如《夏历》《殷历》。由此来看，《周历》应该是东周小朝廷颁布的历法，是周天子王权的象征。《鲁历》很可能就是鲁国当年行用过的历法。

《黄帝历》《颛顼历》《夏历》《殷历》这些历法虽然都是一种托名，但应该与各个地区和民族的信仰有关。例如，秦国的历法以颛顼命名，这与秦国的宗室自称颛顼的后裔有关。这里的《殷历》虽然与商代的历法无关，但应该与商代的遗民有关。因此，它有可能是当时宋国和卫国一带行用的历法。由此也可推断，《黄帝历》有可能与黄帝部族的后裔晋、赵、魏等国有关，《夏历》则可能与夏民族的后裔越、吴等国有关。当然，这里所说古六历的使用地域也只是猜测而已。

在古六历中，秦国使用的《颛顼历》的记载相对来说较多些。这是由于秦朝统一中国以后继续使用《颛顼历》，而汉初沿用了秦朝的制度，依然使用《颛顼历》。到了汉代，《颛顼历》已经行用日久，与实际天象已不相符。该历法不仅总是将闰月放在九月，无法适应农业生产对掌握季节的需要，而且用它推算各种天象也会有明显的误差，因此修订《颛顼历》已经势在必行。

到了汉武帝时期，改历时机终于成熟了。继文景之治后，汉武帝以自己的雄才大略，不断励精图治，使西汉王朝进入了全盛时期。汉武帝作为一代英主，深知"改正朔，易服色"的重要性。到了元封七年，该年的十一月朔日正好是甲子日，又恰好是冬至日，是个千载难逢的好机会。为了顺应天时、合于民意，汉武帝终于下令商议改历的问题。

为了编修一部优秀的历法，朝廷开始招募精通天文历算、善于仪器制造和天文观测的能人志士。汉武帝在全国范围内征集了 20 多人前来“议造汉历”。最初，负责历法改革的是太史令司马迁，他与招募而来的邓平和落下闳等人展开了激烈的讨论。在经过实测和推算后，汉武帝最终从提出的 18 种方案中采纳了邓平和落下闳提出的《八十一分律历》，这就是后来的《太初历》。《太初历》采用“以律起历”的办法来确定日长，将一日分成 81 分，所以也称八十一分法，比如一个朔望月就是 $29\frac{43}{81}$日。

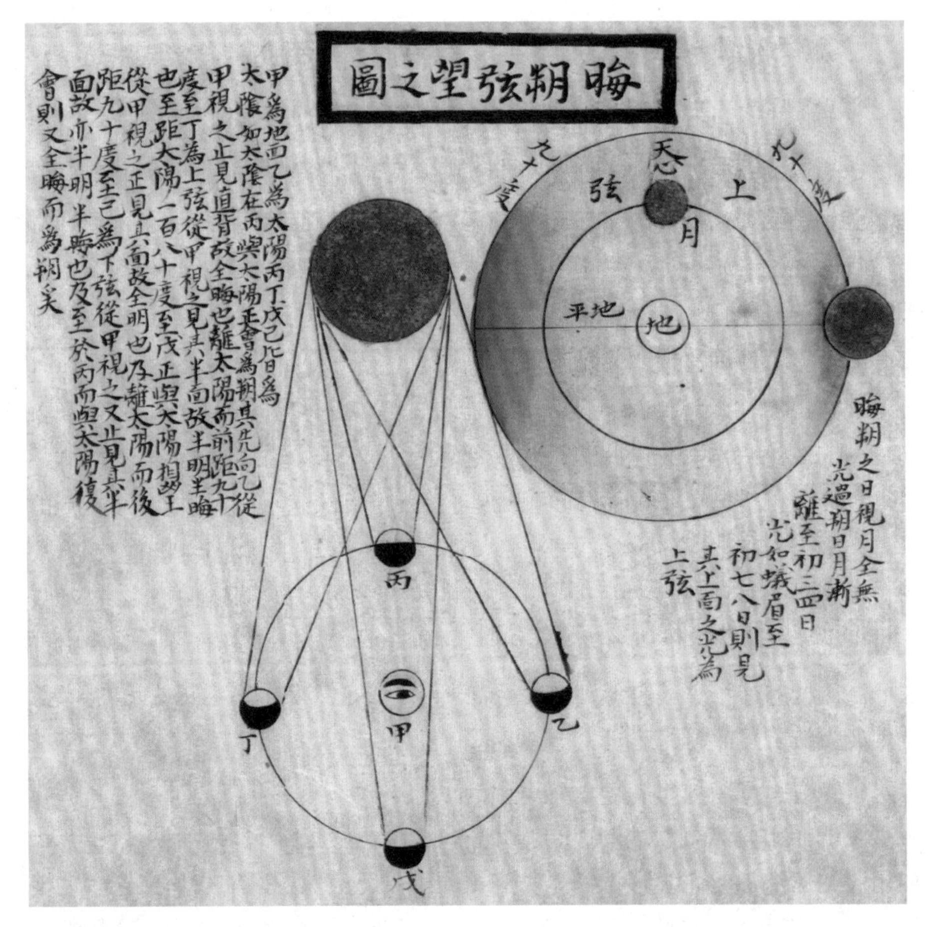

晦朔弦望之图。

《太初历》颁行后，作为太史令的司马迁提出了反对意见。他除了赞成《太初历》将元封七年十一月甲子、朔旦、冬至作为新历的历元（即历法所选择的起始点）之外，并不同意历法的其他改革方案，所以他在自己的《史记·历书》中没有记载《太初历》的内容，这部历法的具体内容没有完整地保存下来。

虽然《太初历》的原文已经佚失，但是在西汉末期，刘歆根据《太初历》改编的《三统历》得以完整地保存下来。这是至今为止我们能见到的最早的一部内容完整的中国古代历法。《三统历》不仅包括朔望日、二十四节气这些安排历日的方法，而且包括日月和行星位置的推算以及日月食等内容，确立了古代历法的基本框架。

《太初历》确定一个朔望月的长度是 $29\frac{43}{81}$日，平年有 12 个月，闰年有 13 个月，每 19 年加入 7 个闰月。按照这些原则计算，每年平均为 $12\frac{7}{19}$个月，也就是说一年包括 $365\frac{385}{1539}$天。可见，它的朔望月长度（即月相盈亏的平均周期）不够精确，甚至比《颛顼历》朔望月的误差还要大。这一点就连落下闳自己都直言不讳，他说 800 年后《太初历》的误差会达到一天。虽然《太初历》的误差明显，但它毕竟经过一些实测，又重新推算了历元，其朔望和上下弦的时刻都比《颛顼历》准确，因此得以颁布。

《太初历》的历元，也就是这部历法推算的起点，看起来很特殊。古人在编修历法时，总想着选取一个最为理想的起算点。这个理想的起算点一般要满足以下各种要求：夜半（一天的起点），朔旦（一个月的起点），十一月（一年的起点），甲子日（六十干支的起点），冬至日（二十四节气的起点）。也就是说，要将以上五种周期的起点凑在一起，这样的机会当然不可多得。其实，这种将不同周期的公共起始点作为历元的做法，一方面在数学上方便计算，另一方面也能增添历法的神秘感。由于元封七年十一月甲子、朔旦、冬至正好是同一天，自然便成为新历最理想的历元。

太初改历是中国历史上第一次由中央王朝组织的系统性改历活动，它起着承上启下的作用，具有深远的影响。此后，历代王朝也都频繁地改历，官方正式使用过的历法加起来多达五六十种。由此可见，虽然中国古代历法众多，但平均行用时间通常只有数十年。历法常陷入“行久必差”的魔咒中，这使得古代的改历十分频繁。同时，这也导致长期以来针对历法的争论不断出现，其过程往往也是错综复杂的。

在《太初历》颁行多年之后，依然有反对的声音出现。汉昭帝元凤三年（公元前 78 年），太史令张寿王上书，说《太初历》以元封七年十一月朔旦、冬至为历法的起算点，属于阴阳不调的乱世之作，应当予以废除。在此情况下，汉昭帝下令对此前的各种历法逐一进行详细的比较，最终认为还是《太初历》最好。在现实面前，张寿王还是强词夺理，终于被罢官而去。

到了东汉初年，《太初历》已经颁行了 100 多年，当时的月亮经常在月末出现于西边的天空。按照刘向、刘歆父子的说法，这种现象被称为“朓”，是“君舒缓则臣骄慢”导致月亮的运行速度变得更快的缘故。要解决这个问题，君主和臣子们必须改变自己的行为。汉代的儒者坚信天人感应学说，历法的错误是难以掩饰的，再次改革历法势在必行。于是，刘歆便在《太初历》的基础上编成了《三统历》。

其实，刘歆编修《三统历》另有政治目的，那就是要为王莽篡权制造理论依据，因为改朝换代要“改正朔，易服色，所以明受命于天也”。刘歆在《太初历》的基础上完成《三统历》，他依然以数字 81 为出发点，结合五星会合的周期，将历数和易数相附会，从而设计出一套更具神秘感的历法参数。

《至圣先贤半身像册》中的刘向像。

所以，在很大程度上，编修《三统历》的目的并不是对原先的历法进行有效的改进，而是受到了当时由天人感应学说发展出来的谶纬思想的影响，做些表面上的调整，尤其是将改历的重点放在调整历元和神秘参数上。

实际上，在东汉早期就有人注意到月球的运动不均匀，即月亮每天的视行度不一样。然而，直到东汉末年《乾象历》中才首次加入了对月亮运动不均匀的修正。假如要计算某一天月亮的位置，应该在平均值上加上快慢变化的修正，这样就可以利用内插法推算任何时刻月亮的位置。

作为《乾象历》的作者，刘洪还发现，由于此前的历法过于追求神秘性，一些天文常数不够精确。于是，他提出历法应该脱离牵强附会的谶纬学说，强调历法应该“密于用算”。这样的理念为传统历法提高推算精度打下了坚实的基础。

司马迁与《天官书》

公元前 110 年的一天，太史令司马谈见自己的病情不断加重，便将儿子司马迁叫到身边叮嘱。他希望自己死后，司马迁也做一名太史令，不能忘记著书立传的志向。司马谈认为司天与记事是太史令的主要工作，担负的职责尤其重大。西汉大一统的盛世使他备受鼓舞，他认为作为这一盛世的太史令，如果不能对盛世名君贤主和忠臣义士的功业加以记载，将有愧于司马家族的先祖们。

司马迁在 20 多岁的时候曾周游名山大川，探访古迹名胜，在各地采集传说和名人轶事。此后，他在朝中做了一名郎中，并且很快就得到了汉武帝的信任。司马谈去世后，司马迁子承父业升任太史令，一门心思埋头在国家的藏书库（即所谓的“石室金匮”）里阅读，整理天下的遗闻轶事，为撰写他的伟大著作做准备。

就在一心从事著述之时，司马迁于天汉三年（公元前 98 年）为李陵败降于匈奴一事辩解，惹怒了汉武帝，被关进了大牢，受到了宫刑。出狱后，他大约在太始元年（公元前 96 年）前后又做了中书令，但他对朝廷内外之事情已毫无兴趣了，只是每天坚持著述。

司马迁以极高的热情对待他的职务，他断绝了各种应酬往来，孜孜不倦地工作。到了征和二年（公元前 91 年），经过 13 个春秋，他终于完成了继《春秋》之后的另一部伟大的史学巨著，这就是被称为“史家之绝唱，无韵之离骚”的《史记》。

《历代帝王圣贤名臣大儒遗像》中的司马迁像。

《史记》一书上起黄帝，下讫汉武帝，记载了 3000 多年的史事，其中包括十二本纪、十表、八书、三十世家、七十列传，共计 130 篇。作为汉朝的太史令，司马迁除了是伟大的历史学家，也是一位天文学家。他在天文学方面有着不小的贡献，对中国天文学的发展起到了很大的促进作用。

司马迁在《史记》的最后撰写了一篇《太史公自序》。在这篇自序中，他介绍了自己的家世和生平。他说自己是古代天文学家重、黎的后代，他的家族在夏商两代都“世序天地”，从事天文和历法工作。到了周代，他的家族以司马氏为姓，负责天文和祭司工作。但是，自东周惠王到襄王时期，他的家族便失去了这一职业。父亲司马谈一直告诫司马迁，要仰慕远祖典史之职，立志重振这久已失传的家学。

司马迁的父亲司马谈是西汉前期著名的史学家和思想家，也是汉武帝时期的太史令。太史令不仅是史官，也是汉代负责天文的最高官员。父亲司马谈受过很好的天文学训练，这为司马迁学习天文学提供了极为有利的条件。

由于司马迁出身于这样一个天文世家，因此他在《史记》中对天文学给予了很大的关注。他不仅在许多篇纪、表、传中记载了有关天文学的资料，而且写有《历书》和《天官书》这两篇天文学专论。

《天官书》是一篇重要的天文学作品，其中不但总结了西汉以前的天文知识，也包括司马迁勤于观测的记录。《天官书》的内容大体上可分为恒星、行星、日月变异、特殊天象和总论五部分。

古人观测日月星辰，根据星象的变化，占卜人间社会的吉凶祸福。所以，星

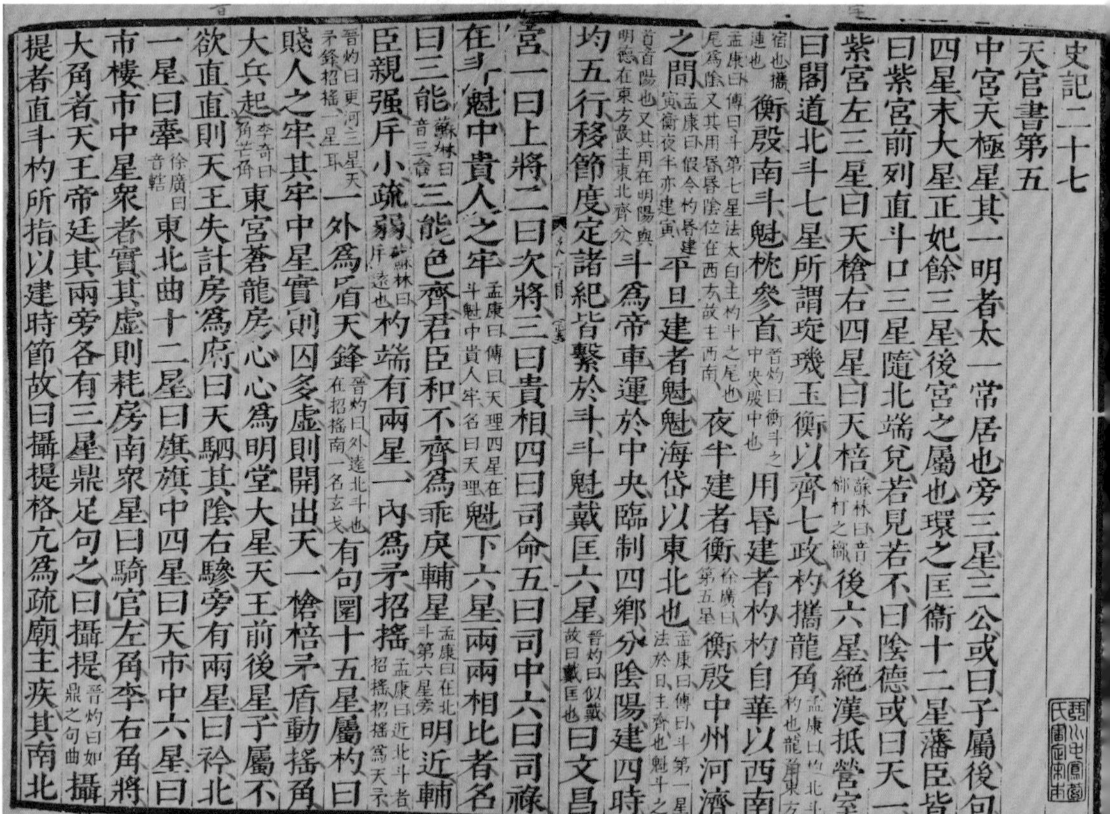
史記二十七
天官書第五
中宮天極星其一明者太一常居也旁三星三公或曰子屬後句
四星末大星正妃餘三星後宮之屬也環之匡衛十二星藩臣皆
曰紫宮前列直斗口三星隨北端兌若見若不曰陰德或曰天一
紫宮左三星曰天槍右四星曰天棓蘇林曰音榔打之榔後六星絕漢抵營室
曰閣道北斗七星所謂琁璣玉衡以齊七政杓攜龍角孟康曰杓北斗杓也龍角東方
宿也攜連也衡殷南斗魁枕參首晉灼曰衡斗之中央殷中也用昏建者杓杓自華以西南
孟康曰傳曰斗第七星法太白主杓斗之尾也尾為陰又其用昏昏陰位在西方故主西南夜半建者衡徐廣曰第五星衡殷中州河濟
之間孟康曰假令杓昏建寅衡夜半亦建寅平旦建者魁魁海岱以東北也孟康曰傳曰斗第一星法於日主齊也魁斗之
首首陽也又其用在明陽與明德在東方故主東北齊分斗為帝車運於中央臨制四鄉分陰陽建四時
均五行移節度定諸紀皆繫於斗斗魁戴匡六星晉灼曰似戴故曰戴匡也曰文昌
宮一曰上將二曰次將三曰貴相四曰司命五曰司中六曰司祿
在斗魁中貴人之牢孟康曰傳曰天理四星在斗魁中貴人牢名曰天理魁下六星兩兩相比者名
曰三能蘇林曰音三台三能色齊君臣和不齊為乖戾輔星孟康曰在北斗第六星旁明近輔
臣親彊斥小疏弱蘇林曰斥遠也杓端有兩星一內為矛招搖孟康曰近北斗者招搖招搖為天矛
晉灼曰更河三星天矛鋒招搖一星耳一外為盾天鋒晉灼曰外遠北斗也在招搖南一名玄戈有句圜十五星屬杓曰
賤人之牢其牢中星實則囚多虛則開出天一槍棓矛盾動搖角
大兵起李奇曰角芒角東宮蒼龍房心心為明堂大星天王前後星子屬不
欲直直則天王失計房為府曰天駟其陰右驂旁有兩星曰衿北
一星曰舝徐廣曰音轄東北曲十二星曰旗旗中四星曰天市中六星曰
市樓市中星眾者實其虛則耗房南眾星曰騎官左角李右角將
大角者天王帝廷其兩旁各有三星鼎足句之曰攝提晉灼曰如鼎之句曲攝
提者直斗杓所指以建時節故曰攝提格亢為疏廟主疾其南北

《史记·天官书》汲古阁本。

占成为中国古代天文学的一项重要需求。要想观测天上的星辰，就必须给它们起个名字，这些名字就是星官，类似于现在的星座。

如今国际通用的星座基于古希腊的神话故事，并在此基础上不断加以完善，而中国星官则完全不同。司马迁在前人对星官命名的基础上，将人间社会搬到了天上。所以，我们的星空中有相当数量的星官是以古人在日常生活中接触的事物和各种官职来命名的。这样，满天星斗和人间社会一样热闹非凡。司马迁将他的天文学专论取名为《天官书》，也是基于这方面考虑的。

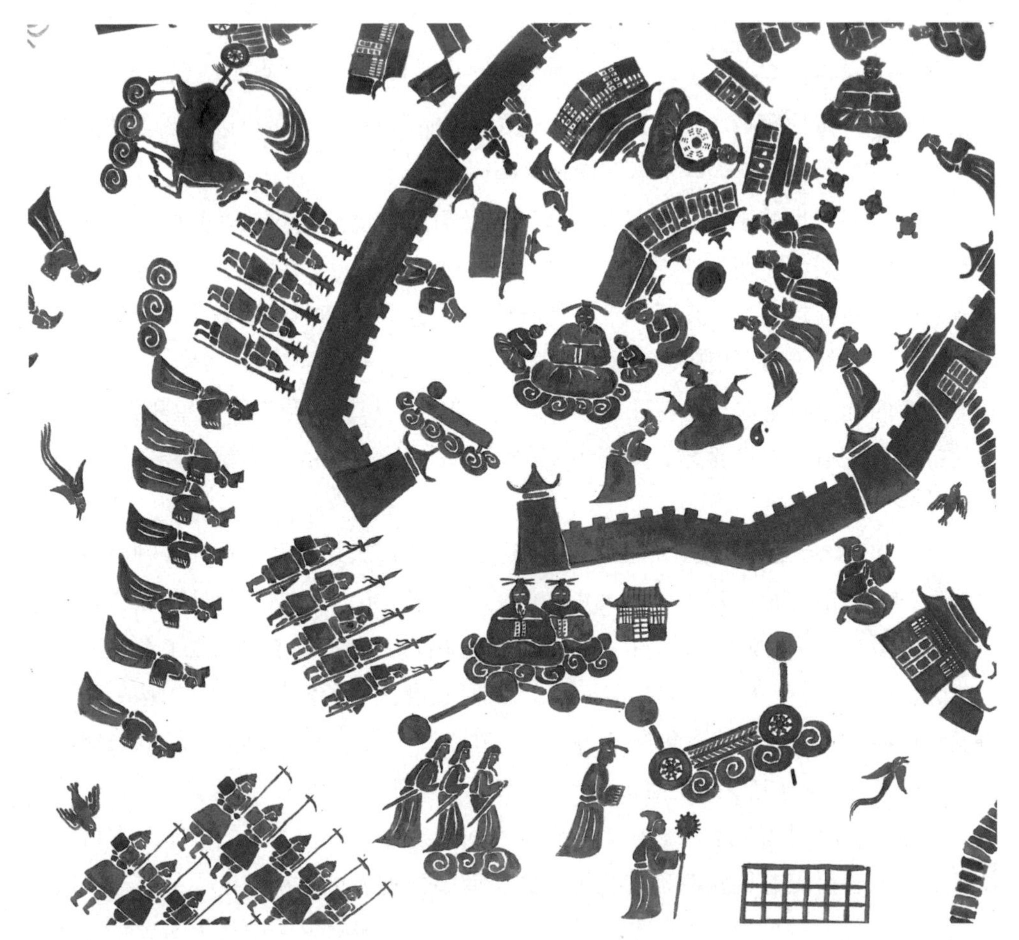

中国传统星官大多源自古人的现实生活。

司马迁在《天官书》的第一部分将整个星空分为五大区域，称为五宫，即中宫、东宫、西宫、南宫和北宫。这五宫包含战国初期到司马迁时代主要星官的名称，共有 89 组星名和 500 多颗星。在司马迁以前，已经有多种对全天星官进行划分和命名的方法。战国时期，有著名的“齐，甘公（甘德）；楚，唐昧；赵，尹皋；魏，石申夫”四家。

司马迁出身于天文世家，又担任太史令之职，自然谙熟各家之说。不过，他在《天官书》中对星官的论述并不是对前代学说的简单重复，而是在借鉴各家星官体系成果的基础上自成一派。他的这些星官整理工作为中国古代星官体系的发展和最终定型做出了不小的贡献。

第二部分是关于五大行星运动规律的，司马迁称这些行星为“纬星”。他在书中对于行星的顺行（即向东运行）、逆行（即向西运行）、可以观测到的天数与隐而不见的天数等内容都做了清晰的阐述和说明。

第三部分是关于太阳和月亮的运动以及日月食周期的讨论。其中，司马迁提到了一种交食周期，他说：“月食始日，五月者六，六月者五，五月复六，六月者一，而五月者五，凡百一十三月而复始。”他认为日月食的发生具有明显的周期性，并且给出了相应的交食周期的数值。

第四部分则是对一些特殊天象的记载，包括流星雨、陨石、彗星和新星等。比如，其中有“星坠至地，则石也”的记述，说明那时的人们就已经知道陨石的特性。

另外，《天官书》还介绍了北斗和各星宿的对应关系以及根据北斗判断其他星宿的位置的方法，对恒星的大小和颜色进行了讨论。例如，司马迁注意到了以下恒星（星团）颜色的差异：质（所谓的鬼星团，M44），白色；狼（天狼星），白色；心大星（心宿二，天蝎座 α 星），赤色；参左肩（参宿四，猎户座 α 星），黄色；参右肩（参宿五，猎户座 γ 星），苍色；奎大星（仙女座 β 星），黑色；南极（老人星，船底座 α 星），赤色；昴（昴星团，M45），白色。

除了恒星的颜色不同，它们的亮度不同也是古人有目共睹的事实。古希腊天文学家曾提出过比较明确的星等概念，而中国古人更侧重于定性的叙述，这也可以被视为对恒星亮度的初步认识。司马迁在《天官书》中将恒星亮度大体分为“大星”“明者”“一般星”“小星”和“若见若不”五类。其实，这五类并无严格的界限，但是在亮度上的差异基本上可以体现出来。这里的“大星”主要为 1.5 等以上的亮星，“明者”为 2 等左右的星，“一般星”为 3 ~ 4 等的星，“小星”为 4.5 等左右的星，“若见若不”则是 5 等及以下的暗星。

司马迁作为一名颇有作为的太史令，他与公孙卿、壶遂等人一起向汉武帝进言改历，并开展了一系列天文观测活动。这些工作至少包括冬至点位置、日月五星的运行和恒星位置的观测等，此外还有回归年和朔望月长度的测算等。

虽然在太初改历的竞争中，司马迁的历法主张未能得到采纳，但他的若干观测成果也对《太初历》的编修工作产生了积极影响。由于见解不同，司马迁在《史记·历书》中并未记述当时被官方颁用的《太初历》，而以“历术甲子篇”为题，记载了他自己主张的历法方案。

从这一点可以看出，司马迁显然反对邓平和落下闳的方案，认为他们“以律起历”来确定基本的天文常数完全属于故弄玄虚。后来的研究表明，司马迁所建议的某些数值确实比《太初历》中的要精确些。不过，平心而论，虽然司马迁在历法上的造诣或许并不比《太初历》的编修者差，但是《太初历》也有很多长处，这是司马迁所不及的。因此，朝廷决定颁用《太初历》也是合理和必然的选择。

除了在天文学方面的具体贡献之外，司马迁还开创了中国古代正史中系统地记述天文学史料的传统，从而使历代丰富的天文学史料得以流传至今。自司马迁的《史记》至《明史》共 24 部史书，被后人总称为二十四史。在这 24 部史书中，17 部都专门著有天文学专论，其中记载了大量天文和历法内容，这也是后世研究中国古代天文学史时最主要的资料来源。

窥天地奥妙的张衡

古今中外有着各种圣人，比如文圣、武圣、诗圣、谋圣等。有这样一个人却顶着“科圣”的光环，他便是大家耳熟能详的汉代科学家张衡。张衡在天文学、数学、地震学、机械技术等众多领域都取得了不少成就，所以他在后世有“科圣”的美名，尤其是他所制造的候风地动仪等仪器更是令人印象深刻。张衡的挚友崔瑗曾评价他“道德漫流，文章云浮；数术穷天地，制作侔造化”，这对张衡的道德文章和科技成就来说都是极高的评价。

张衡出身于名门望族，从小就爱读书，而且擅长制作，还善于绘画。17 岁时，他就离开家乡，先后到西京（今西安）和东京（今洛阳）考察历史古迹，求师访友，了解民情习俗。22 岁的时候，他回到家乡，受南阳太守鲍德的邀请，出任主簿，掌管文书等工作，并写下了著名的《二京赋》。后来，鲍德调离南阳，张衡也辞去了官职，在家中潜心研究天文和历法等学问。

东汉灵台遗址。张衡曾两次出任太史令，负责此台的观测工作，可惜此台已不在。1974 年经考古发掘，此台遗址在洛阳南郊（位于今偃师区）被发现。

由于张衡学识渊博，声名远播，汉安帝召他进京，拜为郎中。张衡在 37 岁时又被任命为太史令，掌管天文、历法和气象等事宜。6 年之后，他被调任负责人事方面的工作。张衡或许不太愿意做这项工作，所以他又申请回去做太史令。汉顺帝登基之后，他再次成为太史令。

张衡重回太史令任上之后，有人替他惋惜，也有人嘲笑他做官没有长进，还有人劝他别去钻研那些没用的技术。为了这件事，张衡撰文，以“君子不患位之不尊，而患德之不崇；不耻禄之不伙，而耻知之不博”作为回应，表达了自己淡泊明志的情怀。

张衡先后两次一共当了 14 年太史令，这是张衡在天文学方面最有建树的时期。他在宇宙论、月食成因以及天文仪器制作等方面都有杰出的贡献。在天文学方面，张衡有《灵宪》和《浑天仪注》两部代表作，这也是他众多思想的集中体现。当时，有好几种宇宙结构理论并存，其中以盖天说和浑天说最为流行。张衡是主张浑天说的代表人物，其作品《灵宪》是第一部介绍浑天说的传世作品。

在这部作品中，张衡明确指出天是个球体，这个球的直径是 232300 里，从地到天则是此数的一半，而且地的深度也是如此。但是，地则是一个近似的半球，其中地面的南北距离要比天的直径短 1000 里，其东西则长 1000 里。天这个球体从东往西不停地转动，地这个半球却在天的里面静止不动。

可能有人会问，那么大地伸到天之外的部分是否会阻碍天的运转呢？张衡并没有直接回答这个问题。显然，他并不认为这是个大问题，因为在他看来，天不是坚不可破的硬壳。进一步说，张衡认为天并不是物质世界的边界。他在《灵宪》中说：“过此而往者，未之或知也。未之或知者，宇宙之谓也。宇之表无极，宙之端无穷。”在天之外，还有浩瀚无限的宇宙，只是人们还不知道而已。

浑天说能较好地解释恒星的东升西落、太阳在一年中出没方位的变化以及昼夜长短变化等天文现象，所以被更多的人所接受。张衡的解释让浑天说的发展进入了一个新的阶段。另外，张衡对月相变化和月食成因的解释也是非常生动形象的。月亮为什么有时是满月，有时仅呈现一弯月牙？西汉时期的人们只知道太阳的光芒照射到了月亮上，月亮才有了光辉。

张衡对月亮的理解则又更进了一步，他认为“月光生于日之所照，魄生于

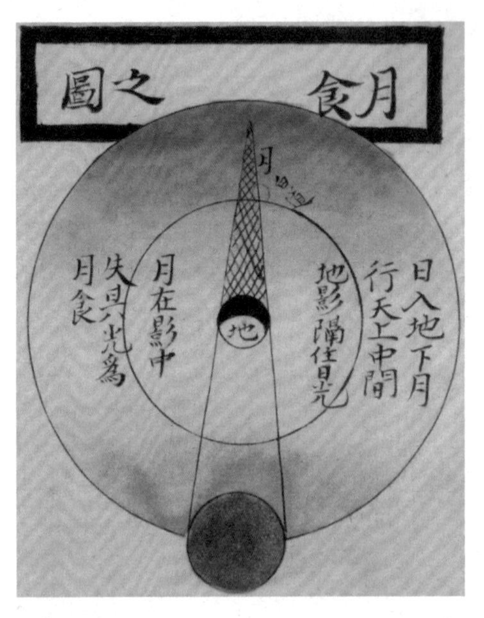

月食之图。

日之所蔽，当日则光盈，就日则光尽也”。也就是说，月亮自身是不会发光的，由于太阳光照射到月亮上，月亮才发出光亮。每当被照射的部分正对着人们，人们就能看到明亮的月亮了，而被照射的部位背向人们时，人们也就看不到月亮了。

在《灵宪》中，张衡详细阐述了月食发生的原理：“当日之冲，光常不合者，蔽于地也，是谓暗虚，在星星微，月过则食。”这一段话的意思是说，在月亮背着太阳的时候，太阳光被地球的影子挡住了，张衡将其称作“暗虚”。当月亮经过地球的影子（暗虚）时，就可能会发生月食。张衡的这种解释是完全正确的。后面“在星星微”的意思是，当地球的影子挡住恒星时，恒星也会变暗。这是张衡的一个错误推断，因为恒星距离地球非常遥远，地球的影子根本扫不到恒星上。

张衡的《浑天仪注》又称《浑天仪图注》，也是浑天说的重要著作之一。他在书中先介绍了浑天说的天地模型，认为天体如弹丸，地如鸡子中黄，天大地小，天包地，地在天中。天有一半在地上，另一半在地下，天地各乘气而立，载水而浮。这些看法在前文中已介绍过，成为浑天说此后的基本观点。

《浑天仪注》还提到了张衡所发明的天文仪器，那就是他首创的漏水转浑天仪，也就是大家所熟知的浑天仪。浑天仪又称浑象，是用来演示天象变化的一种仪器。后来，人们也叫它天体仪，类似于现代天文教学中所用的天球仪。可以说，古代的浑象就是当代天球仪的“始祖”。

浑象将太阳、月亮、二十八宿中的恒星等天体以及赤道和黄道坐标都绘制在一个圆球上面。它可以让人们不受时间的限制，随时知道当时的天象。它还能用于演示太阳、月亮以及其他天体东升西落的情况，并且形象地呈现不同季节昼夜时长不同的原因。所以，浑象可以帮助人们更加直观和形象地理解日月星辰的运动规律，具有很强的实用性。

在张衡之前，其实就有人制造过浑象，不过张衡将浑象与漏壶结合在一起，利用漏水计时的均匀性，使浑象一起匀速运转，从而达到自动演示天象的效果，所以这一仪器也称漏水转浑天仪。据《晋书》的记载，张衡的浑象的主体是一个大圆球，与现今的天球仪相仿。球上画有张衡所定的各个星官以及赤道和黄道，黄道上还标有二十四节气。在浑象南北极的位置，有一根可以转动的轴，这根轴架在圆环形的支架上。

浑象上还安装有一套传动系统，漏壶稳定的水流推动浑象绕着极轴匀速转动。因此，浑象的运转基本上和天体的周日视运动是同步的，转动起来能够呈现昼夜交替的效果。

据记载，张衡的浑象制作成功后，他邀请了一些人前来观看。当浑象开始运转时，一些人在屋里看浑象的演示，另一些人在外边观看天空中的星象，二者相符，对此众人皆惊叹不已。由于这件仪器是根据浑天说来设计的，所以张衡的这个发明为浑天说的传播起到了不小的作用。

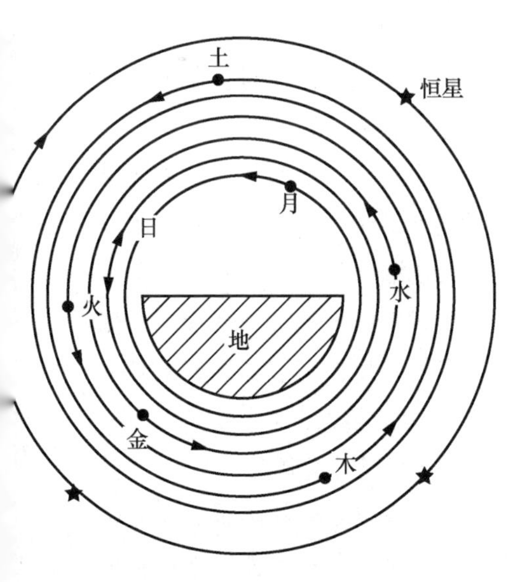

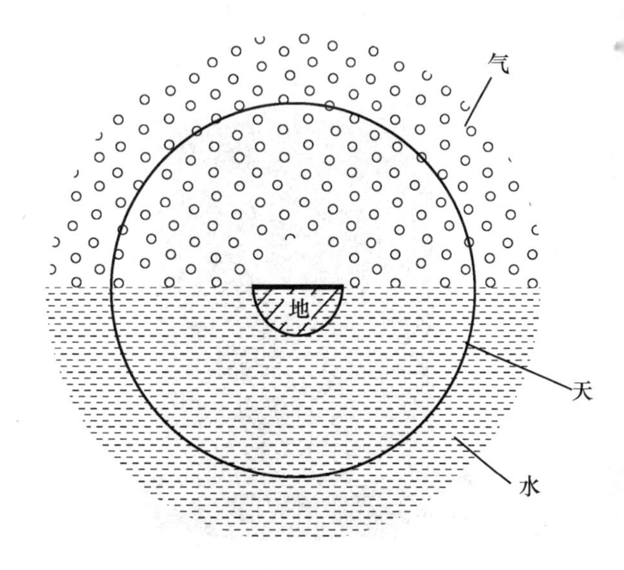

《灵宪》和《浑天仪注》中的天地结构示意图。

有意思的是，在张衡的浑象中，还附带有一个叫“瑞轮蓂荚”的装置。所谓“蓂荚”是传说中的一种神草，它生长在尧帝的庭院中。当月亮升起时，它就长出一个荚来，最多长到 15 个荚；过了满月之后，它就一天掉一个荚，如此反复。这样，蓂荚可以指示月相的变化，记录一个太阴月的日期变化。这个神乎其神的传说实际上是为了夸赞尧帝时天文历法的发展水平。张衡却根据这个传说制造了一种机械装置，实现了“随月盈虚，依历开落”。这种功能有点类似于如今钟表中的自动日历。

计时奇器铜壶漏刻

2011 年，考古学家对南昌的一座西汉墓进行了发掘。在随后的几年中，那里陆续出土了万余件金器、青铜器、玉器、竹简、木牍等珍贵文物。这座墓的主人就是赫赫有名的海昏侯，海昏侯就是汉废帝刘贺（前 93/92—前 59），他在位 27 天后就被罗列了无数罪状，定性为“荒淫迷惑，失皇帝礼仪，乱汉制度”，以至于草草下台，被贬为侯爵。人们对海昏侯墓的印象最深刻的地方莫过于这里出土了大量的金饼、麟趾金、马蹄金等金器，非常奢靡。在这些文物中，有一件不起眼的青铜器却更能反映当时人们的智慧，这就是在一号主墓的酒具库里出土的铜壶漏刻。

海昏侯墓出土的铜壶漏刻。

漏刻又称滴漏、刻漏等，是古代常用的计时仪器。漏与刻本来是两种不同的工具。漏是漏水的壶，利用水漏出的多少来计量时间，是一种守时仪器。刻是带有刻度的标尺，可以与漏壶配合使用，随着壶中水的流出，不断呈现时间的变化，是一种报时仪器。

漏壶的起源应该相当久远，在原始社会人们就能制造各种陶器，难免会出现破损渗漏的情况，而漏出的水的多少是和时间有关联的，这也是用漏壶来计时的基本原理。后来，人们专门精心设计和制造出了有孔的漏壶，漏壶这种仪器就诞生了。

《隋书·天文志》记载道："昔黄帝创观漏水，制器取则，以分昼夜。"黄帝是传说中的上古帝王，说他是漏壶的发明者不完全可信，不过早期漏和刻的发明应该不会晚于商代。

根据文献史料推测，漏的出现应当早于刻。在先秦典籍中已有关于漏的记述，但是到了汉代以后，文献中才出现了较多有关刻和漏刻的记载。原始的漏壶没有什么控制水流的措施，只是让水自然流淌，从满壶到漏空为止，再加满水继续往外漏。为了保证计时过程不间断，需要频繁地添水，并且计算已经漏了多少壶，所以每天都要有人日夜值守。

这显然是一个很大的负担，所以人们就产生了严格控制漏水速度的想法。在壶内壁出水口处垫上云母片或者在漏水孔里塞上丝织物等，就能使水流平缓而又不间断，于是每个漏壶漏水的时间就延长了，不断添水的负担得到了减轻。

但是，人们还需要随时关注漏壶里的水漏掉了多少，而这就是刻出现的原因。最初的刻可能是刻画在漏壶内壁上的，后来为了方便读数，人们就在壶里放了一支标有刻度的箭。根据水位退到什么刻度，就知道相应的时间了。于是，漏刻开始发展成由漏壶和刻箭两部分组成。漏壶如同钟表的机芯，决定了漏刻的精度；刻箭如同钟表的钟面及指针，用来指示时间。

改进后的漏刻通过人为控制可以减缓漏水的速度，并且可以改用刻来作为计量时间的标尺，这时壶中水面高低的差异就成了影响漏刻精度的另一个因素。因为水面高低的差异会导致压强不同，直接影响水流的速度。可以说，中国古代漏刻技术的发展就是不断克服漏水流速的不均匀性，以提高计时精度的过程。

早期的漏刻只有一个壶，属于单级漏刻。海昏侯墓中出土的漏刻就是这种类型。此前，考古学家还在河北满城、陕西兴平和内蒙古伊克昭盟（今鄂尔多斯市）杭锦旗等处发现了类似的单级漏刻。其中，满城漏刻于 1968 年出土于河北省满城西汉中山靖王刘胜（前 165—前 113）之墓。刘胜是西汉景帝之子，卒于元鼎四年（前 113 年），此漏刻作为陪葬品，被认为制造于公元前 113 年之前。当时漏刻的特征比较明显，大都是铜铸圆柱状，上有提梁，下有漏嘴。

另有一件汉代漏刻，是 1976 年发现于内蒙古的千章漏刻。该漏刻的内底铸有阳文“千章”二字，壶身正面阴刻有“千章铜漏”四个字，为西汉成帝河平二年（前 27 年）四月在千章县铸造。后来，第二层梁上加刻有“中阳铜漏”（中阳和千章在西汉皆属西河郡）。千章漏刻通高 47.9 厘米，壶身呈圆筒形，近壶底处有一下斜约 23 度的圆形流管。壶身下为三蹄足，壶盖上有双层梁，第一层梁、第二层梁及壶盖的中央有上下对应的三个长方形孔，用于放置漏箭，这件漏刻是我国早期漏刻中体积最大的一个。

古代常见的漏刻有两种。其中一种在壶中插入一根标杆（称之为漏箭）。漏箭由一只舟承托，浮在水面上。当水流出壶时，漏箭下沉，通过漏箭上的刻度指示时刻。这种漏刻称为泄水型漏刻或沉箭漏刻。另一种漏刻为水流入壶中，通过上升的漏箭来指示时刻，称为受水型漏刻或浮箭漏刻。用一只不漏水的箭壶积攒流入的水，蓄积的水越多，水位上升的幅度越大。箭舟载着漏箭，根据

西汉千章漏刻。

元代延祐铜壶漏刻，现藏于中国国家博物馆。

浮起的高度来指示时间。尽管它们的结构不尽相同，但其报时的准确性都受能否控制漏水均匀流淌的影响。

由于单级漏刻的水流不稳定，到了西汉末年又发展出两级漏刻，具有两个漏壶，用上层漏壶流出的水来补充下层漏壶内的水，以此提高水流的稳定性。晋代出现了三级漏刻，唐代又发展出含有四只漏壶的漏刻，漏刻的形制自此趋于稳定。中国国家博物馆保存有元代延祐铜壶漏刻，该漏刻铸造于元代延祐三年（1316 年），为三级漏刻。三只漏壶自高至低依次被称为“日壶”“月壶”“星壶”，下面还有一只受水壶，各壶都有盖，均为铜铸。日壶储水后，水由上而下依次沿龙头滴下，最后滴入受水壶中。受水壶铜盖中央插有铜尺一把，长 66.5 厘米，上面刻有十二时辰刻度。铜尺前又插放一支木制浮箭，下有浮舟。受水壶水面上升后，可以根据浮箭指示的刻度读出时间。

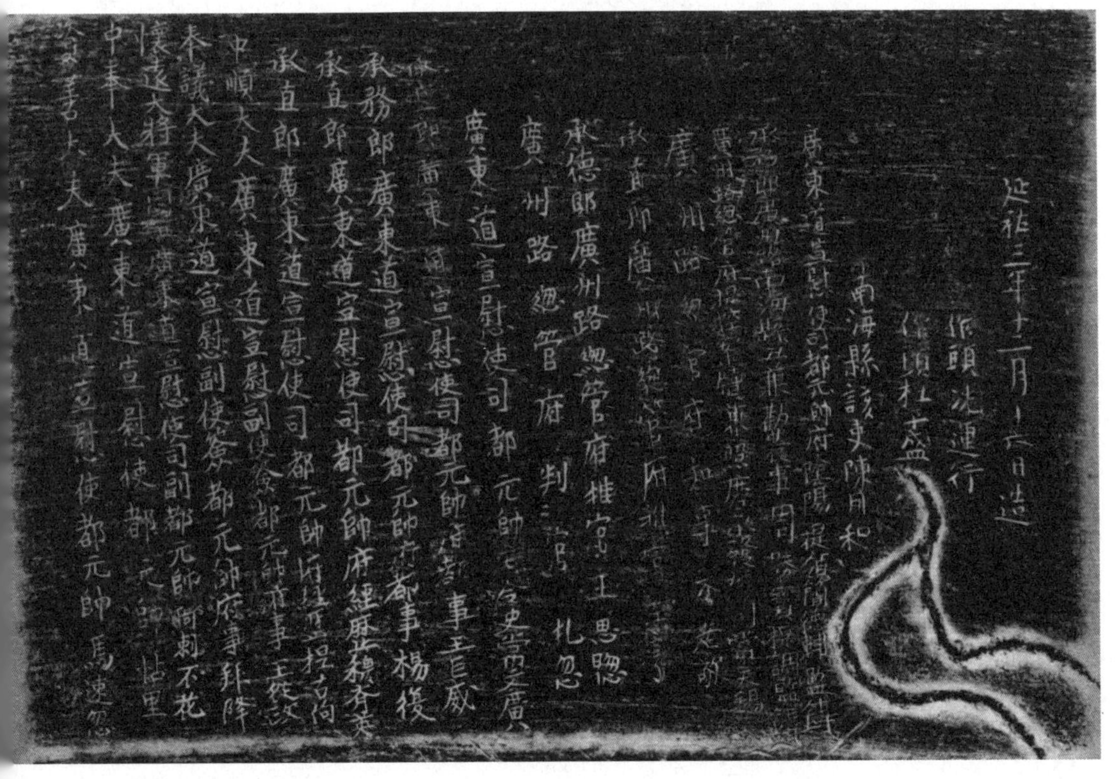

元代延祐铜壶漏刻上的铭文。

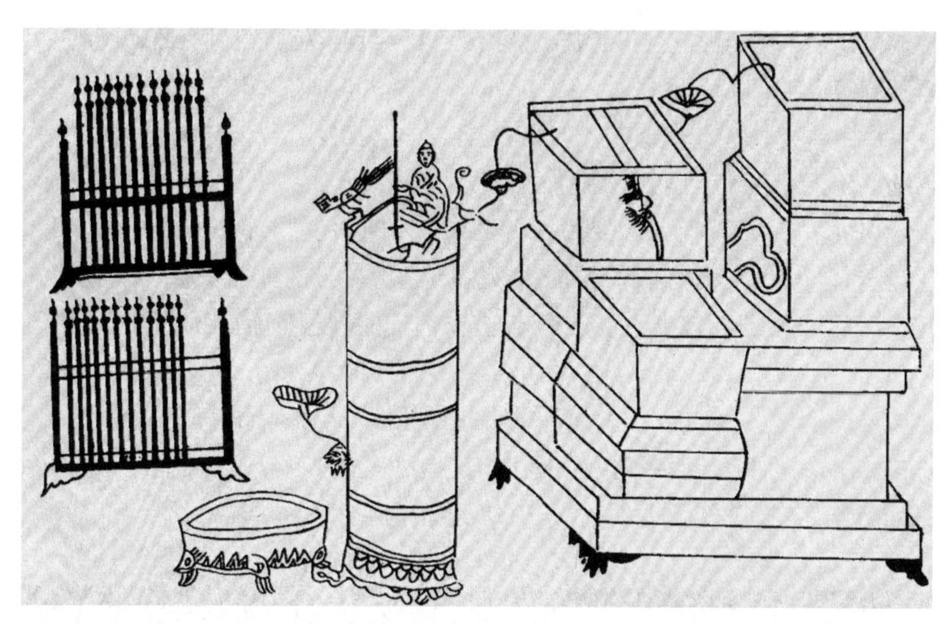

《铜壶漏箭制度》中的漏壶和刻箭。图中漏壶左方的架子上有很多支刻箭，一般在不同的节气需要更换不同的刻箭。

古代的漏刻通常需要按节气更换刻箭，这是中国古代漏刻计时的一个特点。刻箭上的刻度包括白天的刻数和夜间的刻数，即昼刻和夜刻。在古代，全天共被划分为 100 刻。这种将一天分为昼、夜两部分的方法，主要是为了满足政府对社会、人民作息的管理及祭祀等要求。例如，汉代规定，皇城、宫殿中“昼漏尽，夜漏起，宫中卫宫城门击刁斗（铜质器具，夜间敲击以巡更），周庐（指古代皇宫周围所设的警卫庐舍）击木柝（打更用的梆子）”。

古人把夜间时间均分为五等份，每一等份叫作一更，每一更再分为五个点，这就是更点制，例如子夜即三更三点。由于昼夜时刻在一年中是变化的，冬季的夜晚比夏季的夜晚长很多，所以冬季刻箭夜刻的刻度就明显要多些。同一个地方一年中使用的刻箭也需要不停地更换，但每天更换一支不同的刻箭，一方面烦琐不便，另一方面相邻几天的差别其实也不是很大，于是人们采取隔一定时间更换一支刻箭的方法。具体的更换方法在各个时期略有不同，如西汉汉武帝时每 9 天更换一次刻箭，全年用箭 41 支。到了东汉，改为一个节气更换两支，全年用箭 48 支。

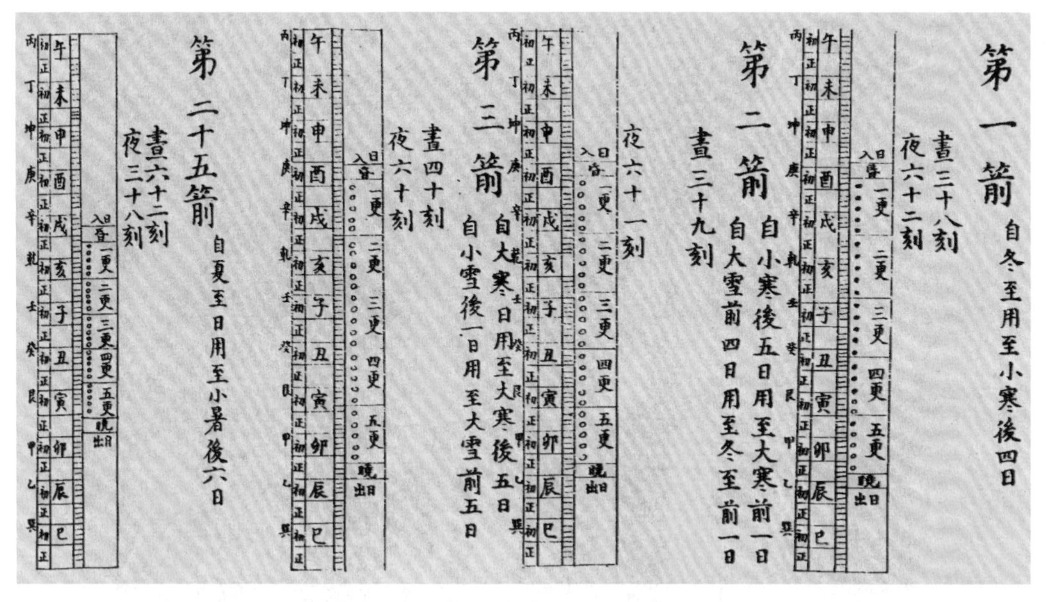

《准斋心制几漏图式》中的刻箭。不同刻箭上的刻度不同，由于一年中不同时期的昼夜时间长短不等，所以刻箭上的昼刻和夜刻会随着不同节气改变。

到了清代，随着西洋天文知识的引进，康熙和乾隆时期曾以铜铸造了众多西式天文仪器，但在漏刻方面没有太大的进展。其中，一方面的原因是自 17 世纪以后，机械钟表的精度已经大为提高，开始逐渐替代漏刻。不过，清代宫中依然保留有大型漏刻装置。例如，乾隆十年（1745 年）制造有由三个播水壶和一个受水箭壶组成的交泰殿漏刻，嘉庆四年（1799 年）又制造有皇极殿漏刻，二者的形制基本相同。皇极殿漏刻上还有以下御制铭文。

敬授人时，语传尧典。小子继绳，敢不勤勉；

夜寐夙兴，改过迁善。用制漏莲，随时轮转；

范铜器成，层层舒展。时刻秒分，从无讹舛；

胜彼洋钟，奇巧迭演。皇考作铭，恭诵泪泣；

守器毋忘，文思追缅。不匮惟勤，力行实践。

据《交泰殿日记档》的记载，“乾隆二十五年五月初九日，传旨新来西洋人内有会水法的，着收拾交泰殿铜壶滴漏”。由此可知，乾隆年间这件漏刻一直在使用。另据嘉庆年间的《清宫史续编》的记载，当时只有“验自鸣钟时刻”，并

交泰殿漏刻（1901 年晚清老照片），乾隆十年（1745 年）制造。

无掌管铜壶漏事。可知漏刻此时或许已经不再常用，更多地被当作礼器或装饰品。

另据记载，北魏时期李兰发明有称水漏刻，又名“水秤”或者“秤漏”。这是一种利用杆秤称量流入受水壶中的水的重量来计量时间的漏刻，它以计算受水的重量代替计算受水的容积，显示时间不再通过刻箭，而是通过秤上的重量刻度来代替。

除了传统漏刻，北宋时期的燕肃还发明了漫流分水型漏刻，名为莲花漏。莲花漏因其受水壶上置有一铜荷叶，中心支有一莲心，刻箭上端饰有莲花而得名。这种漏刻的特点是利用物理学中的虹吸原理，很好地解决了供水壶稳定供水的问题。

莲花漏包括上下两匮，上匮的水通过渴乌（虹吸管）注入下匮，下匮的水则通过另一渴乌注入受水壶。下匮在一定高度处还开有小孔，孔外连接一管，外接盛水容器。这样，当上匮注入下匮的水略多于下匮注入箭壶的水时，多余的水就会通过分水孔分流，使得水位保持稳定。

秤漏模型。

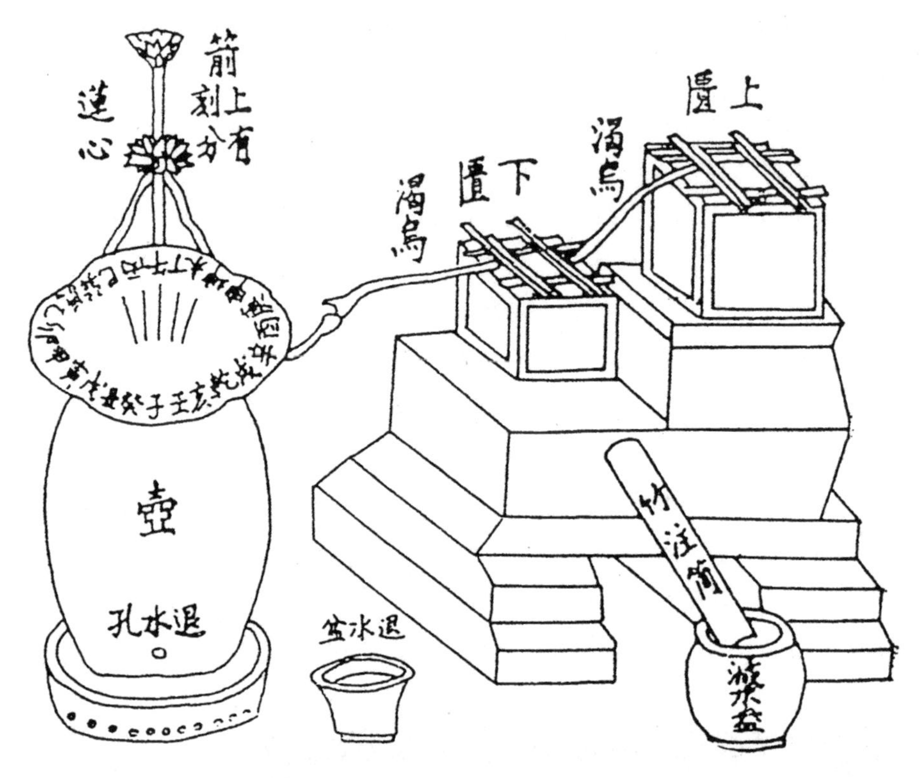

北宋燕肃莲花漏。

第 5 章　日月盈昃：魏晋南北朝大发现

陈卓与传统星官

三国时期，与魏国和蜀国相比，吴国似乎多少缺失些存在感，它既没有魏国的国力强盛，又不像蜀国那样标榜汉室正统。不过，在当时的天文学领域，吴国遥遥领先。比如，吴国的天文学家陆绩、葛衡和王蕃等人对天地的结构都有独到的见解。

吴国还颁用刘洪编创的《乾象历》，这部历法不仅在回归年和朔望月这些天文常数上有所改进，还首次考虑了月亮视运动的不均匀性，这也是前代所没有的。所谓月亮视运动的不均匀性，也就是说月亮在恒星背景中的位置平均每天东移约 13 度，但这不是恒定不变的。月亮运行到离地球最近的近地点时，运行速度最快。月亮在其轨道上的最高速度比最低速度大约要高 25%。

不过，相对于以上的天文学成就和贡献，对后世的影响最大者可能当数吴国天文学家陈卓在中国传统星官整理方面所做的工作。陈卓在任东吴的太史令时就开始对全天星官进行整理。在东吴灭亡之后，他又担任了西晋的太史令，继续完成传统星官的整理工作，也正是这项工作让他此后声名鹊起。后来，西晋灭亡，这时的陈卓年事已高，但他依然长途跋涉，千里迢迢来到建康（今南京），继续担任东晋的太史令。古往今来，像他这样历任三朝太史令的情况恐怕在历史上是绝无仅有的。

陈卓在天文学方面最大的贡献就是建立了陈卓星官体系，这是中国古代最完善的一种星官体系。后世在恒星测量、星图绘制等领域的工作基本上都是以陈卓星官体系为基础的。如今，提到中国的星象时，往往要同陈卓的名字联系起来。

中国古代的星官体系至迟在战国时期已初具雏形，这是由北极星、北斗以及黄赤道带的二十八宿组成的体系，二十八宿又分属苍龙、白虎、朱雀、玄武四象。战国时期重要的星官体系有三家：一家是托古之名的巫咸，一家是齐国的甘德，还有一家是魏国的石申。他们各自创建了自家的星官以及相应的星占用语，并且测量了主要恒星的位置。例如，石申测量了 100 多颗恒星的赤道坐标，编制了最早的星表《石氏星经》。陈卓星官体系其实就是在这三家的基础上进行整理、汇总和修订而成的。

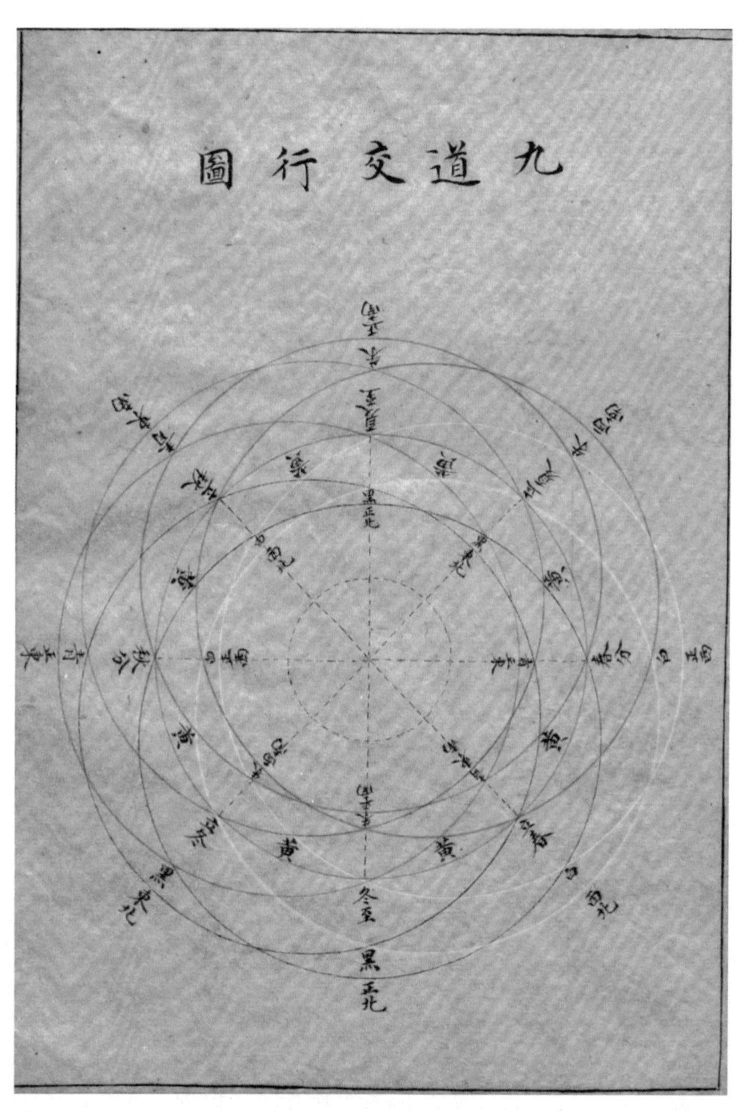

《钦定天文正义》中的九道交行图。中国古代有所谓的“月行九道说”，沈括在《梦溪笔谈》中说“历法，天有黄、赤二道，月有九道。此皆强名而已，非实有也”，也就是说这些都是人为命名的，并非月亮实际的轨道，但这也说明了月亮视运动的复杂性。

前面提到，司马迁在《史记·天官书》中描述了一种星官体系，他通过总结汉代以前的恒星观测记录，将天上的558颗星分成东、南、西、北、中共五宫。但是，司马迁并没有对当时有影响力的甘、石、巫咸三家的星官体系进行吸收和整合。所以，这三家所选取的星既有相同的，也有不同的，以致它们各自成体系，同时都被采用着。

后来，因为使用上的混乱，人们对星官体系又提出了新的要求，既要能统一原有的星官体系，又要能在一定程度上维持三家星的特色和传统。最先完成这项工作的就是精通三家星占的太史令陈卓。《晋书·天文志》说："武帝时，太史令陈卓总甘、石、巫咸三家所著星图，大凡二百八十三官，一千四百六十四星，以为定纪。"后来，陈卓的包含283个星官和1464颗星的星官体系也就成为官方的标准。

为了保留三家星的传统，陈卓使用了不同颜色的星点，以便在星图上区分三家星。可惜，陈卓星图的原图早已失传，我们无法直接地了解到当时最新的星官体系究竟如何。所幸陈卓还有著作《玄象诗》传世，可以为我们了解他所创的星官体系提供比较详细的信息。

在敦煌藏卷之中，有一份陈卓《玄象诗》的抄本。1908年，它被法国人保罗·佩里奥带到法国，如今保存在法国国家图书馆中。《玄象诗》不但读起来有韵，而且将星象写成景色，生动风趣。它将枯燥乏味的认星和识星变成了吟诗赏星的快事，无疑是一大创造。从《玄象诗》中可以看出，陈卓星官体系的最大特点就是它将在中国能看到的所有恒星划分到三垣和二十八宿中。

关于二十八宿，我们在前面有过专门的介绍。那么，三垣又是什么呢？"垣"是矮墙或者城的意思。三垣指的是天空中用星星围成的三片区域，如同天上的三座城。古人将以北极为中心的区域命名为紫微垣，另外两个分别命名为太微垣和天市垣。之所以如此划分是由于中国位于北半球，看到天球北半部分的时间更多一些，这部分天区就显得更为重要。所以，古人将黄道和赤道附近的星空划分为二十八宿后，又将二十八宿包围的靠近北极的区域划分为三垣。

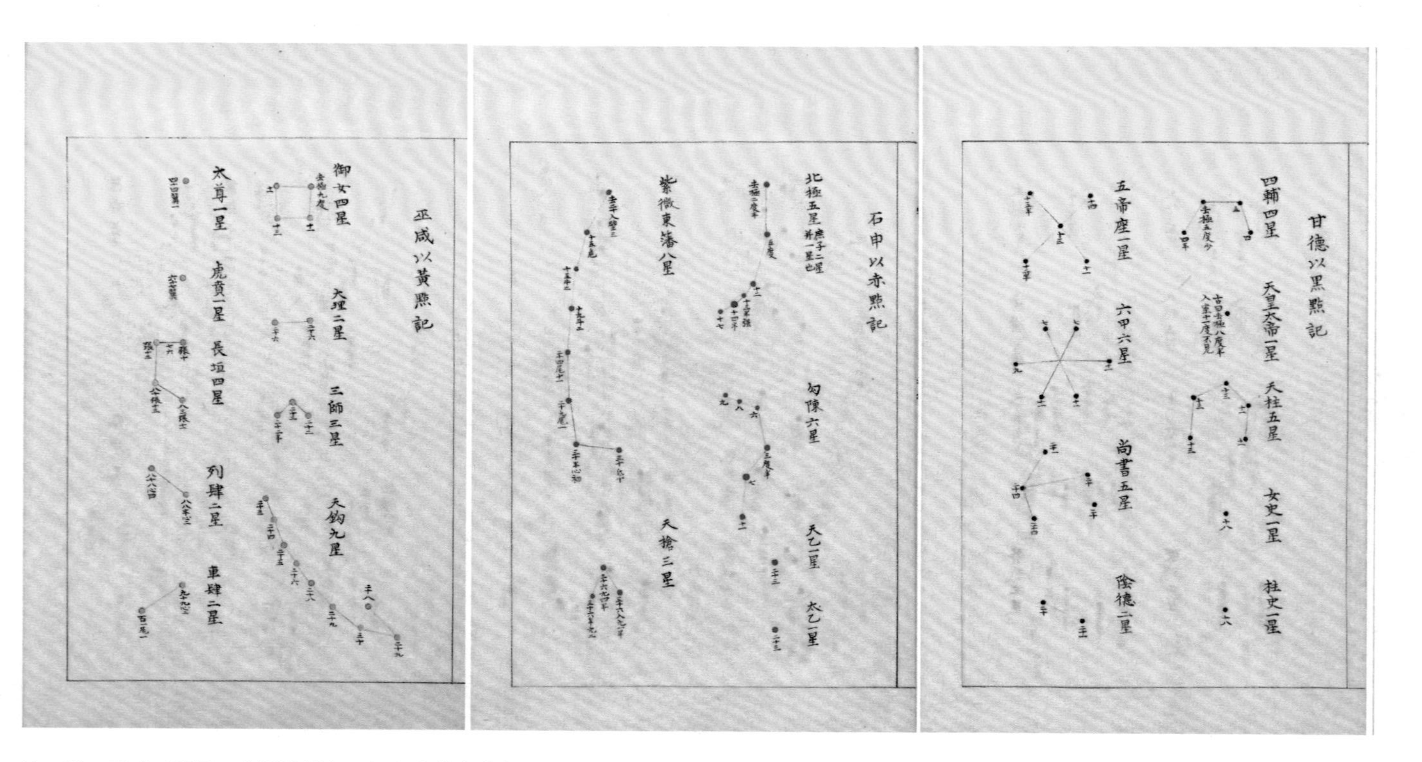

甘、石、巫咸三家星，分别以黑色、红色和黄色来标记。

陈卓《玄象诗》。

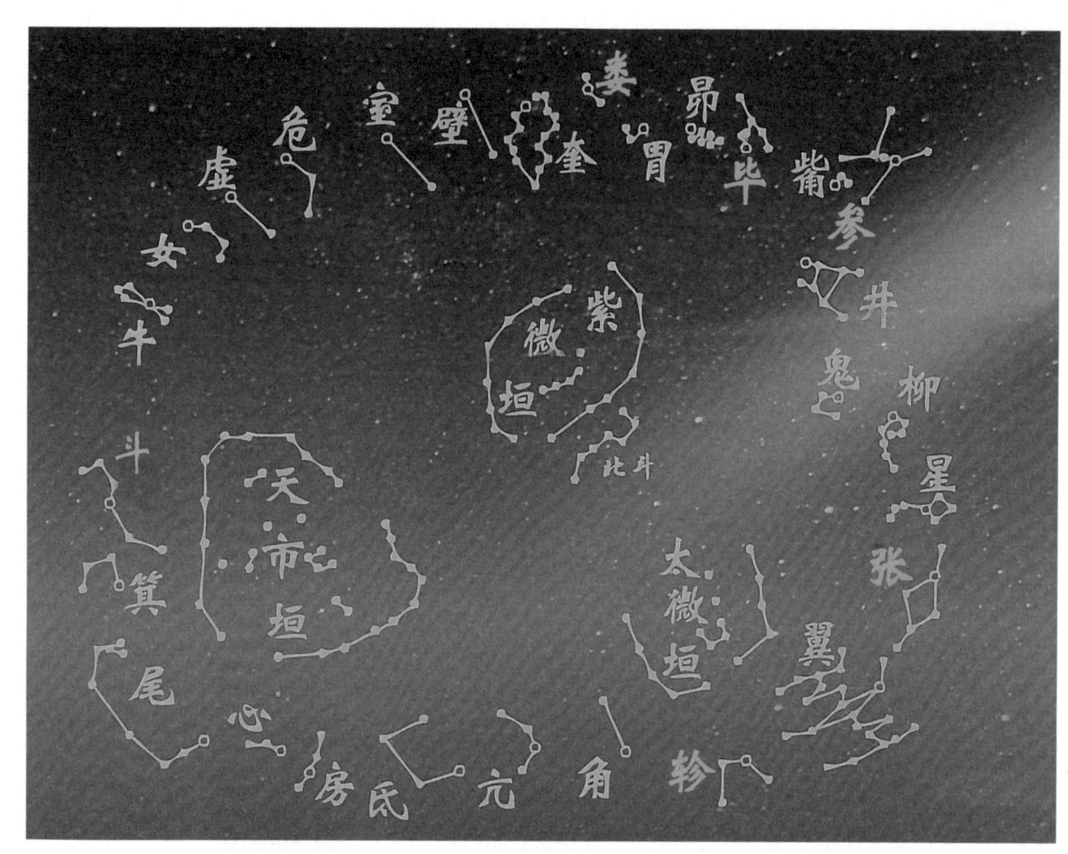

三垣和二十八宿。

为什么要在天上划分出三个不同的垣呢？古人对天空充满了想象力，将天上的星星划分成不同的星官，这些星官大多与地上人间的事物相对应。由于三垣是天上最重要的区域，于是古人把人间的帝王宫殿、朝廷百官、街坊市井等全都挪到天上放入三垣中。三垣恰好呈三点状分布，就像三角形的三个顶点那样，而且每一垣都由两道墙围出了一块近似圆形的小天区。

紫微垣就是天上的紫禁城，天帝坐镇中央北极，旁边是后妃、太子、宦官等，周围则有宰相、内阁官员和宫廷卫队等。天球的周日视运动使得所有的星星看起来都在绕北极转动，这也就是为什么北极成了名副其实的帝星（由于岁差的原因，经过几千年后，如今的帝星已经不再作为北极星，目前的北极星是勾陈一）。因此，虽然紫微垣当中的亮星不多，却是天空中最显赫的星座群体。

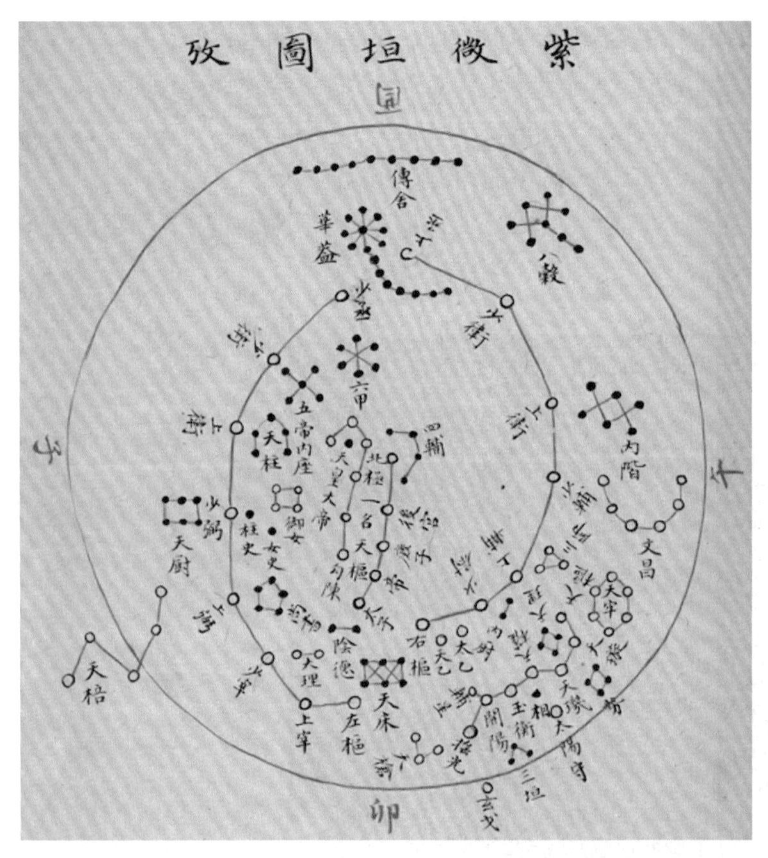

《天象玄机》中的紫微垣。帝星的两边是太子和庶子，庶子旁边是后宫，这就是牛郎织女故事中的王母娘娘。

紫微垣的两大列圆弧形星座就是垣墙，这些星基本上两两相对，其中既有文臣也有武将，他们都是辅佐天帝处理朝廷大事的重臣。垣墙之内就是天帝的家属和仆从等。例如，御女四星是供天帝役使的宫女，柱史负责记录宫中日常发生的大事，女史则负责宫中的漏刻和计时。紫微垣的垣墙之外还有文昌星，共六颗，呈半月形。古人认为文昌星有“文明昌盛”之义，是主宰功名禄位的星宿。

太微垣是朝廷行政机构的象征，是天帝和大臣处理政务的地方。太微垣的左右垣共计十颗星，每垣各有五颗星，守卫着整个太微垣，这十颗星都属于藩臣。太微垣的中间是五帝座，分别是中央黄帝、东方青帝、南方炎帝、西方白帝和北方黑帝，他们一年四季轮流执掌朝政。五帝座旁有五诸侯，象征着人间诸侯，其地位仅次于五帝。五帝座旁还有太子、从官和幸臣。从官即君王的随从，幸臣即得宠的臣子。此外，五帝座周围还分布着其他近臣，如三公、九卿等。太微垣中也有郎将、郎位和虎贲等保卫人员。

天市垣就是“天上的市集”，它在天上的面积比太微垣大得多，可以说是一

山东芮城永乐宫壁画上的“文昌帝君及诸神”。图中身着白袍、文官装束的是文昌帝君，他的身后跟随着飞天神王、三元将军、天丁力士等众仙。

个庞大的天上街市。天市垣的垣墙由分列两边的22颗星组成，分别用春秋战国时期的诸侯国来命名。根据《晋书·天文志》所载，其中的宗正是“宗大夫也……宗室之象，帝辅血脉之臣也”，是执政的皇族，而宗人则是贵族。斛和斗是“主量者也”，是度量器具。帛度为尺度，是测量长短的标尺。屠肆是屠畜市场；“列肆，主宝玉之货”，是宝玉市场；“车肆，主众贾之区”，是商品市场；市楼乃“市府也，主市价、律度、金钱、珠玉”，是管理市场的机构。

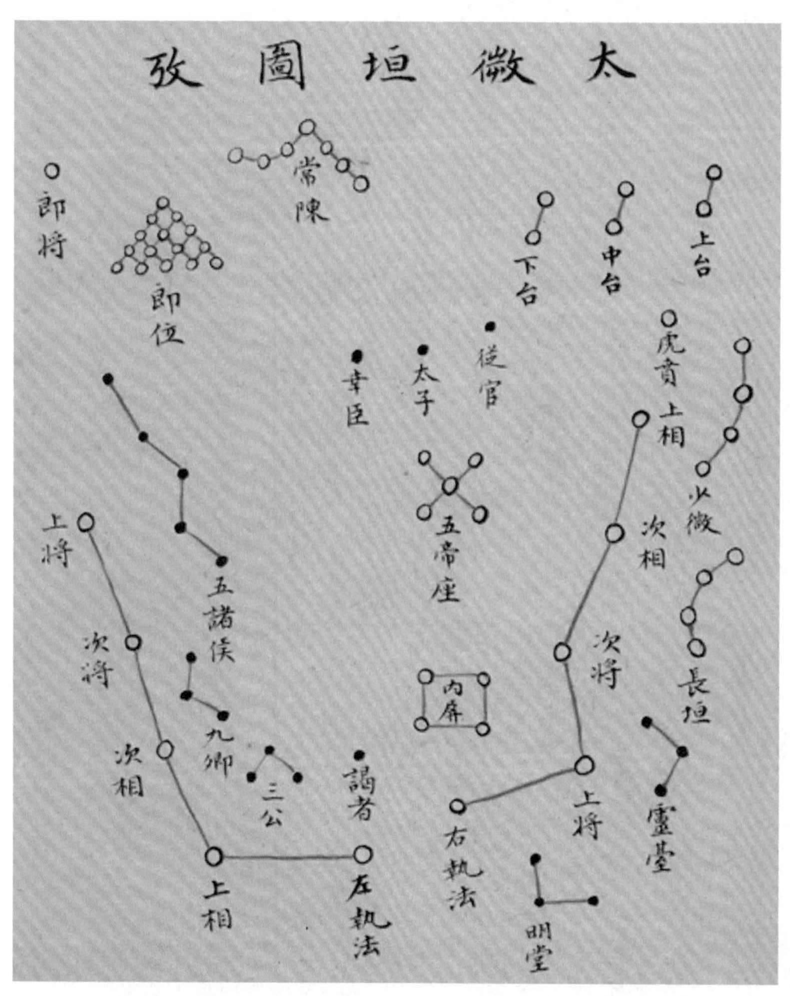

《天象玄机》中的太微垣，两边站立的文武官员依次排列，如同上朝一般。在朝为官是古代知识分子所追求的目标，但也有高人隐于民间，却始终关心朝廷。这就是少微星，是在野的隐逸之士。

除了天区的划分，中国古代对星官的命名也很有特点。西方星座名称和星名大多源自古希腊，后来又经过大航海时代和科学革命时期的不断扩充与完善，才最终形成了目前通用的八十八星座系统。现代星座将全天分成若干区域，每个区域就是一个星座，并且通过想象将各区域中的亮星用线连接起来，构成各种图形。这些星座的名称多为西方神话故事中的人物或动物。

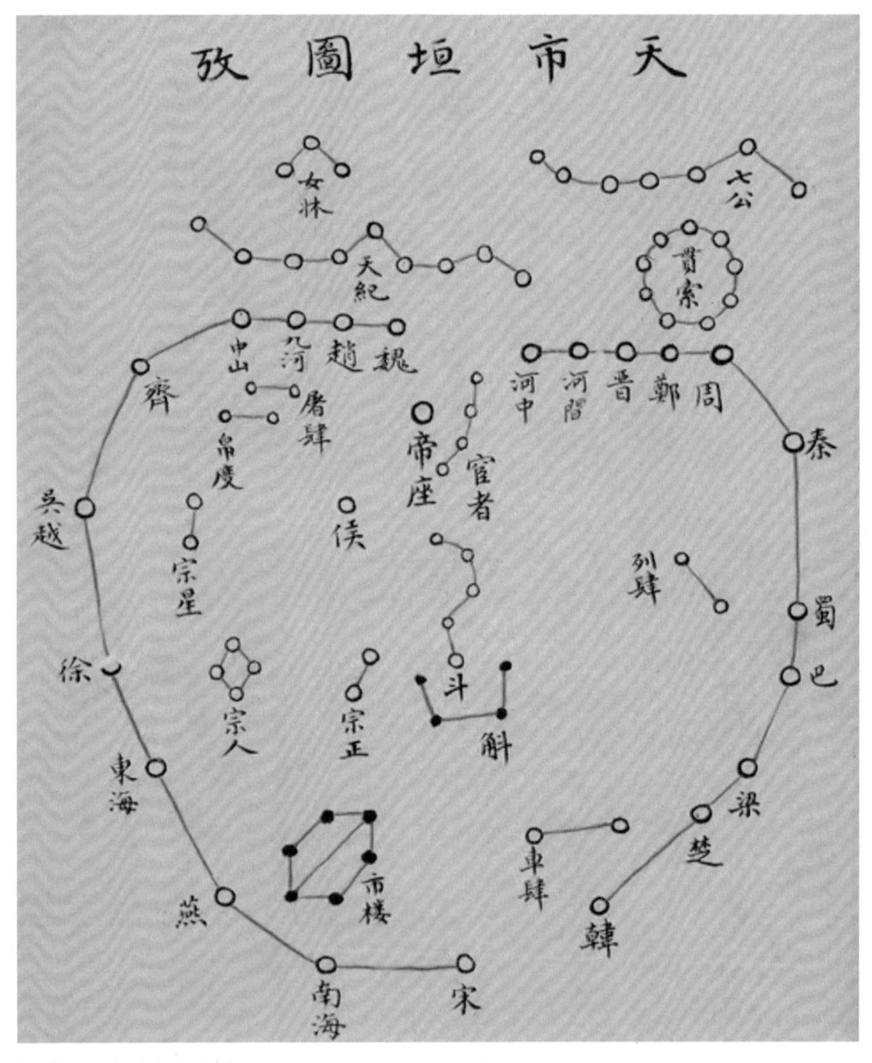

《天象玄机》中的天市垣。

与西方星座不同，中国古代在对天空的划分与命名上，有自己的一套系统。中国的星座通常不叫星座，而是称作星官，因为中国星座中的不少内容都与人间的帝王和官员等有关联，是人间社会形态在天上的映照。

另外，西方星座一般指许多恒星组成的视觉图案，而中国星官不仅有两颗以上的恒星组成的，甚至有单颗恒星组成的。所以，在中国星官中，即便只有一颗星也能组成一个星官，这也导致中国星官一般比西方星座要“小”，在数量上自然也就多了不少。中国古代的星官名称和星名是一个复杂的体系，包括不同的人物、动物、官职、国名、地名、生产和生活用具等。这些大多也源自古人的现实生活。

当然，古代星官的数量和名称也不是一成不变的，自三国时期吴国太史令陈卓确定 283 个星官后，又经历了多次增减。到了明清时期，又补充了部分翻译自西方的南半球星官，另外又删去了个别传统星官，最终形成了大约 300 个星官。

张子信三大发现

北魏末年，清河（今河北清河县）有一位叫张子信的年轻人。他长年累月地钻研天文学，在天文和历算方面都很有造诣。张氏在清河是大族，张子信家中藏书丰富，殷实的家境使他可以制造一些小型天文仪器进行观测。526—528 年，河北一带爆发了由鲜于脩礼和葛荣发动的暴动，有几十万人参加起义以图推翻北魏政权。这就是历史上的“葛荣起义”。

葛荣率领义军俘斩了北魏广阳王元渊和章武王元融，势力颇为强大。动荡的社会无法给张子信提供安稳的生活，于是他索性到山东半岛附近的一座海岛上避难。移居海岛后，他将浑仪等仪器也搬到了岛上，建起了一座自己的私人观象台。

在这种相对安定的环境下，张子信勤勉地观测了 30 多年，这使他掌握了大量关于日月和五星运行的第一手资料。经过一番仔细的研究后，张子信终于取得了具有划时代意义的成果，包括天文领域的三项大的发现。

张子信常年不懈，重复着那些看起来枯燥无味的观测，这是因为他的目的很明确。张子信不仅了解汉代之前的天文学，而且特别注意东汉以来的天文学发展情况。他注意到从西汉起，就有人不断地研究月亮的运动。通过实际测量，人们发现月亮在恒星间的视运动是不均匀的。

西汉的耿寿昌在公元前 1 世纪提出了月行有迟疾的观点，也就是月亮的运动有慢有快。月亮运行快的时候，一天移动约 15 度；运行慢的时候，一天移动大约 12 度。公元 2 世纪末，东汉的刘洪又对月亮运动做了详细的观测，通过观测发现月行迟疾有固定的周期，这个周期是 27.554756 日。现在我们已经知道，月行迟疾的主要原因是月亮绕地球运动的轨道是一个椭圆。月球运动到近地点附近时，月行速度就快；月球运动到远地点附近时，月行速度就慢。所以，月行迟疾的周期在本质上就是月亮两次通过近地点的时间间隔，在现代也叫近点月。

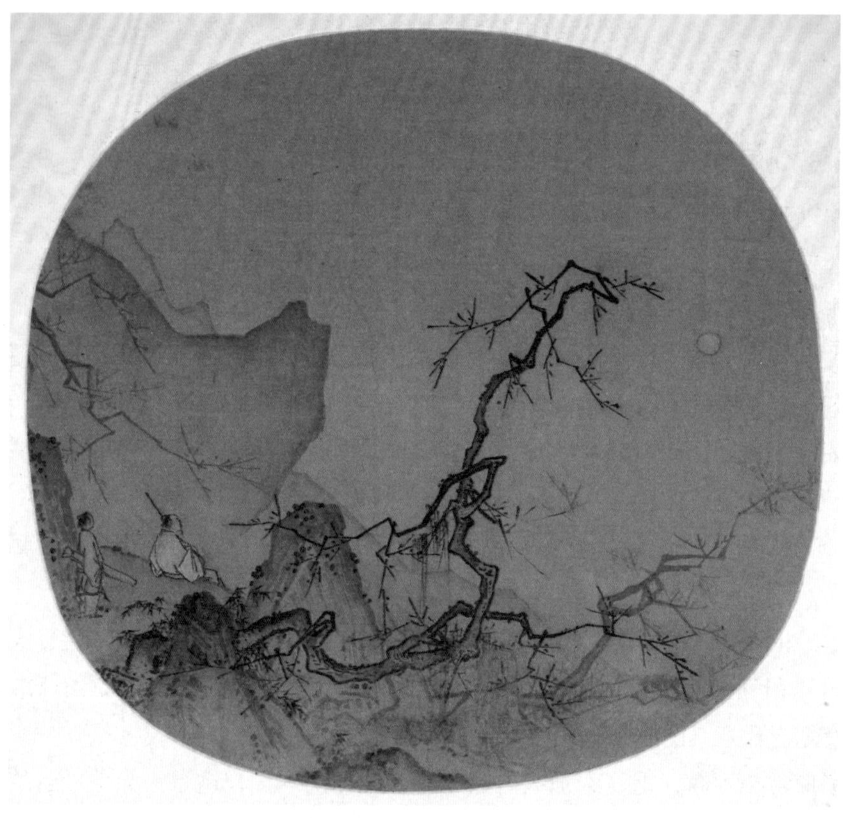

古人观月。

耿寿昌和刘洪的研究对张子信产生了很大的影响。从方法上来说，耿寿昌和刘洪都使用浑仪对月亮运动进行了长期的实测。从历算上来看，计算日月交食就必须考虑对月亮的实际运动位置的修正。准确地计算合朔时刻，也不能再用月亮的平均运动速度，这对历法编制来说是至关重要的。张子信决定亲自验证一下前人的观测，以确认月亮视运动的不均匀性。

张子信制造了一台十分实用的浑仪，这为他的观测提供了有利的条件。最终，他在天文学领域取得了突破。张子信并没有就此止步于前人的发现，他在思考如果月亮的运动是不均匀的，那么太阳的运动是不是也不均匀，五大行星的运动是否也如此呢?

太阳的视运动确实也是不均匀的，但是幅度要远小于月亮。月亮平均一天大约在天球上移动 13 度，太阳一天大约只移动 1 度。相对于月亮在轨道上的最高速度比最低速度高 25%，太阳的最高速度仅比最低速度高 7%，太阳视运动的不均匀性远没有月亮那么明显。另外，太阳的运动也比月亮的运动更难以观测，因为月亮有夜晚的恒星背景作为参照，而白天的太阳则没有。太阳运动变化得慢，而且没有恒星可以参照，这就对观测提出了更高的要求。

《至圣先贤半身像册》中的贾逵像。

由于中国古代用于测量天体位置的主要仪器是浑仪，而传统的浑仪是以赤道坐标为主的，所以太阳每日行度的较小变化很容易被赤道坐标和黄道坐标之间的消长关系所掩盖。也就是说，中国采用赤道坐标系统的天文仪器在观测太阳这种在黄道面上运动的天体时会有一些局限。与此相对，古代西方的天文测量多以黄道坐标为主。这也导致了中国古代发现太阳视运动的不均匀性要比希腊晚很多。

东汉的贾逵和刘洪等人已经发

现并描述了月亮视运动的迟疾，但太阳视运动的不均匀幅度明显小于月亮，加之天体测量方法上的原因，虽然前人对此有一些猜测，但都没有确凿的证据。其实，太阳视运动的不均匀性可以由一些间接的方式得知，其中对日月交食的观测就是十分有效的方式之一。

张子信通过长期的观测、推算和分析，终于获得了证据。他发现“日行在春分后则迟，秋分后则速”。也就是说，太阳的视运动从平春分到平秋分（时长为半年）所经过的黄道度数，要比从平秋分到平春分（时长也是半年）所经过的度数少若干度。所以，前半年太阳视运动的速度就比后半年慢些。这个结论与太阳视运动不均匀的实际状况是一致的。

现在我们由开普勒定律可以得知，地球绕太阳运动的轨道是个椭圆，太阳位于椭圆的一个焦点上。地球运动到近日点附近时，运动速度就快；运动到远日点附近时，运动速度就慢。所以，太阳在天空中的视运动速度是不断变化的。显然，张子信通过长期而系统的观测，发现了太阳视运动的不均匀性。他不但总结了太阳视运动的总体状况，还详细描述了在一个回归年内太阳视运动的不均匀性。这为后世对太阳的不均匀视运动进行定量分析，进而编制用于修正太阳位置的日躔表奠定了基础。

不仅如此，张子信还注意到五大行星的视运动速度同样也是不均匀的。在张子信之前，古人在推算五星位置时，基本上采用五星与太阳会合的平均时间（会合周期）及其在会合周期内的动态表（即顺、逆、留、伏等时间的平均值）来进行修正。

由于行星在天球上的视运动很慢，木星在恒星背景中运动一周大约需要12年，土星运动一周的时间将近30年。这时，张子信长年累月的观测就发挥出了优势。经过30余年的努力，在太阳和月亮视运动不均匀性的启示下，张子信终于发现五大行星也存在视运动不均匀性。

至此，日月和五星在天空中视运动的不均匀性都被揭示了出来，这也反映了天体运动规律的某种共性。关于五星视运动不均匀的原因，张子信试图给出自己的解释，不过他的认识有一定的局限性。张子信赋予五星的运行以感情色彩，他认为“月行遇木、火、土、金四星，向之则速，背之则迟”，而且“五星行四方列宿，各有所好恶。所居遇其好者，则留多行迟，见早；遇其恶者，则留少行速，见迟”。可见，这完全是以中国传统的精气交感理论作为出发点的，这种解释明显不正确，不过也反映了当时传统理念对科学发现的影响。

张子信的这些发现非常重要，表明了不同节气之间的时间间隔是不同的。这也告诉人们，在计算日月交食的时候，不但要考虑月亮视运动的不均匀，也要考虑太阳视运动的不均匀性，才能得出精确的日月食预报结果。

除了上面两项重要发现，张子信还有另一项发现，那就是月亮视差对日食发生时刻以及食分的影响。我们知道，日食的发生是由太阳、月亮和地球三者的特定位置关系所造成的。自东汉末年刘洪编制《乾象历》开始，人们就提出了用于判断是否发生交食的食限概念，并给出了初步的数值。张子信对大量的日食资料进行详细比较后，发现了一个特殊现象。那就是有时明明已经进入食限（即太阳距黄白交点的度值在规定的应该发生日食的范围内），却没有发生日食，而有时并未进入食限，却发生了日食。

这是因为我们计算日月食的时候采用的观测点是地球的中心，而实际上人们真实的观测位置是在地球表面。在地球表面观测到的月亮位置要比按地球中心计算出的月亮位置更靠下方一点，所以即便当月亮的位置在黄道以北时，人们实际看到的月亮却偏向了黄道以南，如果此时正好在交点附近的食限以内，就看到月亮挡住太阳的日食现象了。

用现在的天文学术语来说，这是视差对日食所造成的影响。换句话说，张子信所发现的这种现象是由月亮视差的影响所致。在地面上的观测者所见到的月亮总是要比从地球中心来看时的月亮低一些，这种月亮视位置和真位置的高度差叫作月亮视差。

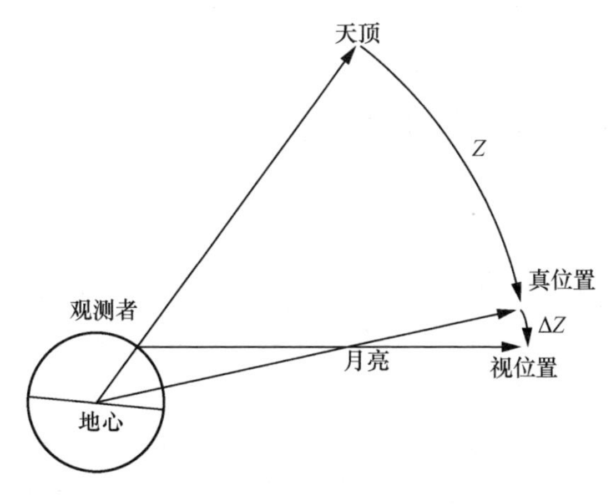

月亮视差。

同理，其实太阳也有视差，只不过它离地球太远，这个距离相对于地球的半径来说很大，造成太阳的视差比月亮的视差小得多，几乎可以忽略不计。但是，月亮的视差对是否发生日月食有很大的影响，所以在进行日月食推算时，必须根据月亮的视差进行数值上的修正。只有这样才能得出较为准确的日月食发生时间和食分大小。

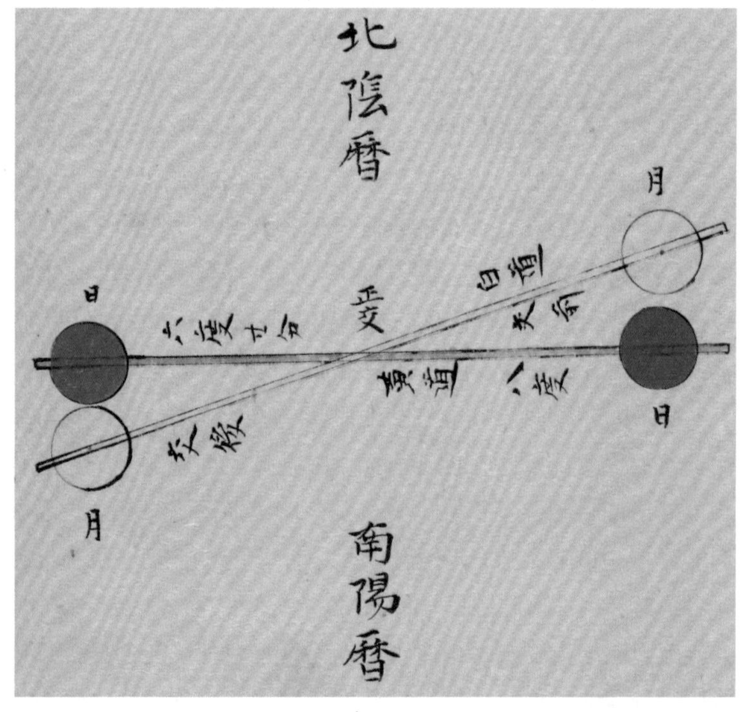

月亮视差对日食的影响。

张子信的三大新发现是魏晋南北朝时期最重要的天文学成就之一。从此，人们不仅了解日月相对于地球的运动规律，也了解到从地球上观测日月食会受到月亮视差的影响。可以说，这等于已经更加全面地掌握了日月食推算的正确原理。这些工作开启了传统历法的新纪元，为历法总体精度的提高开辟了道路，从而使传统历法迈入了新的发展阶段。张子信从表面杂乱无章的天体运动现象中归纳出了客观规律。多年之后，张孟宾、刘孝孙、刘焯等人深受张子信的影响和启发，在此基础上做出了各自的成就。

虽然张子信并没有参与制定历法，但隋代刘焯的《皇极历》和张胄玄的《大业历》都充分吸纳了他的成果，给出了更合理的日食时刻、食分和起亏方位等的推算方法。此后，唐代的《麟德历》《大衍历》和《宣明历》等不断改进这些推算方法，大幅提高了精度。张子信的三大发现经过这些后继者的不断努力，终于开花结果，使得中国古代历法在隋唐时期进入了一个快速发展的阶段。

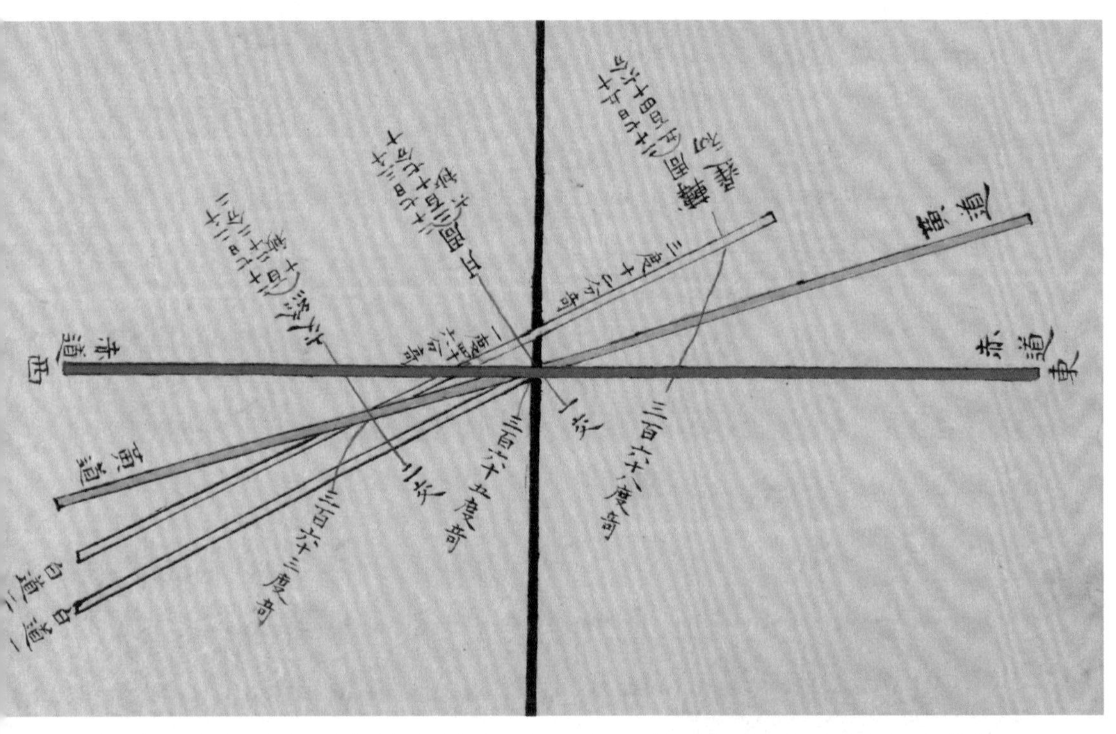

张子信发现如果合朔发生在黄道与白道的交点附近，那么月亮在黄道以北时则发生日食，而月亮在黄道以南时，虽在食限里，也可能不发生日食。

虞喜创新立岁差

自战国以来，盖天、浑天、宣夜三家学说都形成了各自独特的流派。其中，浑天说得到了多数人的认可，逐渐成为一个主要的流派。到了汉代，浑天说已经完全处于上风。汉灵帝时蔡邕的一句“宣夜之学，绝无师法”给宣夜说贴上了“非正统”的标签，自此宣夜说也就少有人提及。实际上，浑天说仍然存在一些缺陷，盖天说和宣夜说还是有着浑天说所不及的某些长处的。因此，数百年来三家学说的继承者一直为此争论不休。

东晋时期，一位名叫虞喜的天文学家相信天体的运动是有规律可循的。他在对比三家学说以后，认为盖天说和浑天说均不可信，唯有宣夜说可靠有据。他担心“宣夜之法绝灭，有意续之”，于是作安天说，以此重振宣夜说。

盖天说和浑天说都主张天呈半球形或者球形，地呈方形或者是带有一定曲率的有限区域，天和地相互依托，或者天包裹着地。这些观点在虞喜看来是完全错误的。他觉得方和圆是不能协调的，天地要么都是方形的，要么都是圆形的。虞喜认为天高高在上，高远而不可穷极，而且安静不动，即所谓的“有常安之形”。这是安天说之名的由来。他还认为地是有质地之体，安静地居于天之下，其深厚不可穷极。

在虞喜看来，日月星辰是运动着的，它们分散在浩渺无尽的虚空里。天体运动遵循不同的固有规律，但如同潮汐的涨落一样，有一定规律可循。虽然虞喜指出了当时的浑天说和盖天说所存在的一些不足，但他的安天说并没有提供太多令人信服的证据，对诸多天象也没有给出具体的解释。所以，安天说其实是不太成功的。

地轴摆动引起岁差。

不过，在比较和分析前人观测结果的时候，虞喜无意间发现了一个重要的事实，那就是岁差的存在。在介绍虞喜对岁差的测算之前，我们首先需要对岁差稍加解释。我们都知道地球是一个球体，但它不是一个正球体，地球的赤道比较突出，两极呈扁平状，如同一个橘子的形状。

太阳、月亮和行星对地球赤道突出部分的吸引，也就是天文学上所称的摄动，引起了地球自转轴的方向发生周期性变化，从而产生了岁差。岁差使得地球如同一只晃动的陀螺，造成春分点沿黄道向西缓慢运行，速度约为每年 50.24 角秒，大约 25800 年运行一周。由于岁差的存在，古人在长期观测星空后，发现恒星的位置略有偏移。

大约在公元前 2 世纪，古希腊天文学家依巴谷就已经发现了岁差。他在比较古代恒星的位置时，发现春分点有往西移动的现象，于是将岁差值定为每 100 年差 1 度。虽然虞喜发现岁差的时间比依巴谷晚，但他是通过不同的方式发现岁差的，并且得出的岁差值要比依巴谷的数值精确得多。那么，虞喜是如何发现岁差并得出比较精确的数值的呢？

在前面我们提到过，古人认为制定一部理想的历法，首先要确定一个历元，也就是历法的起算点。这个起算点需要考虑各种周期，是不同周期的公共起始点，其中之一就是一年的起点冬至时刻。

自然界寒来暑往，循环一次就是一岁。由于寒暑变化受到太阳南北方位变化的影响，所以按照中国古代的方法，季节是根据中午日影长度的变化来判断的。日影最长的时刻称为日长至，最短的时刻称为日短至，与之相对应的节气就是冬至和夏至。

中国最古老的用于确定季节的方法还包括恒星的出没方位。例如，利用昏旦中星以及在地平线上初见的恒星就可以确定季节。以昏旦中星和始见星来确定季节，其本质也是间接利用这些星来确定太阳所在的位置。

换言之，测定冬至时刻的方法有多种。一种是利用圭表测量日影，因为每年冬至这一天太阳的高度值最小，所以圭表的影长也就最长。还有一种方法，就是根据星空中的恒星的位置来测定冬至点。这种方法通过测定黄昏和黎明时刻中天的恒星，然后推算出夜半时刻的中天恒星，以此间接测定太阳的位置。因为在夜半时刻，太阳刚好处在和中天相差 180 度的位置上。当我们知道了太阳所在的位置时，再按照太阳一日运行 1 度的规律，就可以求得冬至时刻太阳所处的具体位置，也就是冬至点的位置了。

相信天体运动遵循某种规律的虞喜很快就从历史上记载的冬至时刻的不同天象中发现了问题。《尚书 · 尧典》说“日短星昴”，意思是在尧帝时代，冬至日傍晚昴宿在南中天，那么只有当冬至日太阳的位置位于虚宿时，傍晚地平线上才会出现昴宿中天的现象。

然而，战国时期的观测记录表明冬至日太阳的位置已经变成“牵牛初度”了，也就是太阳当时距离牛宿的距星不到 1 度。再后来，东汉时期的贾逵经观测发现当时冬至日太阳的位置已经到了斗宿 $21\frac{1}{4}$ 度，即距离斗宿的距星

$21\frac{1}{4}$度。

于是，贾逵放弃了“牵牛初度”的说法，他认为冬至点应该在斗宿 21 度。然而，虞喜发现不能通过改正冬至点的位置一次性解决问题。因为贾逵在当时调整了冬至点的位置，但是再过几十年以后，恐怕还要重新调整。虞喜觉得，只有根据从古至今几千年来冬至点位置的变化规律，才能找到原因。

在对历史上冬至点位置的观测结果进行比较后，虞喜终于领悟了其中的奥妙。于是，他很清晰地提出，冬至点在缓慢地移动，太阳在众星中运行一周天并不等于从冬至到下一个冬至的一岁周，而应该是所谓的“天自为天，岁自为岁”。这样，虞喜就将自古以来周天和周岁混淆的错误纠正了过来。

也就是说，由于冬至点西退，冬至日太阳并没有回到上一个冬至日在恒星背景中的位置。所以，太阳还没有真正运行一周天，这正是所谓的岁差现象。对此，《宋史·律历志》说：“虞喜云，尧时冬至日短星昴，今二千七百余年，乃东壁中，则知每岁渐差之所至。”岁差因此得名。

古人也将岁差称为恒星东行，或者叫作节气西退。虞喜给出的岁差数值是每 50 年冬至点西移 1 度（当时的实际值应该为每 77.3 年冬至点西移 1 度）。那么，虞喜究竟是如何得到这个数值的呢?

他根据 2700 余年前帝尧时代“日短星昴”的记载，发现在这么漫长的岁月里，冬至时刻的中星历经了昴、胃、娄、奎四宿，这四宿的跨度依次为 11 度、14 度、12 度和 16 度。也就是说，在这个时期内，冬至点一共移动了 53 度。$\frac{(11+14+12+16)\text{度}}{2700\text{年}} \approx \frac{1\text{度}}{50\text{年}}$，所以他得到了冬至点每 50 年西移 1 度的结论。

冬至点的移动只是岁差的一个表现，它的另一个表现是北天极在空间中的移动，岁差会造成北极星的变迁。我国古人虽然记录了北极星的变化，但在很长时间里都没有想到这是岁差的原因。中国古代的星图基本上以“北极天枢”作为北极星。由于岁差，如今的北极星已经变成勾陈一（即小熊座 α 星）。而在更早的时候，帝星（即小熊座 β 星）才是北极星。

冬至点每年都在向西移动，引起了一个天文学概念的变化。其实，在虞喜发现岁差之前，人们一直认为太阳在天空中沿黄道运行一周，时间就是一年，所以一年大约为 $365\frac{1}{4}$天。同时，古人还将圆周定义为 $365\frac{1}{4}$度。这样一来，天空中的一周天和时间上的一年在数值上就可以完美吻合，即所谓“天周岁终”。

实际上，太阳从冬至点出发，沿黄道运行，再回到冬至点，这就是一个回归年，也是一年季节变化的周期。但是，由于冬至点向西移动了一点，太阳先运行到冬至点，再向东移动一点，才能到达去年冬至点的位置，这才算真正走完一周天。这就导致一年的位移并不等于一周天，自此“天自为天，岁自为岁”，二者的概念也就不同了。

从现代天文学角度来看，人们将太阳在黄道上运行一周天的时间叫作恒星年，这个时间大约是 365.2564 日。人们将太阳在黄道上两次经过冬至点的时间间隔叫作回归年，这个时间大约是 365.2422 日。二者的差值就是冬至点每年西移的量。正是由于每岁都有微差，所以这个差值就成了所谓的“岁差”。

岁差的发现，是魏晋时期天文学上的一项重大成就。它使人们认识到回归年和恒星年是不相同的。实际上，回归年是四季变化的周期，它与农业密切相关；恒星年则是太阳在恒星背景中运行一周的时间，或者说它是地球公转一周的时间。在此之前，人们将这两种周期混为一谈，相信“在天成度，在历成日”。到了虞喜这个时候，人们打破了传统观念，将周天和岁实区分开来。

虞喜发现岁差现象之后，祖冲之在编修《大明历》时，首先引入了岁差这一概念。祖冲之给出的岁差数值是 45 年 11 个月差 1 度，这个数值明显偏大了。后来，隋朝的刘焯、南宋的杨忠辅和元代的郭守敬等人继续完善岁差理论，将其精度不断提高。

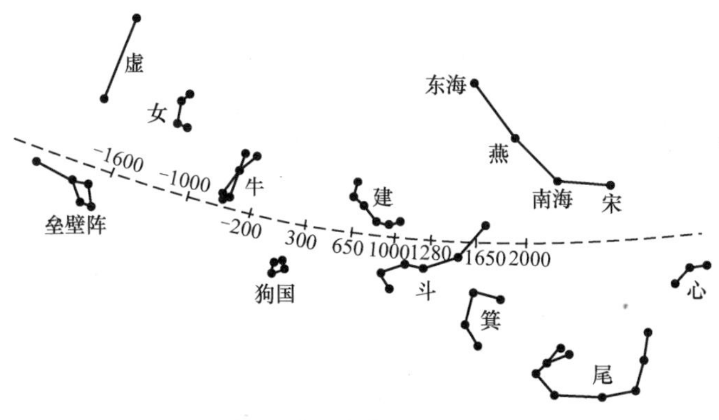

不同时期冬至点在黄道上的位置变化。

元嘉历士何承天

公元 420 年，南北朝的刘宋建国，开国君主宋武帝刘裕不到两年就病逝了，少帝继位。但是没过几年，少帝也被废了，于是刘裕的第三子刘义隆即位，改年号为元嘉。他就是宋文帝。

宋文帝也算是一个有所作为的皇帝，他不仅派大臣巡视各郡，考察各地民情，还下令修复学舍招贤纳士。在国力日盛之际，宋文帝一直为一件事而烦恼，他需要一部好的历法。自刘宋初年以来，朝廷一直沿用曹魏时期杨伟编修的《景初历》。自魏景初元年以来，这部历法的使用时间已超过了两百年。因为使用年久，加上历法本身存在的缺陷，误差越来越明显。

在这种情况下，有一天年逾古稀的太子率更令何承天颤巍巍地走上殿来，向皇帝献上了自己辛苦多年所编的《元嘉历》。宋文帝大喜，询问新历与之前的《景初历》和《乾象历》相比，效果究竟如何。于是，何承天开始讲述自己编修历法的过程，并且解释了新历法的改进之处。

何承天从小就喜好历算，虽然他自幼丧父，但其母亲徐氏聪颖博学，所以何承天从小就接受了很好的家庭教育。少年时期，何承天曾跟随舅舅徐广学习历算和天文观测。徐广曾担任秘书郎，擅长历数。为了编算历法，他甚至专门进行天象观测。徐广的观测活动大约起始于公元 350 年，一直进行到 396 年，前后长达 40 余年，留下大量观测数据。

此后，何承天也持续进行观测，他还对每年的观测结果进行整理和比较。加上徐广的观测资料，他后来竟然积累了前后 80 年的天象资料。所以，他的《元嘉历》并非无源之水，而是有着多年观测的基础。

何承天生性刚愎，也不太会趋炎附势，而且他年轻时就有爱显摆的小毛病，所以他做官一直不顺利，数次大起大落。后来，他因为博通经史，长于历算和音律，受到了宋文帝的器重。据说何承天素好下棋和弹琴，为此常耽误公事。宋文帝不仅没有指责他，还赐给他一副围棋和一面银装筝，以示欣赏和鼓励。为了充分发挥何承天的才华，朝廷任命他为太子率更令，掌管漏刻和礼乐等事务。从此，他声名大噪。

历算研究是何承天的一个重要爱好。随着观测资料的积累和天文学造诣的提高，他不断改进自己所编的新历法。宋文帝打算改历之时，他主动请缨提出了自己的建议。何承天认为，历法的制定应依据实际观测，让历法合于天象，而不应该闭门造车。

他指出当时使用的《景初历》冬至点取自东汉的《四分历》，沿用了斗宿21度的数据。但是，实测证明这个结果已经与天象不合，当时的冬至点应该在斗宿17度。另外，怎样才能测得冬至日太阳在恒星背景中的位置呢？在白天看不见天空中的恒星，他解释说，只有在月食发生的时候，太阳和月亮的位置正好相对，两者相差180度，所以这时就能利用月亮的位置推算出太阳的确切位置，正所谓“课日所在，虽不可见。月盈则食，必当其冲。以月推日，则躔次可知焉”。

朔望月。月亮绕地球公转相对于太阳的平均周期，也是月相盈亏的平均周期。

为了说明《景初历》的误差已经非常大，他通过测算发现该历法与实际天象的偏差已经超过了三天。当初杨伟在编修《景初历》时没有检验某些内容，就直接沿用了东汉的《四分历》。比如，关于春分日和秋分日的日长之差超过半刻的说法，实际上是因为春分之后日长渐长、秋分之后日长渐短而产生的误解，在春分和秋分当天的影长应该是相等的。在过去的历法中，有些说春分和秋分的晷影长度不等，其实是这两个日期的选择不当所致。

何承天还指出，中国古代的历法大多以寅月作为正月，他自己的历法也是如此。不过，古人大多习惯以冬至为历元，岁首和历元不在同一日。这当然是不理想的选择，而且使用起来也不大方便。于是，他建议历法既以寅月为岁首，那么就该以正月所在中气为历元和气首。这样一来，推算太阳的运动就不是以冬至点作为起算点，而是从雨水开始了。

当然，历元和岁首整齐划一，这原本是一种不错的想法。但是，由于当时尚不知道日行有盈缩，推算节气时还是用平气。以当时的科学水平，还不能准确地测算出雨水时太阳的精确位置，所以只能从冬至间接推算，这样就削弱了改以雨水为历元的实际意义。也就是说，虽然何承天的这个想法很好，但理念多少有些超前，实践中的优势不太明显，所以后世的历算家基本上还是以冬至为历元。

何承天继续说，如果将历法的历元定在正月朔旦夜半雨水这个时刻，那么既然日食发生在合朔，历日的安排就不必采用平朔，而以采用定朔注历为宜。东汉时期的刘洪在编修《乾象历》时认识到“月行迟疾，周进有恒”，既然月亮的实际运动不均匀，那么使用月亮的平均速度来确定平朔就不是很合理。他认为应该对此进行修正，改用定朔的方法。

宋文帝听了何承天的意见后，认为“殊有理据”，于是将此事交给历官加以检验。因为宋文帝自己也爱好历算，所以这次改历工作得以顺利开展。检验结果表明，何承天的历法与天象的符合程度要优于《景初历》，特别是利用月食推算出与月亮相冲的太阳位置，这些方法都是相当有效的。

经过历官的检验，在确认了新历比旧历精确后，何承天将历法取名为《元嘉历》，于元嘉二十二年（445年）开始颁行。不过，这时太史令钱乐之、员外散骑郎皮延宗等人都不同意在历日中采用定朔之法。何承天只好妥协，放弃了采用定朔的初衷。

之所以有人反对，是因为这样处理会使得日期出现连大月和连小月排列的问题，与传统观念不符。所以，最终使用的《元嘉历》在历日安排中仍沿用旧的平朔法，采用大小月相间，不考虑实际合朔。

改回平朔的老路子，当然不是何承天的本意。为了使历法能够顺利通过，此时已经年迈的何承天无意和守旧派继续争执下去。虽然《元嘉历》仍然采用平朔，一直到了唐代定朔的算法才被采纳，但何承天的创始之功不可忽略。

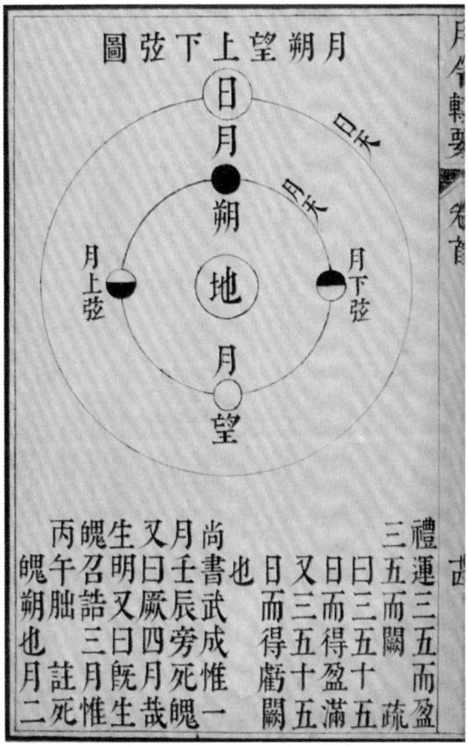

《月令辑要》中的月朔望上下弦图。平朔和定朔分别根据太阳和月亮的平均运动与实际运动来确定朔日（即日月位置相合的日期）。定朔法要比平朔法更符合天象变化，二者相差的时间最多能达到13小时。

《元嘉历》作为当时最精密的历法，有许多创新之处。这部历法一直使用到刘宋灭亡，后来的齐朝也一直沿用《元嘉历》。到了萧梁代齐之后，《元嘉历》依然在使用，一直到梁朝改用祖冲之的《大明历》为止。所以，《元嘉历》行用65年之久。对于何承天的革新之处，后来清代大儒阮元评论说：“承天术胜于前者三事：欲用定朔，一也；考正冬至日度，二也；春秋分晷影无长短之差，三也。”这些创新点在前文中已有介绍。

此外，阮元还对何承天的另一项创新赞不绝口，他说：“其创立强弱二率，以调日法，由唐迄宋，演撰家皆墨守其说而不敢变易，可谓卓然名家者。”这里提到的新方法就是后来人们所说的调日法。

那么什么是调日法呢？这其实是何承天创造的一种新的数学方法，属于数学计算中的一种内插法，可以有效地用来寻找精确的分数，以此表示天文数据或者数学常数。

例如，在选取朔望月长度的时候，何承天通过长期的天文观测，得出了最新的朔望月值是 29.530585 日。为了精确地表示这一串数字和更加方便使用，他要将其中的小数部分转换成一个近似的分数。于是，他先找出该值分数部分的一个较大的近似值和一个较小的近似值，取前者为$\frac{26}{49}$，后者为$\frac{9}{17}$，然后根据一定的规则进行计算，就得到$\frac{399}{752}$这个值，从而得出朔望月的长度为 $29\frac{399}{752}$日，约等于 29.530585 日。他以这个近似分数为根据，制定出新的天文常数。自从何承天采用调日法之后，历代的天文学家都利用这种方法来确定更为精确的参数。

调日法的本质，其实就是通过不断逼近和调整，从而获得精确值，在现代称作加权加成法。假如给你两个不相等的分数，你能否找到介于二者之间的一个分数呢？对于这样一个简单问题，其实有很多方法，如求二者的平均值就可以，但是有时这种方法在运算时较为烦琐。那么，有没有更简单的方法呢？其实，你只需要将两个分数的分子和分母分别相加，得到的新分数就一定介于原来的两个分数之间。

具体来说，假如$\frac{a}{b}$、$\frac{c}{d}$分别是不足和过剩的近似分数，那么适当选取 m、n 的值，新得出的分数$\frac{ma+nc}{mb+nd}$就有可能更接近真值。因此，调日法是一种逐渐逼近精确值的算法。以圆周率的计算为例，刘徽的圆周率$\frac{157}{50}$小于实际数值，而祖冲之的$\frac{22}{7}$则大于实际数值。为了求得更加精确的数值，可以使二者的分子和分母各自相加，得出一个介于二者之间且比较精确的数值，即$\frac{157+22}{50+7}=\frac{179}{57}$。如果继续调下去，就可以得到$\frac{157+22\times 9}{50+7\times 9}=\frac{355}{113}$，这就是祖冲之的密率。当然，我们可以不断地计算下去，当得到的误差在可以接受的范围内时，计算就结束了。

何承天所创的调日法在中国历法史上具有相当大的影响。调日法以分数表示数据的小数部分为前提。能否成功地使用调日法，关键是选取一大一小两个合适的近似分数值。近似值选择的好坏还取决于观测结果。何承天积累了长期观测数据，又能灵活运用调日法，所以他的历法的使用效果也就相当不错。

祖冲之与《大明历》

提到祖冲之，大家首先想到的是他是南北朝时期杰出的数学家，曾将圆周率 π 精算到小数点后第七位，即在 3.1415926 和 3.1415927 之间。或许，你会感到很奇怪，祖冲之为何要给出这样一个范围呢？其实，这是现代人解读后换算的结果。那个时候，祖冲之给出的圆周率采用分数形式，他给出了两个分数，一个为约率（$\frac{22}{7}$），另一个为密率（$\frac{355}{113}$）。

如今，我们所说的祖冲之圆周率实际上就是在密率的基础上换算成小数而来的。这反映了古代数学计算的一个特点，那就是通常用分数进行计算，因为在古人看来分数要比小数更为精确。天文历算也具有同样的特点，所以在元代之前，几乎所有的天文常数都是由分数构成的，历法的推算过程也都使用分数。

祖冲之除了是伟大的数学家，也是一位杰出的天文学家。祖冲之出身于书香门第，祖籍是范阳郡（今河北）。实际上，他生长在刘宋都城建康的一个官宦人家。祖冲之的曾祖父、祖父和父亲曾在东晋或者刘宋为官，他的家族世代对天文历法都有一定的研究，这对祖冲之的影响很大。祖冲之从小就对天文学和数学产生了浓厚的兴趣，并且很快就在天文学和数学方面展现出了天赋。

在刘宋时期，祖冲之在朝中是个小官，曾在娄县（今江苏昆山）做过县令等。到了萧齐时期，他已升为长水校尉，这个职务的官阶为四品，也是他一生中所担任的最高官职。祖冲之在官场上并无太大作为，但是在科学技术领域做出了惊人的成就。在数学方面，祖冲之以圆周率的研究闻名遐迩，还出版了数学名著《缀术》。在天文历法方面，他也是成绩卓著。

何承天在 73 岁暮年的时候才大器晚成，编成他的《元嘉历》，而祖冲之在刘宋孝武帝大明六年（462 年）就献上了他的《大明历》，那时他只有 33 岁，正所谓雏凤发清声。

公元 445 年，宋文帝颁布了何承天的《元嘉历》，而精于历算的祖冲之立即对这部历法进行了深入的研究。他发现《元嘉历》确实具有很多创新之处，但是他也发现了其中一些不完善之处。

这主要表现在以下两个方面。首先，《元嘉历》采用传统的 19 年 7 闰的闰周，这显然比较粗疏，将导致200年后误差大到一日。其次，《元嘉历》只修正了冬至点的位置，并没有引入岁差理论，未能吸纳虞喜等人的最新成果。

于是，祖冲之造出了新的历法，起名为“大明历”。从《元嘉历》的颁行到《大明历》的编成，祖冲之用了17年的时间反复进行测算，他信心满满，认为新历要比《元嘉历》更加精密和完善。

在进献新历的奏章中，祖冲之详细地阐述了《元嘉历》的不完善之处，以及新历编制的原理和方法。他还说自己所定的闰周更为精密，根据新的闰周所推算的交点月长为27.21223日。如果我们将其和现代的理论值27.21222日相比，发现二者只相差十万分之一日。《大明历》所定的回归年长度为365.2428日，这也是相当精确的数值。

祖冲之献上《大明历》之后，很快就引起了孝武帝的注意。孝武帝下令让大臣们商议，以便确定是否颁用新历。然而，这遭到了太子旅贲中郎将戴法兴的强烈反对。孝武帝即位前，戴法兴就跟随他前后，深受器重。戴法兴认为，祖冲之不过是一个官职卑微的年轻人，却不知天高地厚提出改历。当时朝堂上的知情者很少，面对戴法兴的指责，除了祖冲之为自己辩护外，谁也不敢得罪皇上的亲信。这一次争论从一开始就是不对等的，祖冲之完全落在了下风。

戴法兴提出了多条反对意见，比如他不赞成岁差之说，以“日有恒度”为由，坚持说冬至点的位置不会变化。如果岁岁微差，那么《尚书》中所说的“日短星昴，以正仲冬”就不再是“万世不易”的准则了。如此一来，古代经典中的星象就要跟着改变。祖冲之被扣上了“诬天背经”的罪名。另外，戴法兴还认为，19年7闰的闰周“此不可革”，说祖冲之“削闰坏章”，何况这种大事也不是普通人“浅虑妄可穿凿”的。

很明显，戴法兴摆明了就是以势压人，完全不讲道理。岁差原本就是基于四仲中星古今位置的不同而被发现的，他却说引入岁差就要改变古代典籍中的星象，将离经叛道的罪名加到祖冲之头上。另外，用肤浅穿凿的人身攻击阻碍探讨改变闰周，也是一种蛮横和高高在上的姿态。在戴法兴的阻挠下，虽然祖冲之据理力争，但终究还是势单力薄，《大明历》只得被搁置一旁。

孝武帝死后，刘宋政府日趋腐朽，不久就被推翻了，取而代之的是齐朝。当时的统治者只热衷佛教，对改历并没有太大的兴趣。后来，年逾古稀的祖冲之在临终时嘱咐儿子祖暅一定不要让《大明历》失传。祖冲之去世以后，政治环境发生了变化，梁朝取代了齐朝。

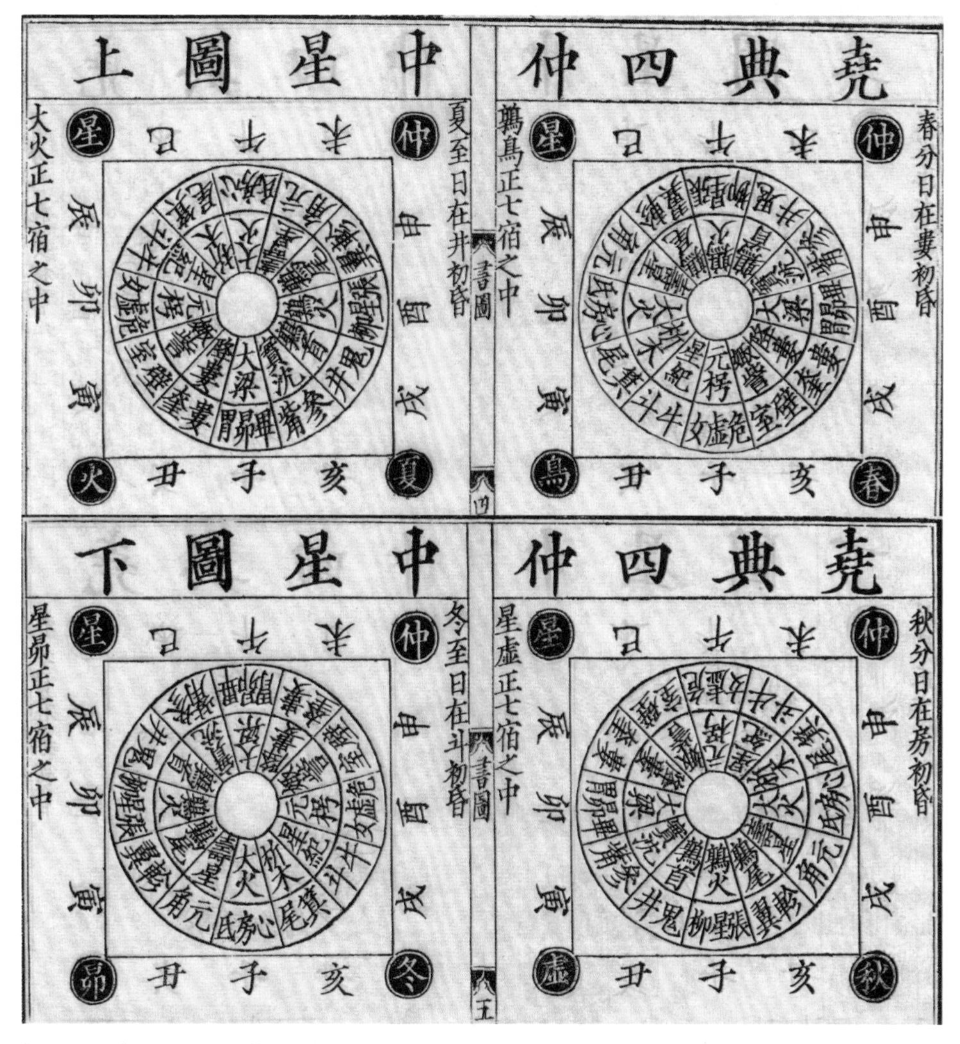

《尚书注疏》中的尧典四仲中星图。

公元 502 年，萧衍在建康即位。他就是梁武帝。梁武帝在执政初期注重选拔贤才和选用良吏。借着梁武帝下诏改历的机会，祖暅在梁天监三年至八年间，曾三次向朝廷建议采用《大明历》。他的请求终于在天监九年（510 年）得到接

《历代帝王真像》中的梁武帝像。

受，祖冲之的遗愿得以实现，不过这已经是他去世 10 年以后的事了。

祖冲之不但在历算方面成就斐然，而且在天文观测方面有自己的独到之处。为了获得准确的数据，祖冲之进行了大量观测，他的一些观测方法成为后世的标准。比如，从当时天文学发展的角度来看，他确定冬至时刻的方法非常有效和科学。

为何冬至时刻的测算如此重要呢？因为在中国古代的天文学中，冬至通常作为一年的起算点，是一个非常重要的时间节点，如今我们还有“冬至大如年”的说法。可见，只有准确地测定出冬至的具体时刻，才能更好地确定其他各个节气。另外，准确的冬至时刻也是确定回归年长度这个最基本的天文常数的基础。回归年是从一个冬至点到下一个冬至点的时间长度。

春秋时期的回归年长度（古代称为岁实）为 $365\frac{1}{4}$ 日，即 365.25 日。后来，这个数据不断得以完善。到了东汉时期刘洪制定《乾象历》时，回归年长度精确到 $365\frac{145}{589}$ 日，即 365.24618 日。虽说精度有所提高，但刘洪测算冬至时刻大体上沿用了传统的方法。很明显，要想进一步提高历法的精度，必须在测量手段上加以改进。

首先尝试改进测量方法的就是祖冲之。他的做法并不是直接用圭表测量冬至日正午的太阳影长，而是测量冬至日前后 20 余日太阳在正午的影长，然后取其平均值，这样就能求出更加精确的冬至日期和时刻。祖冲之根据实测确定了《大明历》的回归年长度为 365.2428 日，这个数值直到五六百年后的宋代才逐渐被超越。

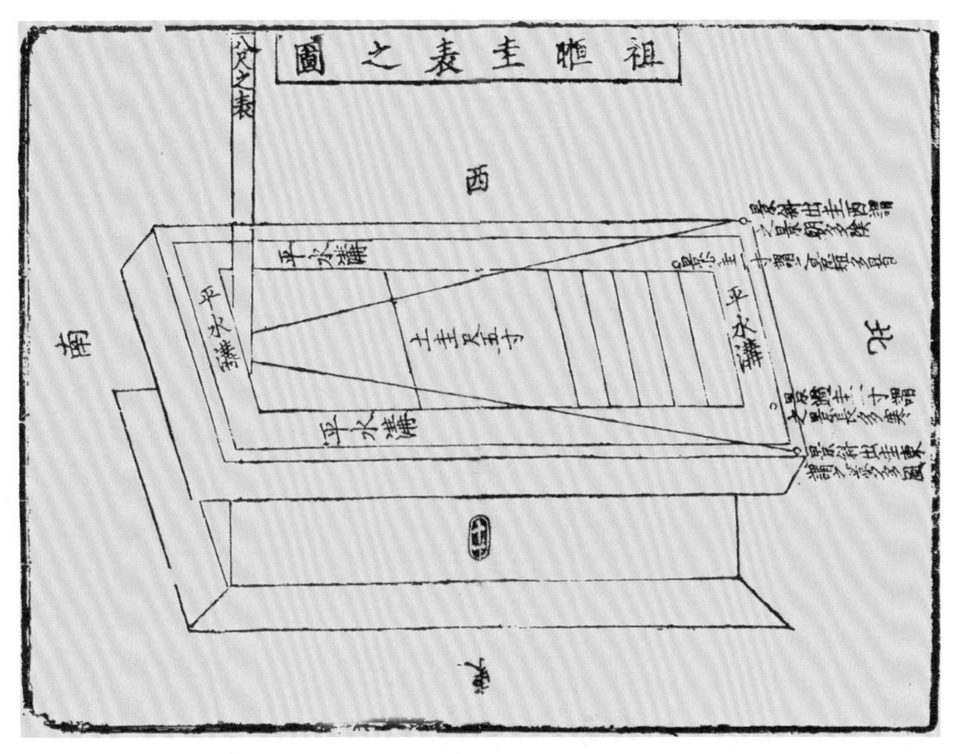

《尚书通考》中的祖暅圭表之图。祖暅不仅经过努力让《大明历》行用于世，而且他自己有许多成就。他曾监造了八尺铜表，在嵩山上立表作日圭，表下连以固定的圭，以测影长。

祖冲之认为，在冬至前和冬至后距离冬至点的时间间隔相同的两天，影长相等，而且影长的变化也是对称的。他假设在一日之内影长的变化可以看作均匀的，所以冬至时刻可以根据大量测量数据，按其均匀变化的规律来推算。正是利用这种简单而可靠的测量方法，祖冲之对冬至时刻和回归年长度的测算都取得了成功。

在祖冲之之后，直到北宋时期，姚舜辅才又一次改进了冬至时刻的测量方法。姚舜辅在编修《纪元历》时打破了采用一组观测数据来确定冬至时刻的传统，而采用一种全新的方法，即取一年中多组观测数据的平均值。随着测量方法的改进，冬至时刻和回归年长度的计算值越来越精确了。

到了元朝郭守敬等人制定《授时历》的时候，回归年长度已经达到365.2425日这个相当精确的数值。明代末年，邢云路使用更高的圭表进行测量，进一步得到了回归年为 365.24219 日的结果。这与用现代理论推算的当时数值 365.242217 相比，仅仅小 0.000027 日，也就是一年大约只相差 2.3 秒。在同时期的欧洲，丹麦天文学家第谷于 1588 年测算的最精确的回归年值为 365.2421875 日。在明末，第谷的这个回归年数值在徐光启等人编制的《崇祯历书》中被采用，当时的误差大约为一年 3.1 秒。

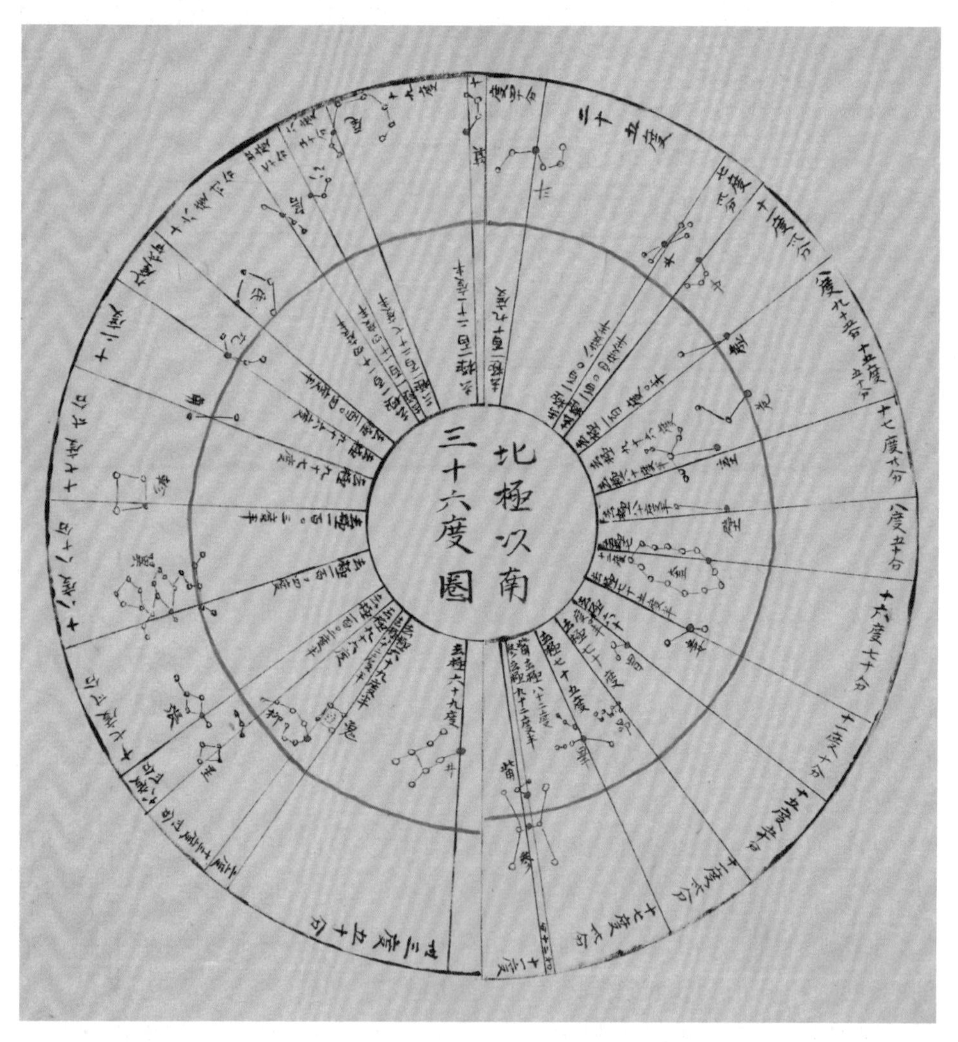

日躔。太阳在以恒星为背景的天空中大约 $365\frac{1}{4}$ 日运行一圈，于是古人将一周天定为 $365\frac{1}{4}$ 度。太阳每月在恒星背景中所经过的位置不同，这种以恒星的位置来标记太阳运行变化的方式就是日躔。

第 6 章　经天纬地：隋唐天文的完善

刘焯不懈造皇极

公元 594 年的一天，一位名叫刘孝孙的官员抱着必死之心，手捧自己编撰的历法，带着一口大棺材来到皇宫中控诉。刘孝孙希望通过这种过激的行为引起朝廷的重视，他一直批评当朝的历法《开皇历》，但始终没有得到回应。刘孝孙的这个举动立刻引起了整个朝野的轰动，隋文帝杨坚最终下令通过实测天象比较各家历法的优劣。

刘孝孙孤注一掷，为了历法不惜殊死一搏，这与他此前的种种遭遇有关。他曾在北齐任过历官，与张子信的学生张孟宾共事过，两人关系密切。由于能接触张子信的相关工作，他对当时天文学的新进展有了新的认识，具备了较高的天文学水准。

公元 581 年，杨坚逼迫北周皇帝退位，改国号为隋，以开皇为年号，建都于长安。隋朝起初沿用了北周的《大象历》。在此前的南北朝时期，《大象历》的水平就不如南朝使用的《元嘉历》和《大明历》，而且随着时间的推移，这部历法的误差也越来越严重。

《历代帝王真像》中的隋文帝像。

根据改朝换代要颁用新历法的传统，杨坚必须重新制定一套新的历法。当时，一个叫张宾的道士声称自己通晓历法，于是他就在《大象历》的基础上，参照何承天的调日法和一些天文数据，略作修改之后，便以《开皇历》为名将其进献给了隋文帝。随即，这部历法在开皇四年（584

年）颁行天下。

张宾的历法之所以能被选上，完全是因为隋文帝对他的恩宠。隋文帝杨坚原本是北周皇族的外戚，在夺取了北周政权后，他对原来的皇室成员进行了大清理，并镇压了他们的反抗，因此受到了不少非议。这时，张宾看出了杨坚的用意，于是谎称自己洞晓天机，早就看出了改朝换代的征兆。为了迎合杨坚的政治需要，张宾陆续做了不少工作，因此备受皇帝的重用。

其实，张宾对天文历算也只是略懂皮毛，所以他的《开皇历》有很多明显的缺陷。张宾的历法刚刚被颁用就遭到很多人的诟病，被指责过于粗疏。在这些人当中，批评张宾最为激烈的就是刘孝孙和刘焯两个人。刘焯是著名的经学家，年轻时就颇有名气，他对经学中涉及的天文历法问题非常感兴趣，因此他和刘孝孙甚是投机。

刘焯还在朝廷参与修撰国史，了解历代的律历情况。他和刘孝孙都认为，张宾的《开皇历》不知岁差，不用定朔，有很大的缺陷。尽管刘孝孙和刘焯的批评有理有据，奈何张宾深受隋文帝的信任。当时的太史令刘晖投靠了张宾，两人攻击刘焯等人“非毁天历，惑乱时人”。随后，刘焯受到罢官的处分，连同刘孝孙一同被逐出了京城。

数年之后，张宾已然病故。刘孝孙再次前往京城上书，检举《开皇历》的问题，却始终未能取得大的进展。在此期间，虽然朝廷让刘孝孙进入司天监参与历法工作，但是和张宾是一伙的刘晖始终不给他机会。这样又过了数年，悲愤不已的刘孝孙抱着书抬着棺材来到皇宫门口，出现了本章开头那惊心动魄的一幕。为了引起隋文帝的注意，刘孝孙不惜以命相搏。对此，隋文帝无可奈何，只好命人对各家的历法进行评判。

与此同时，司天监的另一位官员张胄玄也站了出来，加入了批判《开皇历》的队伍，并且他献出了自己的历法。于是，这时可供比较的历法就有三家。通过对当时的日食预报进行检验后，结果证明刘孝孙和张胄玄的历法所推大多与天象符合，而《开皇历》则差了很多。

隋文帝原本打算起用刘孝孙，但刘孝孙固执地要求必须先斩刘晖进行追责，然后他才能继续商讨改历。可是，颁用《开皇历》是隋文帝自己下的诏书，刘孝孙的这个过分的要求让隋文帝十分不悦。最后，隋文帝不但没有重用刘孝孙，甚至没有采用他的历法。不久，悲愤交加的刘孝孙郁郁而终。

刘孝孙去世后，张胄玄得到了司天监另一位官员袁充的支持，得以受命主持新历的编修。这时，刘焯已经改进了自己此前的历法，但受到张胄玄和袁充的反对而未被采纳。虽然张胄玄的历法远胜于张宾的历法，但仍有不足之处。当朝廷决定颁用张胄玄的历法后，刘焯对这部历法颇有微词，认为它与天象多有不合。

张胄玄的历法得以颁行后，刘焯并未气馁，他再次改进了自己的历法，于开皇二十年（600 年）进献了自己最新的历法，并将其定名为《皇极历》。不过，张胄玄与袁充相互勾结，百般排挤刘焯。两人处处迎合皇帝的喜好，取得了皇帝的好感。为此，两人甚至煞有其事地说，现在正午时刻的表影比以前同一节气的表影要短，这是白天变长的现象。他们说，白昼增长是隋朝的瑞应，是帝王之德触动了苍天的缘故。那时正值立杨广为太子之际，隋文帝也是这么想的，认为“景长之庆，天之祐也”。

大业四年（608 年），怀才不遇的刘焯带着深深的遗憾离开人世。作为一个始终不屈的天文学家，刘焯在这场旷日持久的改历斗争中不断完善自己的历法，他的《皇极历》也成为隋代最优秀的历法。《皇极历》不但吸收了祖冲之在《大明历》中引入的岁差理论，还将张子信关于太阳视运动不均匀性的发现用于历法推算当中。这部历法第一次解决了定气的计算，开创了历法发展的新时代。

在此前的历法中，人们将一年中的天数均匀地分成 24 份，每一份就是一个节气，这就是所谓的“平气”。刘焯提出要根据太阳在黄道上的实际位置来判断节气。我们知道由于地球公转的轨道呈椭圆形，太阳的视运动是不均匀的。如果将黄道一周均匀地分成 24 份，依据太阳每走到一份的位置来确定节气，就必须对太阳视运动的不均匀性进行精确的推算。这种按照太阳实际运行的度数来划分节气的方法就是所谓的“定气”，这正是刘焯的《皇极历》的一大创新之处。

此外，刘焯还深入研究、开创了历法推算的一些全新数学方法。他提出了等间距二次差内插法，通过这种方法不仅能计算出每个节气的时刻和太阳在黄道上的位置，还方便得出节气中任何一天太阳的实际位置。

由于刘焯的历法没有被官方正式采纳，他的这些工作很可能湮灭在浩瀚的历史文献之中。非常幸运的是，在数十年后的唐代，天文学家李淳风负责撰修

《隋书·律历志》，让刘焯的历法重见天日。

李淳风十分推崇刘焯，他自己的《麟德历》深受刘焯的《皇极历》的影响，而且李淳风的个人经历和参与改历的境遇与刘焯颇为相似。所以，在撰修史书的过程中，李淳风将更多的篇幅用于对《皇极历》的介绍。这成了正史中唯一的特例，他详细记述了《皇极历》这部实际上并未被官方颁行的历法。由于李淳风的努力，《皇极历》在后来受到历代历算学家的一致推崇，成为中国历法发展史上的一项辉煌的成就。

不滿月算外為次氣日其月無中氣者為閏

二十四氣	損益率	盈縮數
冬至十一月中	益七十	縮初
小寒十二月節	益三十五	縮七十
大寒十二月中	益三十五	縮百五
立春正月節	益二十	縮百三十
雨水正月中	益二十	縮百六十
啓蟄二月節	益三十五	縮百九十
春分二月中	損五十五	縮二百二十五
清明三月節	損三十五	縮百七十
穀雨三月中	損四十	縮百二十五
立夏四月節	損三十	縮八十五
小滿四月中	損五十五	縮五十五
芒種五月節	益六十五	盈初
夏至五月中	益五十五	盈六十五
小暑六月節	益四十	盈百二十
大暑六月中	益二十五	盈百六十
立秋七月節	益五	盈百八十五
處暑七月中	益三十	盈百九十
白露八月節	益四十	盈二百二十

日躔表。关于太阳视运动的不均匀性，北齐的张子信最先通过观测发现了这个问题。刘焯在《皇极历》中以表格的形式给出了太阳运动的数值，并且提供了等间距二次差内插法，以帮助计算任何给定时刻太阳的实际位置。

除了在历法方面的工作，刘焯曾提出一项天文大地测量计划。他主张进行全国范围的实测，以校验“日影千里差一寸”的传统说法是否准确。自从《周礼》说夏至的时候地中的日影长一尺五寸以后，人们在此基础上发展出了“日影千里差一寸”的说法。也就是说，相隔千里的两地在同一天正午的影长刚好相差一寸。此后，历代先儒都对此坚信不疑，但实际上并没有任何人通过实验来验证此说法。刘焯则说：“考之算法，必为不可。寸差千里，亦无典说。明为意断，事不可依。”他对这种固有的观点提出了质疑，认为必须通过实测才能判断先贤的说法是否准确。

虽说以隋朝的国力组织这种规模的测量应该并不是什么难事，但朝廷并没有这样的动力。所以，刘焯的这个建议没有被采纳。后来，唐代的一行开展了规模巨大的天文大地测量，证实刘焯的怀疑是对的，“日影千里差一寸”的说法确实是错误的。

一行的大地测量

数千年来，有这样一个问题一直萦绕在人们的脑海中，那就是我们生活的这个世界究竟是什么样子，它到底有多大。古希腊时期，天文学家托勒密在他的著作《地理学指南》中讲述了那个时代西方人所了解的世界。

到了 15 ~ 16 世纪，欧洲人发现了新大陆和更多前所未知的地域，从而拓宽了人们对世界的认知。但是，直到 17 世纪，欧洲的科学家利用三角测量法进行精准的测量后，才准确地得出子午线上每一度的长度。这时人们对地球的具体形状和大小才有了更清晰的了解。

子午线是地球上通过南北两极的一个大圆。从地球的赤道开始算起，分别沿着子午线向南北各走 90 度，就到了南北两极。如果我们知道子午线上每一度所对应的长度，那么只要用 360 乘上这个长度，就能得到整个地球的周长了。所以，子午线的测量有着很重要的科学意义。

其实，在欧洲人重视和测量子午线之前，中国人在唐代就曾开展过子午线的实测工作。虽然当时中国古人对地球的形状还缺乏认识，但这并不妨碍他们得出了比较精确的子午线的每度弧长。这个数值大约比现代测定的结果偏大了 20%，但这是有史以来人类第一次实际测量子午线，而主持这项工作的是唐代天文学家一行。

一行本名为张遂，魏州昌乐（今河南濮阳南乐县）人。他的曾祖父张公谨是唐太宗李世民的功臣，但是到了一行这个时候，家境已经衰落。一行自幼勤奋好学，尤其喜欢钻研数学和天文学。年轻时的一行精通天文学、历法和阴阳五行，以学识渊博而闻名于长安城。人们称赞他为“后生颜子”。

一行向来厌恶权势，不愿和那些飞扬跋扈的政客混在一起。武则天的侄子武三思曾经非常仰慕他，想要结识他。他便逃到嵩山上的嵩阳寺出家为僧，以一行作为法名。这就有了一行这个名字。一行在此研读天文学、数学和佛经典籍，翻译和著述了不少佛经，甚至成为佛教密宗一派的领袖。

唐玄宗李隆基登基之后，听说一行擅长天文历算，便以礼相待，让他的族叔专程到荆州聘请一行来到京城长安。朝廷安排一行考订前代诸家历法，为编撰新历做准备。编修历法的重要一环是进行天文观测，一行认为进行一次规模较大的官方改历活动，就必须有大量的天文数据作为支撑。当时的天文仪器无法满足使用要求，为此朝廷特命一行和机械制造专家梁令瓒合作。两人设计和制造出了黄道游仪，利用这台仪器就能准确地测出太阳、月亮和行星的位置。此外，这台仪器还有一个创新之处，那就是它上面的黄道圈并不是固定的，而是可以在赤道上移动，以符合岁差现象。

在唐代之前，不少人曾奢谈天地的大小，最早对此进行详细计算的是《周髀算经》中的记载。其中的观点认为，立一根八尺高的表，夏至时影长为一尺六寸，如果往南走一千里，那么同一天正午的影长就是一尺五寸；如果往北走一千里，影长则是一尺七寸。这就是所谓的“勾之损益寸千里”，即用八尺的圭表测量影长，如果两个地方的影长相差一寸，那么这两个地方之间的距离就是一千里。古人甚至用这个比例关系来间接计算南北两地间的距离。那么，“勾之损益寸千里”的说法是否准确呢？

假如我们用现代科学知识来衡量这个模型，这种说法显然是不正确的。因为地球是球形的，在偏南的南北两地和偏北的南北两地，即使八尺表的影差是一样的，两地的距离也不会相同。所以，这种“勾之损益寸千里”的说法没有根据。即便古人将大地看作平面，这种说法本身也存在问题。

虽然存有疑问，但是长期以来没有多少人真正质疑过这种说法，以至于它一直被人们奉为经典。直到南朝元嘉年间，何承天派人到交州（今越南中部）测量影长，推算出日影是六百里差一寸，人们才开始怀疑传统的理论。但是由于直接观测数据很少，人们还无法得出完全否定它的结论。

然而，很多因循守旧的人仍然坚持“勾之损益寸千里”的观点。到了隋代，天文学家刘焯也对这种说法进行了驳斥。他建议在黄河南北的平原上选取南北方向上的几个观测地点。假如人们用漏刻校准好时间，用绳子量准里程，等到春秋分、冬夏至日的中午，同时测量日影长短，就能得到各地的影差。对这些数据进行比较，不就可以知道影差一寸究竟是多少里了吗？可是，刘焯的想法未能付诸实施，所以直到一行这个时候才彻底解决了这个问题。

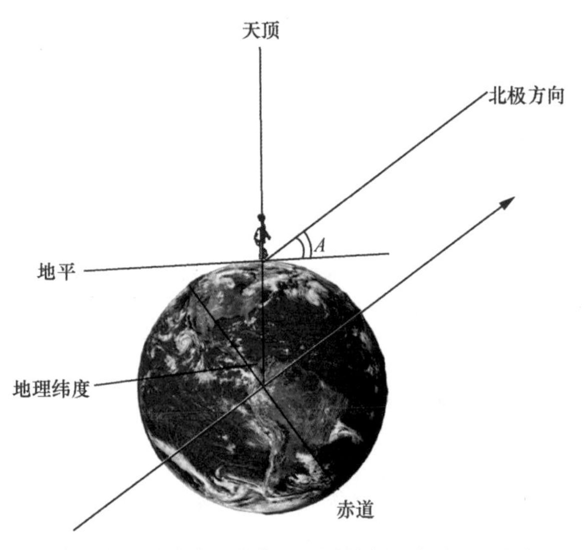

北极高度与地理纬度。为什么用同样高的表同一天在南北不同的地方进行测量，其影长会不相同呢？表影长短和北极高度又有什么关系？原来北极高度和观测地点的地理纬度是相等的。北极方向是地球自转轴的方向，观测点的垂线方向与地球赤道的夹角大小是该处的纬度值。所以，如果能在地球表面的某一观测点测量出北天极的高度角，就能知道该地的地理纬度。

开元九年（721 年），一行奉命编制新历。在此之前，朝廷使用的是李淳风制定的《麟德历》。由于《麟德历》行用多年，日食预报屡屡失误，所以这时改历的呼声很高。一行考虑到一部优秀的历法不仅要能预报京城出现的一些天象，也要能推算全国各地的情况，比如各地日月食的发生时刻、食分大小的差异，以及南北不同地方的昼夜长短等。不过，要准确推算出这些差异，就需要知道各地在二分、二至日正午日影的长短，以及各地精确的地理纬度。另外，圭表的影长究竟是不是千里相差一寸，也必须弄清楚。

这一次测量的规模非常大，最南的观测点在交州，最北的观测点在铁勒（今蒙古国乌兰巴托西南），在此之间还设有10多个观测点。其中，由一行主持、南宫说等人负责的在河南的测量工作最为重要。

开元十二年（724年），南宫说率领的测量队在河南白马（今河南滑县）、浚仪（今开封市西北）、扶沟（今扶沟县）、武津（今上蔡县）四个地方进行了测量。这四个观测点的地理经度很接近，差不多在同一条子午线上，而且中原地区基本上都是平坦之地。这样选择的目的是，能够更方便地测量夏至日的圭表影长和地理纬度，并且准确丈量各地之间的距离，以此来检验“勾之损益寸千里”的说法是否正确。

测量工作完成后，一行将观测数据汇总在一起，他仔细算了一下，发现这四个地点都不符合南北两地相距千里而夏至日影长相差一寸的规律。于是，他证明了此前的说法确实是错误的，从此便没人再相信“勾之损益寸千里”的说法了。

一行还计算出了武津和白马“北极出地”（地理纬度）的差数，得出了“大率五百二十六里二百七十步而北极差一度半，三百五十一里八十步而差一度”的结果。如果我们将以上数值换算成现代常用的单位，这就相当于子午线

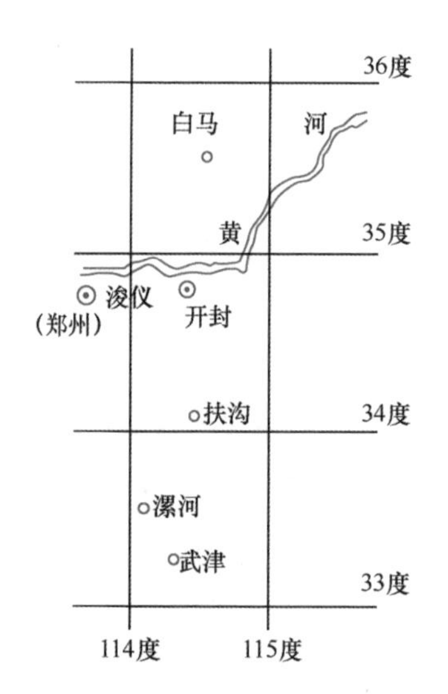

一行负责的大地测量点。

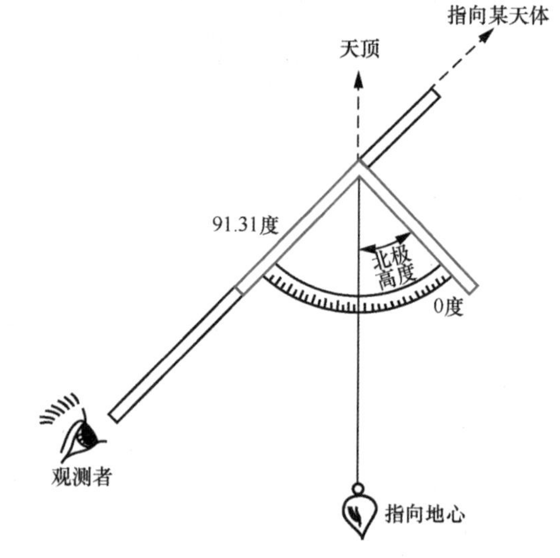

一行创造的一种简便的仪器复矩，用于测量北极星距离地平的高度，即所谓“以复矩斜视，北极出地”。

上每 1 度所对应的弧长为 131 千米。可见，通过这次天文大地测量，一行间接得出了子午线上每 1 度的距离。

经过天文观测和大地测量之后，一行在开元十三年（725 年）开始编修新历。经过两年多的紧张工作，他终于完成了初稿，定名为《大衍历》。不久，一行在华严寺病倒。在一次随唐玄宗外出巡幸的途中，一行病逝了，终年只有 44 岁。在一行过世后，张说和陈玄景等人将《大衍历》整理成书，完成了最后的定稿，最终于开元十七年（729 年）正式颁行全国。

一行的《大衍历》的编排很有条理，他将历法分成“历议”和“历术”两部分，为后世的历法编修创立了一种规范。在历议中，他力求探讨历法的原理，试图从不同的角度揭示历法的很多本质问题；在历术中，他将全部的天文推算问题分为 7 个大的主题，包括步中朔、步发敛、步日躔、步月离、步轨漏、步交会和步五星术，以此计算节气、朔望、日月五星的运动、日月交食的时刻和食分等。

在《大衍历》中，一行在计算各节气的时候以太阳实际运动位置的“定气”作为依据，并且发明了不等间距二次差内插法。采用定气法之后，太阳在黄道上运行相同的间隔所用的日数就不再是相等的，即日期间距不再相等。于是，一行为了将插值计算得更准确，发展出了新的内插法。

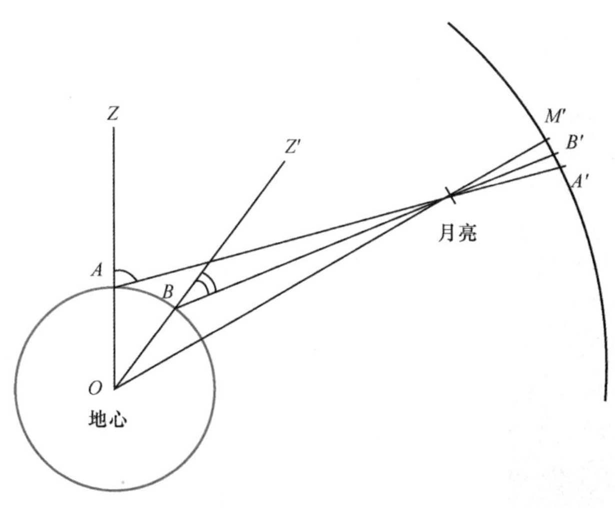

一行的九服食差。由于视差原因，在不同纬度观测到的月亮视位置有所不同，这会对日食的时刻和食分预报等产生影响，所以需要对这种差异进行一定的修正。

经过检验，《大衍历》比唐代以前的其他历法都要精密，而且制定了历法编修的内容规范，可以说对后世天文历算的发展产生了很大的影响。数十年后，《大衍历》传入日本，在那里行用近百年，成为中日科技文化交流的又一见证。

千年敦煌古星图

1907 年 3 月，一位来自英国的中年人在结束了对新疆罗布泊的考察和探险后来到敦煌，他就是著名考古学家、探险家马尔克·奥莱尔·斯坦因（1862—1943）。斯坦因从沿途的商人口中得到了关于敦煌莫高窟的消息，不久前一个叫王圆箓的道士在此发现了一个藏经洞，其中藏有大量佛经和卷轴。斯坦因迫不及待地来到莫高窟，希望目睹这些罕见的文献，但这位王道士当时并不在莫高窟。

王道士归来后，斯坦因提出了参观一下藏经洞的想法，但王道士对此非常警惕，并用砖块封住了藏经洞的入口。斯坦因假装要考察石窟，拍摄壁画和塑像。为了消除王道士的顾虑和戒心，他甚至提出要捐建一尊佛像。在不断获取王道士的好感后，斯坦因在助手蒋孝琬软硬兼施的说服下，终于得以进入藏经洞一睹这些珍贵的资料。

斯坦因像。

藏经洞中资料的丰富程度远超斯坦因的想象，他很清楚，这里的好几万件文书、画卷和刺绣等文物几年也看不完，只能尽快地挑出其中有价值的部分，以便设法运出中国。最终，斯坦因仅仅用了 4 个马蹄银（大约 200 两白银）就从王道士那里换取了 24 箱写本和 5 箱绢画、刺绣等艺术品，大概包括完整的文书 3000 卷、其他单页和残篇 6000 多篇、绘画 500 幅。在经过 18 个月的长途运输后，这批文物中的大部分在 1909 年运抵伦敦，被收藏于大英博物馆。1972 年，随着大英图书馆的建立，这些敦煌文献开始由大英博物馆转为大英图书馆收藏。

在斯坦因带回的卷轴中，有一幅完整的星图，后人将其称为敦煌星图。这幅敦煌星图很快就在大英博物馆中展出。著名科技史学家李约瑟博士在《中国科学技术史》中曾高度评价这幅星图，称它为“世界上现存最早的科学星图”。李约瑟认为这幅星图绘于约公元 940 年，采用了类似于墨卡托投影的技术，不过目前也有学者质疑李约瑟的判断。

敦煌星图属于一幅长卷的一部分，该长卷长 3.9 米，宽 0.244 米，采用纯桑皮纤维制成，其中星图部分长约 2.1 米。该星图由 13 幅图和 50 行文字组成，共计 1339 颗星 257 个星官（此前席泽宗院士认为是 1359 颗星），其数量远远超过了同一时期及此后相当长的一段时间内的欧洲星图和星表。每月星图后面的文字写着农历月份和主要的星宿位置，月份之后还根据图中的星宿指出了太阳所在的位置和旦昏时刻的中天星官。星图中所有的星都采用红、黄、黑三种颜色标记，遵循了中国古代甘、石、巫咸三家星官的传统。

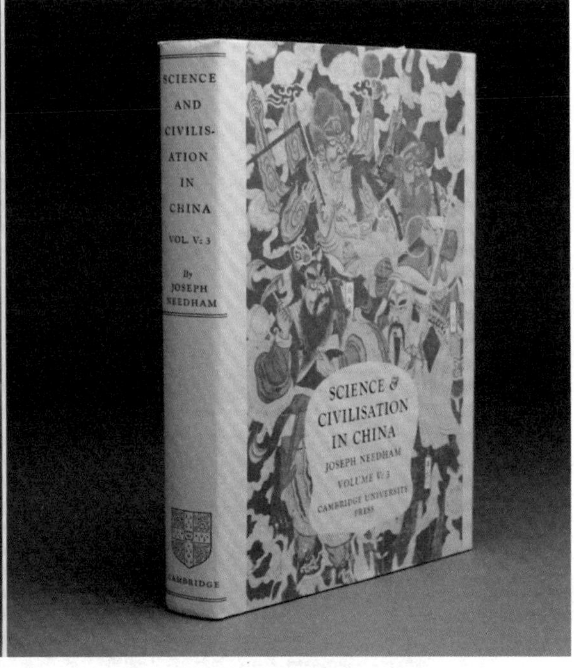

李约瑟及其《中国科学技术史》天文卷。

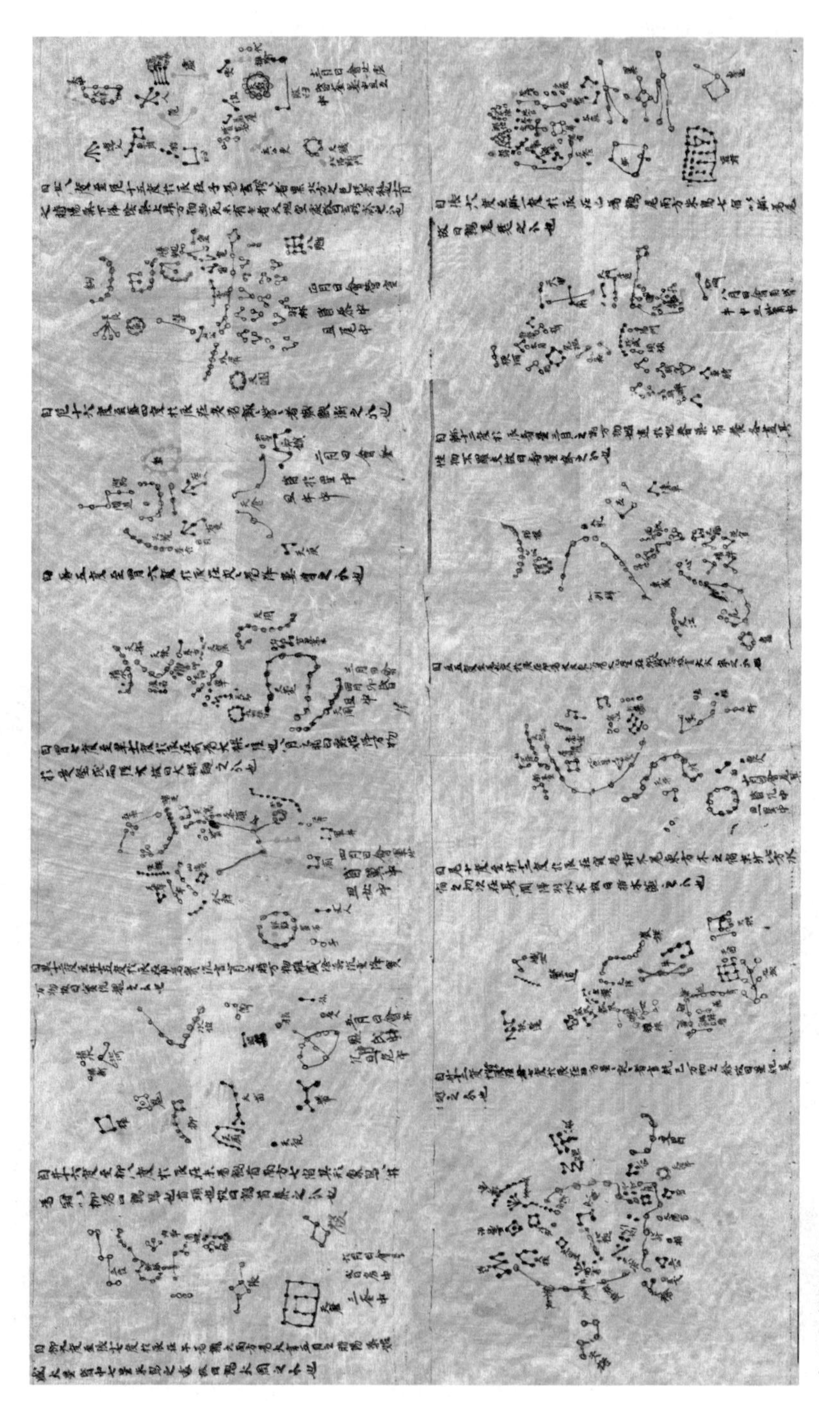

完整的敦煌星图。

星图前面的12幅图对应于12个月，每幅图的左边配有相应月令的文字，最后一幅是北极天区的星图，但没有说明文字。前面的12幅图是从十二月开始的，星空对应于二十八宿中的虚宿和危宿。也就是说，按照每月太阳的位置，将赤道附近的星星分为12段，每段天区东西相距约30度，在每一幅星图中画出赤纬约正负40度范围内的星状图形和名称，星星用各色圆点表示，点与点之间使用黑线连接表示星官图形。坐标方向则为上北右西，所以该星图的赤经（或黄经）自右向左递增。图中没有标记赤纬、黄道和银河，也没有绘出坐标网格。从太阳每月的位置来看，敦煌星图沿用了《礼记·月令》中的描述，如“正月日会营室，昏参中，旦尾中”。也就是说，正月的时候太阳位于星官营室附近，黄昏时中天的星是参宿，日出时中天的星是尾宿。

12个月的星图采用直角坐标投影，将全天的星星绘制成所谓的“横图”（和通常的地图投影方式类似）。这种方法的优点是赤道附近的星星与实际情况较为吻合，但南北两极的变形极为严重（如同地图上南北两极的投影严重变形一样）。为了准确绘制北极天区（南极天区在中国无法观测，所以敦煌星图没有绘出南极天区），敦煌星图采用了所谓的“盖图”方式，即将北极紫微垣附近的区域以北极为中心，通过圆形平面投影投射在一个圆形平面上。可以说，敦煌星图是目前已知最早的一幅分别采用“横图”和“盖图”来处理赤道附近天区和北极附近天区的古代星图。

法国原子能委员会的天体物理学家、天文学家让-马克·博奈·比多认为，敦煌星图很可能是一件临摹品，但总体上它所描绘的星星的位置非常准确，误差最大也只有几度。所以，此星图不是单靠想象粗略绘制而成的，而依据的是严密的几何规则。12个月星图所采用的投影方法和等距投影、墨卡托投影一致，北极天区星图则采用了方位等距投影和立体投影。整个星图具有令人啧啧称奇的精确性，显示了中国古人精准的天文观测技术。虽然科学性不差，但这幅图很可能用于星占。

根据与星图绘制在同一卷轴上的云气图和占文（记载有“臣淳风言”），有学者认为其作者可能是唐代天文学家李淳风。此外，敦煌星图避讳“民”字，而不避讳“旦”字。根据古代的避讳原则（皇帝名字中的字不允许被使用），可以推断出该星图绘制于唐太宗李世民统治（626—649）之后，而在唐睿宗李旦即位（684 年）之前。这些线索表明该星图的绘制年代应该是唐代初期，或者是年代较晚的人重新临摹了这份唐代初期的星图。

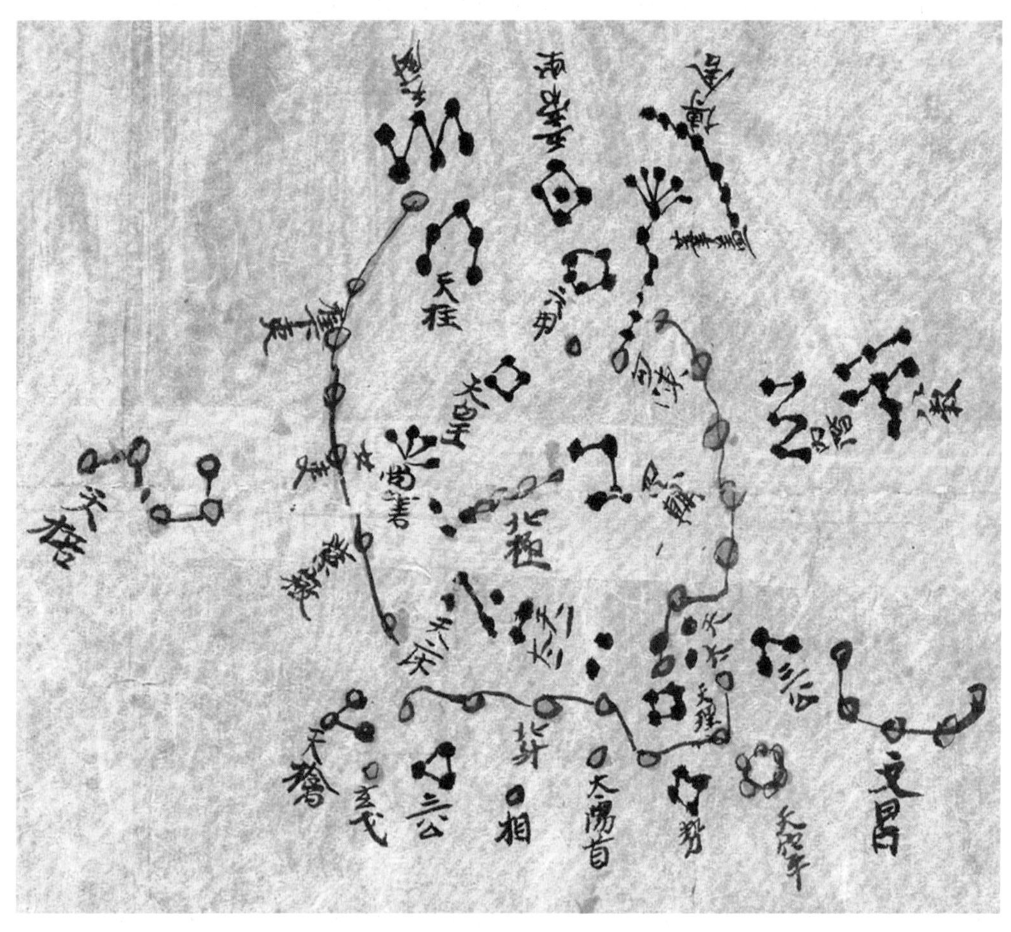

敦煌星图中的“盖图”，即北极天区星图。北极天区绘制得非常清晰，中间有四个带黑边的红色圆点，分别为小熊座 γ 星、小熊座 β 星、小熊座 5 和小熊座 4。另有一个浅红色点，这颗星可能是北极星。整个北极天区绘有 144 颗星，大致对应于中国古代星图中的紫微垣。

除了大英图书馆收藏的敦煌星图（称为甲本），人们在敦煌卷轴中还发现了一件残缺的紫微垣星图。该星图曾藏于甘肃省敦煌市文化馆，被称为敦煌星图乙本或者敦煌卷子紫微垣星图。

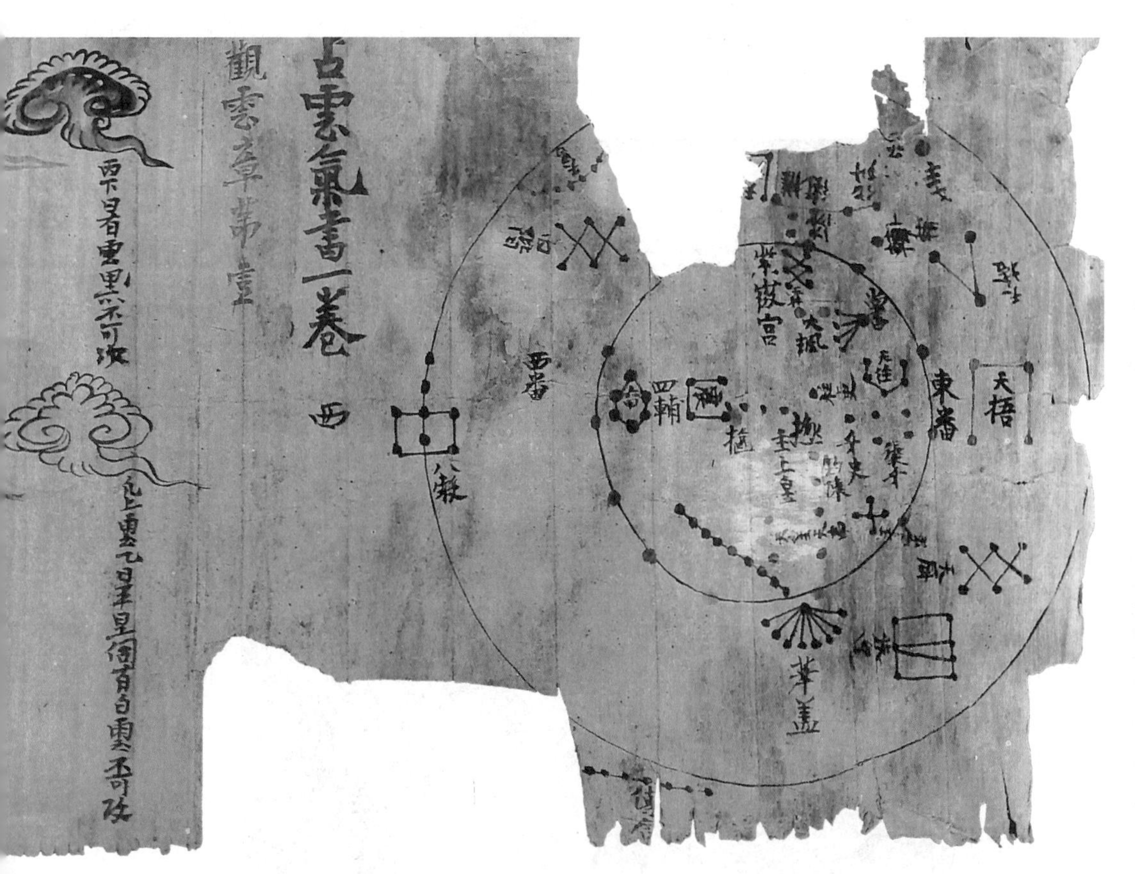

敦煌星图乙本（局部）。敦煌星图乙本长约 299.5 厘米，宽 31 厘米，正面抄录有关于唐代地域的内容，但只存有陇右、关内、河东、淮南和岭南五道的记录。背面是一幅紫微垣星图，其后还有“占云气书一卷”字样，并有“观云章”“观气章”残篇。图中共绘有星官 32 座、星 137 颗，采用红黑两色绘出星点，以表示三家星。石氏星和巫咸氏星为红色，甘氏星为黑色。该星图的布局与敦煌星图甲本中的“盖图”相似，但南北方向倒置，两边还注有“东蕃”“西蕃”字样。

群星荟萃步天歌

自古以来，灿烂的星空就是人们的想象力纵横驰骋的广阔无际的领域。随着天文知识的积累，许多与恒星有关的内容被编入诗歌，传诵于民间，歌唱于市井。《诗经》有“维南有箕，不可以簸扬；维北有斗，不可以挹酒浆”的诗句，形象地将箕宿和斗宿分别比作簸箕和量斗。

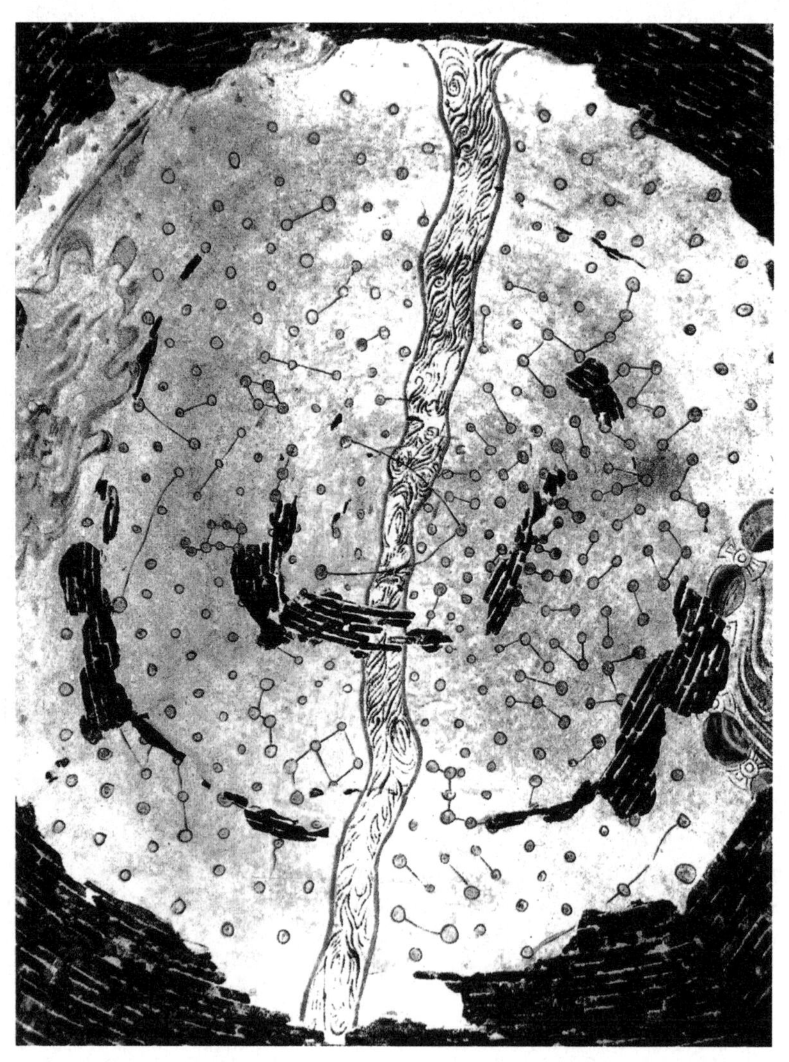

北魏孝昌二年（526 年）星象图。1974 年河南洛阳孟津元乂墓出土。

同时，识星不仅是古代官方天文机构对天象观测者进行的基础训练，也是文人雅士追求“上知天文”的有效途径。于是，一些教人认识星官和星名的作品便应运而生，如东汉张衡的《思玄赋》和北魏张渊的《观象赋》等。这些文学佳作中有不少涉及星官的知识，尽管它们不是严格意义上的识星专著。更为全面地描述全天星官的著作则有《玄象诗》《天文大象赋》和《步天歌》等，这些著作在不同程度上对全天星官做了分门别类的划分，在古代起到教人识星的作用。

三国末期到两晋期间，太史令陈卓著有《玄象诗》，开创了将全天星官融入诗赋的先河。人们可以凭诗认星，见星就可以想起诗句。隋唐之际，道士李播创作了歌赋形式的天文歌诀《天文大象赋》。他也是唐代天文学家李淳风的父亲。不过，这篇歌诀采用标准的骈文体，文辞多因星官名而敷陈其义，而且只介绍诸星官名，而没有星数和星官位置等内容，实用性并不太理想。此外，其中还用较多笔墨描述各星官占验所主之事，具有比较强烈的星占色彩。

《天文大象赋》按照紫微垣、东方七宿、天市垣、北方七宿、西方七宿、南方七宿、太微垣的顺序介绍全天星官。在介绍每部分时，都将甘、石、巫咸三家星官一并呈现。所以，相对而言，《玄象诗》更适合普通大众，而《天文大象赋》更适合了解星官知识的文人雅士。虽然《天文大象赋》对于人们认识星空有所助益，可惜后来流传不广。

隋唐时期，诗词文学逐渐开始走上巅峰。在七八世纪间，号名为丹元子的道士王希明编撰了一篇名为《步天歌》（也称《丹元子步天歌》）的歌诀，它对中国古代恒星知识的普及起到了划时代的作用。

《步天歌》的最大特点在于以浅显的文辞和带有韵律的歌诀，对周天各星官的名称、星数和位置进行了概括，汇集成了一首七言长诗。《步天歌》还一改《玄象诗》的体系，将三垣二十八宿分成 31 个小部分，把整个星空都呈现在人们面前。自此，三垣二十八宿正式成为中国星官体系的主流划分方式。

虽然“三垣”这个名称并非从《步天歌》才开始使用，此前的《玄象诗》等著作中也有太微、天市等内容，但是以前只说哪些星组成垣墙，并没有将这些星作为一个天区来看待。从《步天歌》开始，三垣才成了二十八宿之外的三个特殊的天区，三垣和二十八宿一起涵盖了北半球的主要星空。

此外，《步天歌》和《玄象诗》还有一些其他的区别。一方面，《玄象诗》

是五言诗，而《步天歌》是七言诗，包含的内容更详细。比如，《步天歌》记有星官的星数，而《玄象诗》没有；另一方面，《步天歌》配有相应的星图，效果比只有文字描述的《玄象诗》更好。

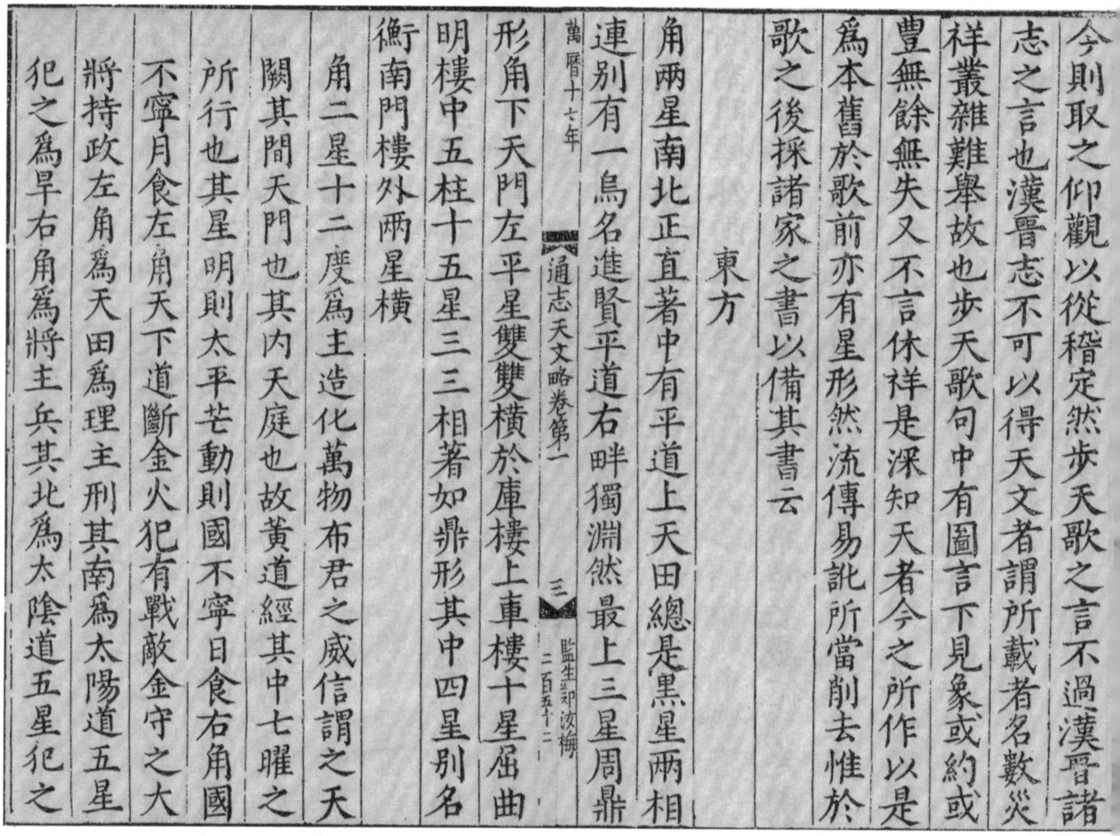

今則取之仰觀以從稽定然步天歌之言不過漢晉諸志之言也漢晉志不可以得天文者謂所載者名數災祥叢雜難舉故也步天歌句中有圖言下見象或約或豐無餘無失又不言休祥是深知天者今之所作以是爲本舊於歌前亦有星形然流傳易訛所當削去惟於歌之後採諸家之書以備其書云

東方

角兩星南北正直著中有平道上天田總是黑星兩相連別有一烏名進賢平道右畔獨淵然最上三星周鼎

萬曆十七年　通志天文略卷第一　三　監生鄔汝楩　二百五十二

形角下天門左平星雙雙橫於庫樓上車樓十星屈曲明樓中五柱十五星三三相著如鼎形其中四星別名衡南門樓外兩星橫

角二星十二度爲主造化萬物布君之威信謂之天闕其間天門也其內天庭也故黃道經其中七曜之所行也其星明則太平芒動則國不寧日食右角國不寧月食左角天下道斷金火犯有戰敵金守之大將持政左角爲天田爲理主刑其南爲太陽道五星犯之爲旱右角爲將主兵其北爲太陰道五星犯之

节选自元大德刻本《通志》的《步天歌》。

《步天歌》除了介绍各个星官的名称、星数和位置，还用不同的颜色来标识甘、石、巫咸三家星。其中用黑、乌、玄三种颜色标识甘氏星，用黄色标识巫咸氏星，其余的为石氏星，这体现了历史传承。从整体上看，《步天歌》尽可能将这些星纳入同一体系之中，可以说既保留了传统内容又有创新之处。

从《步天歌》的内容来看，歌谣条理分明，便于记忆。人们吟诵着《步天歌》，仿佛沿着天上的星官，在繁星之间漫步。这符合书名中“步天”的寓意。所以，该书一经问世就大为流行，成为人们初习天文的必备之物。

宋代史学家郑樵曾借助《步天歌》观测星空，他感慨道：“一日得步天歌而诵之。时素秋无月，清天如水；长诵一句，凝目一星，不三数夜，一天星斗，尽在胸中矣！”后来，清代历算家梅文鼎也称赞《步天歌》是“句中有图，言下见象，或丰或约，无余无失”。

下面看一下《步天歌》中的部分诗句。

角宿：两星南北正直著，中有平道上天田，总是黑星两相连，别有一乌名进贤……

牛宿：六星近在河岸头，头上虽然有两角，腹下从来欠一脚。牛下九黑是天田，田下三三九坎连；牛上直建三河鼓，鼓上三星号织女……

古人通过熟记这些诗句，再根据所配的星图按图索骥，就能遨游于星空之中，识星也成了一件让人惬意的事情。所以，《步天歌》不仅具有天文学价值，而且在中国古典文学中占有一席之地，历久弥新。

不过平心而论，《步天歌》的作者并不是真正的诗人，其文学水平也不突出。后世有人批评它，说其中的语言非常板滞，押韵、换韵时所使用的部分句式很笨拙。近代天文史学家朱文鑫说道：“《步天歌》文字鄙俗，不过便于记诵。”言外之意，说它只不过是顺口溜。隋唐时期有那么多杰出的诗人，为什么就没有人作一篇更为优美的《步天歌》流传下来呢？这或许和如今的很多广告有着相似之处，通俗的语言和富有节奏的韵律更有使人“魔怔”的效果。

宋代之后，《步天歌》被视为描述星象时最权威的资料，有多个不同版本传世。其中，较早的版本包括南宋郑樵《通志》和王应麟《玉海》所收录的文本，先介绍从角宿到轸宿的二十八宿，然后介绍太微垣、紫微垣和天市垣。不过到了宋代，不同版本的《步天歌》已经文辞不一，如郑樵《通志》曾对其进行“稽定”。明代亦有不少《步天歌》抄本，通常在文辞之后还补充有相应星官的图像。

一直到明清时期，《步天歌》依然是了解中国传统星官体系的重要著作。清代康熙年间，钦天监博士何君藩重新对《步天歌》进行修订，将其更名为《天文步天歌》，刊行于康熙五十一年（1712 年）。这个版本在文辞和图像上都做了一些调整，顺序也变为先介绍紫微垣、太微垣和天市垣，再介绍二十八宿。

明清时期，这部作品在东亚汉文化圈的其他地区广为流传，并且出现了不少衍生版本和形式相同的著作，比如朝鲜的《新法步天歌》和日本的《星图步天歌》等。《新法步天歌》是朝鲜李朝末年的天文学书籍，刊行于哲宗十三年（1862 年），为李浚养编写。

中国的《步天歌》传入朝鲜后广为流传，不过到了李朝末年，由于年代久远，内容已不适用。李浚养认为“旧本步天歌年代久远，立法较今多忒，然以其用于科试，株守未整矣”，于是他根据所得燕京《实测新书》和旧本《步天歌》加以推验，并参考观测记录，重新校正、编辑歌诀，由观象监予以刊行。为了区别于旧本《步天歌》，所以他称其为《新法步天歌》。

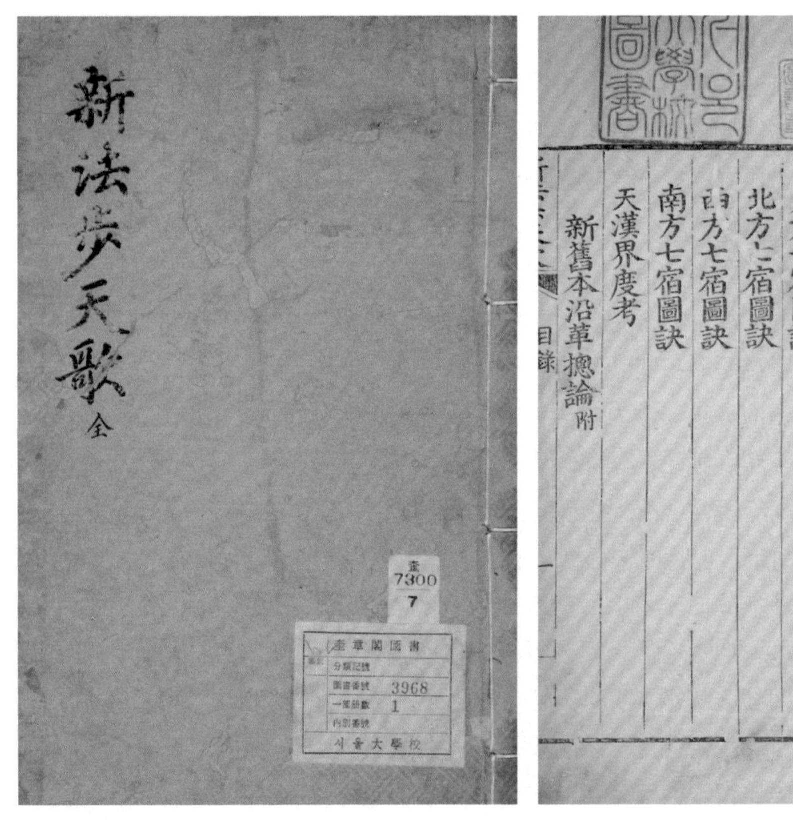

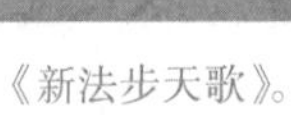
《新法步天歌》。

《星图步天歌》作于日本文政七年（1824 年），也是基于《步天歌》的识星著作，可以作为“初学向门，进步之阶梯”。该书序文中记有“斯书也，其阅图知星座，诵歌记其名，则图中有歌，歌中有图，图歌迭记，而后满天之恒星不亦在胸中”。

《星图步天歌》前图后文，星图部分包括圆图和方图各一幅，形式与涉川春海和涉川昔尹的《天文成象图》非常相似，但是其中的星官采用中国传统的三家星官，而非涉川春海的日本星官体系。文字部分录有署名为“隋丹元子著”的《步天歌》，分别介绍了紫微垣、太微垣、天市垣和二十八宿。文末有小岛好谦和铃木世孝的一段跋文，提到所用《步天歌》从《管窥辑要》辑出，正其误字，其中“图与歌间虽有龃龉”，但因为先贤所作，所以“不以私意改观”。

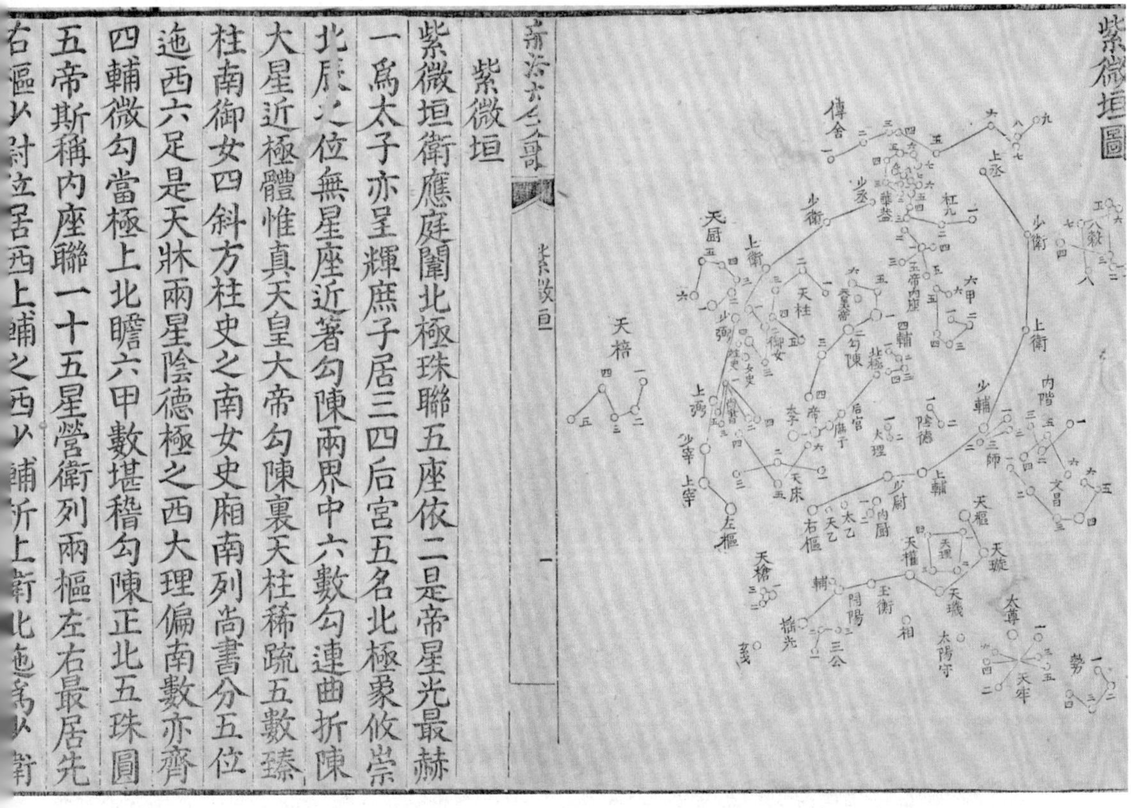

《星图步天歌》（节选）。

唐代历法的东渡

唐开元四年（716 年），一位聪敏好学的日本年轻人阿倍仲麻吕被选为遣唐留学生。第二年，他告别了父母和亲友，抵达了向往已久的长安，甚至还有了一个中文名字“晁衡”。晁衡来到长安后，不久便入国子监的太学学习，并且顺利通过了科举考试，成为唐朝秘书监的一位官员。

当时，日本的很多遣唐使和遣唐留学生都与中国文人结下了深厚友谊，他们一起游览名山大川，切磋绘画，写诗作对。久居长安的晁衡和李白、王维等诗人都是至交好友。后来，在晁衡回国之前，大诗人王维曾为他赋诗《送秘书晁监还日本国》送别，这首长诗的序中提到“海东国日本为大，服圣人之训，有君子之风。正朔本乎夏时，衣裳同乎汉制”。王维称赞日本人接受儒学，尊奉孔孟之道，而且使用中国的历法，身着中国衣冠。这些都是当时文人对日本最深的印象。

遣唐使来华。

中国是世界上天文学发展最早的国家之一，对周边国家产生过重大影响。在相当长的时间内，日本都是采用中国历法的国家。在中国古代，历法属于精密的科学，而且具有很强的政治色彩。所谓奉正朔，即遵从奉行王朝的年号和历法，就是表示对该王朝的效忠和拥戴。如果周边民族和国家尊奉中国的正朔，则被视为在政治上表示臣服，在空间上有时也被纳入统治体系，或者允许其在朝贡的名义下进行交往。古代的日本人则有所不同，他们使用中国的历法不仅是为了满足自己的生产和生活需要，更是为了表达对中国的慕化和向往。

作为古代最为复杂的科学技术之一，中国的历法影响日本长达 1500 余年。纵观日本天文学的发展历程，可以发现中国的影响力无处不在，以致后来有人认为日本天文学史可被概括为早期中国的背景和后来西方的影响。

所谓中国的背景是指 16 世纪之前，日本古代天文学的建立和发展完全是在中国传统天文学体系下进行的。他们通过官方派遣的使者和民间人士的来往，学习中国的天文制度、天文学思想、历法和天文仪器。日本长期以来都直接采用中国的历法，并且按照中国的体制建立相应的天文机构。西方的影响则是指从中国以外的地方传入日本的天文学知识，主要是 17 世纪之后欧洲耶稣会士东来，带来了古希腊天文学以及欧洲新近发展起来的近代天文学知识。即便如此，在这一过程的初期，这些知识也是间接通过中国的渠道影响到日本的。

司马江汉《和汉洋三贤人图》，反映了日本天文学先后受到中国和西方的影响。

最初，中国的历法可能是通过朝鲜半岛传到日本的。据《日本书纪》的记载，钦明天皇十四年（553 年），日本向朝鲜百济国征集历学、易学和医学方面的书籍和专家。次年，百济随即遣易博士、历博士以及医博士赴日。

隋唐时期，中日两国之间的交往日益密切。隋开皇十二年（600年），日本遣使长安，随后遣使来华一度成为定例，这促成了中日天文和历法交流的一次高潮。另据《日本书纪》的记载，日本持统四年（690年）“十一月甲申，奉敕始行元嘉历与仪凤历”。其中的《元嘉历》即何承天于刘宋元嘉二十年（443年）编制的历法，《仪凤历》则是李淳风于唐麟德元年（664年）制定的《麟德历》。《麟德历》之所以在日本被称作《仪凤历》，可能是这部历法是在仪凤年间通过朝鲜半岛的新罗间接传至日本的。《元嘉历》和《仪凤历》这两部历法大约在日本同时使用了8年；自日本文武二年（698年）至天平宝字七年（763年），《仪凤历》又被单独使用多年。

到了唐代，日本曾多次派出遣唐使前往中国，他们乘坐大船浩浩荡荡向中华大地进发，对中国充满了向往与崇敬，盼望着能够在这块神奇的土地上学有所成。最终，他们习得了中国的政治制度、儒家经典、宗教思想和科学技术，使中国的文化得以向东传播。在天文学上，可以说当时的日本完全照搬中国的天文和历法系统。隋唐时期，多达数十批次的遣隋使和遣唐使以及大量的民间人士不断将中国天文学的进展和最新成果传往日本，使得日本天文学在中国传统天文学体系下迅速建立起来。

公元735年，日本留学生吉备真备从唐朝回国，他带回了唐朝最新的历法《大衍历》，这是有明确记载的中国古代历法第一次直接传入日本的过程。吉备真备博学多才，对天文历算之学也下过一番功夫。他学成归国时，不仅带回了记载历法术文的《大衍历经》，而且带回了用于天文计算的表格《大衍历立成》，以及测日影的铁尺等天文观测工具。

日本当时缺乏通晓历法的人才，无法完全掌握《大衍历》这部当时非常先进的历法。经过多年的研究，直到公元763年，日本朝廷才下令停用《仪凤历》，改用《大衍历》来编制新的历书，次年正式施行。《大衍历》在日本推行10多年后，遣唐使羽栗臣翼归国，带回了《五纪历》。他报告说唐朝已经采用《五纪历》取代了《大衍历》，建议日本也改用《五纪历》。同样，当时日本仍然由于“无人习学，不得传业”，这件事被搁置了下来。

直到近 80 年后，又有大臣再次奏请使用《五纪历》，这时日本朝廷才下令正式自公元 858 年开始使用《五纪历》，而此时的唐朝早已经于公元 822 年起改用徐昂编修的《宣明历》了。日本使用《五纪历》没几年，又于公元 862 年决定开始使用《宣明历》。

公元 894 年，随着遣唐使制度被废止，两国间的官方交流时断时续。此后，日本长期战乱，无暇关注历法改革的问题。后来，忽必烈在元初两次征讨日本，导致中日之间的交往完全中断。所以，自《宣明历》之后，日本就没有再引进中国的新历法了。《宣明历》成为日本历史上最后使用的从中国传入的历法。到江户时代的贞享二年（1685 年）日本采用涉川春海编制的《贞享历》为止，《宣明历》在日本使用了 823 年。

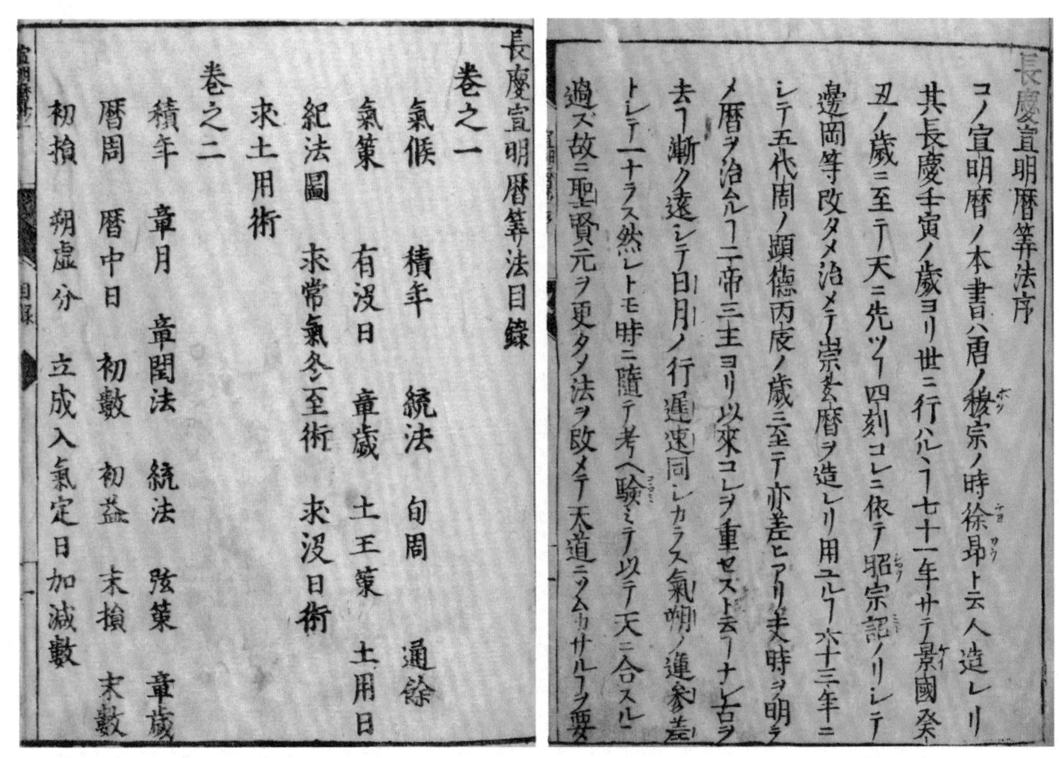
長慶宣明暦筭法序
コノ宣明暦ノ本書ハ唐ノ穆宗ノ時徐昂ト云人造レリ
其長慶壬寅ノ歳ヨリ世ニ行ハルヽヿ七十一年サテ景國癸
丑ノ歳ニ至テ天ニ先ツヿ四刻コレニ依テ昭宗詔ノリシテ
邊岡等改タメ治メテ崇玄暦ヲ造レリ用ユルヿ六十三年ニ
シテ五代周ノ顯德丙辰ノ歳ニ至テ亦差ヒアリ夫時ヲ明ラ
メ暦ヲ治ルヿ二帝三王ヨリ以來コレヲ重セズト云ヿナシ古ヲ
去ヿ漸ク遠シテ日月ノ行遲速同シカラス氣朔ノ進參差
トシテ一ナラス然レトモ時ニ隨テ考ヘ驗ミテ以テ天ニ合スル
過ズ故ニ聖賢元ヲ更タメ法ヲ改メテ天道ニツヽムカサルヿヲ要

長慶宣明暦筭法目錄
卷之一
氣候　積年　統法　旬周　通餘
氣策　有沒日　章歲　土王策　土用日
紀法圖　求常氣冬至術　求沒日術
求土用術
卷之二
積年　章月　章閏法　統法　弦策　章歲
暦周　暦中日　初數　初益　末損　末數
初損　朔虛分　立成入氣定日加減數

日本刊印的《长庆宣明历》。

日本从公元 604 年开始使用何承天编制的《元嘉历》，此后又相继使用过中国的《麟德历》《大衍历》《五纪历》和《宣明历》，因此有“汉历五传”的说法。正如诗人王维所感慨的“正朔本乎夏时”，日本通过使用中国历法，向大唐王朝表达了慕化之意。日本在与中国的交往中，在文化上形成了很强的认同感和归属感。

日本除了直接学习中国的历法，还根据唐代的制度建立了自己的天文机构。公元 675 年，日本建成了观星台，开始开展天象观测活动。此外，日本又建立天文机构阴阳寮，以阴阳头作为负责人，这相当于唐代的太史令。阴阳寮中设有四个部门，分别是阴阳、历、天文和漏刻，设有阴阳师、阴阳博士、历博士、天文博士、漏刻博士等职位。这些都与《唐六典》中的中国职官相对应。

阴阳寮中的学生也要学习中国的天文学和算学著作，其中包括《史记·天官书》《汉书》和《晋书》中的天文和律历等各志，以及《周髀算经》和《九章算术》等各类算书。古代日本天文学建立在中国传统天文学体系的基础上，所以也继承了中国天文学的一些传统，比如勤于观测天象，善于记录各种正常和异常天象，擅长使用代数学的方法推算天体位置。

与朝鲜、越南以及后来的琉球等藩属国不同，日本没有奉中原王朝正朔的政治考虑，他们对中国历法的需求更多地停留在科技层面。自《宣明历》之后，日本就再也没有直接从中国学习历法方面的内容。

究其原因，一方面，他们认为“大唐凋敝”，中华的盛世早已不在，所以日本也就中断了和中国官方渠道的交往；另一方面，日本的天文机构和中国一样属于官方机构，这导致天文学的世袭化和门阀化的倾向日趋严重，历法之学成为安倍和贺茂等少数家族的家学。加之因循守旧，日本天文人才匮乏，精通历学者越来越少。长期以来，日本无法在没有吸收中国天文学的前提下独立发展出本国的新历法。

第 7 章 灵台仪象：两宋天文的高峰

1054 年的天关客星

1054 年，一个夏日的清晨，天文学家杨维德在北宋汴京（今开封）的司天监观象台值班，他目睹了一场异常的天象奇观。这时夜晚即将结束，他正准备结束这一夜的工作。他望向即将迎来天明的地平线，发现天关星附近发出了一种奇异的光芒。

他不能完全分辨出这是什么，却能感觉到一件非同寻常的事情正在发生。强烈的光如同满月一样明亮，即便两小时过去后，太阳已然出现在地平线上，这亮光仍然可以看到，就像金星一样耀眼。

这种现象在大宋开国之初也出现过，最近的一次发生在 48 年前。根据自己的经验，杨维德断定这颗突然出现的亮星应该是客星。随后几天，杨维德进行了连续观测，以排除它是彗星的可能。他注意到这个光点一直在原来的方位，守在天关星附近。两个月以后，这位皇家天文学家终于提笔，写下了他对此的观测记录："伏睹客星出现，其星上微有光彩，黄色。谨案《黄帝掌握占》云：客星不犯毕，明盛者，主国有大贤。乞付史馆，容百官称贺。诏送史馆。"

杨维德自己都没有想到，他当时记载下的用于星占的天象如今却以另一种形式焕发出新的魅力，成为我们窥探宇宙之谜的钥匙。这些关于客星的记载，使我们如今能够更好地理解大质量恒星生命终结的复杂机制，这也是中国古代天象记录服务于现代天文学的神奇之处。

天上多数恒星的亮度几乎都是固定不变的，但有时恒星的亮度也会起伏变化，被称作变星。著名的造父变星、新星、超新星等都属于变星，变星一般分为三大类，即食变星、脉冲星和爆发星。

食变星是双星系统中的一个子星，两星相互遮蔽导致了亮度的起伏变化。大陵五是最具代表性的一颗食变星。在西方，大陵五是英仙座内的一颗明亮的恒星，被认为是希腊神话中的蛇发女妖美杜莎头颅上的"魔眼"。脉冲星则是旋转着的中子星，其发射的电脉冲具有短而稳定的周期，如同人的脉搏一样，其亮度也会发生规律性的变化。

《御制天元玉历祥异赋》中的“周伯星占”。古代星占中有“国欲昌，周伯黄光”的说法，即周伯星的黄色光芒预示着国家繁荣昌盛。景德三年（1006年）四月初二，司天监发现一颗景星，取名为周伯星。《宋史·天文志》记载道：“周伯星见，出氐南，骑官西一度，状如半月，有芒角，煌煌然可以鉴物。”由于其形同半轮明月，亮度很高，令人目眩，甚至在夜间也可供人读书写字，而且这种情形持续近三个月，周伯星被认为是超新星，它在接近生命终点时猝然爆发，在极短的时间内成为银河系中最亮的天体。1054年，又发生了一次超新星爆发，这也成为人类历史上最重要的天文事件之一。

变星中最能引起人们关注的是新星和超新星这些爆发型变星，一些原本勉强可见甚至根本观测不到的暗星的亮度有时在几天之内突然增大上万倍，这样的恒星就是所谓的新星。如果这些新星的爆发异常猛烈，其亮度增大了几千万倍乃至上亿倍，则它们被称为超新星。超新星爆发是已知恒星世界中最为激烈的爆发现象之一。

中国古人观测恒星亮度的变化，在相当大的程度上出于星占的需要。司马迁在《史记》中就有一些关于恒星亮度变化的记载。不过，古代天象记录中关于新星和超新星这些亮度短暂变化的天体的内容则更加具有历史文献价值。中国古代称新星和超新星（还有彗星）为客星，这个富有诗意的名字在汉代就已出现，很形象地将新星和超新星视为来到天空中的客人。这与新星和超新星爆发前后的亮度变化且最终会“消失”的特征有关。明代《观象玩占》说：“客星，非常之星。其出也，无恒时；其居也，无定所。忽见忽没，或行或止，不可推算，寓于星辰之间如客，故谓之客星。”

一般认为，最早的一次新星记录见于《汉书·天文志》，其中记载有“元光元年（公元前134年）六月，客星见于房”。房宿位于现在的天蝎座。据记载，这次新星爆发在西方也被古希腊天文学家依巴谷观测过。不过，有些人怀疑这有可能是彗星而不是新星。因为彗星出现之初也有亮度增大的现象，但由于彗尾还不清晰，容易被误判成客星。

金嵌珍珠天球仪上的“客星”，这个天球仪是供乾隆皇帝赏玩的。

最早的超新星记载也出现在汉代，《续汉书·天文志》记载道：“中平二年（185年）十月癸亥，客星出南门中，大如半筵，五色喜怒，稍小，至后年六月乃消。”这次超新星爆发的可见时间大约有一年零八个月，位置在半人马座 α 星和 β 星之间，如今天文学家仍然能在这个位置上找到一个明显的射电源。

据中国古代典籍的记载，自汉代到 17 世纪末较为可靠的客星记录有六七十次之多，其中著名的客星有如下几颗。

185 年，南门客星。

386 年，南斗客星。

1006 年，骑官客星。

1054 年，天关客星（蟹状星云 M1）。

1181 年，传舍客星。

1572 年，阁道客星（第谷超新星）。

1604 年，尾分客星（开普勒超新星）。

在这些记录中，最具代表性的当数 1054 年的天关客星了，也就是杨维德观测到的奇异天象。它甚至对现代天文学的研究产生了极其重大的影响。不过，人们在古代客星与现代天文学研究之间建立起联系还是近代的事。1846 年，法国第一次以西方语言出版了中国古代的天象资料，此后许多学者开始利用这份资料。1921 年，瑞典天文学家伦德马克在编制新星表时列出了天关客星的记录：“仁宗至和元年五月己丑，（客星）出天关东南，可数寸。岁余稍没。”他还在旁边给出一个小注，标明客星的位置在金牛座中的蟹状星云附近。

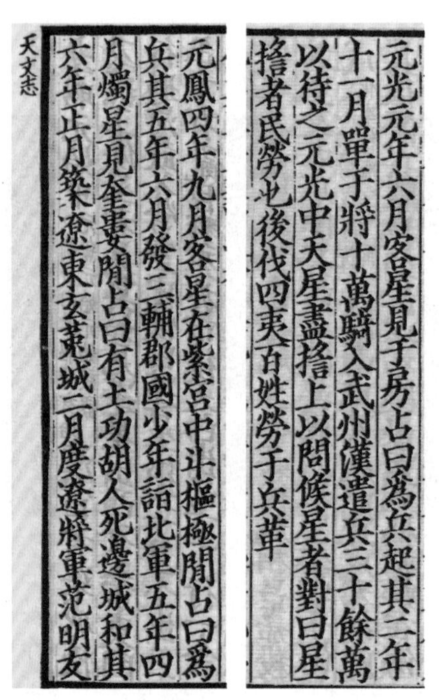
元光元年六月客星見于房占曰為兵起其二年
十一月單于將十萬騎入武州漢遣兵三十餘萬
以待之元光中天星盡搖上以問候星者對曰星
搖者民勞也後伐四夷百姓勞于兵革

天文志
元鳳四年九月客星在紫宮中斗樞極間占曰為
兵其五年六月發三輔郡國少年詣北軍五年四
月燭星見奎婁間占曰有土功胡人死邊城和其
六年正月築遼東玄菟城二月度遼將軍范明友

《汉书·天文志》中的客星记载。元光元年六月，客星见于房；元凤四年九月，客星在紫微宫。

1892 年，美国天文学家首次拍摄到了蟹状星云的照片。到了 1921 年，天文学家邓肯再次拍照时发现蟹状星云发生了一些变化，其中的物质正在从中心向外移动，这说明它正在膨胀。后来，天文学家哈勃做出如下解释：蟹状星云膨胀的速度很快，从这个膨胀速度来看，它大约形成于 900 年前。根据中国史料的记载，1054 年这个位置恰好出现了客星。1942 年，荷兰天文学家奥尔特和汉学家戴闻达对中国古代的天象记录进行了研究，证实了天关客星就是一颗超新星，它在爆发时抛出的物质形成了后来的蟹状星云。

随着射电天文学的兴起，人们在太空中发现了大量射电源，蟹状星云是其中较强的一个。天文学家敏锐地发现，很多强射电源都是超新星的遗迹。20 世纪 50 年代，天文史学家席泽宗系统地整理了中国古代的客星记录，试图找到相应的射电源。1965 年，席泽宗和薄树人两人在此前工作的基础上，汇集了中、朝、日三国历史上的客星记录，编成了《增订古新星新表》。这项工作引起了世界天文学界的持续关注。

超新星爆发是一种比较罕见的天象。据估计，我们的银河系中聚集有约 2000 亿颗恒星，但每个世纪只有 2 ~ 3 颗超新星爆发。即便如此，由于位置和距离的原因，它们并非用肉眼都能看见。自从望远镜发明以来，也就是说在 400 多年的时间里，人们在银河系中甚至没有观测到一次超新星爆发。最近的一颗肉眼可见的超新星 SN1987A 是在 1987 年 2 月发现的，它位于邻近的大麦哲伦云中，属于一个较小的星系。

尽管采取了很多现代手段，但想要在太空中找到这些大爆发的遗迹并不容易。这些爆发最初非常壮观，但这种可见的状态一般只会持续几个星期，最多几个月。然后，这些爆发产生的气体就会迅速膨胀和冷却，即使在望远镜中，我们也很难观测到爆发后形成的星云。在爆发过程中，物质被快速喷出，产生速度接近光速的加速粒子，所以它们发射的不只是可见光，还有电磁波和 X 射线等。这些电磁波和 X 射线能持续数千年，我们可以通过射电望远镜或位于大气层上方的卫星上的 X 射线望远镜进行探测。借助中国古代的客星记录提供的线索，如今天体物理学家已经发现了 10 多个这样的遗迹。

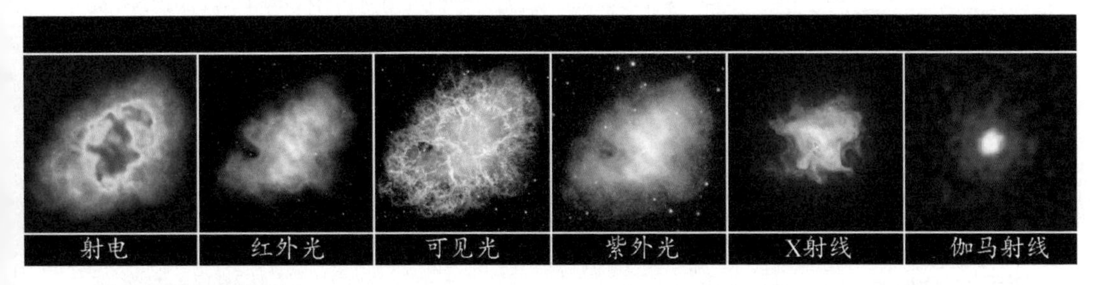

不同波段下的蟹状星云。

2004 年 7 月，欧洲天文学家利用 XMM- 牛顿卫星（X 射线空间观测卫星）绘制了一幅非常精确的星云图。该星云是位于天蝎座之中的超新星爆发的遗迹，其坐标为 G347.3-0.5，到地球的距离为 4000 光年。根据该星云的膨胀速度和大小可知，它仍然很年轻，大概可以追溯到 1500 年前。《晋书·天文志》记载了公元 393 年在这个天区中出现的一颗客星，“[孝武帝太元] 十八年二月（393 年 2 月 27 日至 3 月 28 日），客星在尾中，至九月（393 年 10 月 22 日至 11 月 19 日）乃灭”。

尾宿是四象中东方苍龙的尾巴，它由天蝎座末端的 9 颗恒星组成，其中心距离 XMM- 牛顿卫星发现的 G347.3-0.5 星云不到 1 度。因此，天体物理学家在此后 1600 多年发现的很可能就是公元 393 年超新星爆发所形成的星云。2004 年 11 月，另一组来自纳米比亚 HESS 天文台的研究人员在同一星云所在的区域中检测到了一个非常强烈的伽马辐射源，再一次证实了这一结果，而且研究表明其能量非常高，是最近的一次爆发留下的遗迹。

苏颂与水运仪象台

细心的读者可能会注意到，在科技馆和博物馆中时常会看到一种名为水运仪象台的展品模型。水运仪象台是北宋时期建造的一台大型天文仪器，相当于一座集浑仪、浑象和计时装置于一体的天文台，具有天象观测、天象演示与计时的功能。可以说，它代表了 11 世纪末中国天文仪器设计和制造的最高水平。

水运仪象台拥有三项令人瞩目的创新。首先，将水轮（即枢轮）、齿轮系、控制机构、计时器、浑象和浑仪等集成为一个机械系统，反映了古人设计复杂机械的高超能力。其次，出现了由杆系与秤漏等构成的控制机构（即天衡），其功能大致相当于近代机械钟表的擒纵机构。最后，水运仪象台的屋顶被设计成可开闭的结构，是现代天文台活动圆顶的雏形。

中国古代一直有采用水力驱动天文仪器的传统。据《晋书·天文志》的记载，汉代天文学家张衡曾制作水力驱动的天球模型，唐代天文学家一行和梁令瓒以及北宋天文学家张思训都曾制造水力驱动的浑象和计时装置。宋哲宗元祐元年（1086 年），苏颂任吏部尚书，他在检验太史局的天文仪器时发现浑仪年久失修，难以使用，遂奏请朝廷另制新仪。随后，皇帝诏命他“定夺新旧浑仪”，于是苏颂便考虑采用这种水力驱动的天文仪器。

苏颂是北宋著名政治家和天文学家，他在22岁时与王安石中同榜进士，官至左光禄大夫守尚书、右仆射兼中书门下侍郎。针对旧式浑仪存在的不足，苏颂找到吏部官员韩公廉讨论如何制造新仪器。韩公廉精通数学，擅长制作机巧之器，是“通九章算术，常以勾股法推考天度”的技术人才。此外，苏颂还到外地查访，发现了在仪器制造方面学有所长的寿州州学教授王沇之，使其“充专监造作，兼管勾收支官物”。接着，苏颂又考核太史局和天文机构的原工作人员，选出夏官、秋官、冬官等人来协助韩公廉。

在苏颂的组织下，韩公廉起草了设计方案《九章勾股测验浑天书》，并造出一架“木样机轮”。经批准，他于元祐三年（1088年）完成“小样”，经试验成功后制“大木样”，最终于元祐七年（1092年）在汴京正式建成了高近12米、台底7米见方的水运仪象台，堪称当时世界上最先进且技术综合程度最高的大型机械装置。

建成后的水运仪象台依据苏颂的“兼采诸家之说，备存仪象之器，共置一台中”的思想，分为上、中、下三层。上层设有浑仪，用于观测星空，上有可以开闭的屋顶；中层为浑象，用于演示星空；下层则是动力装置及计时、报时机构，通过齿轮传动系统与浑仪、浑象相连，使得这个三层结构的天文装置环环相扣，与天体运行同步。

在报时系统中，显示和击报时刻的装置分为五层，被放在机轮之前。五层中又各有木人，“第一层，时初木人左摇铃，刻至中击鼓，时正右扣钟；第二层，木人出报时初及时正；第三层，木人出报十二时中百刻；第四层，夜漏击金钲；第五层，分布木人出报夜漏箭”。可以说，整个报时装置巧妙地利用了160多个小木人，通过钟、鼓、铃、钲等乐器，不但可以显示每天日间时刻，还能报昏、旦时刻以及夜晚的更点。

水运仪象台的巧妙之处还在于通过同一套传动装置和一个机轮将上、中、下三层连接起来。漏壶中的水驱动机轮时会带动浑仪、浑象、报时机构一起转动，设计极为精巧。《宋史·天文志》记载道：“元祐间苏颂更作者，上置浑仪，中设浑象，旁设昏晓更筹，激水以运之。三器一机，吻合躔度，最为奇巧。”

水运仪象台想象图。

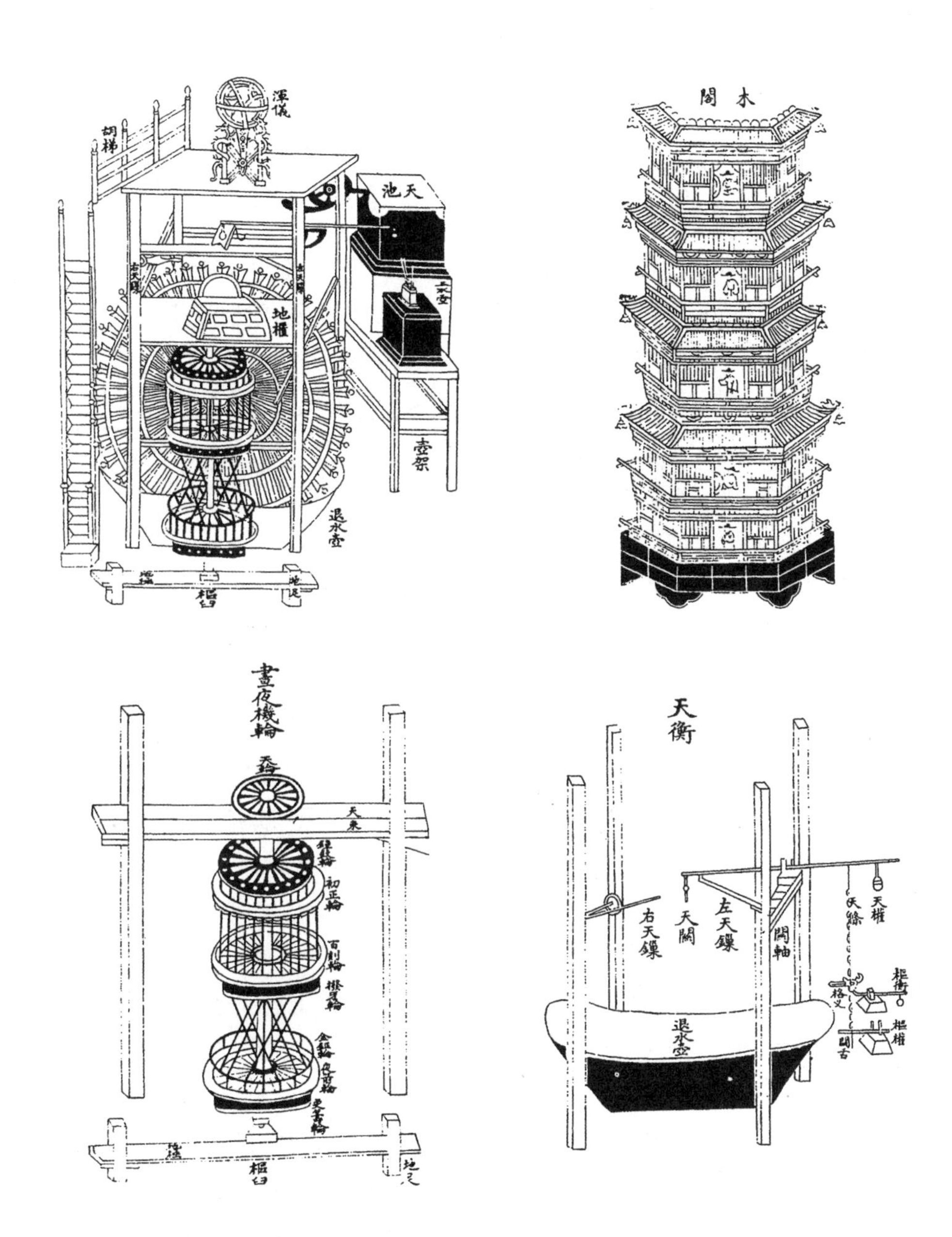

《新仪象法要》记载的水运仪象台内部结构。

水运仪象台建成后，苏颂等人撰写了《新仪象法要》一书，详细介绍浑仪、浑象和整个水运仪象台的结构，以及设计和制作情况。该著作历时三年，最终于绍圣三年（1096 年）完成。《新仪象法要》可以说是中国古代流传下来的最为详备的天文仪器专著，全书共三卷，附有全图、分图 60 余幅，绘有机械零件 150 余种，为我们了解这座仪象台提供了难得的史料。

其中，上卷记载水运仪象台的建造过程，以及参与建造的工作人员。书中还详细回顾了汉代张衡、唐代一行和梁令瓒等人对这类仪器的改进和发展，同时指出苏颂、韩公廉所设计的仪象台的创新之处。中卷介绍了浑象的外形和结构，并对部分部件逐一进行了介绍。下卷则详细介绍了水运仪象台的动力系统和报时系统。

此外，书中还附有星图 5 幅，绘有 1464 颗恒星。这些星图分成两个系统：一是以北极拱极区为中心的星图，配上赤道带的横图，对于北半球的观测者来说，北极和赤道区域都能完整呈现；二是以赤道为分界线的南北两个半球的星图，它克服了传统的盖天式星图的缺点，使南天诸星位置的失真不至于太大。另外，由于南极附近的恒星在北半球看不到，所以这些区域在图上是一片空白。这种表现形式在中国古代的星图中是首次出现的。

1127 年，金人攻占汴京，将水运仪象台拆运至金中都大兴府（今北京），但未再按原貌将浑仪和其他零部件重新组装好，最终“天轮、赤道牙距、拨轮、悬象、钟、鼓、司辰刻报、天地水壶等器久皆弃毁，惟铜浑仪置之太史局候台”。自此以后，历代再也没有制作过如此复杂的机械天文仪器。元明两代虽然也有人尝试制作水轮驱动的计时器，但这些仪器没有与浑象结合在一起，自此人们再也无法完成像水运仪象台这样的神工意匠之作。

水运仪象台之所以引起极大的关注，在很大程度上是因为它受到了科技史学家李约瑟的关注和影响。他曾将水运仪象台看作欧洲中世纪机械钟的始祖，认为水运仪象台里面有能够控制匀速转动的部件，这与后来 17 世纪的锚状擒纵器很像。

不过，这个问题其实颇有争议，不少人对水运仪象台的各种神奇功能持怀疑态度，认为尽管《新仪象法要》中陈述了水运仪象台的高超“设计标准”，但实际使用效果或许并没有那么好。即使在今天，众多现代复原件都很难依据当时的技术条件，完全以水为动力来实现稳定运行。也就是说，水运仪象台的神奇功能仍然有某些“传说”的痕迹。

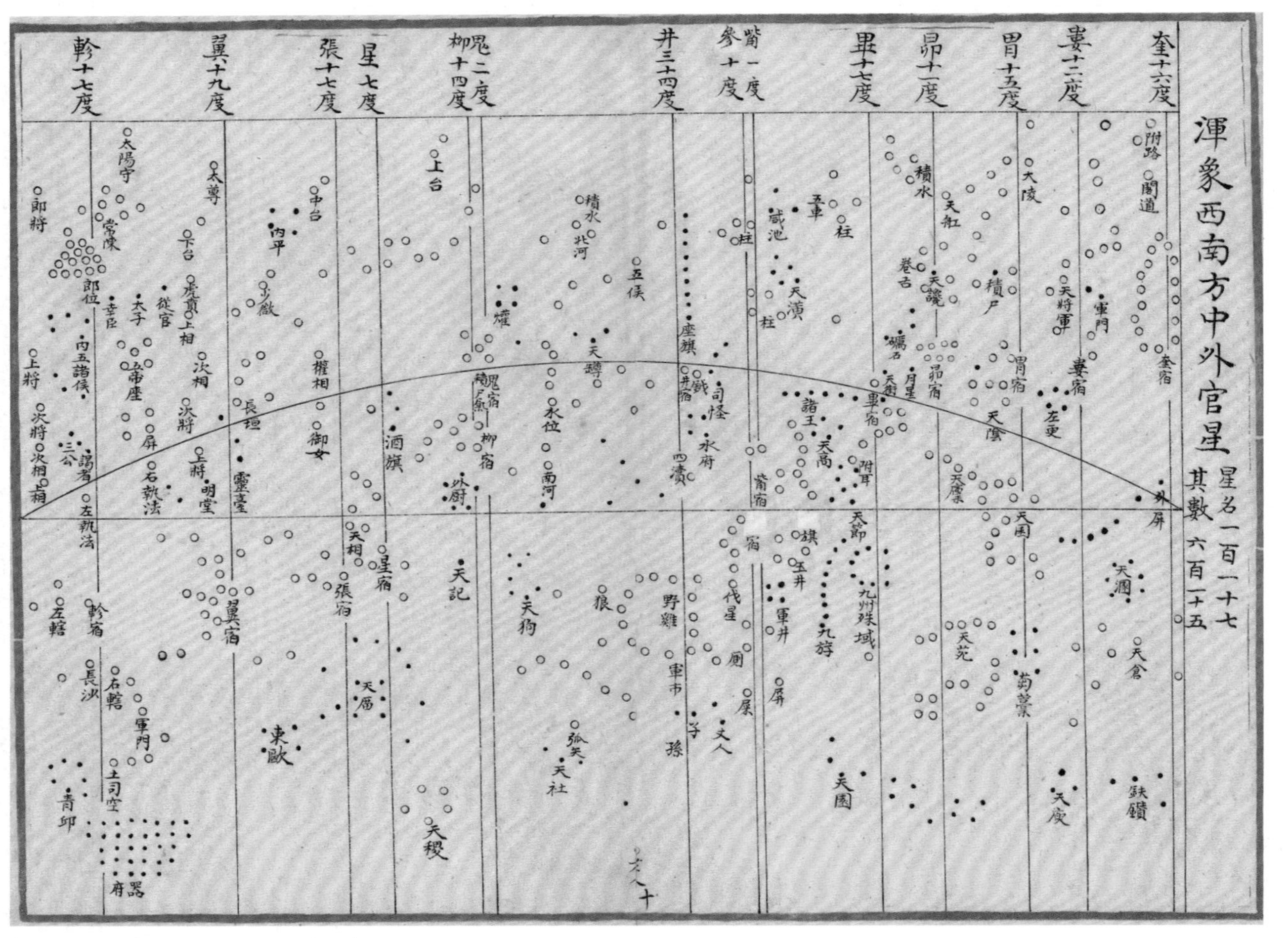

《新仪象法要》中的浑象西南方中外官星。

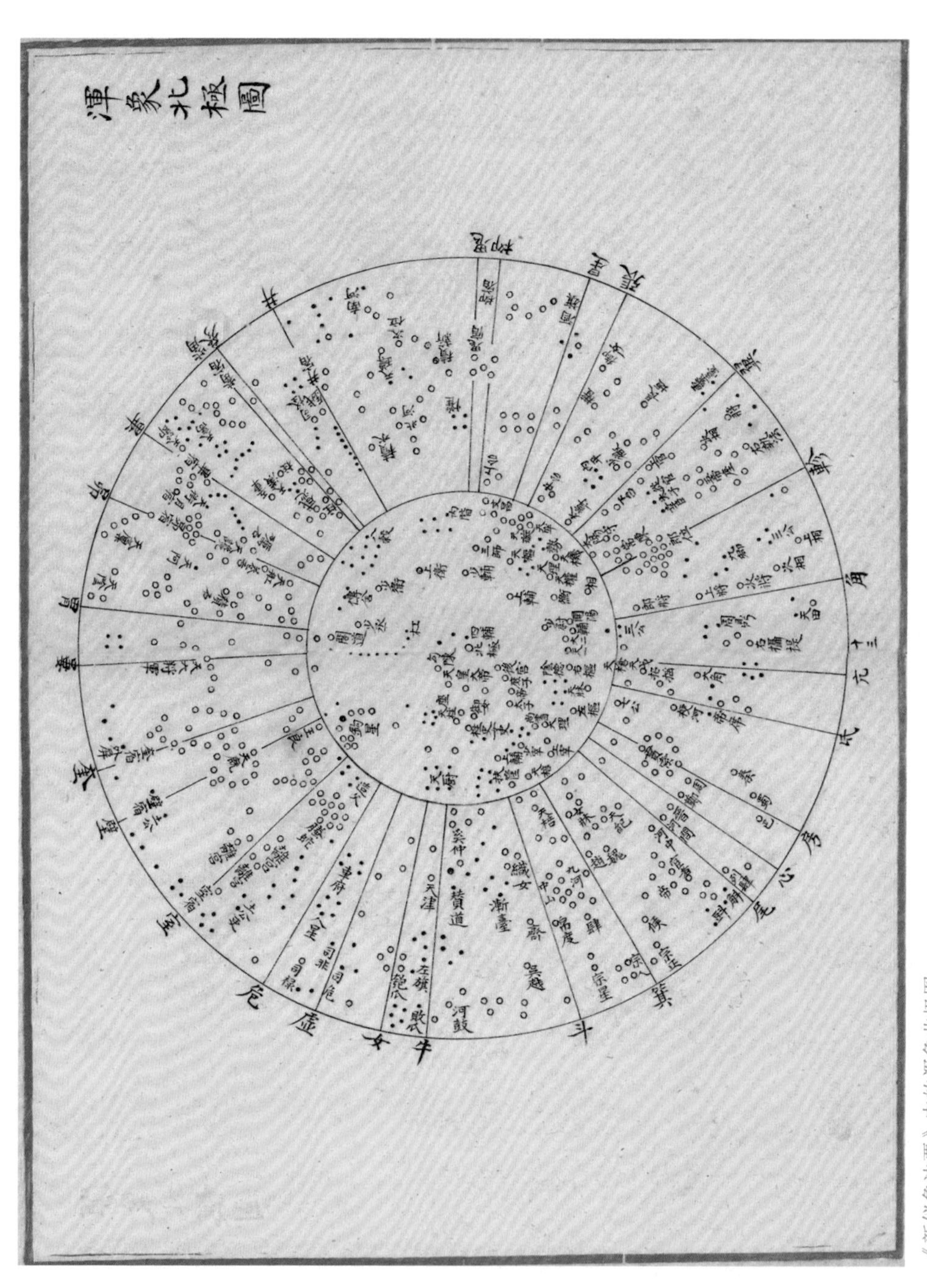

《新仪象法要》中的浑象北极图。

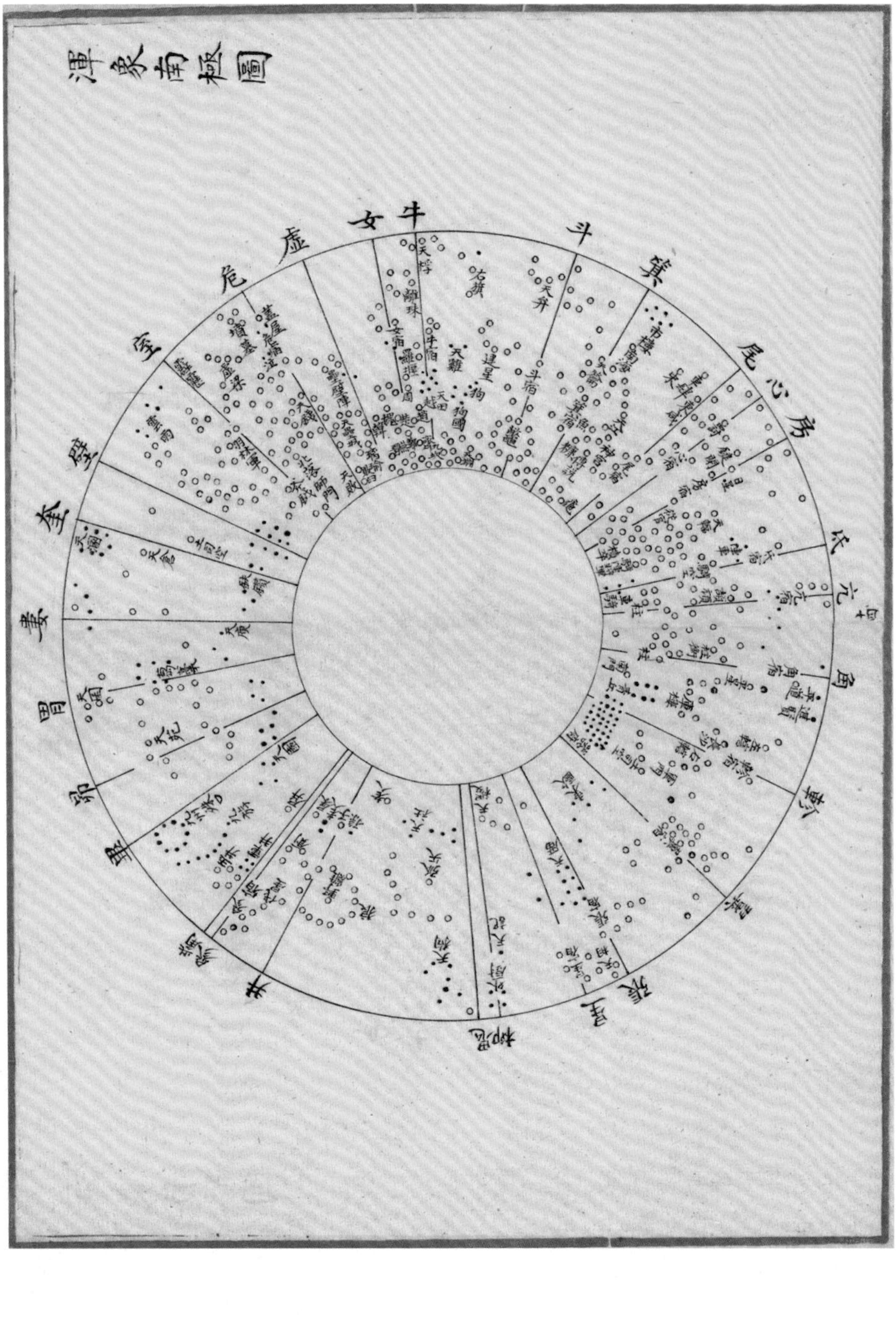

《新仪象法要》中的浑象南极图。

这与人们对《新仪象法要》中的文字和图像的理解不同有关，也和《新仪象法要》自身的缺陷有关。南宋的朱熹曾评论该书说：“元祐之制极精，然其书亦有不备。乃最是紧切处，必是造者秘此一节，不欲尽以告人耳。”他怀疑这是古人担心技术泄露而有意为之的。由于当时印刷技术和排版工匠的水平所限，其中的很多细节无法在图像中真实展现，使得现代人无法确定书中构件之间的比例关系。这就给复原工作留下了相当大的想象空间和争议，也使得严格意义上的复原变得十分困难。

尽管如此，这并不影响《新仪象法要》在中国古代机械制造、天文观测以及建筑等方面所取得的成就。这不仅是一本极有价值的天文仪器著作，同时也是一本机械工程著作，对揭示北宋时期的天文学和机械技术水平都有着重要的意义。

宋辽金的历法较量

元初的诗人吴师道曾写过一首题为《九月廿三日城外纪游》的诗，其中有以下诗句。

故桥旧市不复识，祇有积土高坡陀。
城南靡靡度阡陌，疏柳掩映连枯荷。
清台突兀出天半，金光耀日如新磨。
玑衡遗制此其的，众环倚植森交柯。
细书深刻皇祐字，观者叹息争摩挲。
司天贵重幸不毁，回首荆棘悲铜驼。

吴师道在诗中描述了他游览候台遗址的经历和心情。他来到金中都（今北京）的城南，看到了柳树掩映下巍峨矗立的金代天文台（清台）。在阳光的照耀下，浑仪环圈重叠。仔细看的话，还能看到上面刻着“皇祐”字样。观者无不感叹，原来这是宋朝的遗物，幸好这些重器没有遭到破坏。从这首诗中，也可以看出当年金国司天台的规模及盛况。

相对于汉人的宋朝政权，金国虽然在天文方面比较落后，但也十分重视天文台的建设。公元 1127 年，金人占领了汴京，将北宋的水运仪象台等仪器从中原运往金中都。他们希望借此提升自己的天文水平，同时也能破坏宋朝的根基。

在那个时代，宋与辽、金的冲突除了体现在战争上以外，在颁赐历法等象征皇权的事情上也充满了竞争。宋朝力图在历法上胜过周围的少数民族政权，因为精确的历法是“天命所归”的重要依据。宋代是中国历史上历法变革最为频繁的时期，其背后的原因除了自身天文学发展的需求外，也和统治者面对激烈的历法竞争时的忧虑有关。比如，宋宁宗年间，朝廷颁布了《统天历》和《开禧历》，其中一个重要原因是有传言说北方金人的历法已经开始领先。

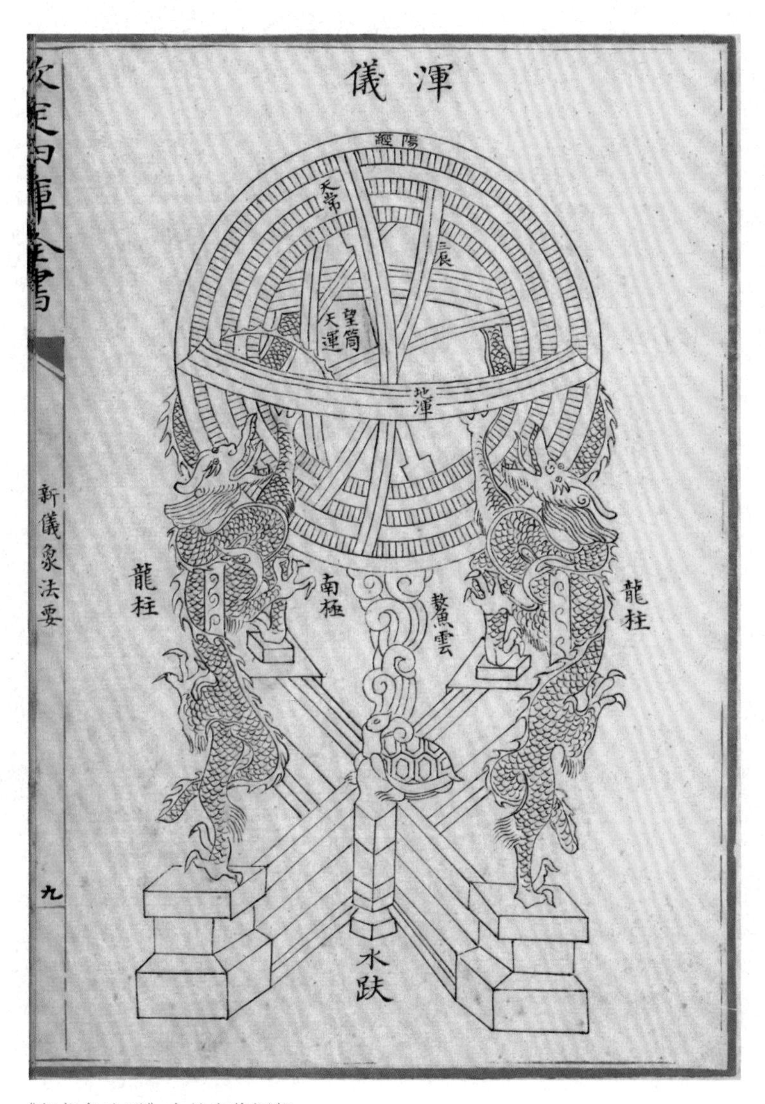

《新仪象法要》中的宋代浑仪。

正朔的颁布是古代王朝统治权得以落实的重要象征。所谓“正”是指一年之始，“朔”是指一月之始。正朔的发布与接受，关系到王朝统治是否稳定，自古以来就为王朝统治者所重视。因此，这也引起了宋与辽、金等政权在历法问

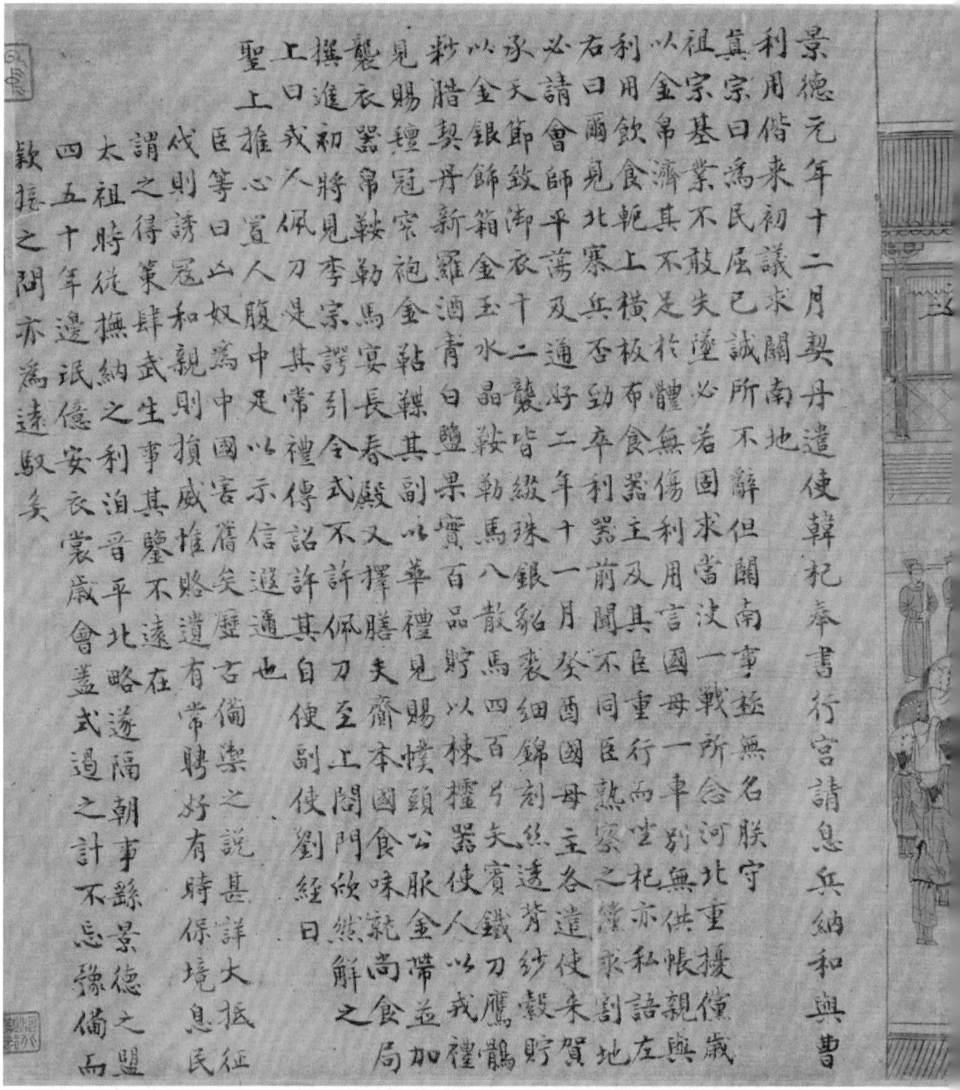

宋人《景德四图：契丹使朝聘图》。此图描绘的是景德元年（1004 年）辽国遣使朝觐宋真宗的场景。画面的构图十分讲究，其中环绕着贡礼的北宋臣僚与位处边缘的辽国使臣突显出以宋为中心的天下秩序。

题上的竞争，并由此在交往活动中引发了不少较量与纠纷。各方在交往活动中对历法问题都极为谨慎。使团有时还需要由精通历法的官员率领，随行的还有天文官员，以备不时之需。

《宋史·苏颂传》记载了宋辽交往中的一个事件，其中牵涉历法的争执。这场争执的起因是在宋辽两国的历法中，冬至的日期相差了一天。由于历法不一致，双方关于在哪一天举行庆贺冬至的仪式出现了异议。

宋朝的使臣要求按宋朝历法的冬至日庆贺，辽国历法的冬至日却晚一天，所以辽人认为时间未到，这个不起眼的问题造成了不小的分歧。辽人以挑衅的语言质问，究竟哪一家的历法正确？这样的问题其实隐含了谁更具合法性的诘难，如何回答直接关系到国家的尊严。既要不伤国体，又要能折服辽国君臣，这对宋朝的使臣来说是一个不小的考验。

当时出使辽国的苏颂在天文历法方面有很高的造诣。他巧妙地回答了这个问题，将这种差异归因于历家计算的误差，说历法中的技术细节造成“历家算术小异，迟速不同”。这样就规避了一定要分出个高低胜负的问题，从而得以用“各从其历”的方式来解决这一问题。这样的答复得到了辽国的认可，避免了不必要的纠纷。后来，宋神宗褒奖了苏颂，说他精通天文历法，帮助大宋成功地应对了这次危机。

可见，各国历法内容的不同（如朔望的不同等问题）很容易在交往活动中引发争执。虽然双方历法的日期有时仅相差一两天，但引发的问题很严重。一些历法技术问题看起来很简单，其背后的争执却是各个政权之间争夺天命的一种方式。

宋金之际，双方也都注意到天文历法是证明王朝合法性的重要资源，同样展开了激烈的竞争。前面提到，金人在攻入汴京时大量掠夺了宋朝的天文仪器，甚至将司天台的官员一起掳到北方。对于金人来说，这批天文仪器可不是普通的战利品，而是宋朝的通天之物，也是享有天命的一种象征。

宋朝南渡之后，宋高宗重建政权，他很快就意识到天文历法的重要地位。新的政权必须证明在金灭北宋以后，天命并没有转移到金国，宋朝依然是天下的正统。然而，北宋的天文仪器和天文人才都被金人掠走，以致“星翁离散”，就连前朝的《纪元历》也已失传，国家正朔的颁定受到了严重影响。

数年之后，朝廷才从民间购得《纪元历》的相关著作，勉强沿用《纪元历》来颁历。但是，这时由于技术和人才的缺乏，历法不断出现差误之处。宋高宗感叹道：“今历官不精推步，七曜细行，皆不能算，故历差一日。近得纪元历，已令参考，自明年当改正。”

《历代帝王圣贤名臣大儒遗像》中的宋高宗像。

面对各种困境，宋高宗只好下令放开此前的天文禁令，广泛吸纳民间的天文人才。在他看来，金人的天文历法水平的提高完全缘于他们没有天文历法禁令，也就是“金人不禁，其人往往习知之”。宋高宗的这个想法很快就促成了宋朝天文政策的重大转变，此后整个南宋时期民间历者的活动非常活跃，天文历法研究蔚然成风。宋高宗一反常态提倡解禁，实际上就是要在天文历法上激发民间天文人才的活力，以此与金人争胜。

得益于宽松的天文政策和任用民间历法人才等措施，南宋不久就恢复了制历和颁历传统。1135年，因《纪元历》推算日食不准，朝廷下令陈得一编制新历，并派川陕宣抚司寻访眉州精晓历数者，然后完成了南宋的第一部历法《统元历》。

新的历法得以迅速完成和颁行的原因，除了《纪元历》推算日食不准外，还有宋人一度认为金国的历法水平已经大幅提高并为此担忧。面对外部压力，南宋朝廷非常关注历法问题，不得不极力推动历法改革。

宋高宗时期，除了培养民间天文人才和加快改历进程，朝廷也很重视天文仪器的重建。这既与天文观测的需要有关，也是王权的象征。为此，宰相吕颐浩在扬州陷落时曾收集散落的浑仪法物献于朝廷，工部员外郎袁正功献上浑仪木式，当时的太史局也下令进行制造。

朝廷到处访求苏颂的遗书，以考质浑仪的制作方法，但多次尝试后都没有成功。10 多年后，又有朝臣重提建造浑仪之事。1144 年，宋高宗命秦桧负责督造浑仪，并下诏有司继续访求苏颂遗法。1162 年，浑仪终于造成，被授予太史局使用。可见，宋高宗在国家危亡之际，为了挽救衰败的天文学，做出了不少努力和尝试。

与此同时，金国在历法方面也取得了较为显著的成绩。1137 年，金国颁用了司天监杨级所编制的《大明历》。不过也有人认为，此历是依据宋代的《纪元历》修改而成的。后来，由于日食预报屡屡不验，金国国君又诏命司天监赵知微改进历法，最终《大明历》的重修工作在 1181 年完成。这部历法虽然以《大明历》命名，但和祖冲之的《大明历》其实并不是一回事。

这部历法采用的基本常数相当精确，如回归年的长度为 365.24259 日，朔望月的长度为 29.53059 日。此外，这部历法的编制者还创立了等间距三次差内插法，用于历法推算。这些都反映了金国的天文学家吸收了中原王朝历法的优秀成果，并不断创新和发展。

南宋和金国使用不同的历法，双方在交流交往中时常展开历法方面的较量。据《宋史》的记载，淳熙五年（1178 年），“金遣使来朝贺会庆节，妄称其国历九月庚寅晦为己丑晦。接伴使、检详丘崈辨之，使者辞穷，于是朝廷益重历事”。

如果按照宋朝的历法，九月晦日和金朝的历法不同，两国的日期刚好差了一天。金国的贺生辰使不愿在宋朝历法确定的日期祝寿，坚持遵从金国的历法，这再一次引起了麻烦。为此，宋孝宗打算惩罚历官，大臣史浩则认为，在没有弄清楚原因的情况下贸然承认是己方的过失，就先输了一招。他建议不如先避开具体的历法问题，只强调皇帝的生辰是不能更改的，应按照朝廷原先议定的方案执行，以解决这起纠纷。

在宋孝宗的寿辰庆典上，历法问题居然又成为双方交锋中的一大难题。金国使者抛出历法难题，很可能是事先策划好的一种特别手段，意在贬低宋朝的历法，暗示宋朝没有资格接受天命颁布正朔。宋朝也将这视为金国的一种挑战，官员们沉着应对，在历法争论中不输于对方，这说明双方的有关人员在历法方面都是具有一定素养的。

为了解决交流交往中的历法之争，双方的天文官经常随团出使作为参谋，这在无形中形成了一种惯例。1187 年祝贺金国正旦的使团队伍中有刘孝荣等人。刘孝荣曾在宋孝宗和宋光宗两朝参与编修《乾道历》《淳熙历》和《会元历》。

《大宋宝祐四年丙辰岁会天万年具注历》。宋代负责编历的部门是太史局，这一年的历法由当时的保章正谭玉等人负责推算，奉旨颁赐施行。

当然，每当南宋朝臣出使金国的时候，他们也会留意一下金国的历法，这毕竟是了解对手的好机会。南宋名臣范成大出使金国时注意到金国的历书在格式等许多地方与宋朝一样，如“其历曰大明历一道，亦遵宜忌日无二。亦有通行小本历头，与中国异者，每日止注吉凶”。范成大还察觉出其中“最可笑者”，就是金国本无年号，他借此讽刺金国自阿骨打改年号为天辅后才有了正式的年号，以前都使用辽国的年号。

石刻星图独具匠心

读过金庸小说《射雕英雄传》的人应该都熟悉一本叫作《九阴真经》的武功秘籍，这本秘籍是由一位名为黄裳的高人所作的。黄裳根据道藏而撰写《九阴真经》，自是武侠小说家的凭空想象。不过，《射雕英雄传》提到的黄裳真有其人，而且历史上有两位叫黄裳的人。金庸在创作时可能整合了这两位历史人物的故事，但我在这里也只是推测而已。

宋徽宗赵佶沉迷道教，曾诏告天下访求道教仙经，并且设经局，让道士校定经书。福州郡守黄裳遵宋徽宗的旨意，负责在福州万寿观以雕版方式印刷了《政和万寿道藏》。黄裳刊印道藏的名气很响，以至于后来“明教”刊印经书也都借用他的名号。黄裳这个人也就显得神秘起来。

恒星观测是天文学的一项基本工作，星图则是用于观测、记录和查找恒星的一种工具。北宋时期，由于经济繁荣，铸造了不少大型浑仪，为提高恒星观测精度提供了条件。宋代开展了 7 次规模较大的恒星观测活动，这也是中国历史上开展恒星观测活动最多的一个时期。

宋仁宗在景祐年间曾下令编著一部全新的星占书。为了让历代诸家的占卜用语与当时的天象一致，就需要重新测量恒星的位置，做出相应的修订。当时负责观测工作的人就是前面提到的 1054 年超新星的记录者杨维德。这次观测的规模比之前的规模都要大，观测成果也被吸收进了《景祐乾象新书》的星表中。可惜这些原始材料已经失传，只有《宋史·天文志》记载了当时关于二十八宿距星的测量结果。

到了皇祐年间，周琮等人用黄道铜仪重新测量了二十八宿及周天恒星的位置，还改进了漏刻计时系统，取得了不少有价值的成果。一些观测结果后来被收入北宋王安礼等人重新修订、删改的《灵台秘苑》一书中，其中包括 345 个星官的距星的入宿度和去极度（即赤道坐标）。

元丰年间，朝廷又组织了一次恒星观测活动，这一次的测量精度也比较高，成果被绘成多种星图流传下来，其中包括前面提到的苏颂《新仪象法要》中的星图，提到了二分（春分和秋分）、二至（夏至和冬至）昏晓的中星，这些都是“元丰所测见今星度也”。除此之外，苏州石刻天文图也受到了元丰年间的这次观测的影响。

苏州石刻天文图由黄裳于南宋光宗绍熙元年（1190 年）绘制献呈，后来由王致远于南宋理宗淳祐七年（1247 年）刻制而成，它被认作世界上现存最古老、最完整的实测星图。此天文图刻于石碑上，原来一共有四块碑，现仅存三块，分别为天文图、地理图和帝王绍运图，藏于苏州市碑刻博物馆。地理图下面有一段说明文字，提到这些碑刻是“盖山黄公为嘉邸翊善日所进也。致远旧得此本于蜀，司臬右浙，因募刻以永其传。淳祐丁未仲冬，东嘉王致远书”。这些内容为了解这些碑刻的来历提供了非常可靠的资料。这里提到的黄公是另一位名叫黄裳的官员，他曾是南宋皇太子赵扩的老师。为了向太子教授天文、地理知识，他绘制了天文图、地理图共八幅。后来，王致远将黄裳的原作镌刻成石碑。如果说黄裳的初衷是为了教育太子，那么王致远刻石碑的用意则是想让更多的人了解天文和地理，此外也有向后人劝学和不忘半壁江山的意思。

苏州石刻天文图高约 216 厘米，宽约 106 厘米，分为上下两部分，上部是星图，下部是说明文字。其中，星图部分的直径为91.5厘米，下方有说明文字41行。

这幅星图为盖天式圆图，以北天极为圆心，刻画有三个同心圆。内圆是直径为 19.9 厘米的“内规”或“上规”，为北纬 35 度附近的恒显圈，描绘了这一地区常年不落的常见恒星。中圆是直径为 52.5 厘米的天赤道。外圆是直径为 85 厘米的“外规”或“下规”，相当于恒隐圈，包括了赤道以南约 55 度以内的恒星。与天赤道相交的还有黄道圈，黄赤交角约为 24 度，黄道与赤道相交于奎宿和角宿。图中还有按二十八宿距星从天极引出的宽窄不同的宿度经线，如同 28 条辐射状线条与三个圆圈正向相交。“外规”之外还有两个具有刻度的圆圈，一个注明了二十八宿的数据，另一个注明了与之相对应的十二次、十二辰及州国分野的名称。

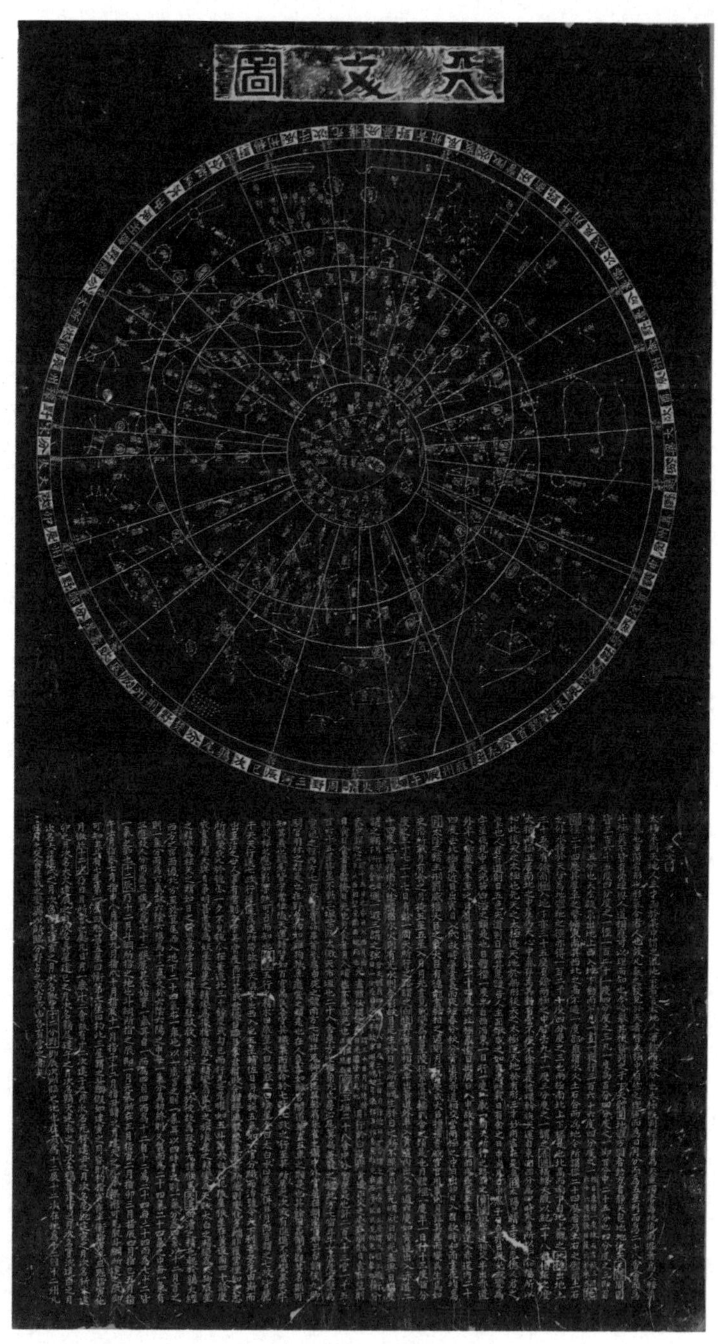

苏州石刻天文图拓本。

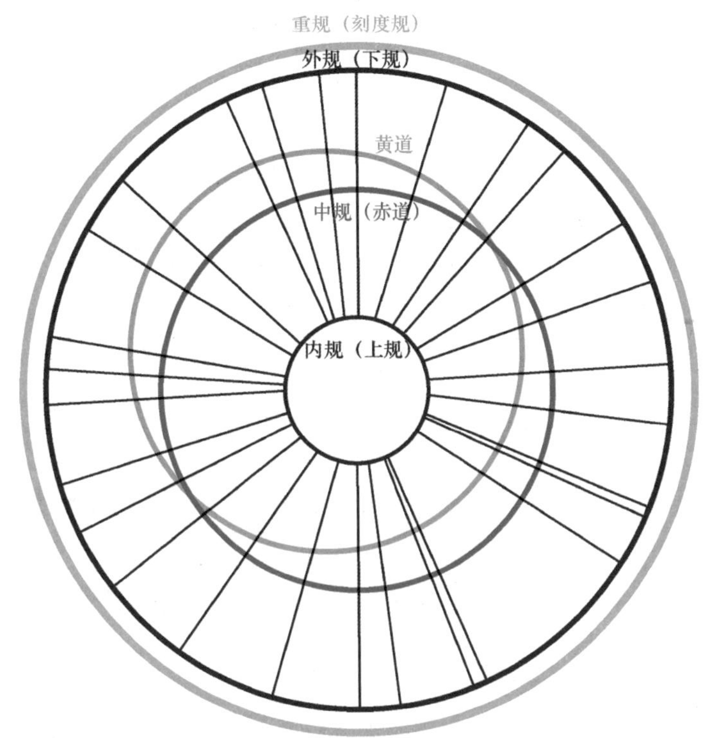

“三规”示意图。中国古星图中最典型的类型是圆图，这种星图采用极投影，中间有三个同心圆，正中为北天极。

苏州石刻天文图所标的二十八宿宿度值和《元史·历志》所载的宋神宗元丰年间的观测值基本相同，也和苏颂的星图取值是一样的。这是此星图采用元丰年间实测、厘定的数据的主要证据。此外，由碑刻上的说明文字可知，其所取北极“出地上三十五度有余”，这与《新仪象法要》所说的 $35\frac{1}{6}$ 度相当。这是北宋开封附近的地理纬度，而不是黄裳绘制天文图时所在地南宋临安的地理纬度。所以，这也是该图受元丰年间的天文观测影响的一个旁证。

苏州石刻天文图上共刻有恒星 1400 多颗，银河斜贯其中。碑石上的银河刻画清晰，其分叉处非常细致。星图下方的说明文字依次解说天、地、人“三才”的源流与关系，以及天体、地体、北极、南极、赤道、日、黄道、月、白道、经星（恒星）、星（金、木、水、火、土五大行星）、天汉（银河）、十二辰、十二次、十二分野（十二州国）等概念。整个内容包括宇宙演化、天地结构、天球南北极、黄道和赤道、日月五星的性质及其运动、月相和日月食成因、三垣二十八宿及中外星官、银河等，可以说对当时的天文学知识做了比较全面的概述，具有很好的天文教育作用。

苏州石刻天文图作为一幅依据恒星实测结果并按极坐标式的方法绘制的星图，具有很高的科学价值。这幅星图刻于石碑上，非常方便拓印，加之构图严谨规范，镌刻精致有序，所以该星图流传极为广泛，影响颇为深远。自立碑刻石之后，这幅天文图就达到了很好的普及效果，而且对此后明代天文图的绘制产生了深远的影响。明代正德元年（1506 年）常熟知县计宗道（1461—1519）等人以此图为基础，制作了新的石刻星图，被后人称为常熟石刻天文图。

常熟石刻天文图原与地理图并列于常熟邑学礼门东西两边。《海虞文征》“地理图 跋”记载道：“吏部考功大夫杨先生名父，尝令吴之海虞，树碑宣圣庙戟门，左图天文，右图地理。拓者甚众，日久磨灭，予命工重镌之石。”常熟石刻天文图跋也提到“此图宋人刻于苏州府学，年久磨灭，其中星位亦多缺乱，乃考甘石巫氏经而订正之，翻刻于此”，说明了二者的渊源。

常熟石刻天文图碑高约 2 米，宽约 1 米，厚约 24 厘米，内容基本与苏州石刻天文图相似，其星图部分订正了苏州石刻天文图中星位缺乱的部分，但总体准确度不如苏州石刻天文图。因年久风化，碑面有损，但星图的主要内容及周围点缀的云霓纹依然清晰可见。

星图下方有 23 行碑文 380 余字，不但介绍了天体起源、《史记·天官书》中的天区区划、星官数量和恒星总数、经星（恒星）和纬星（五大行星），以及辰、次、分野等，还记录了制作此图的缘由及题跋刻碑的有关人员。可以说，常熟石刻天文图是继苏州石刻天文图之后的又一幅重要的古代石刻天文图。

不过，常熟石刻天文图与苏州石刻天文图亦有不少差别。譬如苏州石刻天文图以纽星为极，常熟石刻天文图的赤极则在纽星和勾陈之间。此外，常熟石刻天文图上的星官连线、形状和方向也与苏州石刻天文图有很大的不同，二者总计有 87 个星官存在差异。可能是重刻的原因，常熟石刻天文图中星官位置的精确度不及苏州石刻天文图和《新仪象法要》中的星图。

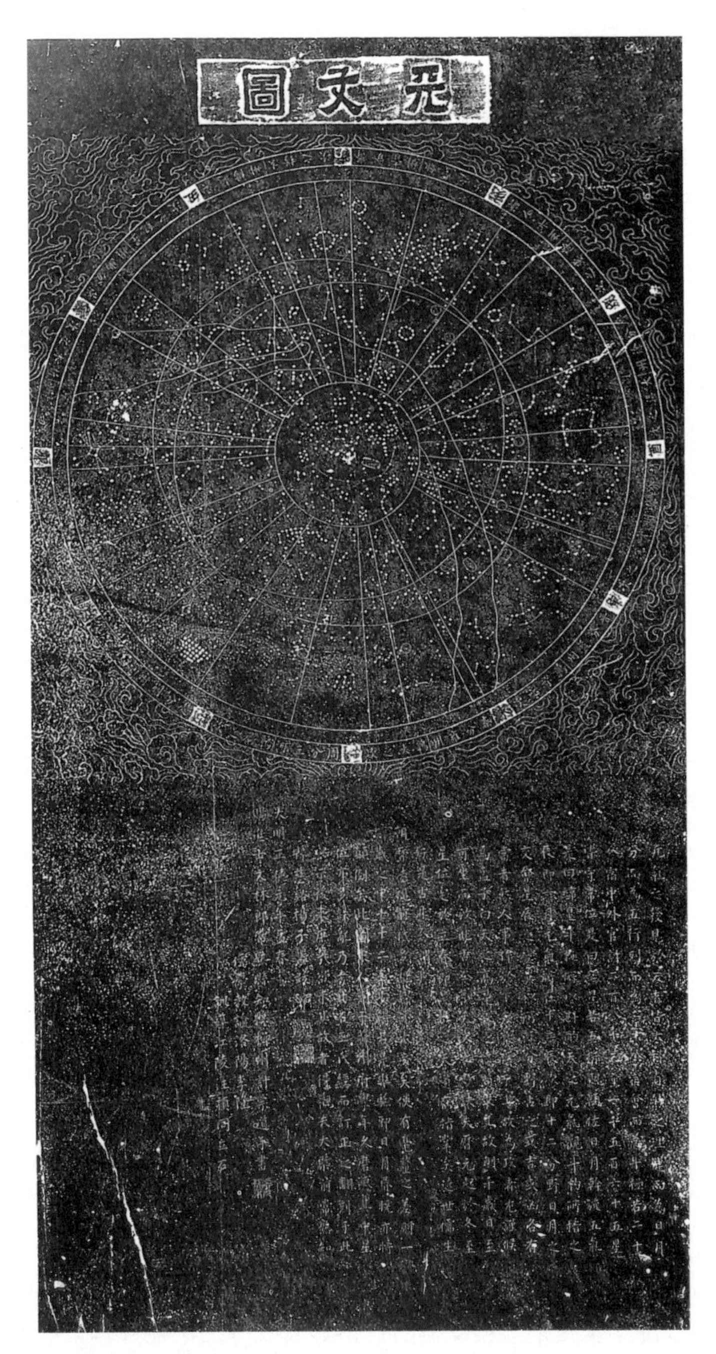

常熟石刻天文图拓本。

辽与西夏的天文学

在中华文明圈中，与宋朝对峙的辽国和西夏都曾自觉或不自觉地对宋朝所代表的先进的政治制度、社会经济和科技文化表示认同，其中自然也包括宋朝引以为傲的天文和历法知识。

宋辽签订澶渊之盟后，宋朝称呼这个北方邻居为契丹国或辽国，而辽国则称宋朝为南宋。两国还彼此以北朝和南朝互称对方。辽国是契丹族在中国北方建立的政权，辽太祖耶律阿保机于神册元年（916 年）立国，国号为契丹，后来辽太宗在大同元年（947 年）改国号为大辽。至辽天祚帝保大五年（1125 年）为金国所灭，辽国共历经九帝，统治长达 210 年。

大同元年，辽国灭亡后晋以后，将后晋的漏刻、浑象等仪器全部迁到中京（今辽宁宁城），建立起了和汉人相似的天文机构。由于深受中原文化的影响，辽国的天文学也分为两个主要分支，一方面以历法服务政权，另一方面观天象以占吉凶。

最初，辽国直接采用中原地区的历法，如后晋马重绩所编的《调元历》。《调元历》是五代时期的一部比较优秀的历法，但是在后晋仅用了 5 年，而在辽国则用了 48 年。马重绩称其历法“以宣明之气朔，合崇元之五星，二历相参，然后符合”。可见，这部历法以唐朝的《宣明历》和《崇玄历》为基础，但也和此前的传统历法有一些差别，比如不设上元，而且以雨水正月中气为气首。这里所谓的“上元”是指在古代传统历法的推算过程中，为了体现历法的神圣性，一般会选取距离当时很久远的上古年代作为历法的起始点。

后来，辽圣宗统和十三年（995 年）又颁用贾俊所进的《大明历》。由于这部历法的名称和当年祖冲之编制的历法同名，所以也曾被认为沿袭了祖冲之之法。不过，如果辽国果真颁用了 530 余年前编制的、早就过时的历法，那么就太不可思议了。所以，后世一般认为这其实并非祖冲之的《大明历》，只是重名巧合而已。比如，清代学者汪曰桢认为前面的那种说法“出于臆度附会，实则大明之名偶同”。

在辽宋南北对峙期间，两国的历书有所不同。前面也曾提到，苏颂出使辽国时发现宋辽的冬至日前后相差一日。这导致双方关于在哪一天举办庆贺仪式产生了争议，苏颂巧妙地化解了这次危机。

辽国也设置有专门的司天机构，对各类异常天象进行观测时所使用的星官系统和中原地区是一样的。受到中原文化的影响，辽国也很重视天象记录，有些流传下来的天象记录至今看来仍然很有意义。例如，《契丹国志》记载辽天祚帝天庆八年（1118 年）正月，“是夕，有赤气若火光，自东起，往来纷乱，移时而散”。这应该是与太阳活动紧密相关的极光现象，而且文字描述很生动形象。

1971 年，考古工作者在河北宣化发现了辽代晚期张世卿家族墓葬群，共有十几座墓，其年代为大安九年（1093 年）至天庆七年（1117 年），墓主人大多是没有官职的汉族平民。这些墓葬中几乎都有精美的壁画，内容丰富，色彩鲜艳，堪称辽代壁画中的瑰宝。其中，最具代表性的是一座修建于天庆六年（1116 年）的墓，墓主人为辽朝汉官张世卿。1993 年，此墓连同周边的十几座家族墓中出土的 76 件壁画被评选为“全国十大考古发现”之一。

张世卿墓穹窿顶上绘有一幅彩色星象图，其直径约为 2.17 米，被称为宣化辽墓星象图。此星图由若干同心圆构成，中心嵌有一面铜镜，直径约为 35 厘米。铜镜四周绘有莲花，表明了墓主的佛教信仰。莲花外径约为 1 米，花瓣分两层，各为九瓣，由红、白二色加墨线勾绘而成。莲花外面有 9 颗大星围成一圈，其中东方偏南有一颗直径约为 6 厘米的大红星，内有金乌代表太阳，另外还有 4 颗稍小的红星和 4 颗蓝星。红星分别位于东、西、南、北 4 个方向，蓝星分别位于东北、东南、西北、西南 4 个方位上，这些星可能代表了九曜中除了太阳之外的其他 8 颗星。此外，这一层的东北方向还绘有北斗七星，斗柄上的第二颗星开阳附近绘有一小星为辅星。

九星外面的一圈是二十八宿，各星为红色星点，直径为 2 ~ 3 厘米，并由红线连接成各宿星官。二十八宿星官中共绘有 169 颗星。二十八宿之外有间距相等的 12 个圆圈，为黄道十二宫，但正西方的盗洞正好位于金牛官，故图像无存。图中十二宫的形象已经中国化，如人马宫并非西方的人首马身射箭形象，而是一人执鞭牵马；双子宫也非西方孪生幼童形象，而是一对男女拱手而立。

张世卿墓壁画。

十二宫大约在隋代通过佛经翻译传入中国。该图是已知较早绘有黄道十二宫的中国古星图，反映了隋唐以来中国与印度和阿拉伯等地区的天文学交流情况。另外，在张世卿家族墓葬群中的张文藻和张匡正等的墓里也发现了类似的星图，其风格基本一致。

宣化辽墓星象图。黄道十二宫来自西方，莲花是佛教装饰，而二十八宿则反映了中国传统文化，因此这是一幅具有多种文化元素的星图。

西夏是党项族所建立的政权，位于今宁夏回族自治区、陕北和甘肃一带。自景宗延祚元年（1038 年）建国到末帝宝义元年（1227 年）被蒙古所灭，西夏共历经了十帝，立国约 190 年之久。

西夏的前身是夏州政权，自唐末开始就使用中央朝廷颁布的历法。西夏建国之后，先沿用北宋初期使用的《崇天历》，后来每当宋朝改历时，西夏也随之采用新历法。这说明长期以来宋朝的历法对西夏产生了很大的影响。西夏是否奉宋朝正朔，是衡量二者关系的一个重要标志，正所谓服则奉正朔，叛则不奉正朔。宋代初期，李继迁部和宋朝之间爆发了战争，他不奉宋朝正朔。

宣化辽墓星象图中的摩羯宫、人马宫、天蝎宫、天秤宫、狮子宫、巨蟹宫、双子宫和双鱼宫。

西夏王朝开国皇帝李元昊之父李德明曾向宋朝请历，宋真宗将《仪天历》颁赐予西夏。李德明接受宋朝的《仪天历》，表明在形式上认同了宋朝的管理和统治。此外，史料还说李德明葺馆舍、修道路以受赐历法。宋朝起初派牙校前往赐历，后来改派级别较高的牌门祗候前往赐历，双方对这种象征仪式都非常重视。李德明奉宋朝正朔近 30 年。到了 1038 年，他的儿子李元昊叛宋称帝，就不再行用宋朝正朔而改为自制历法。《西夏书事》记载道："曩霄（元昊）称帝，自为历日，行于国中。"这可能就是参照宋朝的历法而改编的西夏历法。

宋仁宗庆历四年（1044 年），宋朝和西夏达成和议，李元昊归降称臣。宋朝册封李元昊为西夏国主，随后又向其颁赐《崇天历》。不过，实际上在双方对抗激烈的时候，这种赐历的行为并不是持续的，很多时候都是西夏自行担负起本国历书的编制任务。

北宋覆灭后，南宋停止向西夏颁历，绍兴元年（1131 年）八月"诏夏国历日自今更不颁赐，为系敌国故也"。这其实也是南宋政权无力经营西北地区的无奈之举。

仇英《职贡图》中描绘的西夏国使臣队伍。

西夏的天文机构与人员设置也仿效宋朝，司天监负责天文观测，大恒历院负责历法编算，史卜院负责占卜与记录事宜，分工十分明确。

西夏发行的历书深受宋朝的影响，无论是历注的格式还是某些年的月份大小、朔日干支等通常与宋朝大致相同。这应当是西夏学习、借鉴宋朝历法的结果。不过，西夏的历书也有一些自己的特点，因为地处交通要道，其文化一方面深受汉文化的影响，另一方面也受到了藏文化的影响，所以西夏文书和碑文中有时会有两种纪年方式，即十二生肖纪年和藏历纪年，例如有"阳火猴年"之类的碑刻。

随着佛教的传播，西夏出现了一些外来天文知识。例如，西夏字典《蕃汉合时掌中珠》中有罗睺、计都、月孛和紫气等假想天体，这些都是印度天文学的概念。

另外，西夏的书籍中还有黄道十二宫的名称。这些来自印度等地区的知识有可能是从中原地区辗转传入的。西夏的天文学融合了多方的天文知识，再加上党项族自身的发明和创造（如某些星座的命名等），在一定程度上丰富了中国天文历法的内涵。

敦煌莫高窟第 61 窟甬道两侧的壁画上还留存有受到外来文化影响的黄道十二宫图，它们出现在炽盛光佛和九曜神像的天空背景上。通过壁画下端供养人像的题名（在汉字旁边有西夏文对照并书），大致可以判断此图为西夏时期所绘。

莫高窟第 61 窟营建于五代时期，为曹氏归义军节度使曹元忠的功德窟。西夏统治敦煌时期，此窟甬道得到重修，新绘了炽盛光佛经变图等壁画，不过南北两壁下部的壁画已损毁，只剩上面大半部分。第 61 窟甬道南北两壁上各绘有一幅炽盛光佛图，其中南壁画中的炽盛光佛结跏趺坐于大轮车上，车尾插龙纹旌旗，九曜星神三面簇拥。画中云端列有二十八宿，皆作文官装束，四身一组，共七组，但仅存五组。其间还绘有十二宫图案，现存九宫，自东往西依次为金牛宫、室女宫、白羊宫、摩羯宫、天秤宫、双子宫、巨蟹宫、天蝎宫和双鱼宫，人马宫、宝瓶宫和狮子宫则已脱落。壁画下部还有汉字与西夏文题名。

北壁上的炽盛光佛图与南壁相似，但残缺比较严重，九曜星神仅存其四，黄道十二宫仅存九宫，分别为白羊宫、天蝎宫、天秤宫、室女宫、摩羯宫、人马宫、金牛宫、宝瓶宫和狮子宫。

莫高窟第 61 窟甬道南壁上的炽盛光佛图。

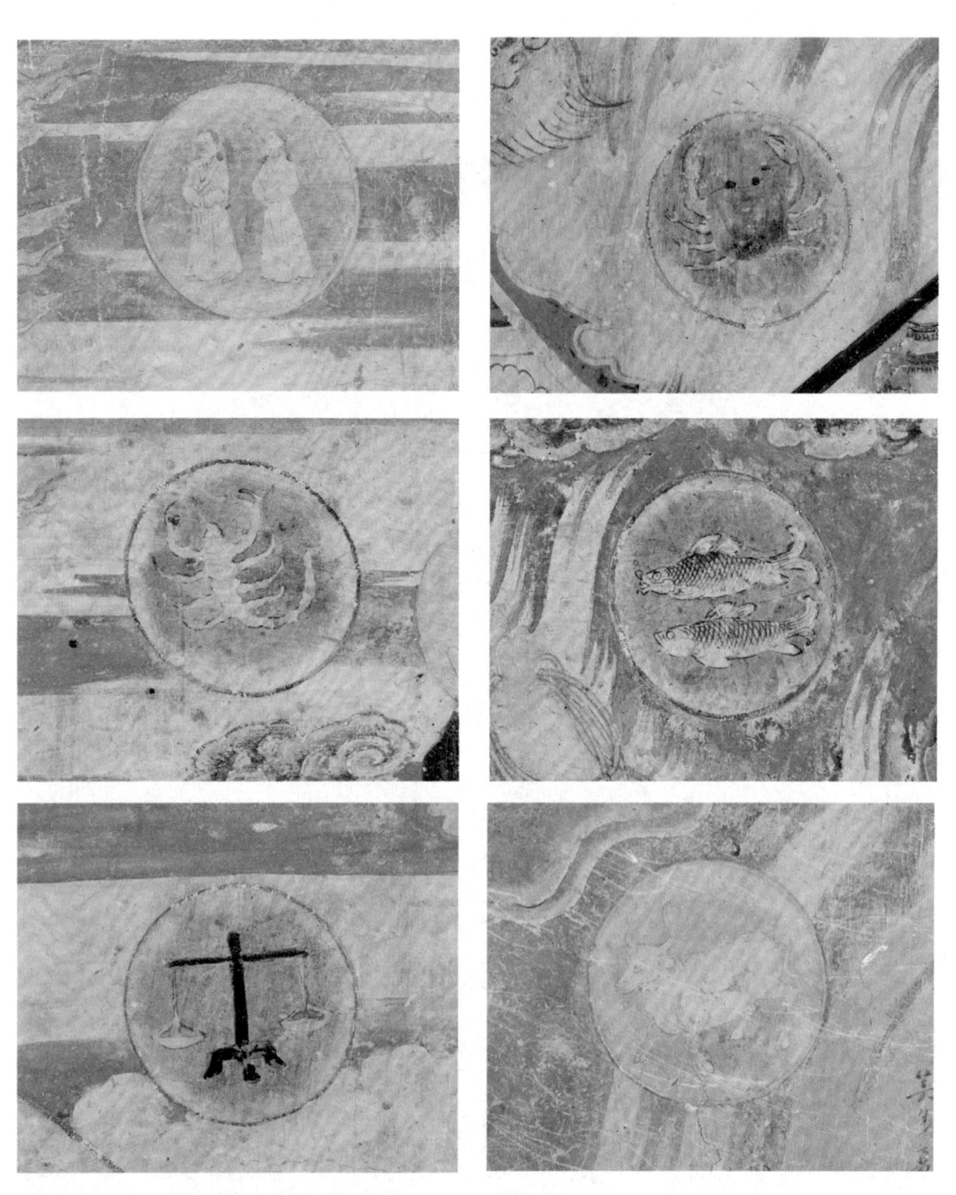

莫高窟第 61 窟甬道南壁上的室女宫、巨蟹宫、天蝎宫、双鱼宫、天秤宫和金牛宫。

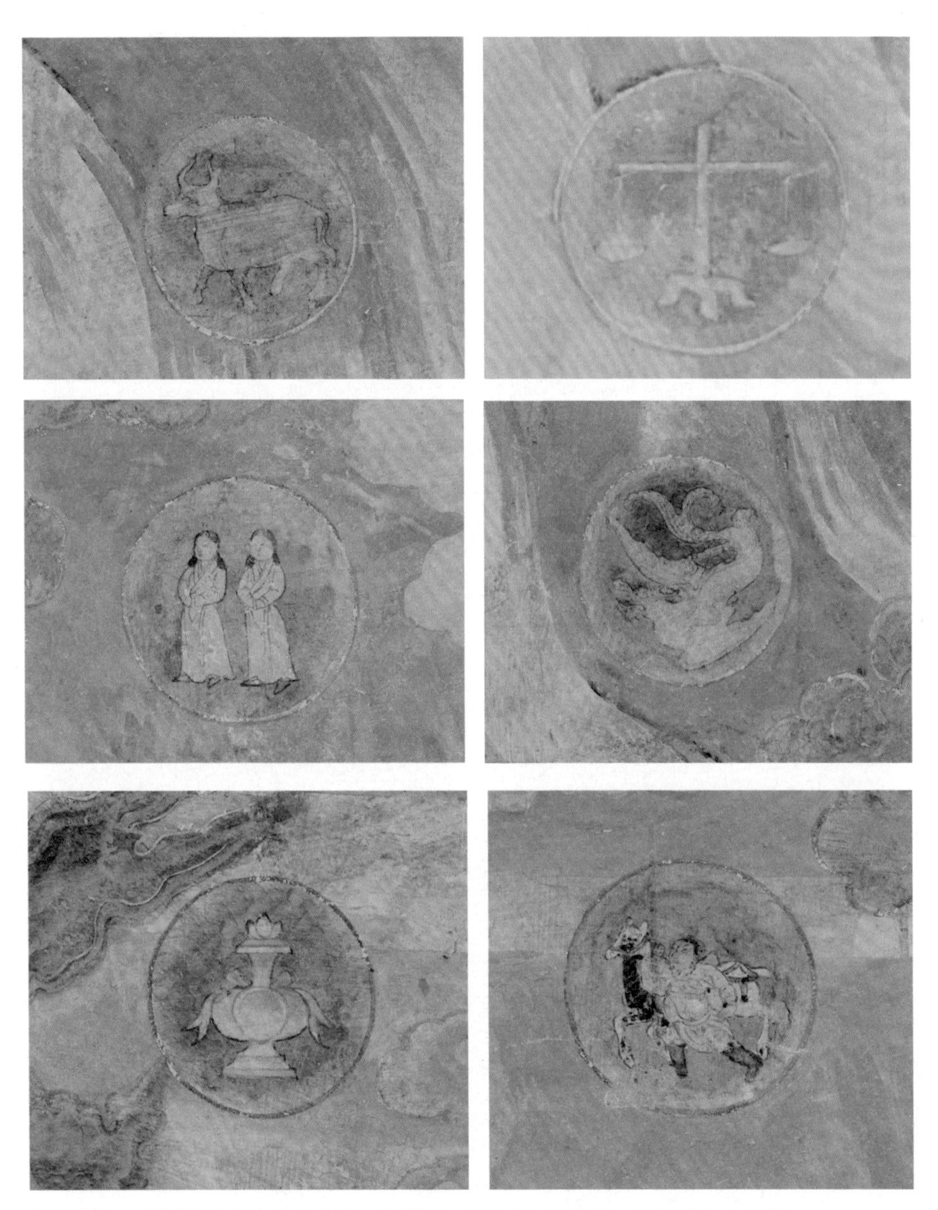

莫高窟第 61 窟甬道北壁上的金牛宫、天秤宫、室女宫、摩羯宫、宝瓶宫和人马宫。

第 8 章　胡天汉月：丝路与天文交流

忽必烈的科学宫

熟悉金庸武侠小说的人应该知道一个叫作丘处机的道士。在小说里，丘处机是一位正派的武林高手，总是忠肝义胆，为国为民，就连大侠郭靖的名字也是他给起的。其实，丘处机是一位真实的历史人物，他是道教全真道北七真之一，还曾跟随成吉思汗西征。

成吉思汗连年征战，建立了横跨亚欧大陆的庞大帝国。这极大地促进了各国和不同文化之间的交流。基督教徒和穆斯林，禅师和道长，还有吐蕃的僧侣都是大汗的座上宾。据《长春真人西游记》的记载，在丘处机随征的途中，发生了这样一件事。1221 年岁末，大军抵达撒马尔罕，当时有人提出这年的五月发生了日偏食，有三个不同的地方所见到的日食景象各有不同。以前人们对日食也很重视，但是很少有人讨论不同地方所见日食的差异。此时，已经 73 岁高龄的丘处机给出一个生动的解释，他说："如以扇翳灯，扇影所及，无复光明，其旁渐远，则灯光渐多矣。"也就是说，这是由位置不同造成的，因观测点地理位置的不同，人们能够见到的食分大小也不一样。

耶律楚材像。

史料还记载，丘处机在撒马尔罕与当地的天文学家也有接触和交流。其实，当时随军出征的各方面人才还有很多，熟悉天文的人除了汉人丘处机之外，还有契丹人耶律楚材。耶律楚材原本是辽国的皇室成员，先在金国做官，后来应召至蒙古，并且在 1219 年作为成吉思汗的星占学和医学顾问，随大军远征西域。在西征途中，他还曾与伊斯兰天文学家就月食问题发生了争论。

这发生在成吉思汗西征的第二年，也就是 1220 年，同样是在撒马尔罕，有西域历人奏报五月将会发生一次月食，耶律楚材预测说不会发生月食，第二年十月才会发生月食。最终，耶律楚材的话得到了应验。可以说，在与当地天文学家的两次比试中，耶律楚材都占了上风。其实，耶律楚材跟随成吉思汗西征，除了作为参谋之外，他还一直关注如何改进历法的问题。

耶律楚材对历法早就深有研究，已经有了可供初步推算的新历。西征更给他提供了同西域天文学家直接交流的机会，为他完善原有的历法创造了条件。在这一次西征期间，耶律楚材向成吉思汗献上了题名为《西征庚午元历》的新历法。只不过成吉思汗正忙于开疆辟土，根本没有时间去考虑改历的问题。

此外，耶律楚材在与伊斯兰天文学家交流的过程中也有许多新的收获。他在《西征庚午元历》中创立了“里差之法”，这实际上是在中国首次提出关于地理经度对天象预报的影响的问题。耶律楚材还发现，在五星运动位置的计算方法上，伊斯兰天文学要比中国的历法更加完备，所以他还创制了《麻答巴历》。这大概也是他在西域时所做的事情，只可惜该历法并没有被采纳，如今已经失传了。

在 13 世纪，蒙古人取得了巨大的胜利，他们征服了广袤的土地，第一次将亚欧大陆彻底连接起来。这就使知识和思想能够得到自由的交流和传播，所以这也是科学史上至关重要的一个时期。同时，它也终结了中西方两种天文学传统相互隔离的状态，是天文学发展中的一个重要的十字路口。

在西方，随着罗马帝国的建立，曾经辉煌一时的古希腊天文学从欧洲开始渐渐消失。由于罗马人对古希腊文化比较排斥，古希腊天文学没能得到很好的继承和发展。在盛极一时的西罗马帝国灭亡后，欧洲陷入了长期的分裂，而深受古希腊影响的欧洲科学与文明也大步倒退，迈入了黑暗的中世纪，而天文学也没能逃脱这样的厄运。

随着伊斯兰教的兴起，阿拉伯人逐步活跃于中东地区，甚至在西班牙和北非地区也建立了自己的王国。当时，阿拔斯王朝在巴格达建立了全国性的综合学术机构智慧宫。在帝国哈里发（政教合一的领袖）马蒙的支持下，阿拉伯人从各地搜集来了数百种古希腊哲学和科学著作。到了 10 世纪之后，大量曾经一度失传的古希腊著作又被欧洲人从阿拉伯语翻译成拉丁语，从而重新传入了欧洲。这样，古希腊科学文化遗产在即将断送殆尽的情况下被阿拉伯人拯救了回来。

蒙古人建立政权后，形成了一个多元文化的幕僚集团，其成员的种族和地域各异，所掌握的技能和从事的职业也各不相同。尽管这些人的学术派别林立，志趣主张也不尽相同，但蒙古人能够将他们聚拢在一起，发挥各自的作用。可以说，在蒙古大汗的周围形成了多元化的顾问群体，其中也包括众多不同背景的天文学家。这种多元化的交流起初主要是民间私下的交往。不过，当忽必烈登上政治舞台以后，一些官方层面的天文学交流随之展开。

1258 年，成吉思汗之孙旭烈兀率蒙古大军消灭了阿拔斯王朝，在西亚一带建立了伊儿汗国。旭烈兀攻陷巴格达的时候，波斯天文学家纳西尔丁·图西刚好也在城中，于是他很快便得到了重用。由于旭烈兀对星占术感兴趣，他下令建造了一座全新的天文台，这就是著名的马拉盖天文台。马拉盖天文台建在一座山坡的开阔地之上，由一系列建筑组成，而且装备了不少精密的天文仪器，其中包括一座半径不小于 4.2 米的墙象限仪和一座半径约为 1.5 米的浑仪。从 1259 年至 1274 年，天文学家纳西尔丁·图西负责管理马拉盖天文台。在助手的协助下，图西利用天文台上的这些精良的仪器，进行了大量的天文观测活动，完成了著名的《伊儿汗历》。

马拉盖天文台复原图。古代阿拉伯最为著名的天文台，位于马拉盖（今伊朗西北部大不里士城南）。这里汇集了许多当时优秀的天文学家，并且装备了大量精密的天文仪器。

纳西尔丁·图西与阿拉伯天文学家。

马拉盖天文台一度成为阿拉伯地区的学术中心，吸引了世界各国的学者前去从事研究工作。由于忽必烈和旭烈兀是亲兄弟，所以马拉盖天文台和元朝的司天台之间也有不少交流。据记载，当时在马拉盖天文台也有一些中国人参与工作，其中有一位姓名音译为 Fao-moun-dji 的天文学家。其姓名究竟是哪三个汉字，如今我们已不得而知，所以人们只好用“傅孟吉”来称呼他。

另外，据说为忽必烈服务的西域天文学家札马鲁丁早年也曾与旭烈兀接触过，并参与了马拉盖天文台的修建工作。也有研究表明，札马鲁丁可能来自波斯呼罗珊地区的布哈拉城（现乌兹别克斯坦境内）。他因天文学才华曾被征召服务于蒙哥帐下，后来被忽必烈网罗到自己手下，为他编制历书和制造仪器。

至元四年（1267 年），札马鲁丁负责制造了 7 件西域天文仪器，得到了忽必烈的信任和重用。至元八年（1271 年），忽必烈在上都（今内蒙古自治区锡林郭勒盟正蓝旗）置回回司天台，以札马鲁丁为提点（天文台的最高负责人）。这座天文台用于安置札马鲁丁制造的 7 件西域天文仪器，不过由于这些仪器与中国传统仪器的差异很大，而且名称怪异，所以一直不被汉人天文学家所了解。其中的“兀速都儿剌不”是阿拉伯人较为常用的星盘，有点类似于如今的活动星图，通常由黄铜制成，底盘上刻有恒显圈以北的天球赤道坐标网以及观测者所在纬度的地平经纬网，可以通过观测太阳或亮星的位置来测定时间，或者根据已知的时间来推算某星体的位置等。此外，这些仪器中还有地球仪。西方关于地球的概念最早也是由此传入中国的。

西域仪器名称	仪器类型
咱秃哈剌吉	汉言浑天仪（黄道浑仪）
咱秃朔八台	汉言测验周天星曜之器（托勒密长尺）
鲁哈麻亦渺凹只	汉言春秋分晷影堂
鲁哈麻亦木思塔余	汉言冬夏至晷影堂
苦来亦撒麻	汉言浑天图（浑象）
苦来亦阿儿子	汉言地理志（地球仪）
兀速都儿剌不	汉言定昼夜时刻之器（星盘）

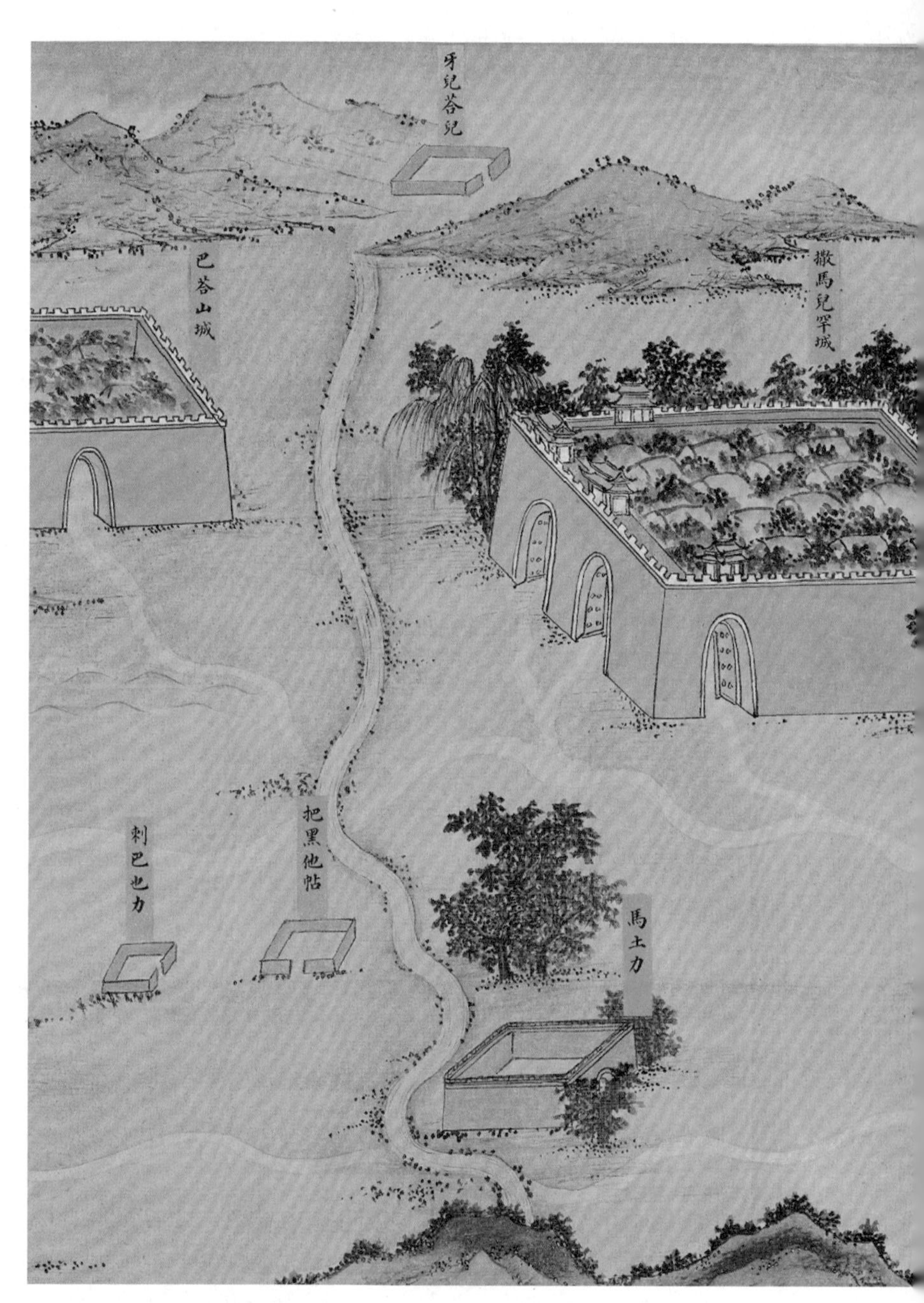

《丝路山水地图》中的望星楼。除了马拉盖天文台，在阿拉伯地区还有一座著名的天文台，那就是在 15 世纪初由帖木儿帝国创建者帖木儿之孙兀鲁伯建造的撒马尔罕天文台（位于今乌兹别克斯坦境内，也称兀鲁伯天文台）。

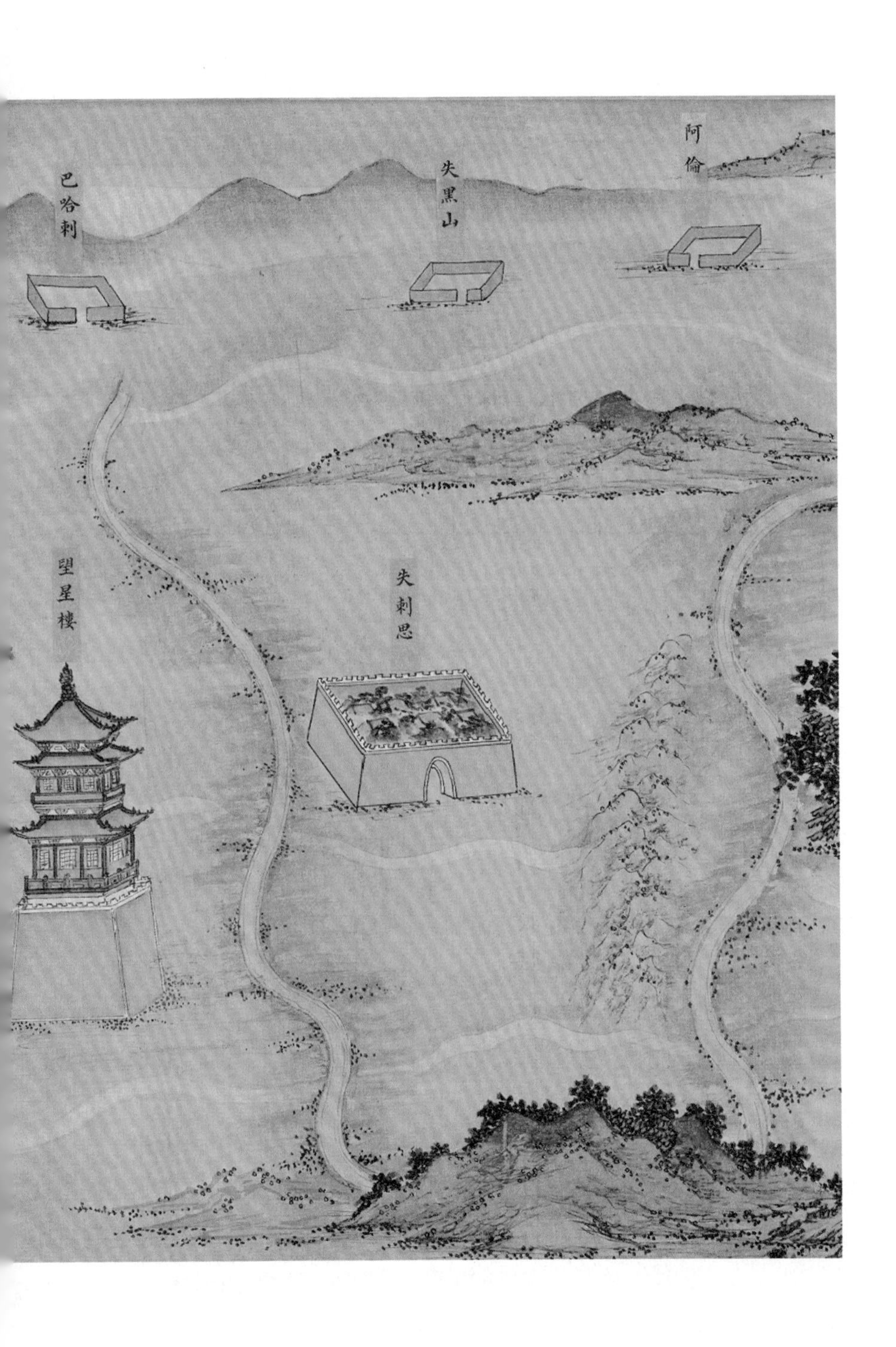

阿倫
巴哈剌
失黑山
望星樓
失剌思

元代两大司天台

札马鲁丁制造的 7 件神秘天文仪器具体被置于何处？这一直是个饶有趣味的问题。据《元史》的记载，中统元年（1260 年）蒙古人曾因金人旧制设立了司天台和官属。后来，至元八年（1271 年）在上都修建承应阙，增置了回回司天监。

也就是说，蒙古人从 1260 年起就在上都设置了司天台，然后在上都正式设置了回回司天监这一机构。它是在上都承应阙原来的回回司天机构的基础上扩建的。大概也是在这个时候，札马鲁丁被任命为回回司天监的提点。

根据考古发现，在元上都所在地的城墙遗址中，内城的北门处有一座特殊的高台建筑。该高台高约 12 米，东西长 132 米，南北宽 52 米，两端则与北城墙相连。高台可分为东、中、西三台，东、西两台又各分成两部分。台上有华丽而精巧的建筑，有人认为这里可能就是承应阙，也就是回回司天监的旧址。另据记载，回回司天监“掌观象衍历”，负责天文观测、历法推算以及天象占卜等工作。除了设有负责人提点之外，还有天文官生 30 余人。这座皇家天文台分工细密，门类齐全，是一个颇具规模的机构。

元朝定都北京后，将金中都改名为“大都”。元代初期的天文观测仍然在金太史局候台旧址进行。至元十六年（1279 年）春，在忽必烈的支持下，朝廷在大都城内东南角设立了太史院和司天台，其位置大致在如今北京建国门中国社会科学院内，也就是明清时期北京古观象台的北面。不过，这些建筑目前已经不复存在了。

据杨恒《太史院铭》的描述，太史院位于元大都东墙之下，长 200 步（约 123 米），宽 150 步（约 92 米），主体建筑为一座高 7 丈的灵台，台体共分三层。其中，下层为太史令及工作人员的办公地点，正面中室为官府，左右旁室为会议室，东侧为推算局用房，西侧为测验局和漏刻局用房，北侧为器物库房。灵台的中层以离、巽、坤、震、兑、坎、乾、艮八方为名，分为 8 个房间。离室供列日月五星神位，坎室奉祀太岁神位，震室和兑室分设南北异方浑盖隐现图，巽室安放水运浑天壶漏，坤室放置天球仪和星图，乾室和艮室则用来保存天文和历法书籍等。上层安设有简仪和仰仪，简仪的底座上还设有正方案。

此外，司天台上层的东边还有一座小台，安置有玲珑仪。西面建有四丈高表，表前为堂。南面为印历工作局，以及神厨和算学等部门。太史院的最高负责人是太史令，相当于如今的国家天文台台长，其下设有推算、测验和漏刻三个局，共计有工作人员 70 人。

总的来说，太史院是一个规模宏大的天文历法机构，其中的天文台气势恢宏，规划布局合理，仪器装备精良。这里除了组织严密、分工明确之外，更有一批高水平的天文人才。他们在郭守敬和王恂等人的领导下，开展了许多卓有成效的工作。

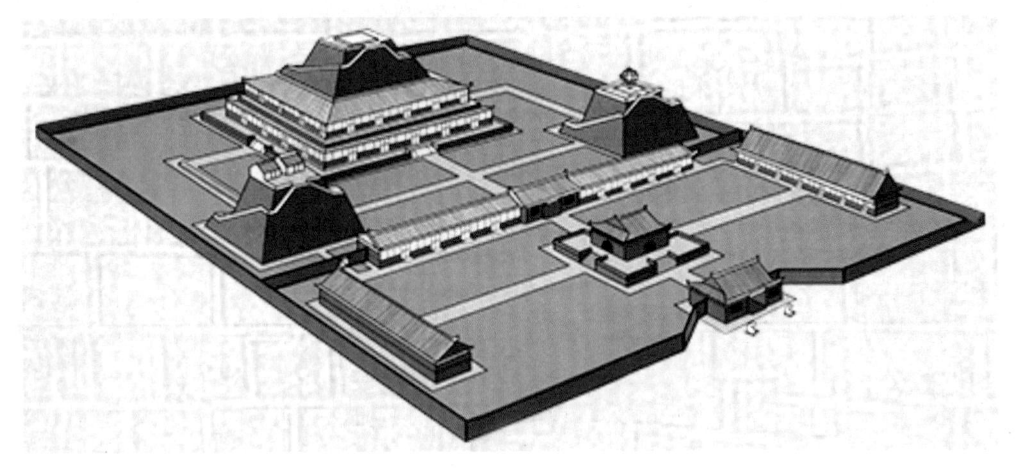

元太史院司天台复原图。

元大都的司天台上装备有不少新式天文仪器，这些仪器大多是由天文学家郭守敬发明和制造的。其中，仰仪是一种用于测量天体球面坐标的仪器。《元史·天文志》记载道："仰仪之制，以铜为之，形若釜，置于砖台。内画周天度，唇列十二辰位。盖俯视验天者也。"也就是说，仰仪被置于砖台上，形如一口仰放着的铜制大锅。仰仪的锅口上刻着四维、八干、十二支，代表地平坐标的二十四方位。锅口基本上相当于地平环，上面刻有水槽，通过注水来校正仪器的水平状态。

在仰仪锅口的正南方装有两根十字相交的杆子（缩杆和衡杆），杆子按南北方向放置，其北端伸向仰仪半球的中心，在北端还安装有一个中心开孔的小方板（玑板），可以按东西方向和南北方向转动。仰仪半球面内刻有网状的赤道坐标线，地平面上的半球通过小方板上的小孔投影到内半球面上。

太阳光透过小孔时就会在仰仪半球面上成像，这时观测者就可以从坐标线上直接读出太阳的时角、真太阳时和去极度等信息。在发生日食的时候，利用仰仪可以非常方便和清晰地观测日食发生的全过程，如测定不同食相的方位和时刻。

仰仪复制品。

仰仪后来传入了朝鲜半岛，被朝鲜天文学家改造成仰釜日晷，使其由一件天象观测仪器变成了计时仪器，不过二者的基本原理是一致的。

正方案是一种用于测影定向的天文仪器，它的主体结构是一个正方形木板或铜板，其边长为四尺，厚一寸。正方形木板或铜板正中安装有一个高与直径均为两寸的圆柱，圆柱上固定有一根细棒。正方案的案面上有以圆柱为中心、以一寸为间隔的 19 个同心圆。同心圆的最外一圈为重规，上面刻有十二方位和乾、坤、震、坎、艮、巽、离、兑等，表示季节和周天度数（古代一圆周的刻度）。

使用正方案测定方位时，先要注水于水槽中，把案面调整至水平状态，然后观察中间表影的投向。随着太阳升高，表影逐渐移入案内。当表影顶端落在某一圆周上时，就在圆周上标识相应的记号。上午表影由西进入外圆，下午表影向东跨出外圆。如果将这些标记都连接起来，它们的中点和圆心的连线所指示的方向即为南北方向。简单地说，正方案利用正午前后日影位置的对称性来确定南北方向。

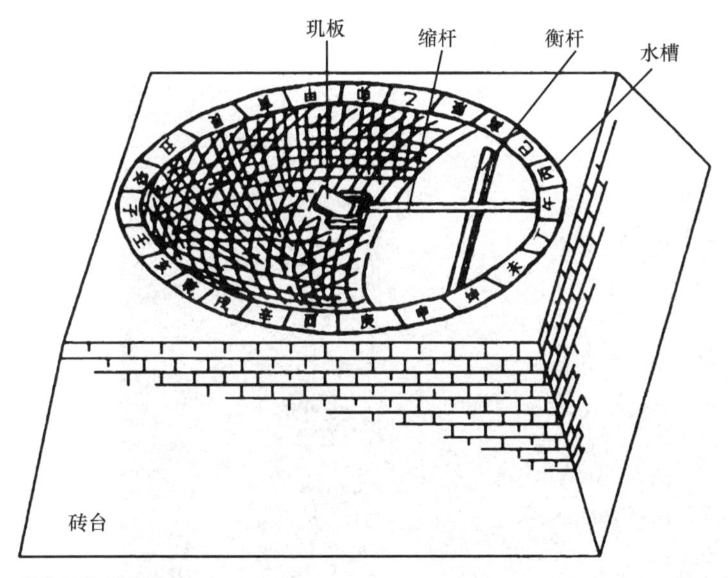

仰仪结构示意图。

玲珑仪则是一种特别的天文仪器，由于该仪器没有实物留存，其结构和用途至今还存在争议。一些人认为它是用于演示天象的假天仪（在一个球面上打出星点，供人在里面观看），也有人认为它是某种用于观测的浑仪。

正方案复制品。

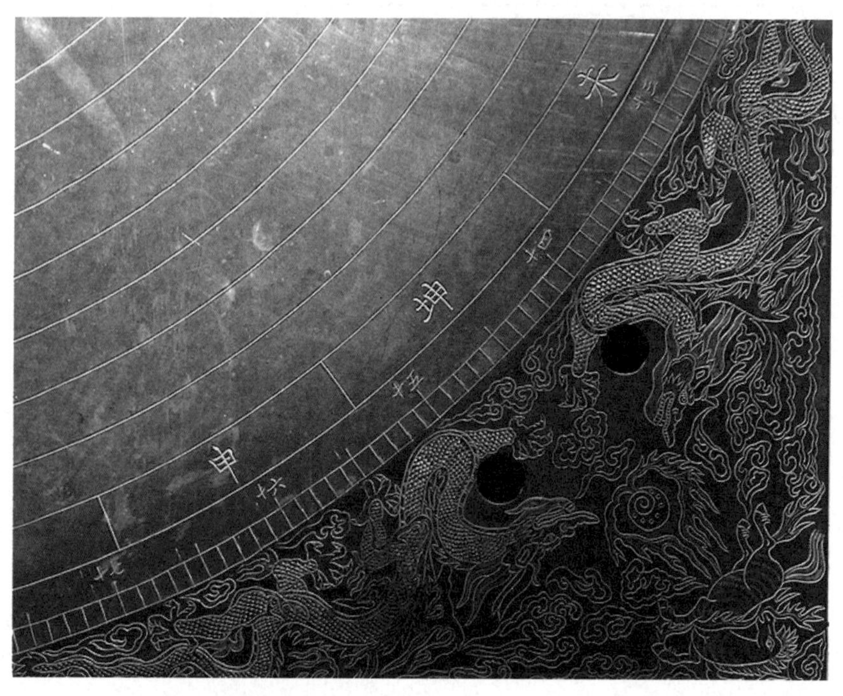

正方案细节。

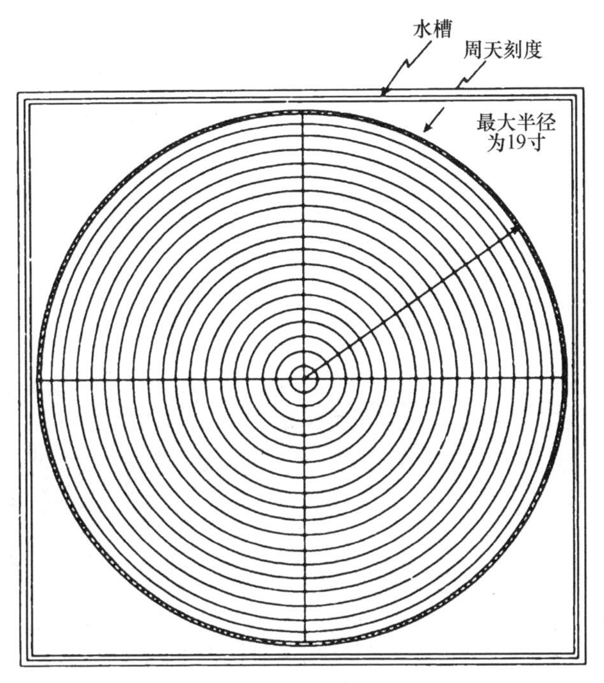

正方案刻度示意图。

据元代杨恒《玲珑仪铭》的记载，“人由中窥，目即而喻”“遍体虚明，中外宣露”“玄象森罗，莫计其数”“萃于用者，玲珑其仪，十万余目，经纬均布”，“宿离有次，去极有度”。明代叶子奇《草木子》记有“玲珑仪，镂星象于其体，就腹中仰以观之”。总体来说，玲珑仪作为假天仪的可能性更大些。宋代苏颂与韩公廉曾设计制造假天仪，“人居其中，有如笼象，因星凿窍，如星以备”。郭守敬的玲珑仪有可能是在假天仪的基础上改造而成的。

关于玲珑仪的另一个争论的焦点是杨恒提到的“十万余目，经纬均布”，这里的十万余目到底是实指还是虚指？我们既可以理解为星点繁多，也可以理解为实际上确实有 10 多万个小孔。如果是实指，则玲珑仪的球体很可能以较粗的经线和纬仪为骨架，然后人工用细丝在骨架上沿经纬线方向密集编织成球形的网状结构。目前，北京古观象台有玲珑仪复制品一台，采用假天仪的猜想，不过球体并非网状结构，而是在密闭的球体上凿出星点，人可于球中观看其演示的天象。

除了以上这些仪器外，司天台还装备有一些制作精良的大型仪器，包括圭表、浑仪和简仪等。其中，浑仪也叫浑天仪，是我国古代的一种天文观测仪器。古人认为天是圆的，“浑”字就有圆球的意思，所以浑仪也反映了古人对宇宙的认知。浑仪可以用于测量日、月、行星和其他恒星在天空中的位置以及两个天体之间的角度，是古代名副其实的“追星利器”。我们甚至可以说，在望远镜出现之前，它是最重要的天文观测工具。

玲珑仪复制品，大约复制于 2008 年北京奥运会期间。

虽然浑仪精巧，但古代仪器制作的精度比较有限，要把这么多圆环严丝合缝地组装在一起是十分困难的，这给浑仪的铸造带来了一定的困难。除此之外，浑仪自身的结构也有很大缺陷。一个球体内的空间是有限的，它的里面安装了大大小小七八个环，而且一环套一环，导致重重掩蔽，把许多天区都遮住了，从而缩小了仪器的观测范围，给观测造成了障碍。另外，不同的圆环都有各自的刻度，读数系统非常复杂。观测者在使用时，需要同时读出不同环上的刻度，操作也较为烦琐。浑仪的这些弊端在很长时间内都没有得到有效改进，一直到郭守敬发明简仪，这个难题才最终被解决。

浑仪的设计和制造也反映了中国古人“一仪多用”的理念，也就是在一件天文仪器中加入多种不同的功能。功能多了，操作自然不便，而且维护起来相当困难。所以，在西方，人们开始倾向于“一仪一用”的方式。例如，欧洲天文学家第谷分别使用不同的仪器来测量地平、赤道和黄道坐标。

矗立的四丈高表

至元十三年（1276 年），忽必烈推翻了南宋政权，考虑改用新历。制定一部优秀的历法成为当时非常紧迫的任务。大臣许衡认为，虽然此前金国也编修过新的历法，但只是在宋朝《纪元历》的基础上稍加调整而成的，并未经过实际检验，存在不少缺陷。他提议可以让前朝的南北日官一同检验各代历法，然后制造天文仪器，测量日月运动和日影的长短，以此来为改历做准备。于是，一场精心策划、规模宏大的历法改革活动便由此展开了。

编修历法的第一要务是制造天文仪器，进行广泛的天文观测。在实测天象方面，古人存在两种截然不同的看法。一种是让实测天象的结果迁就主观制定的历法；另一种是让历法顺应和反映实测天象的结果，也就是“当顺天以求合，非为合以验天。”

元朝天文学家郭守敬认为“历之本在于测验”，即历法必须建立在实测天象的基础之上，并且能够接受天象的检验。他还强调“测验之器莫先仪表”，建议通过制作仪器，将大量的实际测量工作付诸实践。郭守敬主持了圭影、冬至时刻、日出入时刻、恒星位置、四海测验等一系列测量工作，他都坚持“先之以精测”。

在改历之初，郭守敬便着手校准现有的天文仪器，他发现当时司天台的浑仪还是在金灭北宋的时候由汴京（今开封）运到燕京（今北京）的宋朝制造的仪器。由于开封和北京的地理纬度大约相差 4 度，因此需要对这批仪器进行校准。此外，圭表由于年久失修，也已倾斜不平，同样需要修缮。郭守敬除了修复宋朝留存下来的旧仪器，让其继续发挥作用之外，他深感这些旧仪器难以满足历法改革的需求，于是决定制造一批新的天文仪器。

在各种天文仪器中，最基本的仪器是圭表。在古代，知道一年的精确时长（也就是回归年的大小）非常关键，否则累积的误差会对历法和天象观测等造成很大的影响。我们在前面已经介绍过，在一年里，日影在冬至那天最长，在夏至那天最短。历代以来，天文学家都是通过仔细测量冬至和夏至前后若干天的日影长短变化，推算每年冬至和夏至的准确时间的。通过连续测量若干年的冬至时刻，就可以计算出回归年的长度。

用圭表测量日影长度说起来简单，做起来却没有那么容易。想要得到比较精确的数据，还有不少问题需要解决。在此之前，曾有不少人想方设法对圭表加以改进。例如，在梁武帝萧衍天监年间（502—519），祖冲之的儿子祖暅曾在圭面上凿出深沟，然后灌上水来校定圭表的圭面是否水平。这就如同现在的水平仪的工作原理。后来，北宋的沈括也曾对圭表做出过改进，他增加了铅垂线来校正表的位置，使其准确地与地平面垂直。沈括还尝试将圭表设在密室中，只让阳光通过表端；另外还放置一个副表，观测时使正副二表的影端重合，以此来加深日影，使影端的界线更加清晰。虽然经过了多次改进，但是这些方法对圭表观测精度的提高还是比较有限的。

也许是从阿拉伯天文学中得到了灵感，郭守敬有了这样一个想法，那就是建造一个尺寸远大于标准圭表的高表。当时的阿拉伯天文学家普遍认为，仪器的尺寸越大，观测结果就越精确。郭守敬认为，如果将圭表造得更大，按比例放大影子的长度，或许就能减小测量误差。尽管这个想法很简单，但从来没有人尝试过，于是他开始构想建造这样一个超大型天文仪器。

很快，郭守敬就在象征帝国地理中心的登封建起了四丈高表，这个高度是传统八尺圭表的 5 倍。这座高表高 10 余米，它其实就是一座巨大的建筑，所以也被称作登封观星台。整个高表由两座正南朝向的塔楼组成，高表顶部中间装有一根水平杆，其高度正好是 40 尺（元代的天文尺，1 尺大约等于 24.5 厘米）。每到正午，太阳光照射到水平杆上时，就会在地面的石圭上投射出一道长长的影子。由于整个设备非常大，以至于在冬至时，它的影长可以达到近 20 米。

登封观星台。在元代，该观星台的主要功能以测影为主，另兼有观星和计时等功能。观星台的建筑面积约为 300 平方米，呈覆斗状，四面有石阶盘旋而上。台面高 9.46 米，边长约为 8 米，上有小屋两间。

不过，郭守敬还要面对一个意料之外的难题。当这座四丈高表建成之后，他才意识到圭表的影子反而变得更加模糊了。实际上，郭守敬在这里面临的是一个永恒的天文学难题，即半影问题。由于太阳不是天空中的一个理想的亮点，而是一个明亮的圆盘，所以太阳中心和边缘的光线都会投射出影子，这就使得阴影的边缘变得模糊。当影长不大时，这种影响不大，也不容易被察觉到。然而，对于郭守敬的这座高表来说，这种影响无疑是非常明显的。最终，郭守敬找到了一个巧妙的解决方案，他发明了一种叫作景符的小装置。

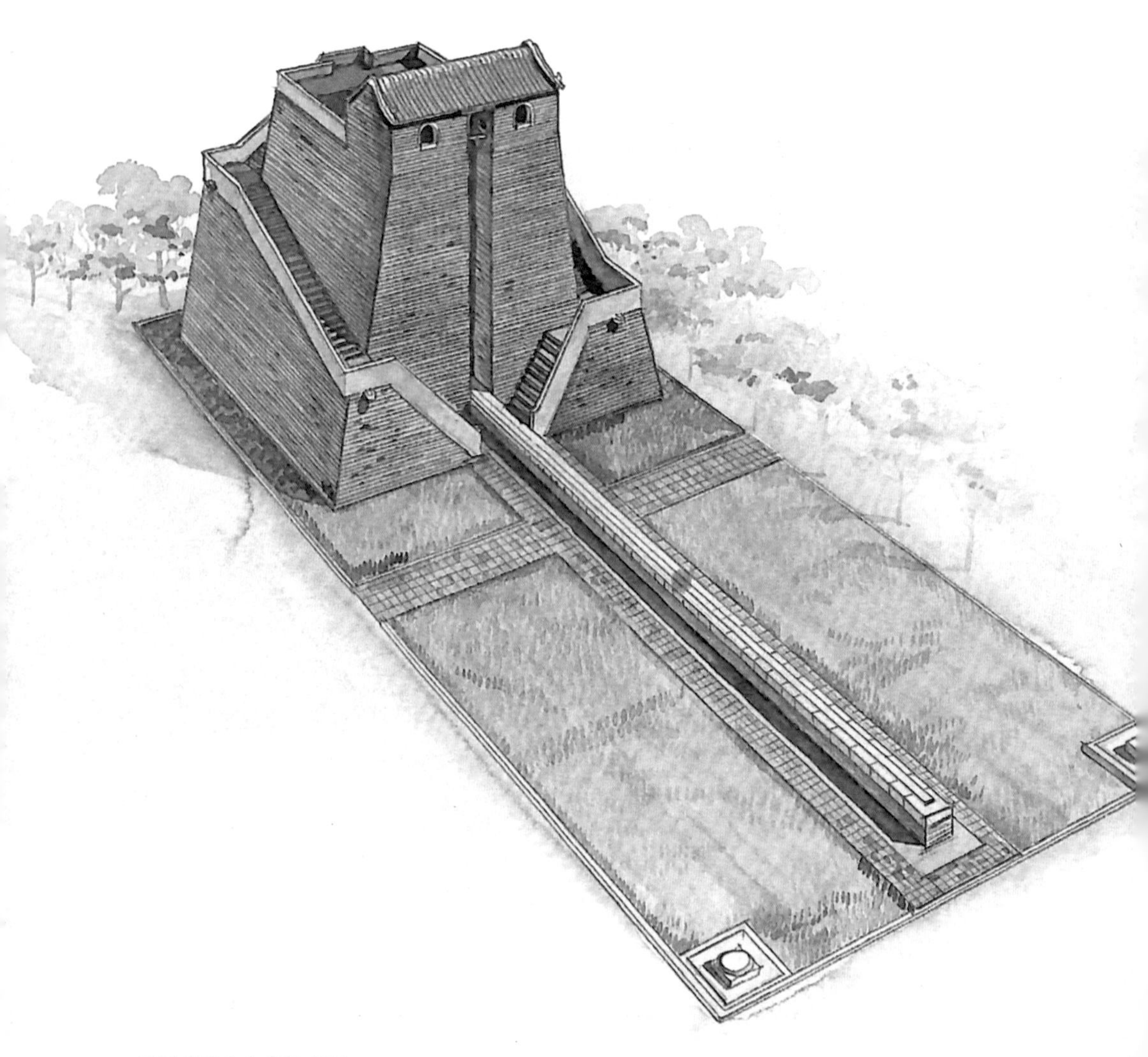

登封观星台布局示意图。

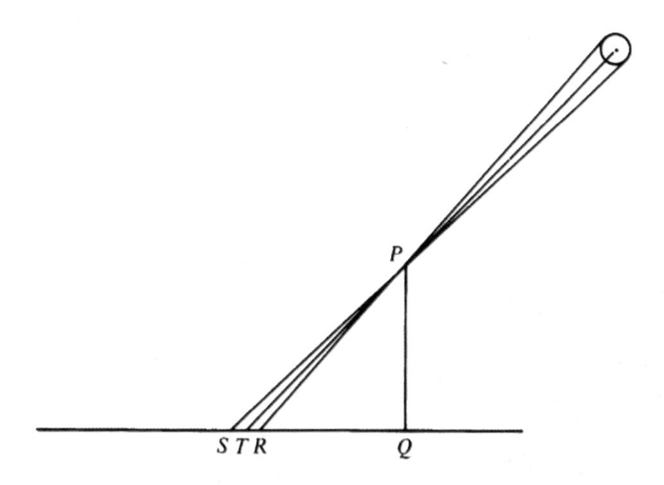

圭表日影示意图。太阳光经过圭表 PQ 在地面上投射出阴影 QS。其中，QR 部分处于深阴影中，而 RS 部分则是半影。阴影从 R 到 S 会逐渐变亮，导致眼睛无法准确地判断 T 点的位置。虽然人们也可以估算出 T 点的大致位置，但由于视觉上的干扰，会有不小的误差。太阳的视直径不小于 0.5 度，这就意味着如果表高约为 2 米的话，那么这个半影的长度将会超过 3 厘米。

景符是一块倾斜的小铜板，它的中心钻有一个直径约为 2 毫米的小孔。景符可以沿着圭表的石圭移动。这样一来，只要使其垂直于太阳光，光线便可以通过小孔在石圭上投射出清晰的影子。这其实利用了小孔成像原理。

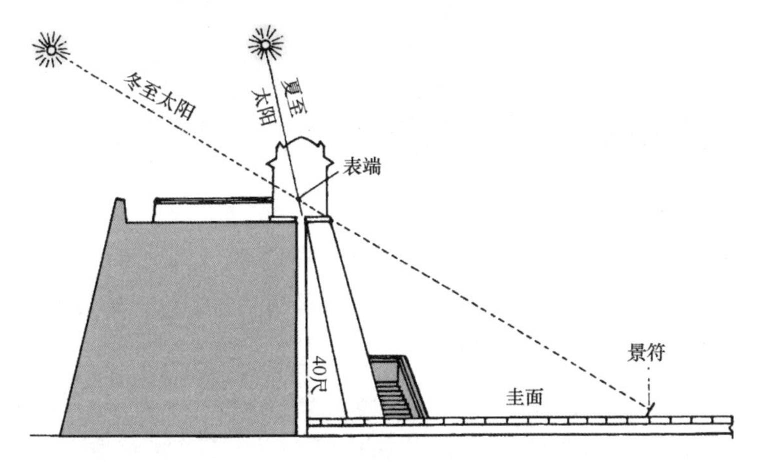

登封观星台工作原理图。

利用景符这个小发明，改进后的四丈高表成了一台能够精确测量影长的精密仪器。通过计算影子最长和最短时刻的时间跨度，郭守敬推算出回归年的长度应该是 365.2425 天。这与现代结果相比，仅有 23 秒的误差。能够在 1276 年准确地测量出回归年的长度，并且将误差控制在几十秒，在当时也算是一个不小的成就了。

景符测日影。

郭守敬的另一项重要发明是简仪。简仪是由结构繁复的唐宋浑仪经革新简化而得到的，故名“简仪”。中国传统浑仪的结构经历了由简单到复杂的变化，从两重发展到三重，从只有赤道环发展到增添黄道（太阳的运动轨道）、白道（月亮的运动轨道）等诸环，但同时也产生了诸多弊端。例如，多环叠套的结构给精密制造带来了困难。环数增多，被遮蔽的天区也就越多，影响观测，而且仪器的结构越复杂，越难以操作。

北宋时期，沈括曾指出唐代一行等人的浑仪操作复杂，“失于难用”。于是，他决定创制新型浑仪，简化其结构，如取消白道环，缩小某些部件的横截面积，以及调整黄道、赤道和地平诸圈的位置以减少遮挡等。而郭守敬设计制造的简仪比沈括的改进更加彻底。

郭守敬的简仪主要由一台赤道经纬仪和一台地平经纬仪构成，底座上还有水平槽，并装有正方案，用以校准仪器的水平和朝向。郭守敬在设计简仪时摒弃了将三种刻有不同坐标的圆环集于一体的方法，废除了黄道坐标环，还将地平坐标环和赤道坐标环分开，即所谓的地平经纬仪和赤道经纬仪。此外，他还废弃了浑仪中的一些圆环，赤道装置中仅保留四游、百刻、赤道三个环，地平装置中除了地平环外，另增加了一个立运环。

简仪有北高南低两个支架，支撑着可以旋转的极轴，其赤道经纬仪部分与现代望远镜中赤道装置的结构基本相同，轴的南端有固定的百刻环和游旋的赤道环，不像浑仪那样有许多圆环，妨碍观测，所以基本上能将整个天空一览无余。

简仪的地平经纬仪部分称为立运仪，与近代的地平经纬仪类似。它包括一个固定的地平环和一个直立的、可以绕铅垂线旋转的立运环，还有窥衡与界衡各一个，用来测量天体的地平高度和方位角。

为了使浑仪变得简单而灵便，郭守敬只保留了浑仪中最主要的赤道装置和地平装置两部分，并且把两部分相互独立出来，不像浑仪那样相互重叠干扰。至于其他不必要的各种圆环系统，郭守敬也都果断地将它们去掉。旧式浑仪的主体结构得到了大幅简化，很好地解除了各部件相互遮挡的弊端。

当然，郭守敬敢大胆地去掉其中的黄道结构与元代的数学发展有关，当时的“弧矢割圆术”（相当于现代的球面三角函数）已经能够很好地处理黄道和赤道坐标的转换。所以，只需观测到赤道坐标的位置，就可以通过数学推算得到黄道坐标的位置，而不再需要对黄道坐标进行重复观测。可以说，数学知识的发展为郭守敬简化浑仪的想法提供了支持。此外，郭守敬简仪的刻度划分也更为精细，以往的仪器一般只能精确到 1 度的 1/4，而简仪可精确到 1 度的 1/36，精度提高了很多。

明代的简仪（清代老照片）。明英宗正统年间朝廷又仿制过一台简仪，这些仪器直到清末还保存于北京的古观象台。1931 年“九一八”事变后，简仪被迁往南京，如今陈列于南京紫金山天文台。

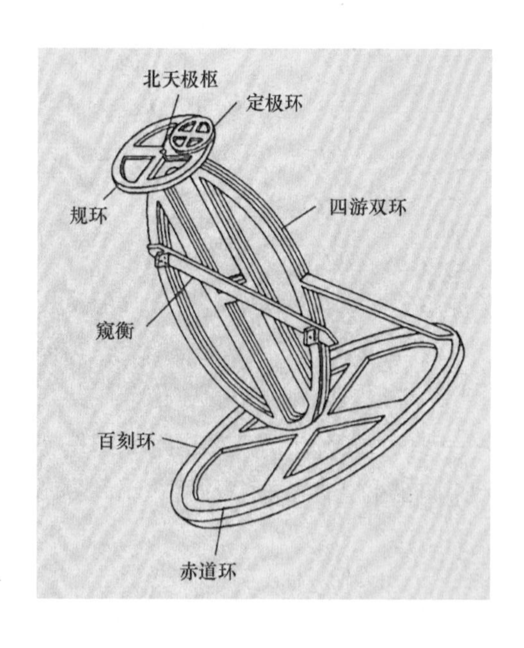

简仪赤道坐标部分示意图。图中互相垂直的大圆环是简仪的赤道装置，它们当中的一个为四游双环，即正中的圆环，用于测量赤道纬度，而与之垂直的是赤道环与百刻环，用于测量赤道经度。四游双环中间装有窥衡，窥衡可以绕四游双环的中心旋转。只要转动四游双环，通过窥衡瞄准天空中的任何一个天体，就可以确定其在赤道坐标上的位置。简仪上的定极环用于瞄准北天极、以校准简仪的方位。

郭守敬四海测验

在古人想象的世界中，日月照临、山川纵横的天下经常被等同于九州和中国。那么，中原王朝眼中的戎狄蛮夷的位置又在哪里？其实，古人有着自己的一套疆域认知体系，先秦时期的政治家提出过“五服”与“九服”学说。

《尚书·禹贡》中有这样一句话：“九州攸同，四隩既宅。”它的意思是九州统一后，四方的土地就都可以居住了。不过，当时九州的地位并不完全相同，它们被分为“五服”，即甸服、侯服、绥服、要服和荒服这五个区域。这些区域自帝都向外，每隔 500 里依次扩展。也就是说，在东南西北各个方向上都是 500 里再乘以5，周边均为 2500 里。《周礼》强调王畿，也就是王城周围千里的地域，以此作为国家的中心，形成了“九服制”的天下观。其中，最内圈的王畿是周王直辖的地区，中圈的侯、甸、男、采、卫属于诸侯国，外圈的蛮、夷、镇、藩则属于四夷地区。

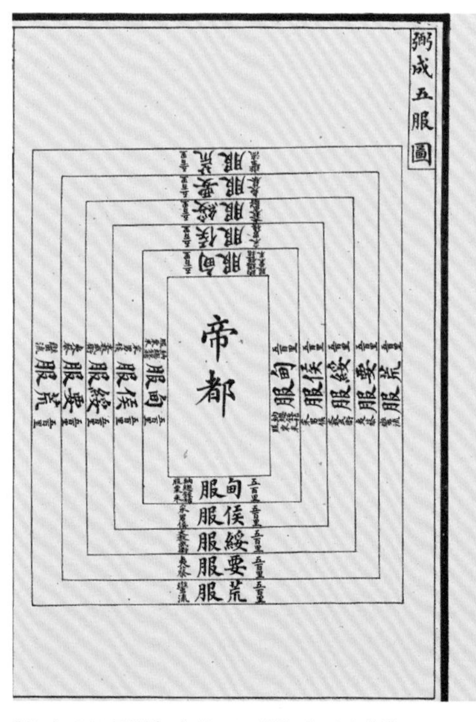

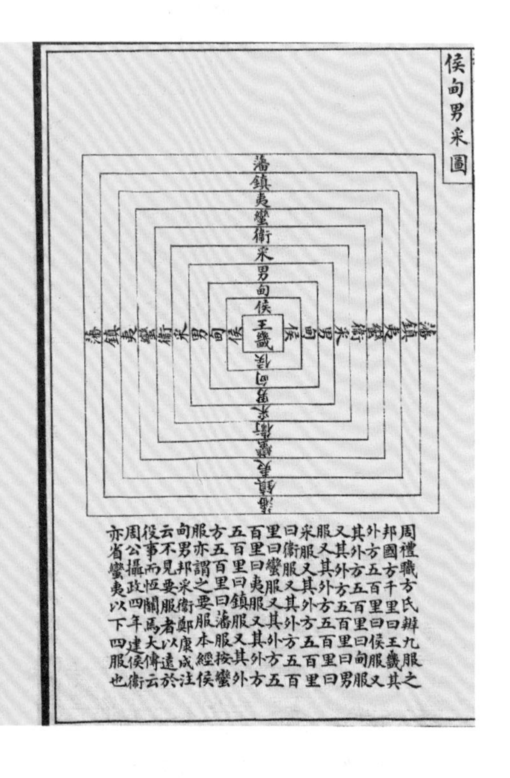

《钦定书经图说》中的“五服”和“九服”。

一般来说，由于历朝的天文仪器和天文人才都集中在都城，所以往往天象观测和历法编制都是基于都城的情况进行的。随着天文和历法水平的提高，人们开始考虑如何处理都城之外的区域。对此，唐代的一行指出，前朝各历法在计算晷漏和预报日月食时，其结果并不适用于全国广大地区（即九服之地），所以他在《大衍历》中首创了九服晷漏、九服食差等计算方法。这样一来，可以将原先仅合用于都城的历法扩展成真正的全国性历法，其重要性不言而喻。不过，这要求开展更大范围的天文观测，以及在数学方法上有所发展。

后来，郭守敬对元大都每日的太阳出入和昼夜时刻做了认真的观测。他编修的《授时历》包括一份昼夜漏刻数值表。该表以冬至和夏至作为起点，每隔黄道1度给出一个昼夜时刻值，相当于给出了每天的昼夜时长数据。前代以二十四节气为基准，仅列出主要节气的昼夜时刻值，然后进行简单的插值计算，其精细程度不及郭守敬的历法。

郭守敬画像。

等到高表测影快要结束的时候，郭守敬向忽必烈汇报，希望进行全国性的北极出地高度（地理纬度）、昼夜时刻、圭影长短等方面的测量。他指出，在唐朝开元九年至十三年间（721—725），一行曾让南宫说率领一队人马，从北方的蔚州到南方的林邑，设立了多个观测点进行测量，其中有资料可查的就有13处之多。

郭守敬认为，自从一行和南宫说进行大规模天文大地测量以来，500余年在大地测量方面几乎没有突破性进展，而元朝疆域辽阔，必须在更大的范围内进行测量。倘若不派遣历官分赴各地进行实测，就无法了解各地昼夜时长的不同，以及日月食的时刻和食分的差别等。忽必烈同意郭守敬的建议，立即批准付诸实施。除了京城大都之外，郭守敬在全国选取了26个观测点，选拔了14名熟悉天文观测技术的人员分赴各地进行测量。这次测量的范围东至朝鲜半岛，西抵川滇和河西走廊，南至中国南海，北至西伯利亚，南北长一万多里，东西横跨五千里。

唐代一行进行大地测量的目的是考证“地隔千里，影差一寸”这个先儒旧说，而郭守敬的测量计划主要是为编制历法服务的。郭守敬还提出要验证日月交食分数、时刻之不同，验证昼夜长短之不同，论证日月星辰去天高下之不同。这些都离不开系统的天文大地测量。所以，这次四海测验的范围比之前要大得多，测量内容也更为全面。

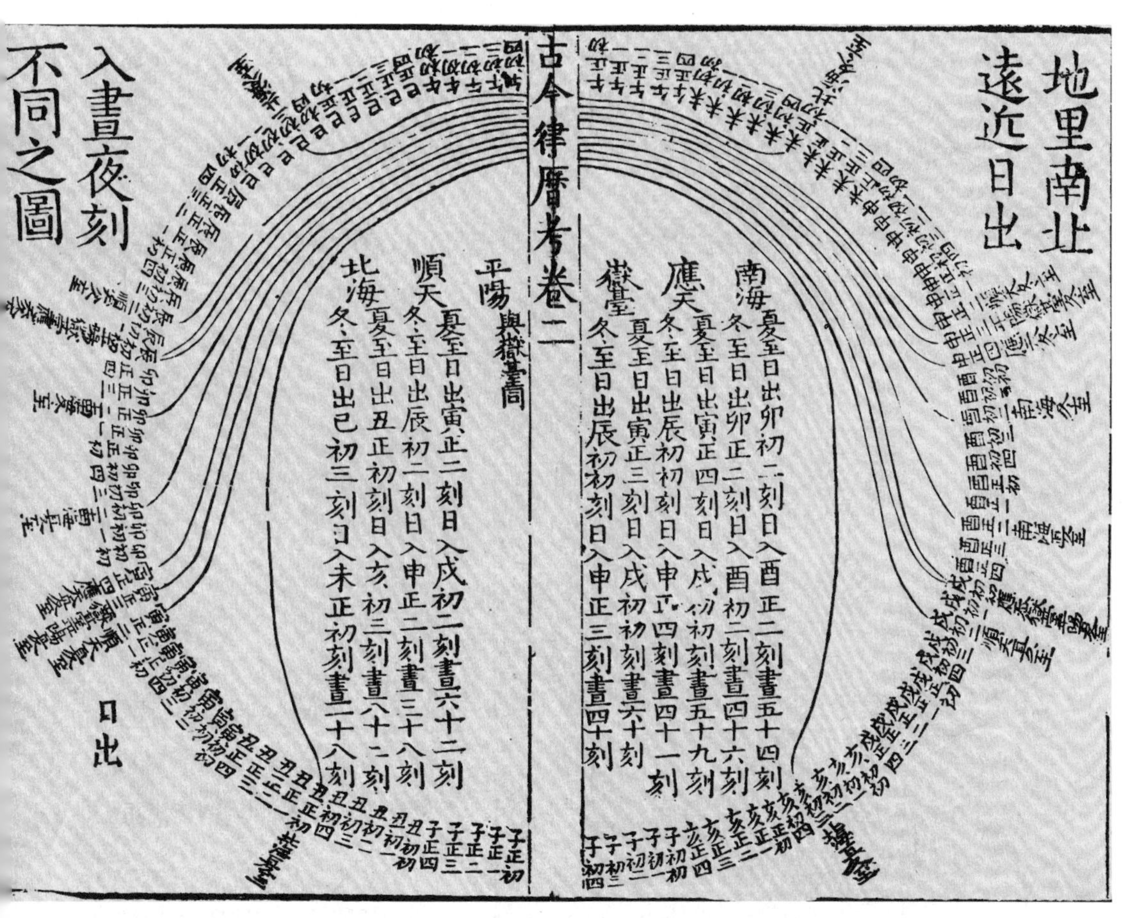

《古今律历考》中的“地里南北远近日出入昼夜刻不同之图”，给出了北海、顺天、平阳、岳台、应天和南海等不同地区的冬至和夏至日出日落时刻。

在四海测验过程中，郭守敬事必躬亲。在忽必烈批准测验活动后不久，他便带几个人先行出发了。郭守敬从大都动身，到了上都后折而往南，历经阳城等地，直到抵达南海。在一些重要的观测点，他亲自动手进行实测。通过一边实测一边建设观测站，他先在上都建成了观测仪表，途经阳城之际又负责建造了登封告成镇的观星台。等到他到达广州，前往南海测量的时候，已经是至元十七年（1280 年）的暮春三月了，此时已经是一年之后了。

在四海测验的 27 个观测点中，有 6 个观测点是特别选取的，它们按纬度分布，依次相差 10 度左右。这 6 个地点和大都的观测都较为精细。其余 20 个观测点遍布全国各地，除了少数地方建有高表外，他们大多用八尺之表来观测影长，并测算出各地昼夜时刻和北极出地高度。从分布情况来看，这些地点的纬度主要在 15 度到 65 度之间，每隔 10 度均有测点。这似乎可以证明，位置的选取在事先是有详密规划的。

这次大规模的实测最终取得了丰硕的成果，为历法的制定提供了可靠的数据。比如，在第二批测量的 20 个地点的纬度中，同现代测量值相比，有 9 个的误差不超过 0.2 度，其中有两个完全吻合。20 个地点纬度的平均误差约为 0.35 度，也就是 20 分左右。从当时的仪器制造安装和观测技术水平来说，这应该是相当精确的了。

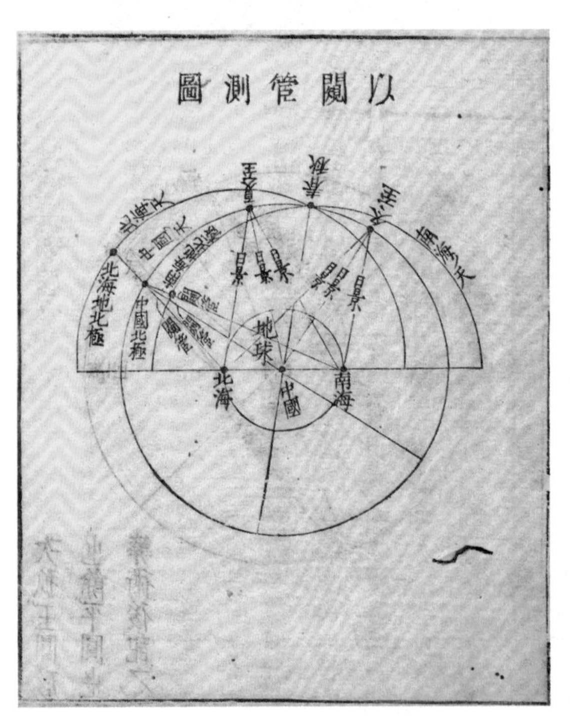

《授时历经谚解》中的“以窥管测图”。

有了大量的观测数据后，接下来就需要对其进行梳理，总结出规律，然后构建出适合不同地理位置昼夜时刻的方法。这需要一定的三角学知识，而我们所熟悉的三角学一般都是从平面三角形开始的。

由于地球和假想的天球都呈圆球状，所以相关的天文计算要涉及球面三角学的内容，这其实是一门研究球面上三角形的边和角的关系的学科。

然而，中国古代并没有发展出真正意义上的球面三角学。古希腊、印度和阿拉伯国家的天文学家很早就采用了球面三角学的方法来解决某些天文计算问题。隋唐之际，印度天文学传入我国，当时的《九执历》就介绍了类似于正弦表的内容，但是这些三角学方法在中国未能引起足够的重视。

由于中国传统数学中没有现代的角和三角函数的概念，因此历法计算多用代数方法而非几何方法。宋代的沈括在《梦溪笔谈》中首创了会圆术，将其用于推算弧、弦、矢的关系。该方法给出了一个由弓形中弦和矢的长度来求弧长的近似公式，郭守敬在此基础上发展出弧矢割圆术。

会圆术认为，当计算圆弧 AC（$2a$）所对应的弦 AC（$2c$）时，其矢 BD（b）和圆的直径 d（$d=2r$，r 表示半径）的函数关系如下：

$$a = c + \frac{b^2}{d}$$

结合勾股定理，可得：

$$c^2 = r^2 - (r-b)^2$$

因此，有：

$$b^4 + (d^2 - 2da)\,b^2 - d^3 b + d^2 a^2 = 0$$

弧矢割圆术的核心在于多次反复使用沈括发明的会圆术，并根据投影和相似三角形各线段间的比例关系，计算历法中的黄赤道内外度、日出入昼夜时刻等。也就是说，郭守敬在四海测验中取得了一些地点的观测数据，再结合弧矢割圆术，就能推算出任何地理位置的昼夜时刻了。

弧矢割圆术是元代在数学方法上取得的一大成就。从数学角度看，这种方法相当于球面三角法中求解直角三角形的方法，也开辟了一种替代球面三角法的计算方法。不过，这一新方法此后未能得到很好的发展。到了16世纪末，当系统引进西

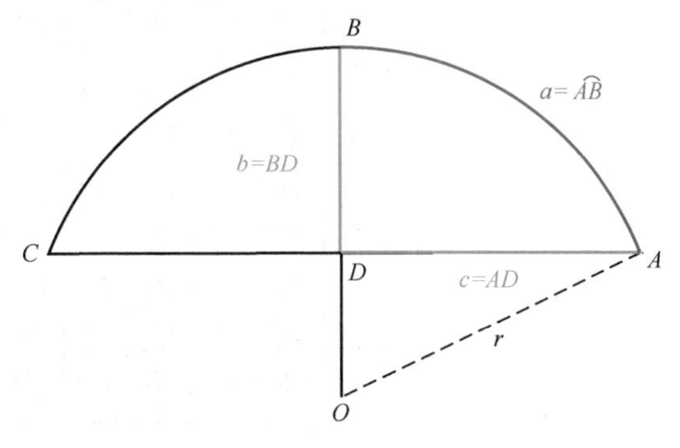

会圆术示意图。

方数学知识后，球面三角法才在中国的天文和历法计算中得到广泛的应用。

另外，有意思的是，弧矢割圆术沿用了早期传统数学中的“周三径一”方法，也就是说圆的半径是 1 的话，其周长为 3，即圆周率采用近似整数值 3。你或许会认为，根据这样的圆周率取值计算出的结果必然不准确。其实，弧矢割圆术中的这种三角法是基于弧、弦和矢的一种近似方法，而不是精确的公式推导结果。所以，在这套体系中，假如使用更精确的圆周率取值，反而得不出正确的结果。古人的智慧在于这种看似与现代科学原理不符的现象背后有其自洽的一套方法。这种方法在使用中不经意地抵消了不精确的圆周率取值所带来的误差，从而在整体上得出了比较理想的结果。

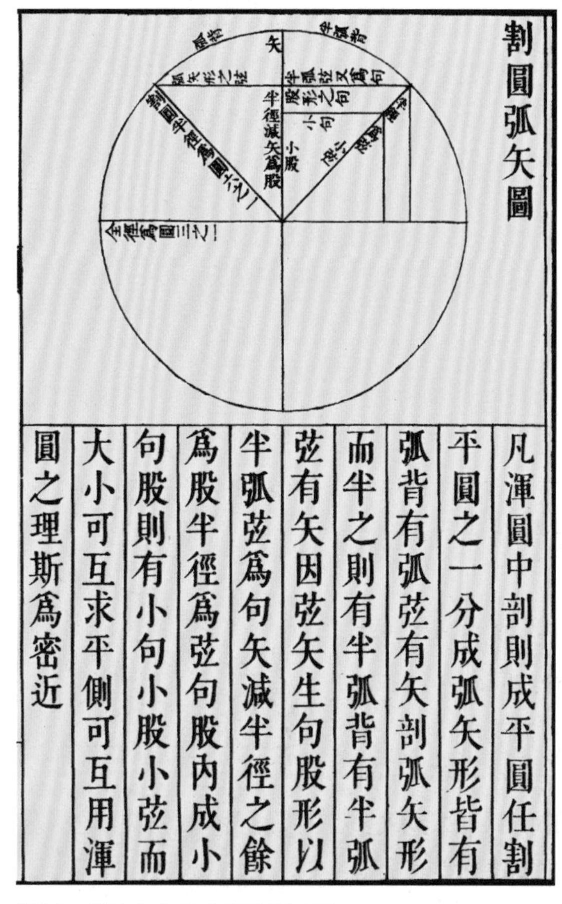

割圓弧矢圖

凡渾圓中剖則成平圓任割平圓之一分成弧矢形皆有弧背有弧弦有矢剖弧矢形而半之則有半弧背有半弧弦有矢因弦矢生句股形以半弧弦爲句矢減半徑之餘爲股半徑爲弦句股內成小句股則有小句小股小弦而大小可互求平側可互用渾圓之理斯爲密近

《明史·历志》中的“割圆弧矢图”。

历法巅峰《授时历》

忽必烈统一天下之后，采纳了大臣刘秉忠的意见，在大都设立太史局，从全国各地调遣人才，为元朝编制自己的历法。这部历法就是闻名中外的《授时历》，它的名称源于“敬授民时”这句古语。

改历是帝王最为重要的政事之一。为了编制新历，忽必烈采取任人唯贤、各尽所长的方式，不惜投入人力、物力和财力进行一系列天文仪器的制作以及大型天文台的建设。郭守敬和王恂等人合作，组建了一支高效的队伍，为历法改革提供了充足的人才。在改历过程中，忽必烈不断采纳创制新天文仪器的建议，让郭守敬负责这些仪器的设计和制造，为进行充分的天文观测和系统的历法改革提供了必要条件。中国古代官办天文学的优势在这里发挥得淋漓尽致。

《授时历》在实际测量和理论推算上成绩斐然，它是由郭守敬、王恂等众多天文学家在张文谦、张易、许衡等人的领导下集体创作而成的。由于郭守敬享寿最高,《授时历》最终的文稿皆由他整理完成，所以后人常将《授时历》的编制主要归功于郭守敬个人。

《授时历》颁布的当年，改历的重要参与者许衡、王恂先后病故，杨恭懿辞归。这时《授时历》虽已完成，但在推步方法、测验数据等方面尚未形成定稿。最初的分工是王恂负责《授时历》的理论和推步演算，郭守敬负责仪器研制和观象测候。王恂离世后，整理《授时历》的任务也就落在了郭守敬身上。此后几年，郭守敬整理完成了《推步》七卷、《立成》二卷、《历议拟稿》三卷等书稿。至元二十年（1283 年），太子谕李谦奉命撰写《历议》，他考证了前代历法的得失，指出了《授时历》的优势。最终,《授时历》自至元十八年（1281 年）颁行，到元惠宗至正二十八年（1368 年）共施行了 88 年。

《授时历》作为中国古代传统历法的巅峰之作，不但继承了此前历法的诸多优点，还进行了大量的创新和改革，其中最为突出的是“创法者凡五事”以及“考正者凡七事”。这些都是《授时历》的精髓所在。其中，创法五事是对天文计算的改革，而考正七事是对天文数据的重新测定。

创法五事分别为“太阳盈缩”“月行迟疾”“黄赤道差”“黄赤道内外度”和“白道交周”，也就是分别求太阳在黄道和赤道上的运行位置，求月亮在白道上的运行位置，由太阳的黄道经度推算赤道经度，由太阳的黄道纬度推算赤道纬度，求月道和赤道的交点的位置。在前两事“太阳盈缩”和“月行迟疾”中，《授时历》采用了招差术和高次方程数值解法。后三事“黄赤道差”“黄赤道内外度”和“白道交周”分别是有关黄道、赤道和白道的计算问题，《授时历》对此采用了弧矢割圆术。考正七事分别指测验冬至、岁余、日躔、月离、入交、二十八宿距度和日出入昼夜时刻。总的来说，《授时历》的优势在于“重在测验”和“继以密算”两方面的出色工作。关于《授时历》的观测工作，前面我们已经有所介绍，这里主要介绍它在计算方面的一些特点。

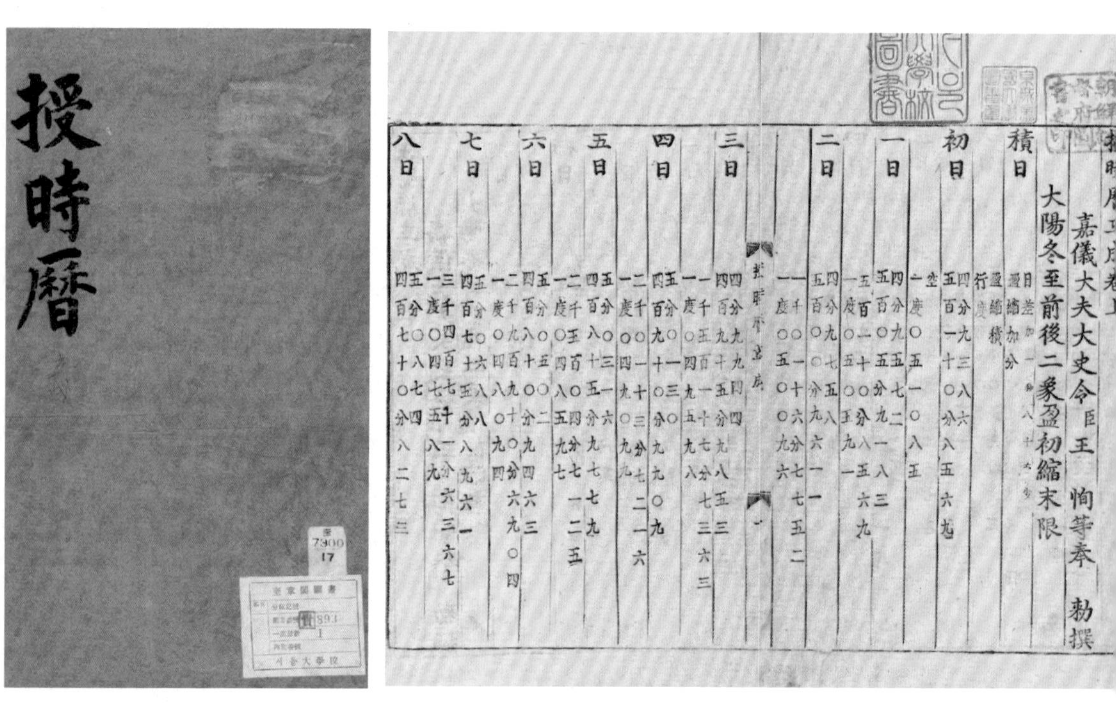

《授时历》及《授时历立成》。古代历法中常有一些被称作“立成”的天文推算表格，可以用于辅助各种计算。所谓“立成”有“立即成功”之意，这一类表格在《授时历》中也相当常见。图中的这个表格用于修正太阳视运动的不均匀性，也就是在太阳平均运动的基础上，得出其实际运动的位置。

天文和算学在中国古代总是相提并论，二者密不可分。居于“算经十书”

之首的《周髀算经》实际上也是一部天文学著作，其余的几部算书中也有不少关于天文学的内容。古代数学的发展经常缘于天文计算方面的需求，所以古代从事天文和算学研究的人也被统称为“畴人”。事实上，许多天文学家也是优秀的数学家。天文学的不少重大进展经常体现在历法的计算中，其中数学知识的运用显得极为重要。

由于中国古代几何学不算太发达，在平面几何中没有引入角度的概念，在直角三角形中只有线段与线段的计算关系，而没有边与角的计算关系，所以关于日月和五星位置的计算都采用代数拟合的方法（如同现代的多项式求解），然后用内插法进行计算。

中国古代的天文学传统与源自古希腊的西方天文学传统迥然不同。古希腊的几何学发达，所以天体位置都采用几何模型进行计算，具体做法为：通过观测建立几何模型，使几何模型吻合已知的观测资料，然后反复修改模型，以求完善。中国的传统天文学方法没有几何模型方法那样直观，但这两种方法在本质上是相通的，都是在观测的基础上构建和拟合出的一套数学计算方法。

在数学计算上，《授时历》的一项创新是采用了三次差内插法。内插法是指在两个给定值之间估计数值，例如根据星历表上给出的两个时间点上行星的位置，可以利用内插法估计该段时间内任意时刻行星的位置。在中国古代，内插法又称为招差术。若已知两个不同时间点的天文量，欲求它们之间任一时刻的天文量，就需要用内插法来推算。这是用数学方法去拟合两个数值之间的天文量变化的一种尝试。中国古代的内插法从汉代的一次差内插法，逐渐发展到等间距二次差内插法、不等间距二次差内插法和三次差内插法。

在隋代刘焯的《皇极历》之前，传统历法基本上都采用一次差内插法，即将两个时间点之间的天文量视为均匀变化的，也就是假定天文量随时间的推移呈简单的线性变化。后来，人们逐渐发现日月和五星的运行不是匀速的，而是匀变速的，所以开始使用二次曲线来拟合天体运动。这样一来，所得结果就要比一次差内插法拟合的结果准确得多。然而，日月和五星的实际运动远比二次曲线复杂，于是三次差内插法便应运而生。

在《授时历》的编制过程中，推算日月的不均匀运动改正时，采用了三次差内插法。其中，太阳实行与平行位置之差称为盈缩差，月亮实行与平行位置之差称为迟疾差。此外,《授时历》还用类似的方法给出五星运动的不均匀改正。计算“太阳盈缩”和“月行迟疾”也被认为是《授时历》“创法凡五事”中最为重要的两项。

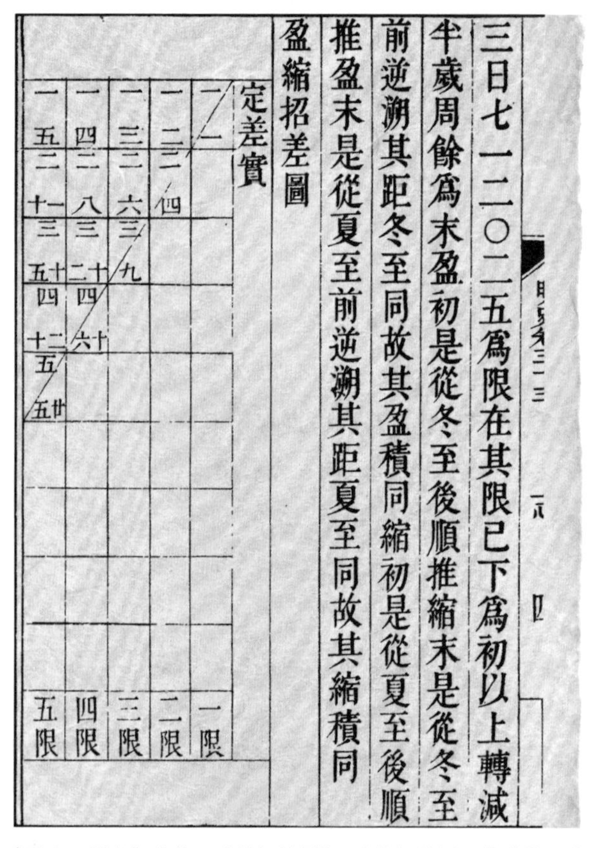

三日七一二〇二五爲限在其限已下爲初以上轉減半歲周餘爲末盈初是從冬至後順推縮末是從冬至前逆溯其距冬至同故其盈積同縮初是從夏至後順推盈末是從夏至前逆溯其距夏至同故其縮積同

盈縮招差圖

定差實

一限	二限	三限	四限	五限
一一	一二	一三	一四	一五
	二四	二六	二八	二十一
		三九	三二十	三五十
			四六十	四十二
				五五廿

《明史·历志》中的“盈缩招差图”。盈缩招差用于构建修正太阳运动的三次差内插函数。

正是因为在“精测”和“密算”两方面所下的功夫,《授时历》成为中国古代传统历法的巅峰之作。明代天文学家邢云路曾评价《授时历》说:“自古及今,其推验之术,独此为密近。”徐光启认为“元郭守敬兼综前术,时创新意,以为终古绝伦”,只不过“后来学者,谓守此为足,无复措意”。后人皆墨守成规,难以有更大的突破,导致“历象一学,至元而盛,亦至元而衰也”。

由于《授时历》重要的历史地位,它不仅成为明代编修《大统历》的基础,而且传播到了朝鲜、日本和越南等周边国家和地区。《授时历》被元朝正式采纳后，忽必烈遣使将新历书颁发到了高丽，随后高丽开始设法私下学习其编算方法。

元朝曾两次远征日本，导致双边关系恶化。所以，在《授时历》问世后，日本并没有像高丽那样及时学习和改用《授时历》。不过，最迟在 1453 年,《授时历》随《元史》被僧侣传入日本，其中包括《授时历议》《授时历经》以及有关郭守敬的天文仪器等方面的知识。

到了江户时期（1603—1867),《授时历》引起了日本学者的重视，学习研究之风兴起，出现了关孝和、建部贤弘和涉川春海等一批专家，同时也出版了大量著作。其中，不少著作对《授时历》的立数、立表、立法原理都有深入的研究。《授时历》在当时的日本被尊为历学的最高经典，即便在西洋历法传入日本之后,《授时历》仍被认为是重要的历法基础读物。

此外，北邻中国的越南与朝鲜、日本一样，也是汉文化圈的一部分。在历史上，越南曾作为中国的郡县长达 1000 余年，受中国文化的影响颇深，所以自古以来，越南也基本沿用中国的天文和历法。元惠宗元统二年（1334 年），朝廷遣使安南（即越南），并赐越南陈朝宪宗陈旺《授时历》。陈开佑十一年（1339 年），越南采纳太史令邓辂的建议，将元朝颁给的《授时历》改名为《协纪历》。1400 年，黎季犛篡位，改国号为大虞，废《协纪历》，改行《顺天历》。实际上,《协纪历》和《顺天历》仍属于《授时历》的范畴，只是更换了名称而已。

第 9 章　撞击交融：明代历法的双轨

太祖的星占之术

洪武四年（1371 年）的一个秋天，一封加急信件被马不停蹄地送到了刘基的手上。刘基是明朝的开国功勋，他还有一个更响亮的名字叫作刘伯温。刘基曾追随朱元璋 10 余年，被封为诚意伯。此时，他已经退休，带着爵禄荣归故里。写信的人正是大明皇帝朱元璋，这时他遇到了一件紧迫的事情，不得不找刘基来解决。

两个月前，朱元璋的西征兵团击败了元末义军明玉珍的势力，夺取了西南重镇重庆。这本是一件值得庆贺的事情，但是朱元璋遇到了一个不小的难题。钦天监突然奏报，太阳上出现了黑子，而且这种现象还持续了很久。朱元璋清楚地记得几年之前，刘基任太史令的时候曾经奏报过日中有黑子的天象，并且预言“东南当失一大将”。果不其然，不久大将胡深讨伐陈友定，中了埋伏，马失前蹄被杀。一年之前，司天台曾报告朔日以来日中有黑子，以为祭天不顺所致。朱元璋还曾下令礼部要重视祭祀礼仪。但是，不久前又开始天鸣震动，以至于“日中黑子或二、或三、或一，日日有之”，于是朱元璋忧心忡忡，不知道灾难将从何而来。

朱元璋像。

这时，朱元璋想起了擅长天象占验的刘基。早在至正二十二年（1362 年），刘基丁忧回家葬母，临走之前为朱元璋进行天象占验，结果各项预言全都应验。这让朱元璋对刘基的天文占验深验深信不疑，甚至夸他“以天道发愚，所向无敌”。所以，这次朱元璋在信中一再叮嘱说，你住在山中，身边肯定有些奇人异士，看能否向他们讨教一二？刘基为了让朱元璋宽心，回信对其中的疑问一一做了解答，并宽慰他说“霜雪之后，必有阳春，今国威已立，自宜少济以宽大”。朱元璋读到这封信后也就放心了。

字伯溫青田人少穎悟通經術及天官陰符家
言西蜀趙天澤奇之以為諸葛孔明之流嘗見
異雲起指友曰天子氣也應在金陵十年後
我必為輔太祖下金華使孫炎來聘自是叅
贊幃幄築畫有功每曰先生吾子房也以辥
封受伯爵賜誥有曰渡江策士無雙開國文
臣第一謚文成

刘基像。

史料记载，在各种异常天象中，朱元璋对“日中有黑子”最为关注，可以说到了惶恐不已的程度。在古代，太阳象征着君王的权势，太阳在一般情况下明亮而耀眼，人不能逼视。古人认为，一旦太阳本体的亮度降低，就意味着灾害将要发生，如日食发生时会出现“日无光”或“日昼昏”现象。所以，日食被认为是一种凶相。但日食发生的时间往往较短，而且在明代日食已经很容易预测，故出现日食时朝廷只会按例救护，不会予以过多的关注和产生恐慌。然而，太阳黑子则不同，一方面因为太阳黑子持续的时间较长，另一方面因为太阳黑子在当时还是无法事先预知的异常天象，加上明初恰巧又是太阳黑子频发的时期。于是，在朱元璋在位期间，太阳黑子频繁出现，引起了他的极度担忧。

中国古代常将与星占有关的内容叫作天文，将与历法有关的内容叫作历。所谓“天文”，就是天上的纹络，即天象。古人认为通过观测天象就能够对人世间的吉凶进行判断，即“天垂象，现吉凶”。中国古代天文学并不限于其自然科学意义，在某种程度上也被赋予了更多人文内涵，渗透到政治、经济、军事等诸多领域。帝王们大多认为天象与皇家的兴亡和政治臧否有着直接的关系，也是政治的外化和参照。作为出身于社会底层的开国之君，朱元璋深信天命，对于可窥知天命的各种方式极为敏感，视之为珍秘之术。他的虔诚程度远超其他帝王。在吴元年（1367 年）改太史监为太史院时，他曾对侍丞说，自起兵以来，每当遇到天象示警，他常加儆省，不敢逸豫。

从历史文献中可知，朱元璋有长期观测天象的习惯，有时甚至达到痴迷的程度。《明太祖实录》记载道：“朕自即位以来，常以勤励自勉。未旦即临朝，晡时而后还宫。夜卧不能安席，披衣而起，或仰观天象，见一星失次，即为忧惕。”在面对各种异常天象时，朱元璋通常会采取必要的应对措施。洪武七年（1374 年），他曾考虑让囚徒在南京狮子山上建造阅江楼，但最终由于出现日食而作罢。当然，有时一些吉利天象也会使他龙颜大悦。洪武二十一年（1388 年），有一颗赤黄色星出现在东壁天区。此次天象出现在明代首次科举会试之前，而钦天监又给出了“文士效用之占”的解释。朱元璋了解后十分高兴，他认为开国首次遴选英才时就出现祥瑞的天象，必然是国家昌盛之兆。

星占在中国古代常被作为军事决策的重要依据，甚至影响战争的进程。明初多个政权并存，战争频发，而朱元璋对星占在军事行动中的“天象示警”功能极为依赖，不少史料都记载有他利用星占指导行军作战的情形。朱元璋经常将最新的天象信息及其星占解释传递给前线将领，在需要进行重大军事决策时，他甚至要亲自观测天象。至正二十一年（1361 年）八月，刘基在解释“金星在前，火星在后”这一天象时，给出了进攻陈友谅的提议。朱元璋表示赞成，还回应称“吾亦夜观天象，正如尔言”。

其实，朱元璋不仅要求通过天象观测进行占验，还希望通过预测天象提前进行天象的占验。洪武三十年（1397 年），在平定西南的战斗中，朱元璋根据事先预知的天象来安排军事行动。最初，朱元璋计划让楚王朱桢和湘王朱柏在七月二十日之前出兵征剿洞蛮。在该年六月初七，他就已经预知金星会在七月三日伏而不见。他据此认为，在此期间出师可能会有所不利，于是便根据天象预测重新做了军事部署。

在古代，完成一次星占通常需要被动地等待天象的出现，然后才能据此进行占验。倘若能在天象发生前预知某些天象信息，就能提前占验，从而尽早采取应对措施。但要提前预知准确的天象，就必须依靠精确的历法推算。从这一点看，朱元璋重视天象，喜好星占，对当时历法推算的精度提出了更高的要求。所以，他后来组织编修《大统历法通轨》以提高交食预报的精度，编译《回回历法》以实现月五星凌犯的预测。这些工作对当时天文历法的发展都有着积极意义。

在起兵之初，朱元璋很重视搜揽天文和历法人才，至正二十六年（1366 年）曾“令府县每岁举贤才及武勇、谋略、通晓天文之士，其有兼通书律、廉吏，亦得荐。举得贤者赏”。在他看来，通晓天文之士和有武勇谋略之人一样都是最为紧缺的人才。他甚至认为天文人才比通书律、勤廉和熟悉政务的一般人才更为重要。

朱元璋对星占的需求和重视带动了当时一系列天文活动的开展。朱元璋生前兴建了多处观象台，而且组织编撰了不少天文和星占书籍，包括校订《选择历书》和编撰《大明清类天文分野之书》等。除了重视传统星占书籍的整理，朱元璋还注重对阿拉伯天文和星占知识的借鉴与学习，下令开展《回回历法》和星占著作的翻译工作。这奠定了《回回历法》与《大统历》一起作为明朝官方历法的“双轨制”格局。

虽然明初朱元璋实施的一系列天文政策吸纳了人才，但导致了较前代远为严厉的天文禁令，在控制和管理天文历法人才的同时，也阻断了民间对天文历法的学习，对明代中后期天文学的发展产生了一定的负面影响。100 多年后的孝宗时期，朝廷命征隐逸山林能通历学者，结果却是“卒无应者”。

《金陵梵刹志》中的鸡鸣山钦天监观星台图。

朱元璋不仅自己关注天象，他还注重训导皇室子孙学习天文和星占术，强调天象在修德、修政中的作用。从相关记载来看，这的确对他的子孙产生了不小的影响。楚王朱桢的儿子因病而逝，但恰恰在此前不久出现了“荧惑守太微垣”的天象。朱元璋据此认为，朱桢之子的死与朱桢未能“知五星出入，洞烛祸福，以修人事”有关。他还以西汉刘向的灾异论来教育儿子，希望朱桢能够“省愆慎德，以回天心”。在此事发生之前，朱元璋曾将《大明清类天文分野之书》和《天文书》（清代以后称为《明译天文书》）等颁赐给朱桢，教导他学习天文和星占术。

后来，朱元璋的孙子、明仁宗朱高炽回忆自己“少侍太祖，晓识天象”，而且每当遇到灾变，太祖无不克勤克俭，进行自警与自省。由于朱元璋的影响，其子孙也都强调“敬天”的重要性，在修德、修政中重视天象的作用。

朱元璋还不时借助“天象昭示灾异”来训斥诸藩王和进行政治运作。科技史学家李约瑟曾认为，产生于敬天“宗教”的古代天文与历法一直是“正统”的儒家之学，所以天文学也在一定程度上为圣王教化天下提供了规范。

洪武二十年（1387 年），朱元璋借天象昭示灾异，敕谕告诫晋王以及其他诸王的恶行，并将其说与各王知道。朱元璋认为藩王们得罪神人，若不改过自新，必然惹怒天神而性命堪忧。他便指出去年月亮、火星凌犯诸王星的天象，而且本年月亮、金星又将凌犯诸王星四次。在中国传统星占中，凌犯占十分重要。当月亮和五大行星运动到某颗恒星附近，与它的距离小于一定值时，古人认为月亮和五星对该恒星产生了凌犯（即侵犯）。根据凌犯的情况，星占家会对其所主的吉凶祸福进行解说。

朱元璋说月亮和金星二曜相犯甚急，不知此祸是由哪位藩王招致的，以至于激怒上天。他认为周王朱橚、齐王朱榑、潭王朱梓、鲁王朱檀的可能性最大，于是便列举这四位藩王的罪责。比如，周王抢人之亲不还；齐王擅掠民间女子入宫，不用者打死；潭王无故殴杀典簿；鲁王随意处置军家营里小孩，扰乱军家安全。这些都是不可饶恕的罪行。为此，朱元璋对他们的处境表示担忧，并规劝诸王切勿再作恶，以挽回天意自保。

值得注意的是，洪武二十年的这封敕谕是由朱元璋于二月发出的。当时他已经得知，这一年将出现四次月亮和金星凌犯诸王星的现象。他在敕谕的最后还附上了四次凌犯的时间，分别为二月七日、六月二十七日、六月二十八日和七月二十二日。由于当时的传统历法《大统历》无法计算月亮和行星的纬度，所以也就不能据此提前预测月亮和五星凌犯的时间。不过，刚编修完成的《回回历法》中有计算月亮和五星黄道纬度的算表，可以用于推算凌犯时间。这说明这时的朱元璋手中掌握着《回回历法》这个强大的“秘密武器”，可以达到以“回回之法，占中朝之命”的效果。

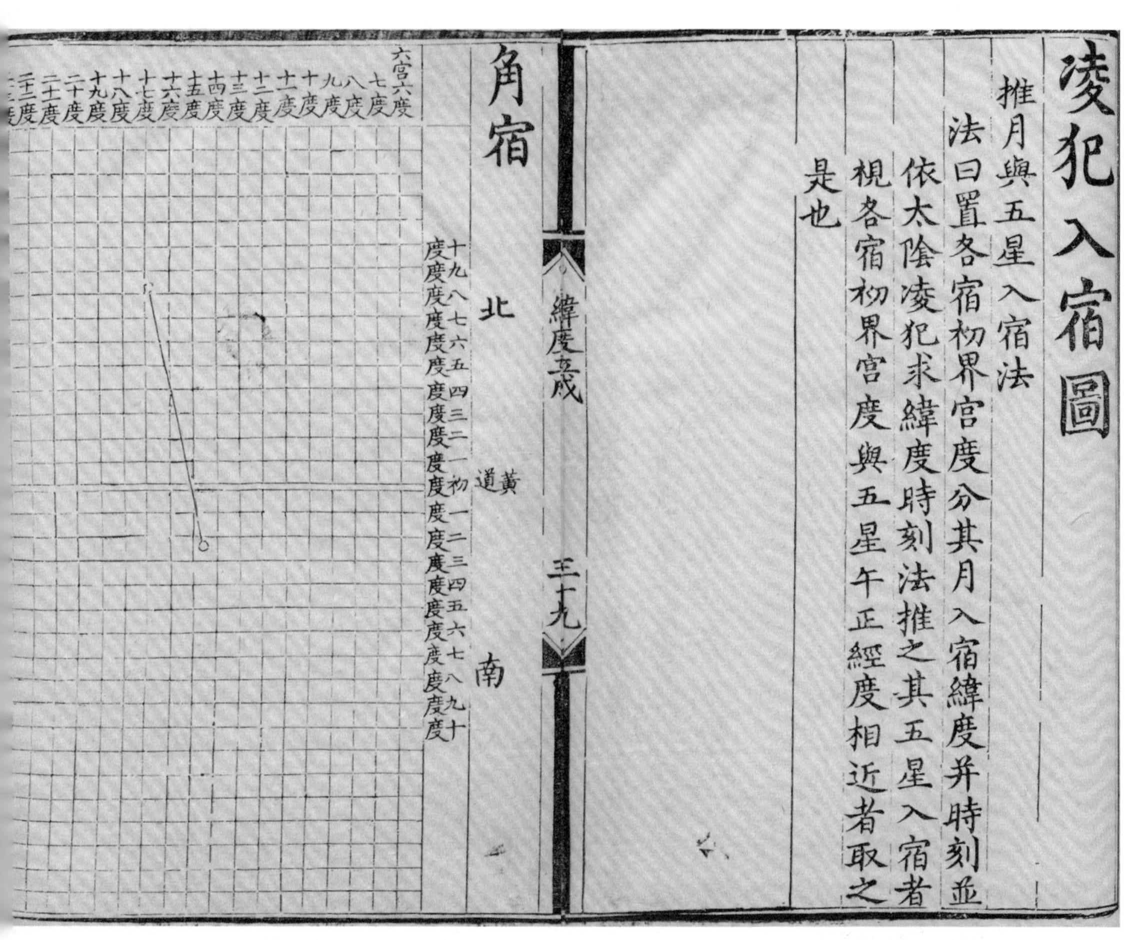

凌犯入宿圖

推月與五星入宿法

法曰置各宿初界宮度分其月入宿緯度并時刻並依太陰凌犯求緯度時刻法推之其五星入宿者視各宿初界宮度與五星午正經度相近者取之是也

緯度立成　三十九

角宿

六宮六度　七度　八度　九度　十度　十一度　十二度　十三度　十四度　十五度　十六度　十七度　十八度　十九度　二十度　二十一度　二十二度

北

十度　九度　八度　七度　六度　五度　四度　三度　二度　一度　初度　一度　二度　三度　四度　五度　六度　七度　八度　九度　十度

黃道

南

《回回历法》中的凌犯推算。

《大统历》与《回回历法》

洪武十八年（1385 年）的一个冬日，汉人钦天监的三位官员被派往回回钦天监学习，他们分别是春官正张辅、秋官正成著和冬官正信政。这三个人都是汉人钦天监的中层官员。在三年的学习结束后，他们完成了一部试图会通中国传统历法和阿拉伯历法的著作。

出现这样的交流活动，完全起因于朱元璋的一个想法。洪武元年（1368 年）十二月，朱元璋将元朝的太史院改名为司天监。考虑到元朝的太史院中有不少来自西域的天文学家，于是明朝在立国之初仿照元朝设置了一个回回司天监。洪武三年（1370 年），为了表达"钦崇天道之意"，朱元璋将司天监改名为钦天监。为了提高钦天监的观测水平，朱元璋还在南京的鸡鸣山和雨花台各设一座观星台，其中雨花台的观星台隶属于回回钦天监。

元朝在上都等地建有由西域天文学家负责的回回司天监，装配了精密的阿拉伯天文仪器，收藏有大量以波斯文和阿拉伯文写成的天文和数学著作。这些西域天文学家的工作不但为中国天文学的发展做出了重要贡献，而且在一定程度上加强了不同民族与文化之间的交流。思想家梁启超曾指出，"历算学在中国发达甚古，然每每受外来的影响而得进步"，而"元代之回回法"便是其中一个重要的外来影响。虽然自元代起，官方天文机构就实行了汉人与西域天文学家并立的方式，但从种种迹象来看，元朝并没有鼓励汉人与西域天文学家之间的深入交流，也没有组织系统的书籍翻译工作。

明洪武初年，一如元制，明朝不仅接管了元朝的汉人和回回天文机构，而且将大量原本藏在秘书监的波斯文和阿拉伯文天文书籍运往南京，还诏征元太史院张佑、回回司天监黑的儿等 14 人，以及元上都回回司天台的郑阿里等 11 人前往南京商议历法事宜。洪武十五年（1382 年），朱元璋下令开展阿拉伯天文历法著作的翻译工作，终于促成了《明译天文书》和《回回历法》两部回回天文学著作的翻译。自此，《回回历法》便一直与明代官方的《大统历》相互参用，长达 250 余年。

与《回回历法》翻译相关的阿拉伯文天文算表，现藏于俄罗斯科学院东方学研究所圣彼得堡分所，编号为 MS C 2460。这份表格用于日月食预报中某一步骤的推算，左下角和右下角有用中文书写的“红加”和“红减”。这说明可以通过“加”或者“减”修正数值。

明代是中国历史上唯一同时采用两种历法体系的朝代，这不能不引起人们的疑问。既然《大统历》已作为官方历法，为何还需要《回回历法》与之参用呢？其实，《回回历法》和《大统历》都能够进行日月五星位置的推算，也都能

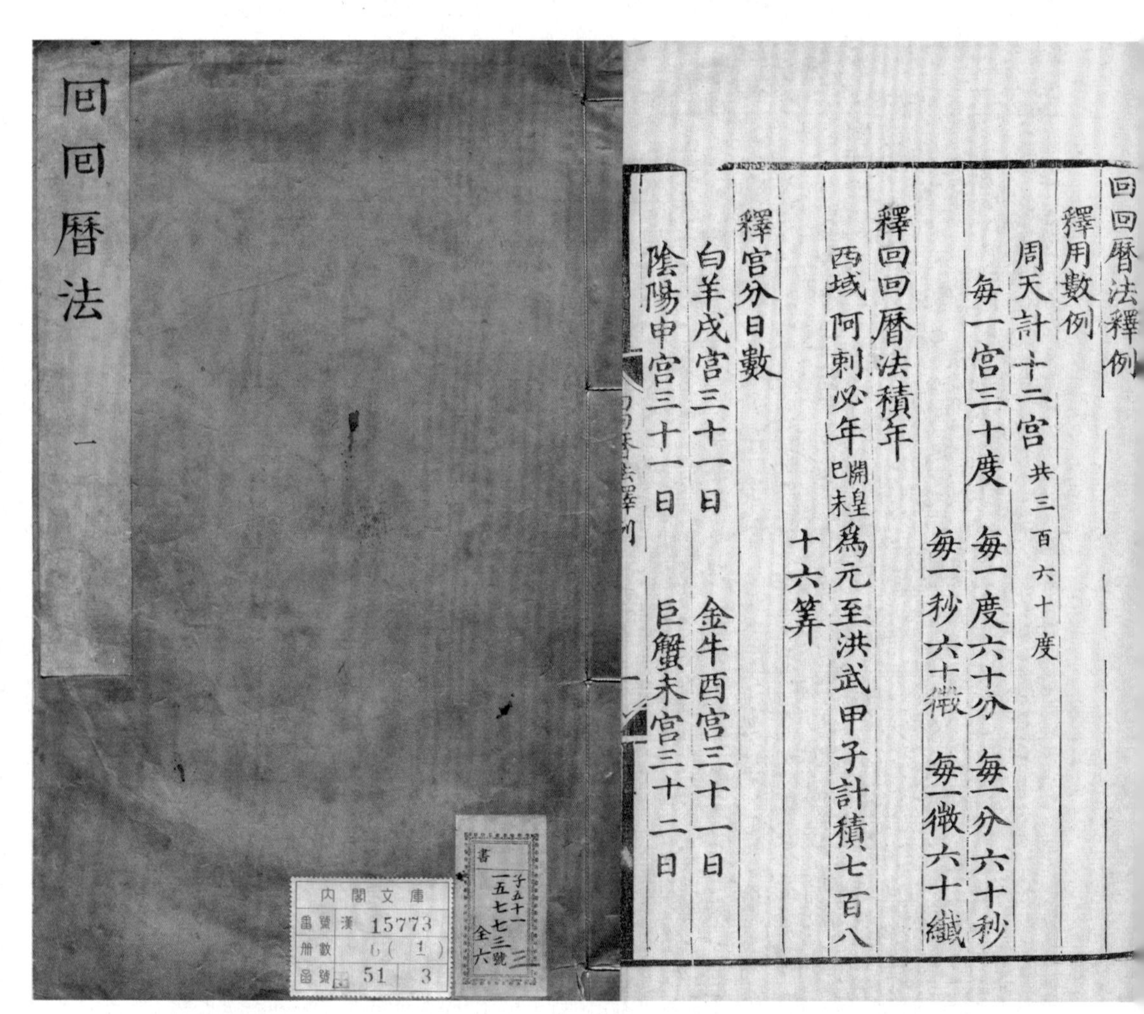
回回曆法 一

回回曆法釋例

釋用數例

周天計十二宮 共三百六十度

每一宮三十度 每一度六十分 每一分六十秒

每一秒六十微 每一微六十纖

釋回回曆法積年

西域阿剌必年 開皇己未為元 至洪武甲子計積七百八十六筭

釋宮分日數

白羊戌宮三十一日 金牛酉宮三十一日

陰陽申宮三十一日 巨蟹未宮三十二日

明成化年间的贝琳本《回回历法》。其中的“阿剌比”就是如今的“阿拉伯”。另外，该历法以隋代“开皇己未为元”。由于隋开皇己未年（599年）早于伊斯兰教传播的时间，这个历元曾经是困扰人们的难题。这个问题实际上是在日期换算过程中采用了回回阴历积年所造成的误解。清代学者王锡阐指出，其实际历元为唐武德五年壬午（622年），也就是伊斯兰教的元年。

对日月食进行有效的预报。虽然《回回历法》在交食发生时刻的推算方面不及《大统历》，但在食分的推算上有一定的优势，这使得《回回历法》在与《大统历》长期参用的过程中发挥了重要作用。

更为重要的是，除了用于日月食预报，《回回历法》还被明朝官方天文机构用来对月亮和五星的凌犯进行非常详细的预推，因为凌犯推算在星占上有着极其重要的作用。由于传统的《大统历》无法计算月亮和五星的纬度，所以它对凌犯的推算无能为力。正如前面所提到的，朱元璋下令翻译《回回历法》，一个主要原因就是它能满足凌犯推算的需要。

可以说，《回回历法》能够比较精确地推算月亮和五星凌犯，在星占上有着巨大的价值。于是，朱元璋就产生了将两种历法进行“会通”的想法，从而出现了汉人钦天监派遣官员去回回钦天监学习的情形。

不过，阿拉伯天文学和中国传统天文学之间有着不小的差异。比如，中国传统历法通常以冬至作为一年的岁首，而《回回历法》以春分作为起点。又如，两种历法在数学换算和进制方面也有所不同。《回回历法》采用六十进制，而《大统历》采用百进制。

更为麻烦的是，《回回历法》中的算法都是按照阳历给出的，而配套的天文表是根据阴历来计算的，二者的历元和年月日安排都不相同。倘若没有准确的日期换算方法，就难以正确使用《回回历法》。这几位去回回钦天监学习的汉人官员所面临的任务就是找出合适的方法，将这两种历法系统“合而为一，以成一代之历制”。

这些前去学习的天文官员也做了一些尝试，但是总体效果不太明显。所以，朱元璋试图将传统的《大统历》和基于阿拉伯天文学编制的《回回历法》合而为一的想法未能实现。不过，这也使得这两种历法在明代自始至终被相互参用，都成为明代的官方历法。这条由朱元璋所定历法“双轨制”的“祖制”甚至影响到明末历法改革的方式。万历年间，五官正周子愚请求翻译西洋历法，以弥补中国传统历法的不足。他所提供的依据就是仿效太祖翻译《回回历法》。最终，历法改革派也以此为突破口，拉开了明末天文历算西学东渐的序幕。

朱元璋时期的另一项重要的历法工作是编修《大统历》。洪武十七年（1384年），朱元璋提拔钦天监漏刻博士元统为监正，元统在郭守敬的后人郭伯玉等人的帮助下，主持编修了《大统历》。在推算方法上，虽然《大统历》仍旧以元代的《授时历》为基础，但由于元统遵循了郭守敬的“其诸应等数，随时推测”思想，对历法的一些天文常数进行了优化和调整，并且对日月食的算法做了一些改进。这使得《大统历》在精度上有了一定的提高。

为了避免计算中出现错误而造成严重的政治后果，《大统历》在推算的很多方面都实现了高度的“程式化”，即通过一系列规程来规范如何使用算表进行历法推算。也就是说，历法不但对各项操作有明确的规定，而且将各种计算过程设计成了表格，并留出空位（称为“程式”），以辅助推算。使用者只需在算表和算法的配合下，按照“程式”所示的步骤，将每步计算的结果填入指定的位置，就可以逐步完成全套的计算。这种设计的好处是让历算不再显得那么复杂和专业，经过一定训练的普通人也可以进行推算。

在明代的钦天监里，《大统历》的推算一直依靠这种高效的方法来完成，即所谓的“历官便于推步，至今遵而用之”。不过，这种模式也产生了一些严重的后果。最初，元统设计这种方法的原因是元代的《授时历》“玄奥而难明，历官难于考步”。所以，他希望通过这种简单而机械的方法，让初学者很容易掌握和操作，迅速上手。然而，后来的使用者通常只会照葫芦画瓢，完全忽视了历法的原理，无法及时对历法进行修订。到了明代中期，《大统历》的误差逐渐增大，但当时的钦天监已经无力对历法进行调整，只能“谨守世业，据其成规”。

可见，在历算“程式化”带来便利的同时，其弊端也是相当明显的，这是传统历法后来衰落的主要原因之一。嘉靖年间的儒学大师唐顺之曾感叹“历数自郭氏（郭守敬）以来，亦成三百余年，绝学矣”，元统的这种机械化的推算方式不过是“郭氏之下乘也，死数也”。后来，清代历算家梅文鼎指出，畴人子弟皆以元统的方法入算，最终导致了“逐末忘源”的后果。

于是，当钦天监的官员们无法摆脱谨守世业、据其成规的“惯性”时，明代中后期的民间学者不断指出《大统历》的问题所在，并给出各自的改进方案，其中包括“重拾”被忽略的历法原理，“重返”《授时历》的精髓。不少人认为，不仅需要知晓所谓的“死数”（即历数），更应该知道“活数”（即历理），只有这样才能掌握历法的核心内容。这些思考促使了明代晚期人们对传统历法的反思，从而促使了传统历法在明末的短暂复兴。

大明大統曆法

一引相傳姓氏

劉基 字伯溫青田人任太史令封誠意伯
李德秀 北平人任監副
張富 任春官正
郭欽祖 邢臺人任靈臺郎改授司禮監少監
徐伯陽 臨川人任監副
潘友聞 江寧人任夏官正
黃愷 河南湯陰人任監正
陳雷 字雷年鄞縣人任靈臺郎
臧春 寧津人任春官正

元統 陝西人任監正譯回回曆法
楊允中 朔州人任挈壺正
陳鑄 任秋官正
廖允 黃陂人任靈臺郎
劉哲 密縣人由教諭任靈臺郎陞監正
皇甫仲和 河南睢州人任監正
倪以端 浙江遂安人任靈臺郎
董康恭 浙江臨海人任監正
時寧 儀真人任中官正

目　一

吳芳 宜興人任冬官正
謝伯常 黃陂人任博士
宋鎮 海寧人任保章正
田瑛 閿鄉人任保章正
高禮 武清人任監副
諸彥賓 處州府人任中官正
許惇 字彥實上虞人任監正
劉信 字中孚安福人任夏官正修大統曆書
谷濱 字士徵廬州人任監正食四品祿
沈清 鳳陽人任司辰
字守中吉水人任司曆

徐景榮 常熟人任中官正
鄒通 廣東人任博士
潘緝熙 餘姚人任挈壺正
廖義仲 臨江人任監正贈太僕寺少卿
王巽 蘭陽人任春官正修道甲於世
臧珩 揚州人任靈臺郎
高冕 字宗周句容人任監正
高勉 寧州人任保章正
倪忠 字宗信遂安人任監正
李宗善 字元吉江寧人任監副
字從善江寧人任監副

《大明大统历法·一引相传姓氏》。这份名单一共记载了自明初至隆庆三年（1569 年）的 200 余年中 69 位钦天监官员的基本信息。由此可以看出，这些人多是历朝《大统历》的传承人，正是他们延续着钦天监的“历算”传统，其中包括前面提到的刘基和元统等人。

明末历法之复兴

万历二十一年（1593 年），礼部尚书陈于陛建议修撰本朝国史，得到了明神宗的批准。第二年，朝廷正式开始修史工作，并将撰写《历志》的任务分派给了官员黄辉。这项工作却让黄辉犯了难，他勉为其难地回道：“做得成，是几卷《元史》。”那么，黄辉的这句话又是何意呢？

明朝官方的主要历法是《大统历》，这部历法是在元代郭守敬的《授时历》的基础上改进而成的。所以，在黄辉看来，新编的《历志》必然会和《元史》的内容差别不大，这样就产生一个严重的问题。

首先，按照儒家思想，一朝当必有一朝的正朔，明朝的《大统历》沿用元朝的《授时历》，从理论上来说是在奉一个"胡"国的正朔（"胡元"）。如果将这个"胡元"写进本朝正史，那就更加难以令人接受了。其次，写入正史的历法是要垂诸万世的，所以内容是否准确也很重要。在这种情况下，如果还坚持将原有的《大统历》编入《历志》，那将是本朝国史的重大缺陷。

于是，围绕着《历志》的编写，尖锐的改历问题再次被提到了议事日程上。明中期之后，钦天监在日月食预报中屡次出错，所以朝野改历的呼声不断。但是，本朝使用的历法是太祖朱元璋所定，大多数人都认为祖制不可尽废，随意更改历法有可能会动摇国家的根基。

自万历朝征修国史以来，虽然关于是否改历的争论依然不休，但国朝历法居然使用"胡元"的难堪成为历法改革者要求改历的主要理由之一。对此，在历法方面最先做出回应的是朱载堉。朱载堉，字伯勤，号句曲山人，他是朱元璋的九世孙，郑恭王朱厚烷之子。嘉靖二十九年（1550 年），其父亲被削去爵位后，他便开始发愤攻读，研究音律和天文历法。

1595 年，朱载堉以庆贺皇帝的寿辰为契机，上书请求改历，并向朝廷进献自己所著的《圣寿万年历》等著作。他还在奏疏中指出了《大统历》的种种错误，并提出了改革历法的建议。朱载堉从《大统历》和《授时历》推算古今冬至时刻的差异出发，阐述了历法改革的必要性。除了《圣寿万年历》，朱载堉还进献了《黄钟历》。这两部历法是他在对前代各家历法，特别是《授时历》进行深入研究后的心得之作。

不过，朱载堉觉得自己只是个自学历算的门外汉，不是职业天文学家，只能对《授时历》和《大统历》采取折中的方法进行适当的调整。所以，他所编制的历法除了所设历元不同外，取用的一系列天文数据和术文其实都源于《授时历》，在历法的核心内容上并没有太大改进。

可惜的是，朱载堉的举措除了得到朝廷的赞誉之外，没有得到更进一步的实质性回应。第二年，一名叫邢云路的地方官员也上书请求改历，并指出了

《大统历》中的各种问题。邢云路是明神宗时期的进士，曾官至河南佥事，在河南、河北、山西和陕西一带巡视。他自少痴迷数学，对传统历法颇有兴趣，甚至达到成瘾的程度。

《入跸图》中的万历皇帝像。

邢云路在多年钻研历算的基础上，指出了修订《大统历》的必要性。即使他的改历建议有充足的事实依据，还是遭到了不少人的反对。虽然邢云路的改历建议得到了礼部尚书范谦、刑科给事中李应策等人的支持，但钦天监监正张应候矢口否认《大统历》出现差错，极力抨击邢云路，并要求"严惩私议历书差讹者"。由于钦天监的大多数官员都不思改革，也无力进取，最终邢云路的改历建议同样被搁置。

面对失败的遭遇，邢云路抱着道术为公器而应公之于众的想法，开始着手编撰自己的历法著作《古今律历考》。该书共计 72 卷，其主要内容是对古代经籍中的历法知识以及各部正史历志中的方法进行充分的总结和评议。在这部著作中，虽然邢云路指出了《授时历》和《大统历》的不足，但他依旧认为《授时历》是古代历法中精度最高的历法。所以，他在很大程度上将复兴历法的希望寄托在对《授时历》的改进上。

大约在 1606 年，正在巡视河北道的邢云路得知朱载堉出版了《乐律全书》，便写信给朱载堉，求赐该书。此后不久，邢云路办理公事路过怀庆（今河南省沁阳市），因而有机会拜访朱载堉。据朱载堉的记载，当时两人携手散步中庭，仰窥玄象，夜深忘倦，可谓相见恨晚。

邢云路的《古今律历考》刊印后，他因此名声大振，该书随后也引起了礼部的重视。万历三十八年（1610年），钦天监又一次预报日食时出现失误，这一回朝廷才真正有了改历的意愿和实际行动。邢云路不久就被召赴京，主持历法的改革工作。为朝廷负责历法的制定工作，应该是邢云路一生中最大的心愿。这一次他终于如愿以偿地来到北京，可以延续此前在这方面的工作。

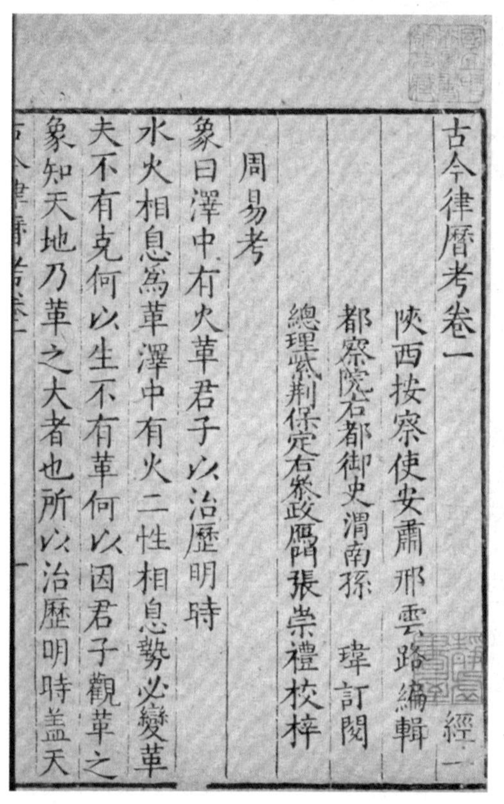
古今律曆考卷一　經一

陝西按察使安肅邢雲路編輯

都察院右都御史渭南孫　瑋訂閱

總理武荊保定右參政臨晉張崇禮校梓

周易考

象曰澤中有火革君子以治歷明時

水火相息為革澤中有火二性相息勢必變革

夫不有克何以生不有革何以因君子觀革之

象知天地乃革之大者也所以治歷明時蓋天

《古今律历考》。

万历四十四年（1616年），邢云路进献了改历以来的首部著作《七政真数》。他将日月五星运动的计算方法建立在日月交食、五星凌犯等明确、可供检验的天象的基础上，还阐明了自己关于历法改革的思路。他希望通过恢复《授时历》的算法原理，针对其中的不足进行改进，从而弥补这些缺陷。不过也有资料表明，邢云路的历法在各交食时刻计算上的误差还是很大，说明他此时的改历成效有限。

泰昌元年（1620年），邢云路又完成了《测止历数》，将其作为改历工作的总结性著作进献给朝廷。从万历三十九年（1611年）到天启元年（1621年），邢云路一直致力于历法的改进，他在明末传统历法的复兴和改革方面付出了巨大的努力。但是，总体而言，他的历法改革依旧收效甚微。

不过，邢云路的工作并非没有任何成果。万历三十五年（1607年），他在金城（今甘肃兰州）任职期间进行过一系列圭影观测，取得了一生中最重要的科学成就。邢云路还撰成了《戊申立春考证》一文，记述了他在这段时间所开展的天文观测活动。在这里，邢云路设计了比郭守敬的四丈高表还要高的六丈高表，并在此基础上进一步推算了当年的回归年长度值。

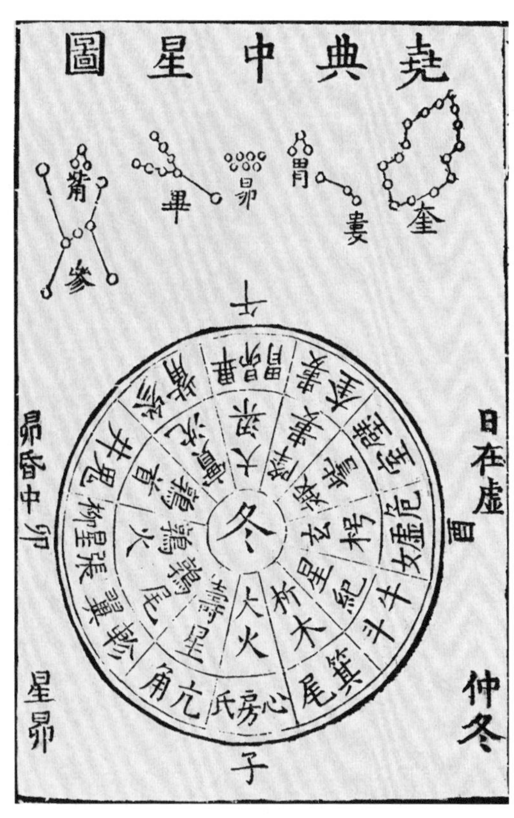

邢云路推算的万历年间的仲星与《尚书·尧典》的比较。

通过这项工作，邢云路不但成功地建立了中国古代最高的圭表，而且进行了有效的圭影测量，从而证实了《大统历》的失误之处和改历的必要性。更重要的是，他还得到了精度非常高的回归年长度值，其结果与现代理论值相比只差 2.1 秒。当时，这在中国乃至全世界都是最好的测算结果。

不过，邢云路在个别天文常数测量上取得的成绩并未对他的历法带来整体上的提高。一方面，朱载堉和邢云路等人的知识结构和历法思想使他们难以突破传统历法的改革思路。另一方面，当时的天文观测条件限制了传统历法的改革。所以，无论是在理论上还是在天文实践上，当时的天文学发展都具有一定的时代局限性，遇到了发展上的瓶颈。最终，邢云路在钦天监 10 余年的改历工作彻底失败。这在一定程度上标志着明末改历未能达到预期的目标。

随着西学东渐浪潮的到来，耶稣会士将大量的西方科学知识带入中国，欧洲的天文学在中国逐渐产生了更为深远的影响。自崇祯二年（1629 年）起，官方历法的改革转向以引进西方历法知识和系统为主。虽然随后的改历与此前朱载堉和邢云路等人的工作没有直接联系，但是他们在改历方面付出的努力无疑为濒临衰退的传统历法注入了新的活力，明末传统天文历法的发展也得以出现了短暂的复兴。

艰难的崇祯改历

明代末年，北京西南有一座不算太大的四合院，院子里的几棵古柏在瑟瑟秋风中笔直地挺立着，远处的天空中不时传来一声声南归的雁唳。这里是建于天启二年（1622 年）的首善书院，当时有一群东林党人在此聚众讲学。魏忠贤乱政之后，他下令摧毁了书院，这里成了一处荒园被废置多年。

到了崇祯二年（1629 年），荒芜冷寂的院子再次热闹起来。修改历法的临时机构历局就设在了这里，这是崇祯皇帝的诸多改革项目之一。崇祯是明朝的最后一位皇帝，他从皇兄天启帝手中接过来一个千疮百孔的烂摊子。年轻气盛的崇祯很想有一番作为，他首先除掉了搅乱朝政的奸臣魏忠贤，然后重新整顿各部吏治，给原本沉闷了许久的朝堂带来了一些新的气象。

崇祯即位不到一年就遇到了一次突如其来的日食，这次日食发生在崇祯二年五月初一（1629 年 6 月 21 日）。在明代，《大统历》和《回回历法》这两部官方历法都能对日月食进行有效的预报。但是这一次，两部历法的预报都与实际天象不符，这让崇祯很恼火，他狠狠地责备了有关官员。因为历法年久失修，失误已积重难返，他们也无能为力。

这时，身为礼部侍郎的徐光启向皇帝进言，要求启动拖延已久的历法改革。他在奏折中说，本朝历法之所以屡次出现推算误差，主要原因就是墨守旧法，认为祖制不可变。监官们抱残守缺，只知道按现成的方法推算，如果推算不准，反而责怪“日行失度”，以此开脱。当时使用的历法自朱元璋时期开始，已经在本朝行用了 260 多年，渐与天行不合是必然的，倘若再不修订，误差就会因日积月累而更加严重。此前，精通古法的邢云路和朱载堉等人皆已过世，他们尝试调整历法，但收效甚微。这说明拘泥于传统方法改历很难奏效，所以徐光启建议参用西法来革新旧法。很快，徐光启的建议就得到了崇祯的支持，于是建立了新的机构历局来负责此事。

徐光启像。

历局开张之后，冷清已久的首善书院重新恢复了活力。虽已入寒冬，但大家的热情高涨。徐光启邀请邓玉函和龙华民等一批西洋传教士参加历局的工作。

徐光启的方针是“欲求超胜，必须会通；会通之前，必须翻译”。也就是说，通过“会通”来求得“超胜”，先将西方天文学的最新成果翻译过来，消化吸收之后，进行融会贯通。在此基础上，做到中西合璧，以达到“熔彼方之材质，入大统之型模”的目标。所谓“彼方之材质”指的是西方的基本理论与方法，而“大统之型模”则指的是以《大统历》为代表的中国传统历法的结构形式和基本体例。简而言之，通过翻译工作来吸收西法之长，然后改进中法，实现全面超越西法的目标。

改革刚开始不久，邓玉函和李之藻等核心成员就相继去世。于是，徐光启又先后将罗雅谷、汤若望等传教士招到历局补充人员。至此，改历的计划终于得以顺利开展。历局最主要的成果是编撰了一部大部头的著作《崇祯历书》。《崇祯历书》包括天文学基本理论、天文算表、数学知识（主要是平面及球面三角学和几何学）、天文仪器以及传统方法与西法的度量单位换算表等五个方面的内容。由于徐光启强调将历法计算建立在了解天文现象原理的基础上，所以该书的理论部分就占到了全书三分之一的篇幅。

可以说，相对于《大统历》和《回回历法》只注重实践操作层面，《崇祯历书》涵盖了理论和实践的多个方面，堪称一部介绍当时欧洲天文学的大百科全书。在明末改历之前，西方天文学正在经历一场革命，托勒密的地心说体系受到了哥白尼日心说的挑战，但因宗教因素，日心说体系的传播受到了限制。虽然《崇祯历书》提到了哥白尼、伽利略、开普勒的某些成就，但并没有将日心说完整地介绍过来。所以，书中主要采用了丹麦天文学家第谷的宇宙体系，该体系是日心说和地心说的折中，认为五星围绕太阳运转，而太阳和月亮又围绕静止的地球运转。

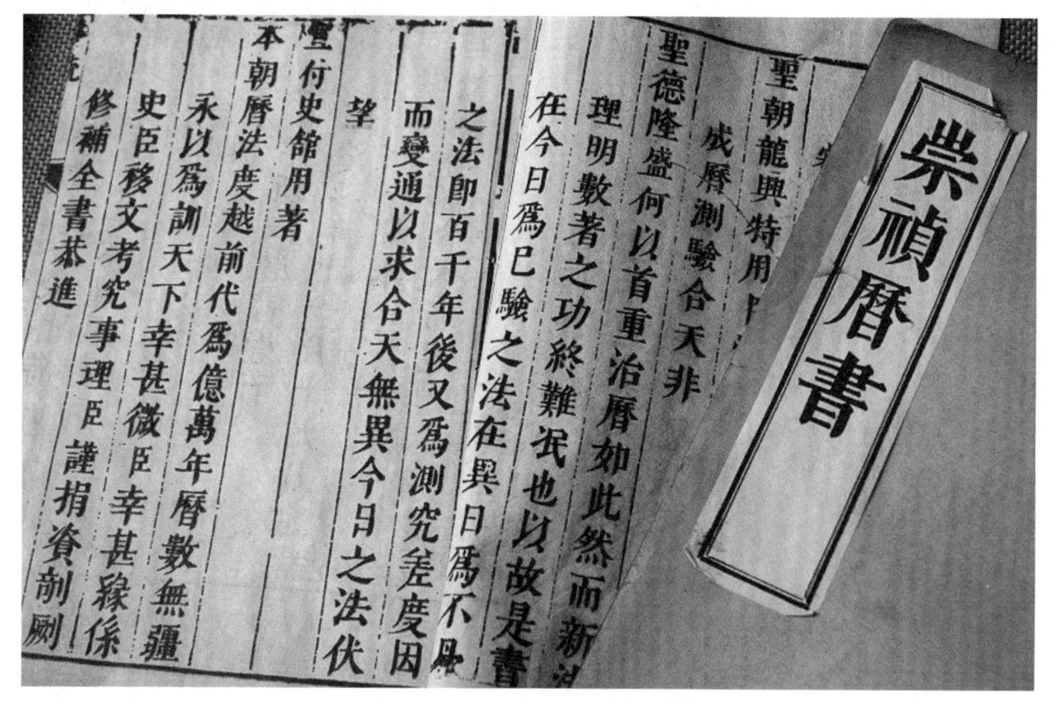

《崇祯历书》。

在科学性上，第谷的理论看似不如哥白尼的日心说，但是由于第谷高超的观测水平，在实际使用效果上，第谷的理论要优于早期的哥白尼理论。也就是说，传教士之所以采用第谷的天文学说，除了宗教原因之外，另一个原因就是该体系能够更为精确地预报日月食和推算行星位置，能够更好地满足明末改历的需要。

《崇祯历书》的编撰完成，为历法改革注入了新的活力。在这次改革后，欧洲的几何天文学方法取代了中国的代数天文学方法，平面几何学和三角学取代了传统的内插法和函数计算等手段。另外，欧洲的黄道坐标系和周天 360 度制也取代了中国传统的赤道坐标系和周天 365.25 度的度量体系。

这样一来，中国官方天文学从理论和技术层面都被纳入了西方的轨道，这对此后中国天文学的发展产生了广泛而持久的影响。尽管这部历书还有不少不完善之处，但在中国历法发展史上是一次重要的转变。

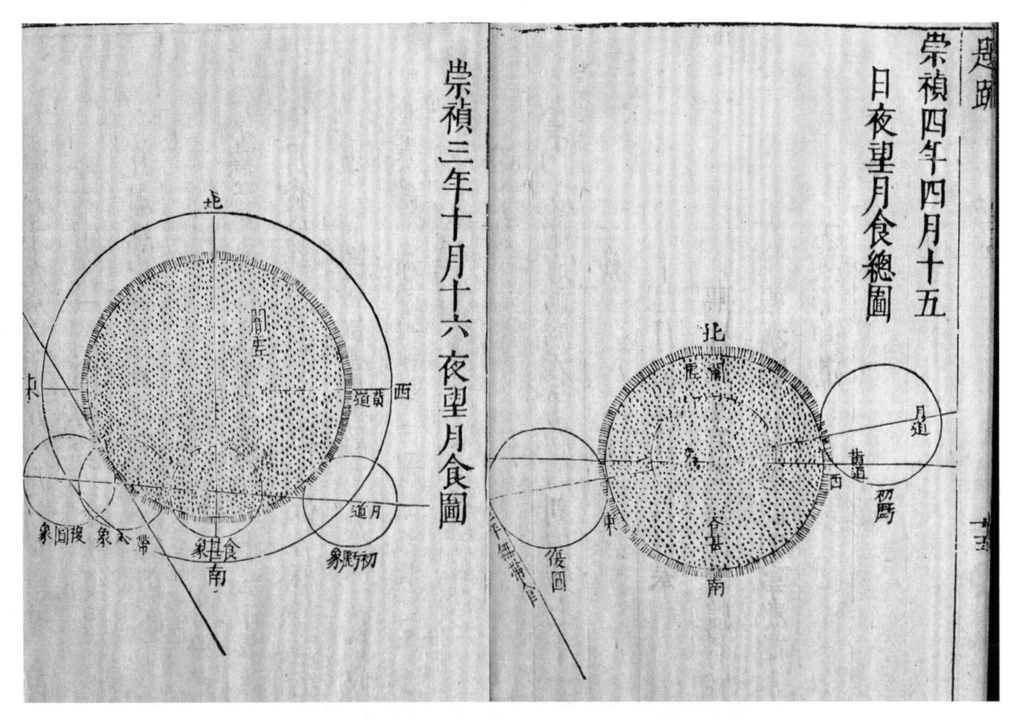

《崇祯历书》中的日食和月食预报。

当然，《崇祯历书》的编纂过程并非一帆风顺。一方面，朝廷正忙于应对农民起义军和后金，历局的工作有时不得不因战事吃紧而中断。另一方面，历局的工作也时常受到守旧的传统天文学家的挑战。其中，最有代表性的是四川资县儒生冷守中和河北满城县布衣天文学家魏文魁对西法的发难。从表面上来看，这两次发难都因为天文实测和激烈的论辩而被击退。但是很明显，历局的工作之所以没有受到大的影响，主要因为还是有徐光启这个顶梁柱。

徐光启屡次以巧妙的方式化解了改历所面临的危机。当时，冷守中曾送上自己所编的新历，但遭到了徐光启的批驳。经过实测，事实证明冷守中的历法错漏百出。不过，另一位对手魏文魁是个更加强大的竞争者。他早年曾经和邢云路合作过，著有《历元》和《历测》二书，对传统历法颇有研究。魏文魁让儿子将自己的著作献给朝廷，但被徐光启逐一发驳。魏文魁为自己辩解，与徐光启反复争论。

徐光启奉旨负责修历之时已年近古稀，遗憾的是历法编修工作终究没能在他的有生之年完成。改历工作开展数年后，徐光启积劳成疾，他自知时日无多。为了确保修历工作顺利进行，他选择了年轻的山东参政李天经作为接班人。李天经除了“博雅沉潜，兼通理数”之外，还和徐光启一样都是奉教人士。如此

《赤道南北两总星图》。该星图极为精美华丽，它是东方世界现存最大的一幅皇家星图。整幅图继承了中国传统星图的内容和特点，又融合了近代欧洲天文知识和最新成果，在中国星图发展中起着承上启下的作用，占有重要地位。

一来，参与改历的西洋传教士在历局中的工作就能得到进一步的保障。不过，李天经的天文学水平、政治地位和影响力都不及徐光启。因此，他除了带领历局继续完成徐光启生前已经规划好的《崇祯历书》编撰计划外，面对保守派的抨击时常常束手无策。

崇祯七年（1634 年）三月，发生了一次大食分日食。在预报中，历局的新法不仅在精度上不及魏文魁的推算，而且误差比《大统历》还要大。结果，魏文魁居然卷土重来，奉命组成了东局，正式参与到官方组织的历法改革之中。从此，又被称作西局的历局便卷入了同东局、钦天监和其他保守派官员的反复

论战中，无法取得足够的优势。于是，朝堂上关于新历的优劣之争一直没有停歇，所以新修的《崇祯历书》未能及时得到颁行。

为此，李天经也尝试采取了一些措施。比如，为了让崇祯熟悉西方天文学，增加对西洋历法的兴趣，他将此前徐光启根据西方天文学绘制的《赤道南北两总星图》绘制在一副屏风上进献给皇帝。这样一来，皇帝在日常欣赏屏风的过程中，或许会对西方天文学产生更加浓厚的兴趣。另外，由于在日月交食的预报上，中国传统历法在某些方面还有一些优势，在较量过程中西洋新法不容易占据上风。于是，李天经将比试的方向拓展到中国传统天文学不太擅长的行星运动和凌犯推算等方面，因为新法在这些方面有着较为明显的优势。

最终由于崇祯的优柔寡断，再加上李天经时常意气用事，各派之间的纷争不断，难以调和。这就造成崇祯“务求画一”、融合各家所长的目标难以实现，以至于《崇祯历书》编撰完成多年以后，改历的进程仍然毫无进展。崇祯十六年（1643 年），崇祯终于下定决心，他认为“朔望日月食，如新法得再密合，着即改为大统历通行天下”，新法的实施似乎又有了希望，但是“得再密合”尚未见到，不久明朝政权便告覆灭。

改历的成果未能给明朝输入新的活力，所幸的是《崇祯历书》并未因战火而毁。在汤若望的不断努力下，清朝统治者很快就认识到这部历法的巨大价值。《崇祯历书》最终以《西洋新法历书》为名得以重新刊印，并在清朝颁布施行。历局上下苦心编竣的新历，最后让清朝坐享其成。自此，中国天文学的发展发生了一次大的转型，走上了一条以吸收和融合西方天文学为主的新道路。

朝鲜来的朝天者

崇祯九年（1636 年），57 岁的朝鲜人金堉以冬至圣节千秋进贺使的身份前往北京。由于这是将冬至使、圣节使和皇太子千秋使三者合一的使行，所以他是朝鲜国王派到明朝的最为重要的使臣之一。金堉对这次出访期待已久，他一直都很想去北京，在诗文中曾显露出这种向往。他在一首诗中说道：“每恨中华迹不到，醯鸡井蛙颇相愧。何幸今年蒙主恩，谬膺选择充贡使。”

明清时期，中国与朝鲜王朝之间有着紧密的交往，“使行外交”是维持两国关系的重要纽带。虽然朝鲜对明清两朝皆行藩国之礼，但在文化心态上有着不同的表现。从使节的名字来看就很明显，朝鲜出使明朝的使臣被称作“朝天使”，出使清朝的使臣则被称作“燕行使”。虽然只是用词上的差异，但是反映了他们对明朝的认同感要比清朝强得多。

金堉是朝鲜王朝后期的一位重臣，也是一位重要的实学家。虽然这只是一次例行的出访，但他身上的担子很重，因为他此行还肩负着一项使命，那就是处理一项贸易禁运问题。和明朝一样，朝鲜也要面对后金强大的军事压力，急需补充火器弹药，以加强自己的防卫能力。无奈本国又不产硫黄，只能从明朝进口火药和硫黄等物，而明朝当时对此有着非常严格的管控。朝鲜在向礼部呈送表文时表现出了无奈，一再强调“天朝小邦，父子一家”，求购禁物其实就是“借天朝之药，除天朝之害，此岂特救小邦之急哉”！

就在金堉停留北京的时候，他最担心的事情发生了。皇太极率十万大军进攻朝鲜，史称“丙子胡乱”。1637 年，朝鲜国王仁祖不敌，被迫投降。从那以后，朝鲜就改奉大清正朔，被要求断绝一切与明朝的联络。当得知自己的国家遭到敌国侵入时，金堉发出了哀鸣。他从来没有想到自己竟然成了最后一任出使明朝的朝天使。他也没有料到在多年以后，他还将成为提倡朝鲜使用清朝这个曾经的敌国的历法的推动者。

中国和朝鲜半岛陆地接壤，交通便利，在政治、经济、文化和科技等方面自古以来交往密切。至少从高句丽、百济和新罗等王朝开始，

金堉像。

朝鲜各朝在政治制度方面都仿效中国，而天文学也在其意识形态和官僚体制中占有重要地位。所以，朝鲜历代统治者都注重向中国学习天文历法方面的知识。最晚从元朝开始，中国历朝统治者也将给朝鲜颁发历书等看作显示宗主国地位和权威的象征。

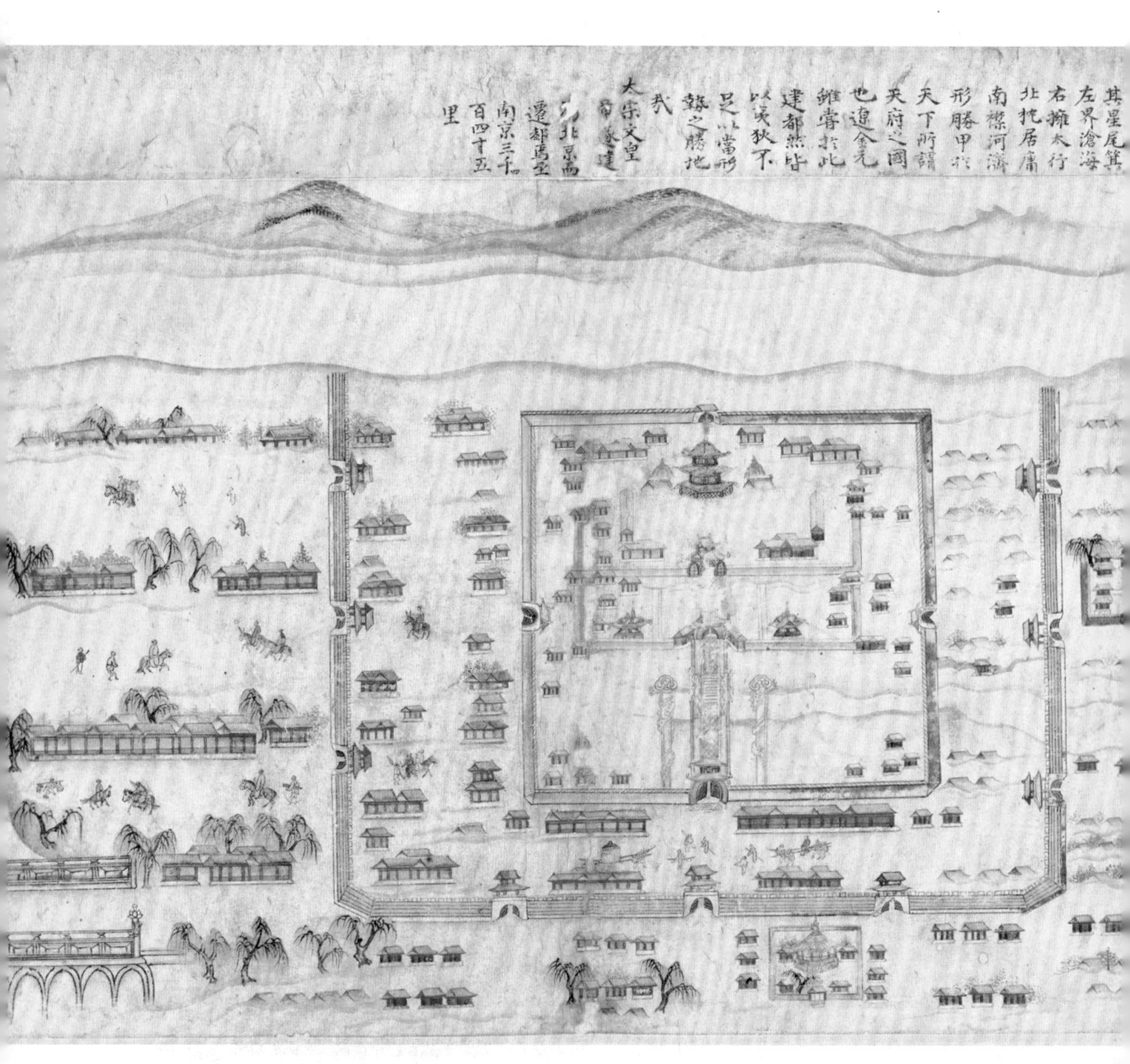

《朝天图》中朝鲜使臣到达北京的场景。

尽管古代朝鲜天文学家不乏自己的创造，但他们还是全盘照搬了中国的天文历法体系，这就使他们的天文学深受中国的影响。1281年，元朝正式颁行《授时历》。同年，忽必烈派使者向高丽颁发了新的历书。前去颁历的王通是一位天文学家。在高丽期间，他“昼测日影，夜察天文”，其所做的工作无疑是郭守敬大地天文测量（即所谓的“四海测验”）工程的一部分，因为这次测量的范围“东极高丽，西至滇池”。

在《授时历》颁行后，高丽人开始尝试学习它的编算方法，但是作为一个藩属国，高丽想要从元朝学到核心的天文历法知识并不太容易。1278年，作为太子的高丽忠宣王王璋被送到大都做质子。后来，他回国继位失败，便再次回到大都。当时，他见太史院官员精通此术，于是派人捐内币金百斤，私下向他们学习。自此，高丽天文学家便初步掌握了《授时历》。不过，他们并没有学会“开方之术”，所以日月食的这部分推算还只能依赖之前从中国学来的《宣明历》。

明朝建立后，高丽很快与之取得联系。1369年，明朝派遣使臣前往高丽，所带的礼品中就有《大统历》一册，这是明朝与朝鲜在天文学领域交往的开端。后来出于政治上的考虑，在朝鲜李朝的时候，明朝将向朝鲜颁布历书作为一种制度，每年颁送“朝鲜国王历一本，民历一百本”。朝鲜李朝的第四位国王、世宗大王李裪是一位雄心勃勃的君主，他一直致力于推动朝鲜在礼乐和文化等方面的发展，而能够体现一国独立性的天文历法也就成了发展的一个重点。所以，他格外重视对中国天文学的吸收和学习。

李裪曾数次派遣天文学家到明朝学习历算。朝鲜李朝通过各种途径，从明朝得到了一大批天文学著作。可以说，明代初期中国天文学家所完成的几部最重要的著作已被李朝的天文学家悉数获得，基本上没有遗漏。明朝对私习天文和私造私印历书厉行禁止。在这种情况下，作为藩属国的朝鲜能够如此迅速而全面地获得明朝官方的天文学著作，这不能不令人感到惊叹。

这些私下获得的著作为李朝天文学的发展创造了契机。1442年，李裪命李纯之和金淡等人对《授时历》和《大统历》的异同进行了甄别，并且去粗取精，编成《七政算内篇》；又仔细研究了《回回历法》，编成《七政算外篇》。虽然这两部著作改编自明朝的官方历法，不过在形式上，朝鲜自此拥有了属于自己的官方历法系统。

朝鲜景福宫的简仪台。

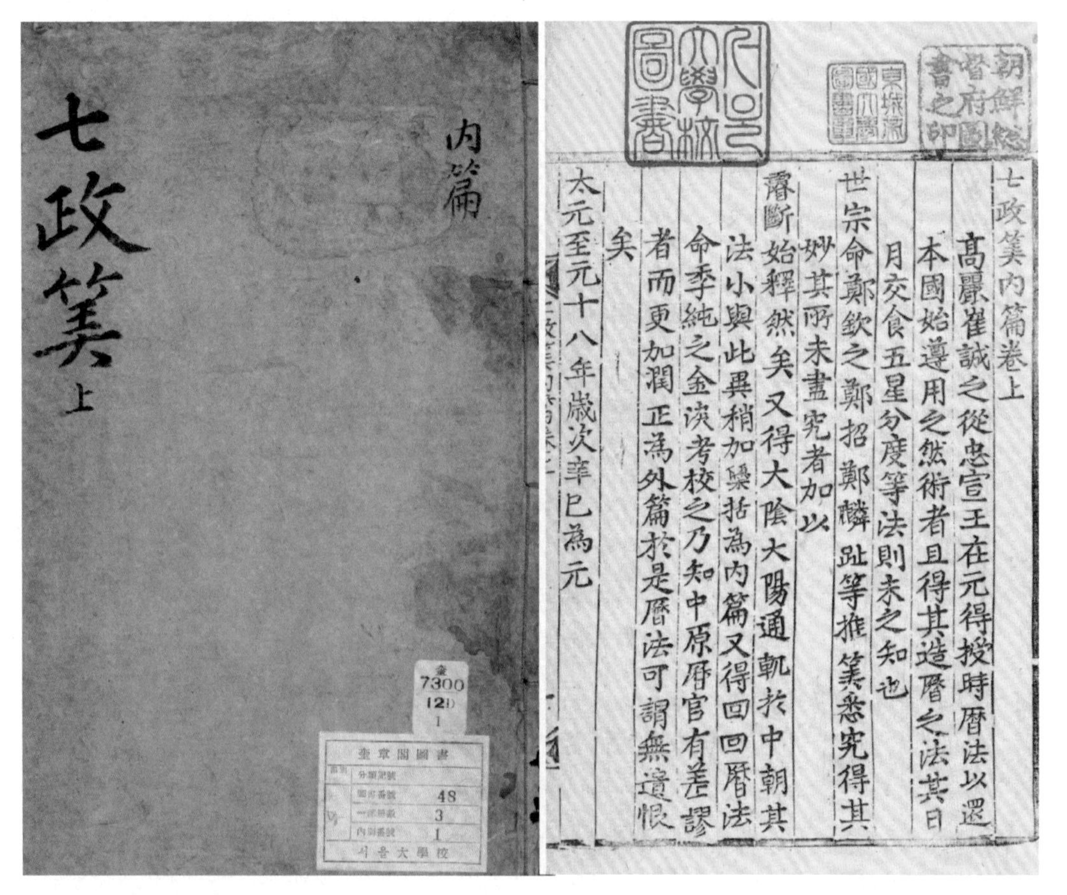

七政筭 上

内篇

七政筭内篇卷上

高麗崔誠之從忠宣王在元得授時曆法以還
本國始遵用之然術者且得其造曆之法其日
月交食五星分度等法則未之知也
世宗命鄭欽之鄭招鄭麟趾等推筭悉究得其
妙其所未盡究者加以
睿斷始釋然矣又得大陰大陽通軌於中朝其
法小與此異稍加檃括為内篇又得回回曆法
命李純之金淡考校之乃知中原曆官有差謬
者而更加潤正為外篇於是曆法可謂無遺恨
矣
太元至元十八年歲次辛巳為元

《七政算内篇》。

与明朝的交往，让李朝初期的天文学得到了空前的发展，取得了不小的成效。朝鲜天文学在许多方面甚至超过了明朝，成为朝鲜科学史上光辉灿烂的一页。此外，朝鲜李朝也建立了一个人员、仪器设备和知识体系都十分完备的天文机构，在取才考试、培训以及日常工作方面形成了系统而又稳定的制度。

实际上，李朝在天文历法方面长期实行“双轨制”。一方面，他们继续接受中国颁布的历书（称之为“唐历”），同时采用明朝年号，以尽藩属国的义务。另一方面，他们采用《七政算内篇》一书进行推算，向国内颁布自己的历书（称之为“乡历”）。对于明朝来说，如果发现一个藩属国在天文历法方面发展到如此程度，那绝对是不可容忍的。关于这一点，李朝的君臣其实也心知肚明，并且有所提防。1469 年新春，明朝使臣即将来访。朝鲜国王向沿途的地方官下令，“明使若欲见历日，辞以唐历未来，勿见乡历”。也就是说，当明朝使臣来的时候，将本国的历书藏起来。

到了明代后期，随着两国之间的政治和军事交往日益密切，对明朝官员来说，朝鲜有自己的历书已经不再是什么秘密了。1625 年，甚至出现了平辽总兵毛文龙向李朝官员索要朝鲜新年历书的事情。毛文龙所驻守的皮岛（今朝鲜椵岛一带）路途遥远，很难按时获得每年的历书，所以他只得寻求朝鲜的历书来应急。

明朝覆灭后，虽然朝鲜接受了清朝正朔，但在历法问题上面临着“政治”和“技术”上的双重困境。在政治层面上，皇太极两次侵入朝鲜，使双方关系蒙上了很深的阴影。所以，在清代初期，朝鲜有着强烈的“尊周思明”和“尊王攘夷”意识，对清朝颁布的历法十分抵制和轻视。

后来，此前作为朝天使出访明朝的金堉在回国后负责朝鲜天文部门观象监的工作。金堉这时注意到清朝已经开始采用西洋天文学，他认为这是朝鲜改历的好机会，因此希望国王遣人“入燕”学习清朝的《时宪历》。但是，最初朝鲜对清人“胡皇”的历法比较排斥。但是，考虑到新历法的准确性，金堉还是希望采取一些变通的方式。他认为清人所使用的《时宪历》其实源自明朝的《崇祯历书》，因此不能完全算是清朝的历法。这等于给清朝的《时宪历》贴上了一个“明朝身份”的标签。如果将其视作崇祯朝的政治文化遗产，就可以减小改历所面临的阻力。与此同时，清朝也开始对朝鲜实行“怀柔”政策，给予了朝鲜更高的政治和礼制上的地位，这促使朝鲜对清朝的态度有所转变。

从技术角度来看，朝鲜也急需精准的历法来满足需求。由于《时宪历》在技术层面明显优于明朝的《大统历》，不管内心是否愿意接纳，朝鲜不得不顺应历史潮流，做出相应改变。

在清朝颁历的过程中，朝鲜感到受到了很多限制。作为藩属国，朝鲜在历书的颁布和使用上要与清朝保持同步。但是，等到清朝每年正式颁历，历书送达朝鲜境内的时候，时间已经过去了很久。所以，朝鲜面临着如何既要保证历法的时效性又要与清朝历书的内容保持一致的难题。

于是，朝鲜人便故技重施，利用朝贡体系的便利派遣历官“入燕”，积极与钦天监官员和耶稣会士私下接触，通过“重贿钦天监”和“深结西洋人”的方式密买历算书籍，学习历法推算之法，从而达到了用西洋新法来自主编算本国历书的目的。

顺治九年（1652 年），朝鲜派使臣金尚范前往北京密买与历法有关的书籍，并且试图学习西洋历法的一些推算方法。有意思的是，金尚范回国复命时，还不忘抱怨钦天监的线人求索无厌，以至于“所用赂物，极其过滥”。

康熙四十四年（1705 年），朝鲜又秘密派遣观象监推算官许远“入燕”。许远从钦天监官员何君锡（即名臣何国宗之父）之处习得部分历法推步之术。然而，由于“事系禁秘”，他还有部分内容没来得及学习，只好决定数年后再往。朝鲜方面担心夜长梦多，不久便再次以冬至使行的名义送许远“入燕”，并且一再要求“必及何君锡未死之前学得”。最终，在付出不少酬劳后，许远终于从何君锡那里习得了未尽之法。

历法的推算是一项复杂的工作，清朝的历算方法后来又多次进行了调整。朝鲜常深以此为虑，不得不及时跟进学习。1755 年，朝鲜发现清朝又对历法进行了修订，而自己这边全然无知。于是，朝鲜英祖下令要求“必得彼中新修之法”，并且立刻遣人“赴燕”寻求通晓之人。可见，面对历法这个技术难题，作为藩属国的朝鲜不得不利用外交使团百般周旋求得中国最新的历法。

第 10 章　西学东渐：中西天文之融合

耶稣会的通天之学

1644 年崇祯甲申，大明王朝在农民起义军的冲天烈火中分崩离析。走投无路的崇祯皇帝在煤山上吊自杀，李自成率领大顺军攻入北京。没过多久，十万清军铁骑就从山海关长驱直入。一个多月的时间里，中国经历了两次政权交替。来自德国的耶稣会士汤若望此时正待在北京，他目睹了这一惊心动魄的王朝更迭过程。

在这个烽火连天、飞矢如雨的动乱时刻，汤若望是唯一坚持留在北京的西方传教士，而其他传教士都已撤离到安全的南方地区。汤若望死活不肯离开，他决定留下来守护存放在历局的《崇祯历书》刻版、一大批图书和天文仪器，因为这是许多同僚前后相继的心血结晶。

在农民起义军占领北京的日子里，汤若望的寓所也遭到一些骚扰，好在没有受到太大的破坏。不久，清军进入城内，下令住在内城的居民一律在三日之内迁往外城。汤若望也在迁移名单中，但是他的住处藏有大量用于印刷书籍的刻版和各种天文仪器。三天之内，这些东西无论如何都是无法搬走的。于是，他只得上书朝廷，恳请恩赐他在原处安顿下来。

汤若望向朝廷表明，他是西洋人，不婚不宦，自己八万里航海东来，只为宣扬天主教义。他说，之前他还曾奉前朝敕修历法，如今修历所用书籍和测量天象的各种仪器堆积如山，如果全部搬走，必将造成不小的损毁。信件写好后，他匆忙来到皇宫午门前的值房递交，受理汤若望上书的正是秘书院大学士范文程。

范文程是一名高瞻远瞩的谋士，清朝初期的很多政策方针都是由他一手制定的。清军入关后，为了体现王朝的合法性，朝廷正准备制定新的历法。范文程读完了汤若望的信件，饶有兴致地向他请教了很多有关历法的问题，并命令不准骚扰耶稣会士的住所和教堂。汤若望很快意识到，清朝要颁正朔，急需全新的历法，如果清朝采纳自己的历法，那么耶稣会在中国的传教事业就有了保障。

耶穌會士湯若望
T.S.W. 1889.
Le P. SCHALL
Président du Bureau des Mathématiques de Pékin
Né à Cologne en 1591. Mort à Pékin en 1669.

汤若望像。

明朝后期，西方耶稣会士来到中国传教。当时欧洲的基督教发生了分裂，形成了天主教和新教两大派别。这对天主教来说是一个巨大的挑战，所以从罗马教皇的角度看，他们需要扩展传教的范围，以保持天主教的影响力。随着大航海时代的到来，欧洲国家的殖民地遍布全球，并与不同的文明发生了更多的接触。教廷的一个措施是向海外增派传教士，将天主教的教义传播到世界各地。于是，有一批欧洲传教士来到中国，其中最早来到中国的便是耶稣会的传教士。

在那个时候，天主教下辖很多不同的教会，他们的传教策略各不相同。比如，有些是托钵性质的，这有点像苦行僧，走的是“下层路线”。不像其他教会那样，耶稣会并没有要求会士在修道院中隐修，而是鼓励他们深入各个社会阶层，特别是接触上层社会，通过“上层路线”的传教方式扩大影响力。耶稣会组织严密，纪律森严，很快就在众多教会中异军突起。于是，他们便得到教皇的认可，成为前往遥远的东方传教的先遣队和主力军。

不过，他们最初到中国的传教工作并不顺利。自从利玛窦等耶稣会士来到中国之后，他们就发现了一个问题。中国的人口实在太多了，而且普通老百姓对西洋的宗教并不感兴趣，于是他们只好转变传教策略。为了便于布道传教，利玛窦提出了所谓的“文化适应”策略。他很清楚，要想使中国人皈依天主教，传教士就必须以学识渊博的儒者形象出现，以体现对中国宗教和文化的充分尊重。利玛窦还敏锐地察觉到中国各阶层对新奇的科技知识有着浓厚的兴趣，他逐步确立了“挟学术以传教”的布教策略，以此作为传教士在中国传教的基本模式。

利玛窦像。

此后，来到中国的耶稣会士大都认同利玛窦的方法。他们在进一步发现天文学在中国的特殊地位以及历法改革在当时中国的重要意义之后，便采取“一手抓传教，一手抓天算等事务”的方式。这在客观上推动了西方天文学、数学和地理学等知识在中国的传播。

利玛窦制造了不少仪器送给他所结识的官员，并与他们讨论天文历算等问题。通过与徐光启、李之藻、杨廷筠等官员的交往，他不仅有效地达到了传教目的，还间接地将西方的科学介绍到了中国。在耶稣会士所带来的诸多西方科学知识中，天文学对中国的影响最大。

1614 年，传教士金尼阁从中国回到罗马，他向教廷和耶稣会详细汇报了在中国的传教情况，并且呼吁教会和各国派遣更多的传教士到中国。金尼阁的返欧之旅，在欧洲宗教界和社会上引起了极大的轰动，也激发了年轻的耶稣会士到中国传教的热情。到了 1618 年，金尼阁再次率领一批传教士启程前

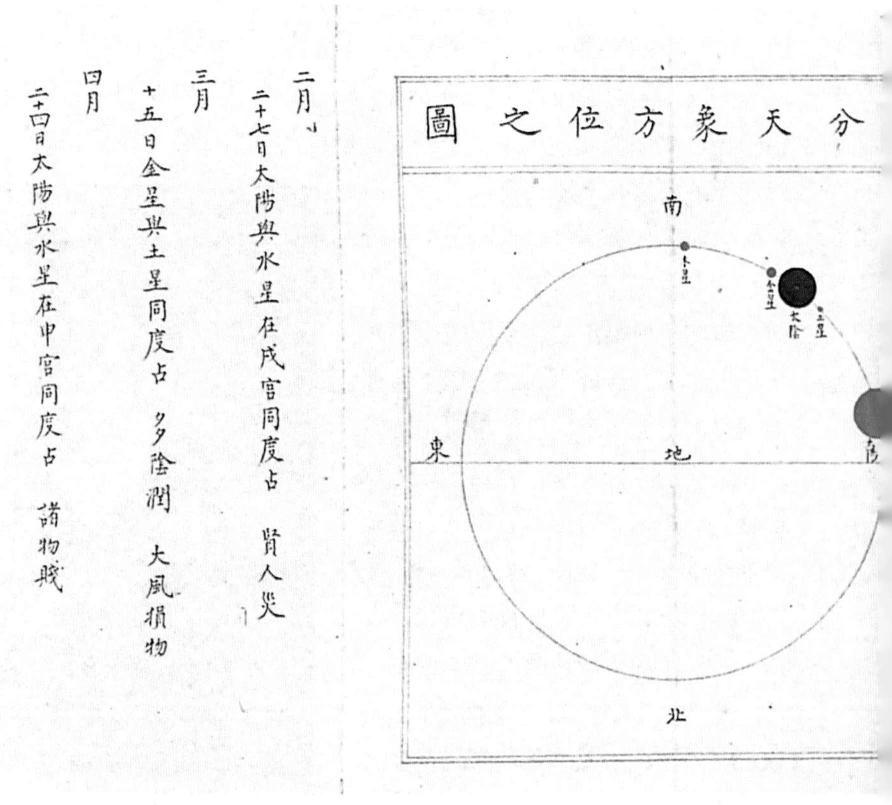

顺治三年（1646 年）正月汤若望奏报天象之事的揭帖。揭贴中推算了顺治三年春季的天象，绘有太阳、月球和木、金、水、火、土五大行星的运行方位图。

往中国，其中包括后来参与了崇祯年间改历的邓玉函、罗雅谷和汤若望等人。

在明清鼎革之际，汤若望的机会终于来了，他的坚守和冒险终于有了收获。这时清朝发现明朝的《大统历》已经错误百出，于是汤若望趁机将西方天文学的优点做了一番介绍，并指出《大统法》和《回回历法》的种种问题。他说，在中国历史上，以元代郭守敬的《授时历》最为突出，明朝袭用了这部历法，取名为《大统历》。然而，明朝200多年来不思进取，这部历法早已不堪使用。崇祯年间，虽然朝廷令传教士借鉴西方天文学编修本朝历法，结果表明新法推算的结果与天象相符，但由于历法争端而未来得及使用。于是，汤若望建议新朝何不采用此历呢？

湯若望
揭帖
順治叁年正月廿 日到

欽天監管監正事湯若望等謹
揭為天象事據回回曆科狄官正吳明炫等推算到順治三年二月初四日
酉初壹刻春分至夏至一季天象太陰當季安命在巳宮按東方出見虛
今將春分一季天象占驗並圖像開坐既經該科推算前來緣係天象
事理除具
題外理合具揭須至揭者
太陰當季在酉宮占
作事得勝 人民安
恩澤 所管兵器之人相助力 錢糧增 諸事順

不久，汤若望因其在天文历法方面的造诣赢得了朝廷的信赖，他的建议得到了批准。朝廷决定将顺治二年的历书交给汤若望按照新法来编定。汤若望接旨后，决定要大干一番。在正式确定新法之前，他将与旧法做最后一次较量，以体现出新法的优越性。顺治元年农历八月初一（1644 年 9 月 2 日）将会发生一次日食，汤若望要求朝廷派出相关官员共同测验，以此比较西洋新法和《大统历》《回回历法》预报结果的优劣。

观测结果表明，汤若望所采用的新法完全胜出，于是举朝为汤若望喝彩。朝廷决定采用汤若望的新法，依此编制新历，并由多尔衮定名为《时宪历》，取"宪天乂民"之意。新历书的册面上印有"依西洋新法"五个字，加盖钦天监印后颁行天下。朝廷还谕令礼部和钦天监"精习新法，不得怠玩"，此后各种历法推算悉依此法为准，以钦崇天道，敬授人时。

1645 年 12 月，汤若望将《崇祯历书》删减后，编撰整理成 100 卷，命名为《西洋新法历书》进呈给朝廷。随后，该书得到正式刊印，以作为每年编制历

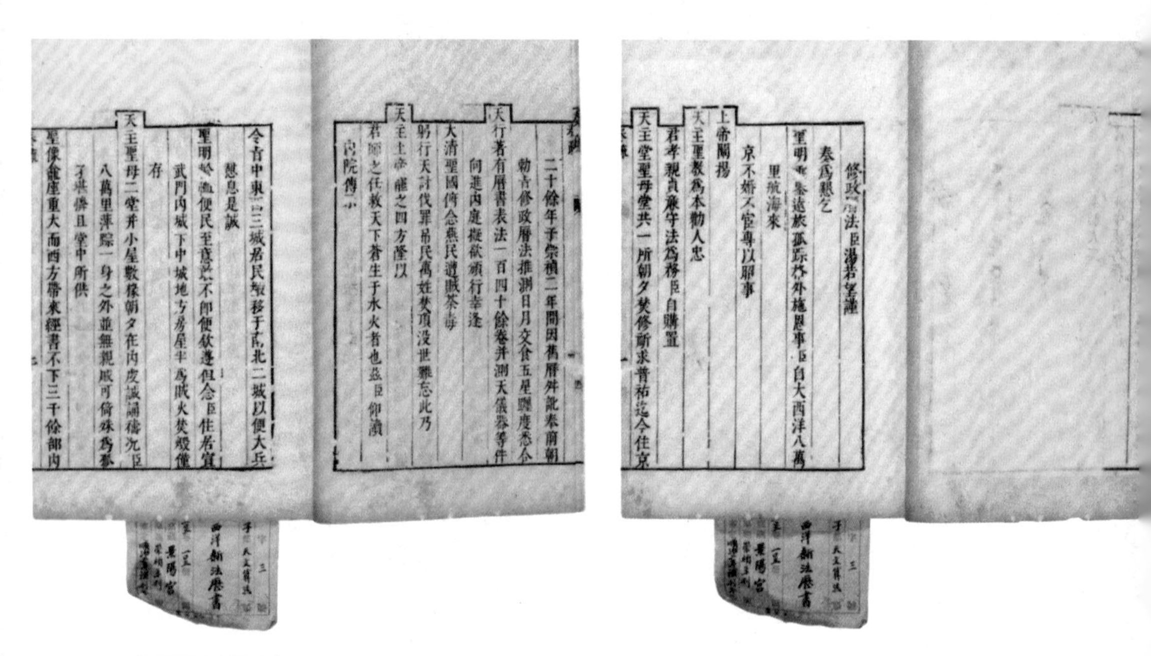

《西洋新法历书》。

书和进行各种天文推算的依据。后来,《西洋新法历书》又在乾隆年间被收入《四库全书》之中，但由于避乾隆名讳，被改称为《西洋新法算书》。

自古以来，天文历法都是一门既神圣又神秘的学问，是服务皇家的“通天”之学，通常只有少数人才能掌握。钦天监和观象台也都不是普通人可以随便进入的，虽然钦天监负责人的官衔不高，但他的地位非同小可。汤若望对《崇祯历书》进行修订，编成《西洋新法历书》，奠定了清朝《时宪历》编算的基础。由此，汤若望顺利成为钦天监的监正，开创了由西洋人掌管中国官方天文机构的先例。这恐怕是连汤若望本人都始料未及的。

后来，汤若望以其出众的管理才能和科学才华深受顺治皇帝的赏识，他还被加封为“通政大夫”“太常寺卿”和“光禄寺大夫”等衔。中国皇帝的信任大大增强了耶稣会在中国的影响力，但也使保守派和耶稣会士之间的冲突更加激烈。此时，汤若望并不知道，在多年以后他还要面临一场残酷的斗争，正可谓“山雨欲来风满楼”。

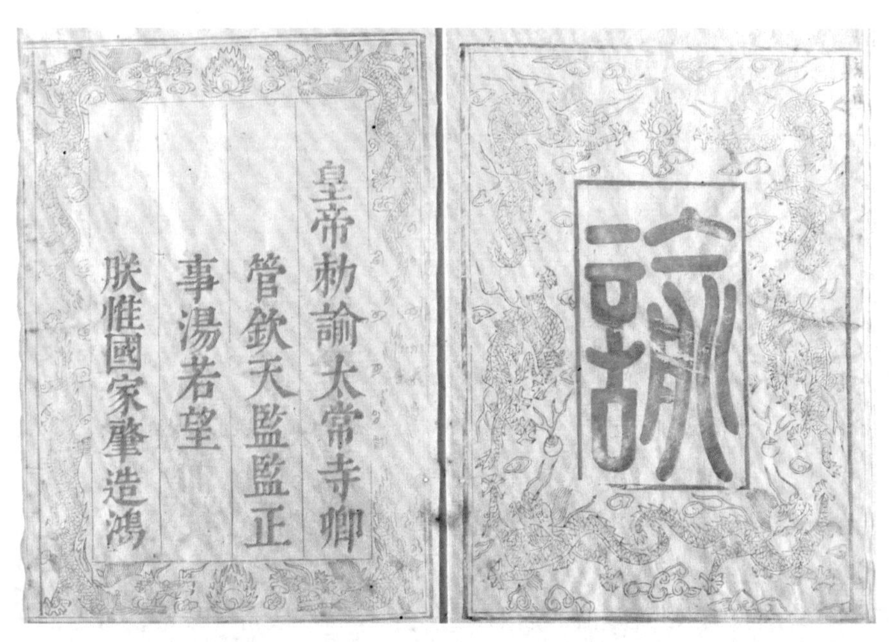

顺治十年三月初四诰封汤若望的诰命。按照清朝的惯例，诰封的制度和程序如下：先是皇帝于某年某月某日给官员及其妻室封典（称作“授”）；10日之后，给官员的父母封典（健在者称作“封”，过世者称作“赠”）；又过10日之后，继续给官员的祖父母封典。

康熙历狱之灾与祸

在金庸小说《鹿鼎记》中有这样一段描述，说的是康熙三年（1664 年），深受朝廷信任的西洋传教士汤若望指出钦天监推算日食有误，与汉官杨光先争执不休。杨光先争辩不过，诬告汤若望所编《时宪历》只有两百年，控诉传教士们居心叵测诅咒清朝国祚不长，以致汤若望等人身陷囹圄，直到康熙亲政才得以翻案。虽然这是小说中的桥段，不过在 17 世纪 60 年代，这起案件是真实的历史事件，史称“康熙历狱”。这起案件在当时的朝野间曾闹得沸反盈天，事情的反复可以说比小说还要曲折。

顺治年间，经过汤若望的努力，一大批耶稣会士和中国信徒得以陆续进入钦天监供职。虽然他们尽心观测天象，也尽职为朝廷编算历书，但是无论是由西洋人掌管钦天监，还是用西洋历法替代中国传统历法，都给中国的传统带来了巨大的冲击。在钦天监任职的天文世家子弟也不断遭到排挤，反对汤若望等传教士的声音日益高涨。到了顺治末年，皇帝对佛教的信仰逐渐加深，与汤若望的关系日益疏远。于是，一些原本对汤若望不满的官员开始纷纷发难。

顺治十四年（1657 年），原任钦天监秋官正的吴明炫先后两次上奏，揭举汤若望所制历书推算失准。事后证实，这是吴明炫自己推算有误，所以他被治以“诈不以实”之罪。但是，钦天监内部的矛盾日益激化。两年后，新安卫官生杨光先又撰写了《摘谬论》呈送给礼部，指责汤若望所编历法有十处谬误，并斥责其不守古法。不久，杨光先再次指控汤若望在编修《时宪历》时故意在封面上题写“依西洋新法”字样，认为这是汤若望等人“窃正朔之权予西洋”的罪证。

对于杨光先的指责和污蔑，在中国的传教士起初并未予以理睬，朝廷也并没有因为杨光先的奏请而对汤若望和天主教会有偏见。不过，杨光先的这些言论产生的后果越来越大。顺治皇帝驾崩后，年仅八岁的康熙皇帝即位，实权落到了辅政大臣鳌拜等人的手中。鳌拜一改清初以来较为开明的政策，开始“率祖制，复旧章”。趁着复旧的热潮，杨光先又持续攻击传教士，而传教士利类思、安文思和时任钦天监监副的天主教徒李祖白撰文予以反击。双方的论战早已超出了关于历法的新旧和正误之争的范畴，扩大至文化和宗教等诸多问题上。

康熙三年（1664年），在鳌拜等辅政大臣的支持下，朝廷下令拘捕汤若望、南怀仁、安文思、利类思等传教士以及李祖白等官员，并且对他们进行了长达7个月的轮番审讯。这时，杨光先再次参劾汤若望等人意图谋反、邪说惑众、历法荒谬三大罪状，并且斥责汤若望无视“天祐皇上，历祚无疆”，只进呈200年历法，甚至污蔑汤若望错定荣亲王（顺治皇帝第四子）的葬期，以至“反用《洪范》五行，山向、年月俱犯杀忌”，最终累及其母与顺治皇帝先后去世。

辅政大臣们认为，杨光先所述事关重大，于是下令六部九卿会勘。由于朝廷官员大都不懂天文历算，且畏惧鳌拜的权势，以至于这起冤案几成定局。到了1665年3月，刑部正式宣判汤若望和李祖白等五名钦天监官员为主犯，说他们犯有图谋不轨、邪说惑众的罪行，并判以凌迟处死，另有五人被判斩立决；从犯南怀仁等人则各杖责一百，押解出境；废除新历，恢复旧历，还将所有传教士驱逐至广州，严禁各地传播天主教。

巧合的是，就在判决议定呈送给康熙皇帝和太皇太后之时，京师连日地震，大量房屋倒塌。朝臣和刑部官员认为这是上天在示警，不禁十分惶恐。于是，依据惯例，康熙皇帝大赦天下，对罪犯减刑。很快，南怀仁等人就被赦免出狱，但汤若望及七名钦天监官员因罪行重大，不在赦免之列。南怀仁重获自由后，便急忙为汤若望辩护申冤。此时，汤若望年迈病重，在狱中命悬一线，南怀仁成了他唯一的依靠和希望。恰巧这时宫中又发生了火灾，人们相信这是上天再次示警，而且太皇太后怜悯汤若望年事已高，所以谕令开恩。康熙皇帝也下旨，念及汤若望效力多年，敕令从宽免死。

汤若望获释出狱，但此次历案早已让他心力交瘁。他回西堂（后称南堂）居住不久后，再次被杨光先驱逐，只得与南怀仁、利类思、安文思等人搬往东堂。次年8月15日，衰弱不堪的汤若望在京病逝。

在经历“康熙历狱”的重大变故之后，钦天监需要一位新的负责人，而批评西洋历法“谬误”的杨光先自然是不二人选。1665年4月，杨光先被任命为钦天监监副，但是他自知不精于历法，多次上疏辞任。4个月后，朝廷再次任命他为钦天监监正，这一次他难以推脱，只能勉强赴任。

杨光先到任后，开始清除钦天监中精通西法的历官，造成历法人才匮乏，只得将熟悉《回回历法》的吴明烜任命为钦天监监副，而这个吴明烜就是此前揭举汤若望推算失准的吴明炫的弟弟。由于杨光先并不真正了解天文和历法，他在钦天监的根基不稳，只能复用明代《大统历》和《回回历法》的旧术，时间一长就暴露出了许多问题。

南怀仁像。

康熙七年（1668 年），杨光先进呈了次年的历书，其中提到需在十二月加闰一次。由于一年两闰之事亘古未有，于是这引发了朝堂争论。因朝中知历者甚少，此时已经亲政的康熙皇帝便下令，让大学士多诺等四人携带历书前去咨询南怀仁。南怀仁很快就指出杨光先所编历书中的诸多谬误之处，并且陈述其中缘由。

于是，康熙皇帝采纳了南怀仁的建议，宣杨光先和南怀仁等人进宫，让他们二人在观象台上测验日影，以定是非。在测验过程中，杨光先和吴明烜推诿称无法预先推定日影，而南怀仁则准确地推测出连续多日的日影长度。随着日影测验胜负分出，康熙皇帝又下旨命南怀仁验查杨光先等所制历书，将差错一一列出，然后上报礼部。

奉
旨查對楊光先吳明烜所造各曆并測驗諸差紀畧
治理曆法極西耶穌會士南懷仁述
仁當查對吳明烜所用回回曆法諸差者緣奉
特旨委以參訂得失不得不條分縷晰據實以詳覆
也在彼初非有摘發之事在仁原亦無汲引之
人先是楊光先保用大統授時諸曆以爲較之
回回曆法遠天特甚故康熙七年奉
旨諸曆交吳明烜推算及至仁查對明烜所用回回
曆法仍復大謬與大統授時諸曆無異此辨論
之所由起而是非之所由明也無徵不信烏容
已于記述謹以奉
旨查對測驗之顛末并
賜對
天語爲陳其梗概質諸大方與天下共曉則一時
知遇之隆自堪千載非故揭其短以自詡也慨自康
熙四年仁等被誣之後杜門闇修謝絕一切不
意于七年十一月二十一日忽蒙

《钦定新历测验纪略》中南怀仁批判吴明烜等人的奏疏。

第二年，鳌拜被革职拘禁，几位辅政大臣也先后伏诛。由于鳌拜集团曾是杨光先的最大靠山，鳌拜被扳倒后，掀起了一股平反浪潮。南怀仁、利类思和安文思等人上奏，希望为蒙冤受屈的汤若望申诉，求得平反昭雪。于是，康熙皇帝再次命硕亲王带领大臣赴观象台测验。一连数日的测验表明，吴明烜所推多不合，而南怀仁的测验皆吻合。至此，硕亲王等人上疏，提议推行南怀仁之法，同时将杨光先革职，交与刑部治其诬陷之罪。康熙皇帝下旨，念在杨光先年迈，对他宽大处理，只是将其革职后遣返原籍。不久之后，杨光先在归家途中客死山东。

杨光先等人被革职后，钦天监的事务由南怀仁接任，他被康熙皇帝授以钦天监监副一职。南怀仁两次上疏请辞，称自己以淡泊修身为务。康熙皇帝准许了他的请求，自此南怀仁则以“治理历法”的身份管理钦天监事务。南怀仁获得钦天监的领导权后，不忘为汤若望等人平反。经过与众朝臣商议，康熙皇帝最终恢复了汤若望“通微教师”的身份（原为顺治皇帝所赐“通玄教师”，因避讳更改），并且归还了顺治皇帝所赐墓地，另赐银500余两，用于修葺汤若望的坟墓及墓碑。

随着汤若望的冤案得以彻底昭雪，在中国的耶稣会士重获皇帝的信任，不但得以重返钦天监，而且为以后的传教铺平了道路。“康熙历狱”从根本上说是清初中西历法之争尖锐化的产物，同时它也凸显了中西文化之间的矛盾与冲突。对于掀起历狱的杨光先而言，西学的传播从整体上对儒家学说和中华文明构成了严重威胁。在他看来，历法的好坏并不重要，关键在于如何阻遏被他视为邪说的西学文化渗入中土，正所谓“宁可使中夏无好历法，不可使中夏有西洋人”。所以，这种中西文化交流所导致的文化焦虑恐怕才是杨光先掀起历狱的根源所在。

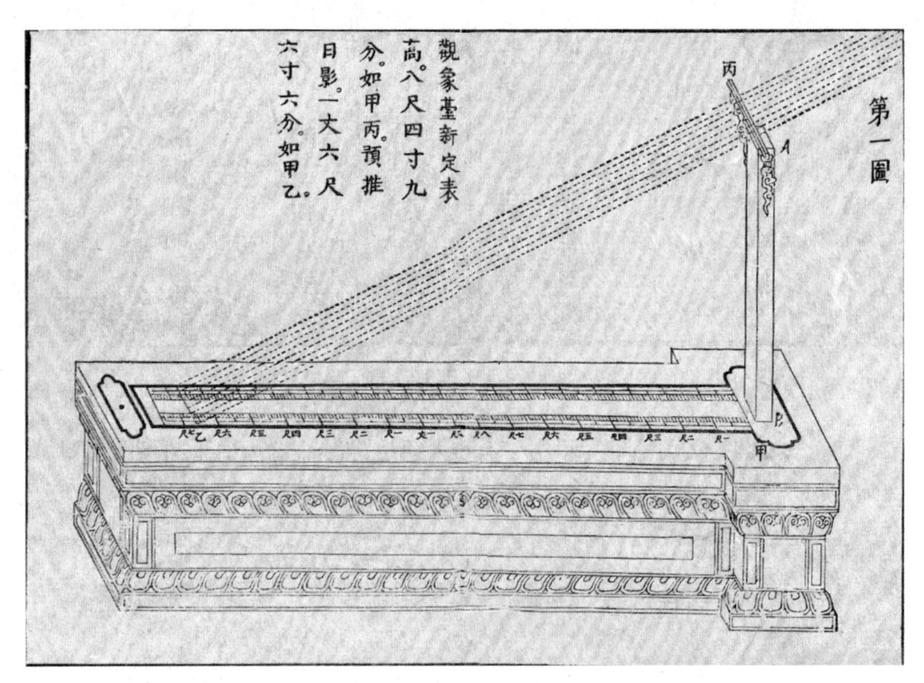

《钦定新历测验纪略》中的观象台测影示意图。

18 世纪西方挂毯上的天文学家。在这幅挂毯中，传教士汤若望（坐着的老者，手持圆规，正在使用天体仪）正在为顺治皇帝讲解天文知识。图中最右边是汤若望的助手南怀仁，右下角手持圆规坐着的儿童是幼年时期的康熙。图中还绘有望远镜、浑仪等仪器。

洋监正与古观象台

在经历“康熙历狱”风波之后，南怀仁得以重用，负责钦天监的天文历法工作。康熙皇帝下旨授南怀仁以钦天监监副一职，但是南怀仁表示这与耶稣会传教的初衷不符。最终，康熙皇帝尊重了他的意见，让他担任“钦天监治理历法”的职位，这相当于专家顾问的角色。实际上，朝廷依据监副的标准为南怀仁提供俸禄。

继南怀仁之后，不少耶稣会士在康熙和雍正年间先后担任“治理历法”的职位，负责钦天监的实际运行。一直到乾隆元年（1736年），“治理历法”的职位才被撤销，正式改授钦天监监正。这种由传教士主持钦天监具体事务的情形则一直延续到道光年间。

虽然南怀仁拒绝了康熙皇帝敕封的钦天监监副一职，但他明确表明自己愿意尽己所能，承担钦天监编修历书、天文观测以及制作天文仪器等工作。对于钦天监的有关工作，南怀仁尽职尽责，他一上任就做了一些大刀阔斧的改革。他认为钦天监作为一个技术衙门，需要鼓励监内官生不断钻研天文历法，必须做到“理数兼到之人以用之”，理论与实践双管齐下。为了保障人才培养，他还上奏提出了一些措施，使监内官生能够正常升迁和得到公正的待遇。南怀仁通过维护钦天监官生的权益，不仅促进了人才队伍的稳定和工作的顺利开展，而且缓和了钦天监内部的各种矛盾。

南怀仁在钦天监负责的头等大事是编算每年的历书，因为这在古代具有重要的政治意义，历书的颁赐也是一项礼制活动。在清代，每年10月的第一天，文武百官齐聚紫禁城，等待接受皇帝颁布的下一年度历书。这一天清晨，大臣们早早出门，穿着象征身份和地位的朝服前往紫禁城。同时，钦天监的官员们护送印制精美的历书，从钦天监来到紫禁城。历书的尺寸和装裱有所不同，给皇帝、皇后和其他嫔妃们使用的历书都是装裱华丽的特大号版本，封面使用正黄色丝绸，还用绣着金线的绸缎包裹着。赏给大臣们的历书封面则覆盖着红色丝绸。大臣们行过三拜九叩的大礼后，按品阶高低依次领取历书。

历书的编算是十分繁复的任务，在那个没有计算机的年代，一切编算工作都要由人工来完成，而且不能有丝毫差错。历书的内容除了年、月、日等信息外，还包含节气、太阳所在宿次、物候、月相、昼夜长度、日出日落时刻等信息。此外，历书中还有年神方位和历注等信息，如建除十二值、吉神、凶神和每日宜忌等。这些都是与择日有关的内容，也就是告诉人们每天适合做什么，不适合做什么。

当时编算历书依据的是汤若望等人编算的《西洋新法历书》。除了百姓日常使用的民用《时宪历》外，钦天监还需要编算《七政经纬躔度时宪历》和《月五星凌犯时宪历》。前者相当于如今的天文年历，预报一年中日月和五星的运动和位置；后者则预测月亮和五大行星在运行中与恒星位置接近的现象，也就是预测所谓的“凌犯”。

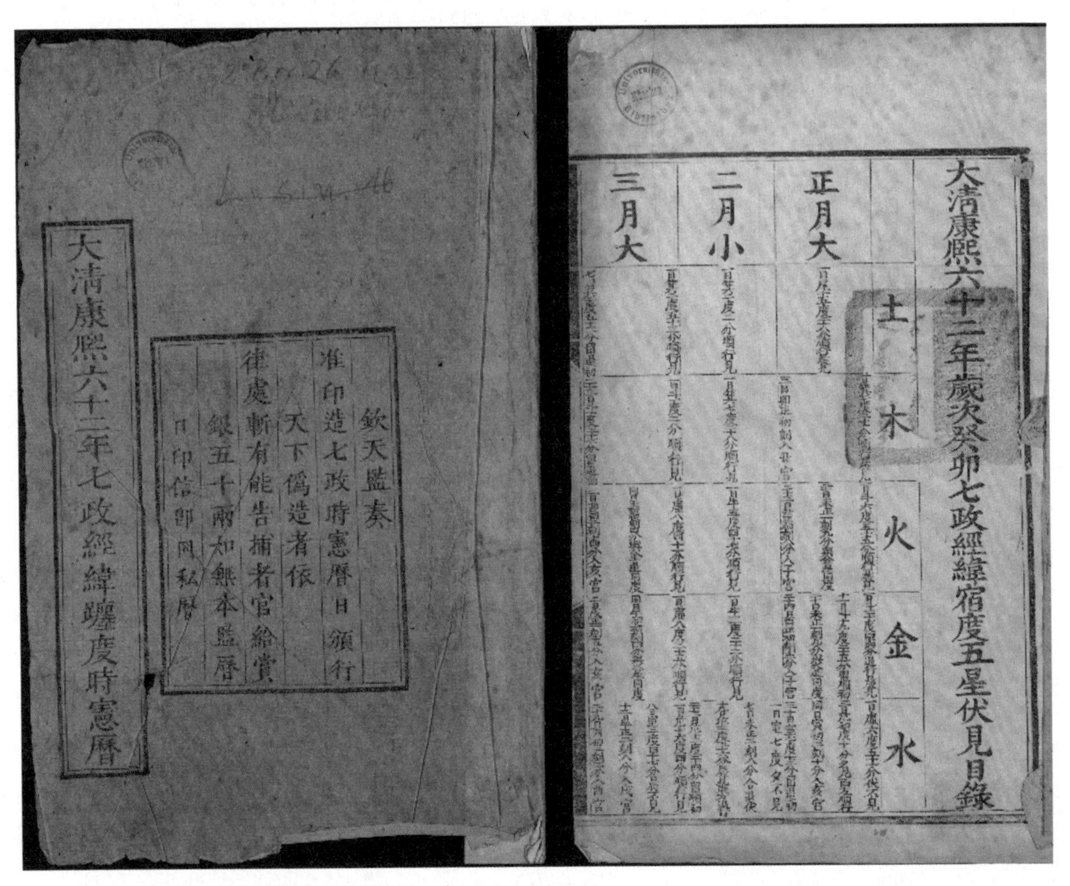

大清康熙六十二年七政經緯躔度時憲曆

欽天監奏
准印造七政時憲曆日頒行
天下偽造者依
律處斬有能告捕者官給賞
銀五十兩如無本監曆
日印信即同私曆

大清康熙六十二年歲次癸卯七政經緯宿度五星伏見目錄

正月大 二月小 三月大

土 木 火 金 水

康熙年间的《七政经纬躔度时宪历》。

南怀仁深明历算的原理，他在受命推算历法之后，在运用西洋新法的同时，还一直考虑不断对此进行完善，以提高预报和推算的准确性。比如，在推算交食时，因各地地理位置的不同，需要做出不同的修正；推算日月五星凌犯时，则要进行时差和蒙气差（即针对大气折射效应的调整）的修正。通过长期观测，康熙十七年（1678 年），南怀仁编撰完成《康熙永年历法》32 卷。

《康熙永年历法》实际上是一整套天文算表，分为日、月、五大行星及交食八个部分，每一部分各有四卷。书中不仅给出了各种推算所用的一些基本数据，还提供了这些天体运动的 2000 年星历表，这些表格可以极大地提高历法推算的效率。当然，南怀仁一次性编算长达 2000 年的天文表格，也是对此前杨光先斥责汤若望无视“天祐皇上，历祚无疆”而只进呈 200 年历法的一种回应。

除了编算历书，南怀仁的另一项任务是每年负责推算和预报下一年将要发生的日食和月食等天象。依据惯例，钦天监的官员需要每年向皇帝呈报下一年会发生的日月食情况，并对其发生的时刻和食分大小做出预报。钦天监负责人在汇报各省份日月食发生的时刻和食分大小的同时，还需要提交每次日月食的图绘。

其实在汉代，人们通过计算基本上已经能够判断日月食发生在哪一天。到了唐代，日月食的预报误差已经在几小时之内。到了元明时期，日月食的预报误差基本上控制在一刻至两刻，清代的误差则进一步缩小到一刻以内，预报已经相当精确了。到了南怀仁这个时候，日月食的预报水平已经有了很大提高。不过，推算的工作量也随之大幅增加，稍有不慎就可能出错。

天文仪器是天象观测不可或缺的工具。南怀仁到钦天监任职后，他的一项突出贡献是新制了六件大型天文仪器。1669 年 3 月 30 日，礼部奉上谕说观象台所有浑仪、简仪、圭表等器年久损坏，衙舍倾颓，要求工部与南怀仁等修正详验。其中提到的浑仪、简仪和测量日影的圭表都是明代正统年间制造的传统仪器，当时已经使用了 200 余年，多有损坏，且误差明显。

随后，南怀仁建议重新制造观象台仪器并呈式样，而这些仪器主要为西式仪器，共有六件。其中，包括赤道经纬仪、黄道经纬仪、纪限仪、地平经仪、地平纬仪和天体仪。此外，清代的官方天文台沿用了隶属于明代钦天监的观象台，观象台的台基窄小，没有空间添设新的仪器。于是，南怀仁花费白银约 1.4 万两，将台基向南“开展阔大”，重新规划了观象台的整体布局。

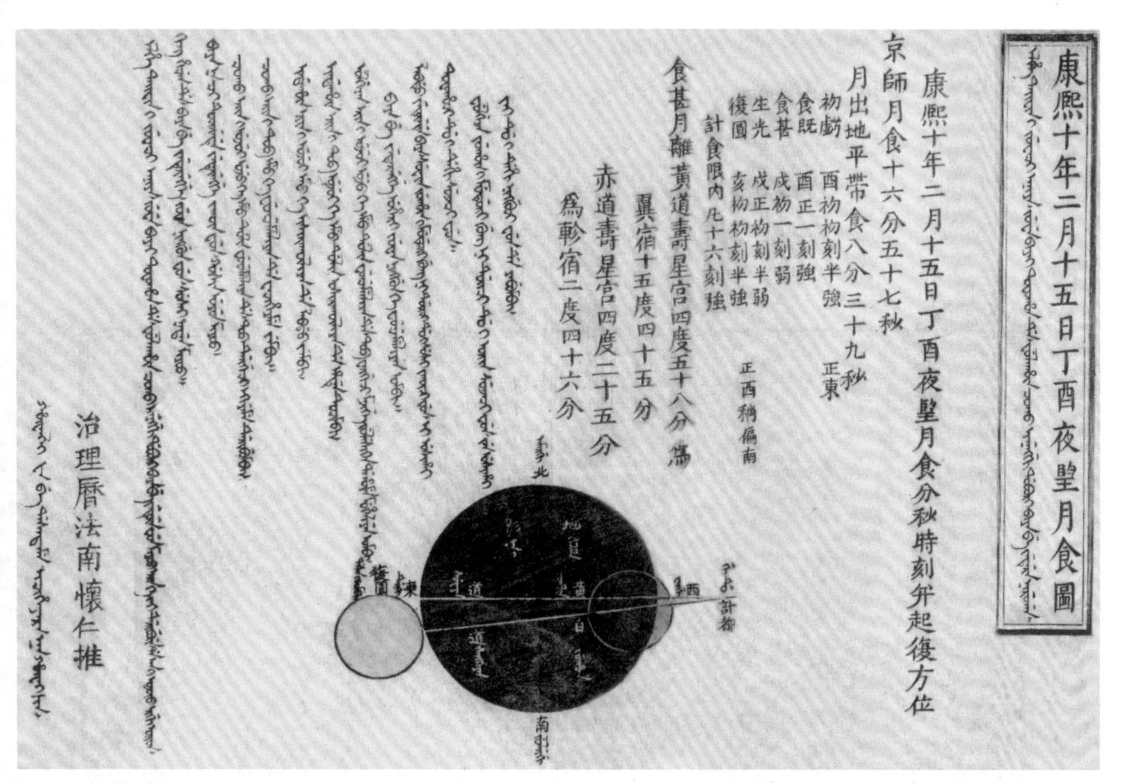

康熙十年（1671 年）二月十五日的月食图。这份月食预测报告由“钦天监治理历法”南怀仁向康熙皇帝进呈，记载有京师（也就是北京）的月食食分是十六分五十七秒，说明这是一次月全食。月食开始的时间是酉初初刻半强，大约为下午五点一刻，月食结束的时刻是亥初初刻半强，大约为晚上九点一刻。

其实，早在明代崇祯年间，当时负责礼部工作的徐光启就曾建议，让耶稣会士引进西式天文仪器，以此来改善观测条件。但是，由于明末财政拮据，未能在观象台添置大型铜制天文仪器。到了康熙年间，随着国库充盈，当年徐光启创制新仪器的夙愿在南怀仁这里得以实现。

南怀仁设计和制造的天文仪器主要参考了西方的第谷式仪器，第谷 · 布拉赫是著名的丹麦天文学家。凭借着无与伦比的观测禀赋和雄厚的财力，第谷借助改进的天文仪器，将观测天文学提高到望远镜发明之前的最高水平。第谷的很多仪器都使用黄铜部件，这在其著作《机械学重建的天文学》中有详细的记载。

南怀仁所制造的新式仪器种类众多，这也反映了中西方不同的天文仪器设计理念。中国传统的浑仪和简仪反映了中国古人“一仪多用”的理念，也就是在一件天文仪器中加入多种不同的功能。这如同大家平常使用的一体机，具有打印、扫描、复印和传真等多种功能。不过，这样的设计存在一些弊端，那就是功能多了，操作自然不便，而且维护起来相当困难。在西方，人们倾向于“一仪一用”的方式。南怀仁制造的天文仪器分别用来测量地平、赤道和黄道坐标，而不像中国传统的浑仪那样，追求仅用一件利器就满足不同的观测需求。

南怀仁《新制灵台仪象志》中的观象台图。

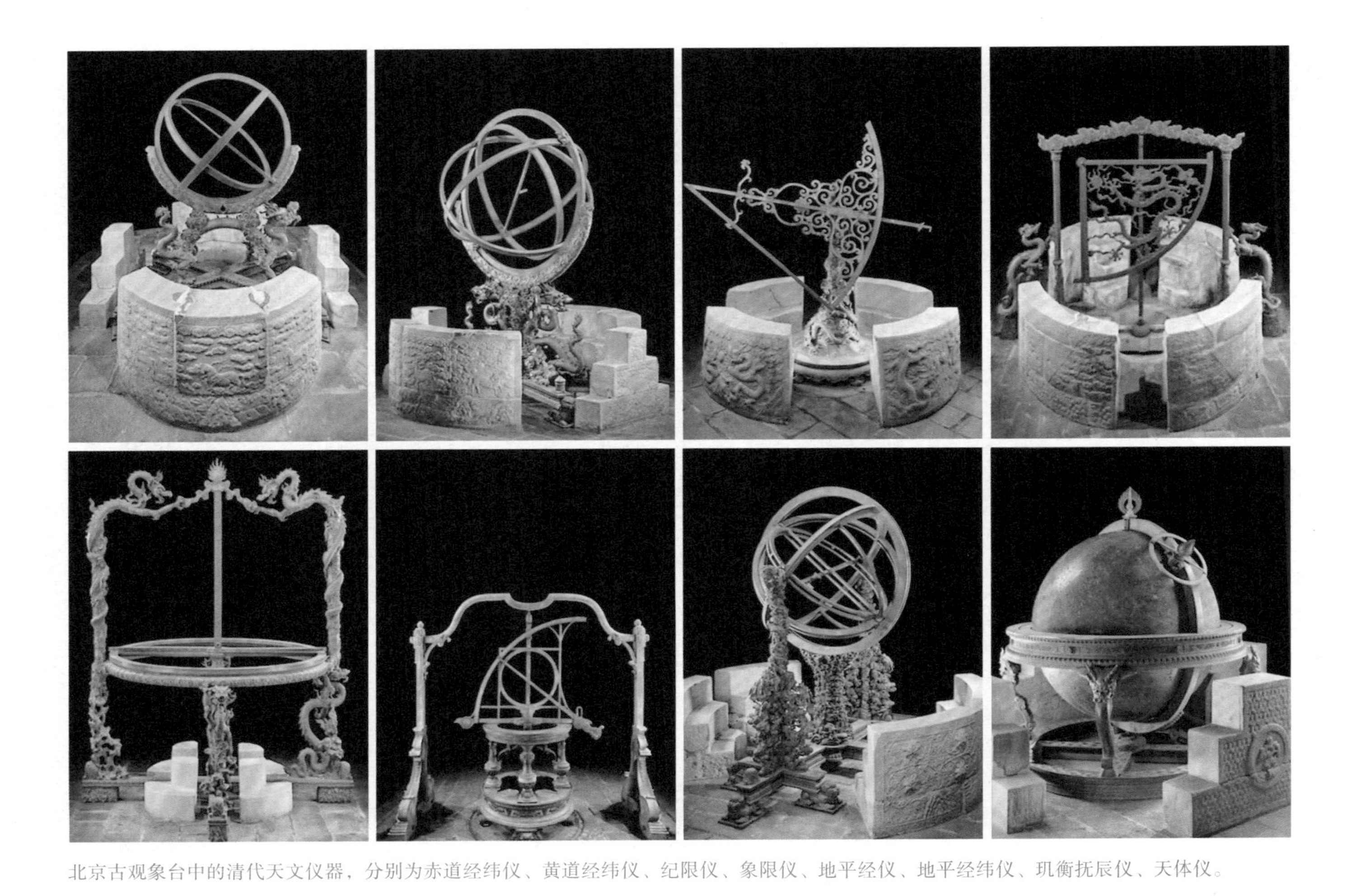

北京古观象台中的清代天文仪器，分别为赤道经纬仪、黄道经纬仪、纪限仪、象限仪、地平经仪、地平经纬仪、玑衡抚辰仪、天体仪。

康熙十二年（1673 年），南怀仁设计和监造的六件大型西式天文仪器相继完成并安装于台上。次年，康熙皇帝为了褒奖南怀仁的这些工作，下旨称“南怀仁制造仪器，勤劳可嘉，着加太常寺卿职衔”。与此同时，南怀仁还奏请将这些新式仪器及取得的观测成果汇集于《灵台仪象志》（又名《新制灵台仪象志》）一书中，并配有大量插图介绍这些仪器的制造、安装和使用方法。

此后，南怀仁又将《灵台仪象志》中的部分内容改写成拉丁文在欧洲出版，其中包括八幅天文仪器图。康熙二十六年（1687 年），南怀仁出版了他最具代表性的西文著作《欧洲天文学》，此书因附有观象台图版画引起了当时西方知识界对于中国的极大兴趣，观象台的图像此后在欧洲出版的中国相关书籍中频繁出现。例如，耶稣会士李明的《中国近事报道》和杜赫德的《中华帝国通志》中皆有此图，并且这些书又被翻译成多种其他欧洲语言，在当时具有很大的影响力。

由于康熙皇帝的重视，传教士在当时引入西方天文学的过程中发挥了不小的作用。不过，从康熙晚年到乾隆中期，士人对西学的态度发生了不小的变化，主要表现为“西学中源”说的盛行和对西学的拒斥，这种转变进而影响了乾隆后期及嘉庆之后对西学的看法。随着雍正皇帝下旨禁教，天主教在中国的势力式微，西方天文学在中国的发展也受到了不小的影响。

洋务运动睁眼看世界

1861 年 1 月，也就是第二次鸦片战争刚结束不久，奉命推行洋务运动的恭亲王奕訢奏请在总理衙门下设立外语学馆。由于当时没有找到合适的外语教习，所以外语学馆一直迟迟没有开张。后来经英国公使威妥玛推荐，英国传教士包尔腾被聘为英文教习。1862 年 6 月，外语学馆终于在总理衙门内正式开课，取名为京师同文馆。

京师同文馆设立后不久，由于各地洋务需求的增多，洋务官员们越来越感到培养科技人才的重要性，有的主张在学习外国语言文字的同时也要学习西洋格致之学。于是，1866 年 12 月，奕訢再次上书，提出在京师同文馆内增设天文算学馆，计划招取满汉五品以下京外各官，并聘请西人教习，以此作为自强之计。在奕訢看来，“洋人制造机器、火器等件，以及行船、行军，无一不自天文、算学中来”，所以只有掌握天文、算学，才能洞悉根源，由此数年之后，必能有所成效。

起初设立同文馆，主要是为了培养翻译人才，只是清政府解决外语人才缺乏的权宜之计，而且只招收十三四岁的八旗子弟入学。对此，朝廷内部虽有异议，却没有太多的人公开反对。然而，奕訢在同文馆内增设天文算学馆的做法立刻引起了传统士大夫的强烈反对。大学士倭仁为此上疏，认为“立国之道，尚礼仪不尚权谋；根本之图，在人心不在技艺”。他甚至认为，招收科甲正途人士入天文算学馆，必然会导致以夷变夏。19 世纪 60 年代，天文和算学这些知识被认为是“奇技淫巧”，与参加科举的“正途”完全相违背。

在经过半年无休止的争论后，奕訢以及总理衙门的大臣以集体辞职相抗争，最终慈禧太后不得不出面干预。朝廷以“以天文、算学为儒者所当知，不得目为机巧”为由，支持了奕訢的提议。随即，京师同文馆得以在内部开设天文算学馆，除教授外国语言外，兼修天文学与数学，以培养实用型天文和数学人才。翌年，为了招录更多的学生，奕訢不但要求朝廷发谕旨，将招录范围扩大到了“进士出身之五品以下京外各官”，并且不惜“厚给薪水，以期专致”。

经过这场争论，虽然奕訢在表面上获得了成功，但在社会上也造成了一些负面影响。在一片反对的声浪中，那些想要报名的人都打消了念头。京师同文馆正式考试时，报名人数仅有 98 人，实到 72 人，最后 30 人被酌情招收。半年后，由于成绩不佳，又有 20 人被淘汰，最后只剩下 10 人勉强就学。此后，天文算学馆的招生时断时续，可以说是一片萧条。

晚清学习几何的学生。

同治七年（1868 年），李善兰担任天文算学馆总教习，同时聘请外国天文算学教习来授课。1869 年，原来教授英文和万国公法等课程的美国人丁韪良受聘为京师同文馆的总教习。他采取了一些改革措施，逐渐扩大了课程范围。其实，在 1868 年以后，上海广方言馆和广东同文馆也陆续选送了一些优秀学生来此进修。直到 19 世纪 70 年代以后，京师同文馆才真正有所发展。到了 1876 年，京师同文馆规定学生除了学习外语，还要学习数学、物理、化学和天文测算等课程。京师同文馆由单纯的外语学校发展为一所以外语教学为主、兼修各门西学的综合性学校。

光绪十四年（1888 年），京师同文馆内还建了一座供教学使用的小型天文

丁韪良与京师同文馆教员。

台。天文台高约五丈，上面摆有各种仪器，盖顶可以旋转。此外，天文算学馆还负责编修新式历书，以便与传统历书相互校正。例如，天文算学馆编有各年的《中西合历》，以及《航海通书》等供航海定位之用的书籍。

京师同文馆开设的相关课程有平面三角、球面三角、航海测算和天文测算等，同时还翻译了《星学发轫》等天文学教材。《星学发轫》是一部实用天文学著作，书中不仅介绍了赤道仪、子午仪和分微尺等多种天文仪器的用途，还对其结构和使用方法等做了详细的描述。另外，书中还给出了数十种天文用表，其中包括以光绪二十六年（1900 年）为历元的恒星赤经和赤纬的数值，还有一份包含 1168 颗恒星的中西星名、星等和赤道岁差的恒星表。京师同文馆的总教习丁韪良评价《星学发轫》说："诸学穷究高厚，莫不视天文为冠。既展无数世界以广人智，又阐立元历法以利民生。"

纵观京师同文馆的天文教育工作，尽管它没有培养出非常杰出的天文人才，总体成效不大，但它在引进西方科技方面依然有不少贡献。洋务运动没能打开中国科学的大门，却在窗户上开了一条缝，让更多的人能够透过它睁眼看世界。

此外，京师同文馆在培养天文算学人才方面虽然遭受了许多挫折，但也给此后各地创办官办学堂提供了经验。到了 19 世纪后期，各地兴建了许多军事学堂，特别是水师学堂（如天津水师学堂、广东水陆师学堂、江南水师学堂和山东威海卫水师学堂等）基本上都开设了天文测量、经纬度测量、航海天文等课程，教授以实用天文学为主的基础知识。

民间也有不少学者对西方近代天文学书籍进行了译介。例如，李善兰与伟烈亚力在光绪年间合译了《谈天》，该书于 1859 年在墨海书馆以活字印刷方式出版。《谈天》的原作是英国天文学家约翰·赫歇尔（1792—1871）的天文名著《天文学纲要》，书中对万有引力定律、光行差、太阳黑子理论、行星摄动理论、彗星轨道理论均有比较详细的叙述。

由于中国传统天文学与同时期的西方天文学之间存在巨大的差距，所以洋务派的学堂只能将重点放在传授实用天文学知识上。《谈天》一书则介绍了西方近代天文学的面貌，更多地涉及当时西方天文学的发展，以及如何进行更深层次的研究与探索。

北洋海軍來遠兵船 光緒十一年 月 日開工 十一月 日上訾
光緒十三年 月 日下水 五月 日試洋

鑲配槍礮
克虜卜二十一生特[illegible]
克虜卜十五生特[illegible]
哈乞開司[illegible]
哈乞開司[illegible]
後膛快放炮四十七密里一尊
毛瑟後膛兵槍五十桿
威布烈六响手槍四十桿
刀十把

德國卧機雙暗輪
鐵脅
馬力[illegible]
船身長[illegible]
船頭高[illegible] 船尾高[illegible]
吃水頭[illegible] 船尾[illegible]
船中深[illegible]
桅杆一
魚雷艇
小輪船二
舢舨五
風帆面積
全船儎重 二千九百
裝煤[illegible]
每點行十五海里半
每點用煤[illegible]
留火每點用煤
鍋爐 四座 汽力 八倍天汽
汽鼓[illegible]
受火面積[illegible]
爐承面積[illegible]
額設各項人等共二百二 員名
月支俸薪口糧
月支公費[illegible]

管帶 官井用總兵北洋海軍右翼左營副將喀勒崇依巴圖魯邱寶仁

光緒二十年 五月 二十七日 船在威海

值更官員姓名	點鐘	船程 里 分	船向	羅經鐵差	風向	風力	下風差	天色	寒暑針	風雨表
蔡馨書	一									
	二									
	三									
	四				南	一		陰	[illegible]	[illegible]
邱文勲	五									
	六									
	七									
	八				南東	一		晴	全	全
謝葆璋	九									
	十									
	十一									
	十二				全	一		雨	全	全
午 下										
唐春桂	一									
	二									
	三									
	四				全	二		陰	全	[illegible]
蔡馨書	五									
	六									
	七									
	八				全	二		全	全	全
邱文勲	九									
	十									
	[illegible]									
	[illegible]				北東	一		雨	全	全

經度 實測 推測
緯度 實測 推測
直路方向
直路程
潮流方向
潮流程
共行程
羅經總差
直方向
直距離

記事
上午
點章工作
唐洗全船
八點操救火
十點五十分鎮中到
十二點鎮中開
下午
工作
三十分康濟到
一點鎮遠開

《北洋海军来远兵船管驾日记》，除了记录风向、风力，还需要推测和实测经纬度。

可以说，《谈天》的出版促进了近代天文学在民间更大范围内的传播，在中国传统天文学向现代天文学的转型中发挥了积极的作用。如今，我们用到的许多天文学术语也都受益于《谈天》的翻译工作。比如，李善兰在翻译《谈天》时将 nutation 译为“章动”一词，即月亮扰动使地轴在进动的过程中产生了 18.6 年的扰动周期。

在清代晚期，相对于中国官方和民间天文学的发展，一些西方国家在中国设立的天文台取得了不小的成绩，比如徐家汇观象台（原称徐家汇天文台）和青岛观象台（原称青岛市观象台）。这些天文机构的建立缘于清政府被迫割地赔款，与外国侵略者签订了一系列丧权辱国的条约。

1872 年，法国天主教耶稣会在上海徐家汇建立了观象台，它最初的工作是开展气象观测和预报，向来往船舶提供气象资料，以保证航行安全。1854 年 11 月，英法联合舰队在黑海上与俄军决战。由于缺乏气象资料，英法联合舰队尚未开战就遭到强风袭击，损失了 30 多艘舰船。于是，法国人痛定思痛，决定由巴黎天文台收集各地的气象情报。自 1856 年起，法国开始在全球范围内建立气象站网，率先开展天气预报工作，而徐家汇观象台就是其中的一部分。

上海是鸦片战争后首批对外开放的五个港口城市之一，由于地处长江入海口，其独特的区位优势决定了它在航运方面的重要地位。1879 年，徐家汇观象台在长江口设置了自鸣声浮，并且将天气数据向有关灯塔通报，以便船只航行。相关观测记录也经常发表于观象台的期刊上，成为研究远东气象的重要资料。

除了气象预报工作，徐家汇观象台还在 1883 年开始了授时工作。此后，由于无线电技术的发展，该台从 1914 年开始采用无线电授时，从而成为当时中国标准时间的发源地。

1900 年，法国耶稣会又在上海松江县（今松江区）的佘山上建造了穹顶，在那里安装了当时东亚口径最大的 40 厘米折射望远镜。这就是后来的佘山天文台，它的主要工作是照相天体测量、地磁测量和太阳观测。1907 年，《佘山天文年刊》创刊，该刊与徐家汇观象台的刊物《徐家汇天文台观测公报》都成为当时与各国天文学家交流的重要国际性刊物。

1925 年，国际天文学联合会制订了一项国际经度联测计划，徐家汇观象台因此成为世界经度测量的三个基本点之一。1926 年和 1933 年，徐家汇观象台又先后两次参与国际经度联测。从 19 世纪末到 20 世纪初，徐家汇观象台及其所属的佘山天文台成为当时远东最有名的天文台。

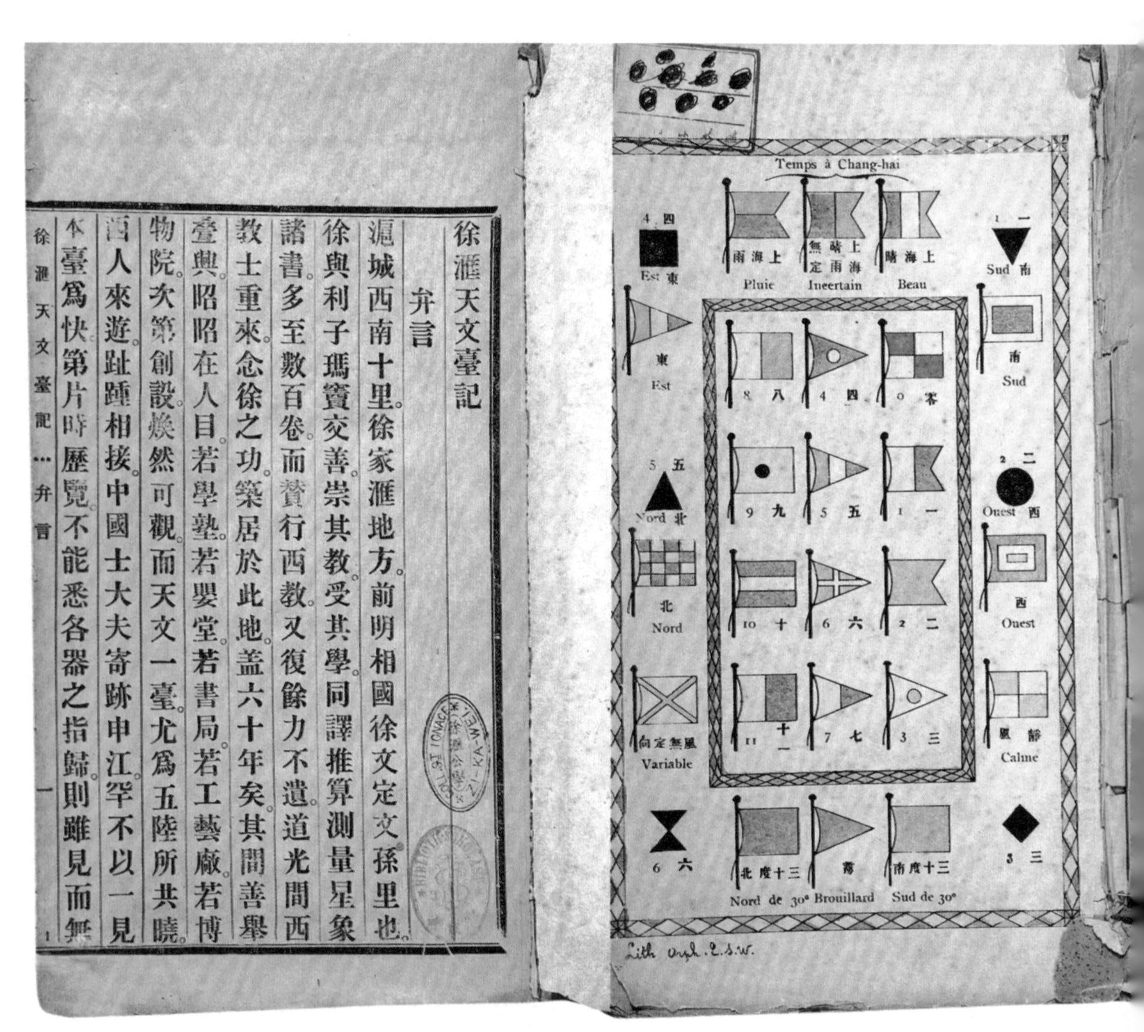

徐滙天文臺記

弁言

滬城西南十里。徐家滙地方。前明相國徐文定文孫里也。徐與利子瑪竇交善。崇其教。受其學。同譯推算測量星象諸書。多至數百卷。而賛行西教。又復餘力不遺。道光間西教士重來。念徐之功。築居於此地。蓋六十年矣。其間善舉疊興。昭昭在人目。若學塾。若嬰堂。若書局。若工藝廠。若博物院。次第創設。煥然可觀。而天文一臺。尤爲五陸所共曉。西人來遊。趾踵相接。中國士大夫寄跡申江。罕不以一見本臺爲快。第片時歷覽。不能悉各器之指歸。則雖見而無

徐滙天文臺記…弁言　一

《徐汇天文台记》。此处的“徐汇天文台”即指徐家汇天文台。

青岛观象台的建立缘于德国人在海上发生的一次意外。1897 年底的“曹州教案”使胶州湾遭到德国军队的武力侵占。正当德国入侵山东的时候，黄海上发生了一场大风暴，给德国海军造成了巨大的损失。1898 年 3 月，为了给胶州湾的海军提供气象信息，德国人在青岛设立了一个简易的气象站，进行气象观测和预报工作，服务于军事和各国舰船的航运。

青岛市观象台（后称青岛观象台）和职员。

此后，随着《胶澳租界条约》的签订，德国的势力日益扩张，在此还增添了赤道仪、子午仪、地震仪和地磁仪等设备，将气象台扩建为气象天文测量所。最重要的是，他们开始用无线电向德国海军的舰船授时，向外界发布天气预报。

1911 年，德国政府将气象天文测量所更名为皇家青岛市观象台（后称青岛观象台）。它的建立使得这里的气象、天文、地磁、地震和潮汐等观测和预报工作得以持续进行。同时，该观象台还为德国海军提供船舰仪器的检测工作，成为德国在远东地区的重要基地。

青岛观象台的工作以气象观测为主，但也兼有天文、地磁和地震等方面的观测工作。自建立以来，它就是帝国主义侵略中国的产物。在半个世纪中，该观象台在德、日、中三方之间几度易手，并多次更名。

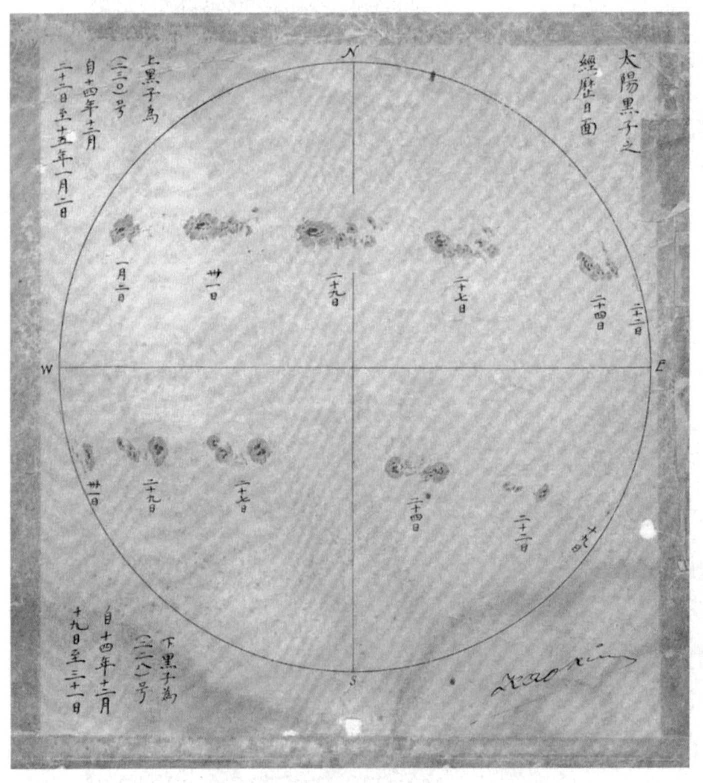

高平子先生手绘的 1925 年太阳黑子图。高平子沿袭了瑞士苏黎世天文台台长鲁道夫 · 沃尔夫（1816—1896）在 1849 年提出的黑子相对数理论。高平子根据球面三角原理，设计出了一种经简单度量后通过公式算出黑子日面经纬度的方法。

1924 年 2 月，中国政府从日本人手中接管了青岛观象台，并更名为胶澳商埠观象台。当时，气象学博士蒋丙然和天文学家高平子一同接收了青岛观象台。随后，蒋丙然担任中国主权下青岛观象台的第一任台长。观象台下设天文磁力科与气象磁力科两个科室，蒋丙然兼任气象磁力科科长。自此，中国科学家在这里开始了天文和气象研究工作。可以说，青岛观象台是中华人民共和国成立前天文事业饱受外国列强摧残的历史见证。

古台的历劫与重生

1900 年 9 月，美国总统威廉·麦金莱的特使柔克义抵达北京。这个学者型外交官能讲一口流利的中文和法语。然而一到中国，他就被当时中国北方的恐怖景象惊呆了。根据他的描述，从大沽到北京完全处于混乱状态，满目疮痍，一片废墟；从海滨到北京，几乎没有一座房屋没有被破坏，所有可移动的物品都被洗劫一空，有一半房屋在战火中被摧毁；每个人都在偷窃、抢掠、敲诈勒索，干着那些可耻的勾当。

柔克义接着又说："我和夫人昨日一起沿城墙走到了古观象台，那里有壮观的天文仪器。我们看到了法国人和德国人，他们正在将这些青铜观测仪器一件件拆卸下来，然后将它们运往巴黎和柏林。这些东西在此安然无恙地留存了几个世纪，却未能逃过文明西方人的劫掠。"作为一名颇具正义感的外交官，柔克义笔下所见证的正是八国联军攻占北京后北京观象台天文仪器被劫的过程，而这场著名的近代文物劫掠事件相当具有戏剧性。

北京观象台作为明清两朝的皇家天文台，一直都是朝廷管控的禁地，一般人自然很难进入。然而，随着近代中国被迫打开国门，到了 19 世纪中叶，北京观象台俨然成了在京西方人的热门游览地。为此，这给钦天监衙门增添了不少烦恼。

1874 年 2 月 12 日，中国的第一家英文报刊《北华捷报》刊登了一位西方人游历北京观象台的故事。他说自己在 6 年前曾到访过此处，并将其看了个遍，然而这次故地重游之时被拒绝了，说是除非有来自总理衙门的许可。后来，这位外国人才弄明白，原来 1873 年 6 位美国游客的破坏行为致使总理衙门不得不于 10 月 1 日颁发了登台禁令，使得原本想造访此处的外国游人受到很大的限制。不过，这条禁令似乎没有维持太久。

正在拆运北京观象台天文仪器的德军。

西方人之所以对游览北京观象台充满热情，不仅仅因为他们认为这里是北京的一处名胜古迹，更因为这里原本是天主教耶稣会士通过知识传教策略成功进入中国的重要象征。后来，旷日持久的“礼仪之争”又让这里随着中国禁教政策的颁布，在西方人眼中变成了光影稀疏的神秘场所。

然而，当时已经有 400 多年历史的北京观象台在世纪之交面临着一场突如其来的灾难。1900 年，义和团攻击北京使馆区，西方各国派出军队驰援。8 月 14 日，八国联军开始攻打北京城，次日便逐步攻下各门，占领了全城。慈禧太后和光绪皇帝仓促出逃，各国士兵开始四处抢掠。

八国联军占领北京城的时候，德国军队的主力并未到达，直到两个月后他们才抵达北京。德皇威廉二世为了获取联军的主导权，秘密将军阶最高的瓦德西送到了北京，他也就顺理成章地成了联军的统帅。瓦德西的到来，很快便引发了德法两军掠夺北京观象台天文仪器的事件。

正在拆运黄道经纬仪的法军。

八国联军进入北京后，钦天监的官员们只来得及带走他们认为最为重要的东西，那就是星占书籍《钦定天文正义》和四颗印信。保存于钦天监库房内的书籍、版片和稿本都被焚毁，房屋也被联军占据，衙署被划入扩充的使馆界内。

钦天监的观象台位于德军的“军管区”内，联军统帅瓦德西认为这些天文仪器是清朝官方的财产，理所当然是德军的战利品。在他看来，虽然这些天文仪器并没有什么科学价值，但有一定的艺术价值。因为他预计中国可能无法支付战争赔偿，故以此作为代偿物之一。这时，法军统帅以天文仪器在制造过程中曾经得到法国传教士的帮助为由，要求一起瓜分这些仪器。这样，天体仪、纪限仪、玑衡抚辰仪、地平经仪和浑仪这五件仪器被德军占有，地平经纬仪、象限仪、黄道经纬仪、赤道经纬仪和简仪等五件仪器则被法军占有。

1900 年 12 月，这些仪器被从北京观象台上拆卸下来，分别运往德国和法国驻华使馆。德法抢夺天文仪器之后，英美各大报刊纷纷报道，将其列为重要的国际性事件。比如，美国《纽约时报》为此刊出了题为《北京观象台被掠夺》的报道。

随即，天文仪器劫掠事件在联军内部引发了冲突，美国远征军指挥官查菲向瓦德西致信表示抗议，认为这是明目张胆的抢劫行为。他还声明了美国远征军和美国政府对于此事的态度。新闻的传播和查菲的言论，使得美军成为列强中的“清流”，很快占据了道德制高点。这也让参与抢掠的德法两军成为众矢之的。

面对铺天盖地的舆论压力，法国政府声明，拒绝接受法军上缴的在北京掠夺的物品，并开始陆续归还部分遭掠夺的中国文物。到了 1904 年，总理外务部大臣奕劻收到法国公使的公函，此函说奉法国外务部命令，将存于北京法国使馆中的观象台仪器归还中国。奕劻随即派人前往法国使馆，收回了法军掠走的天文仪器，并暂存在外务部。为了表示对法方的感谢，奕劻致电让出使法国的大臣孙宝琦亲赴法国外务部致谢。他指示钦天监衙门，等到观象台建筑重新修葺完毕后，便重新装回天文仪器。最后，清廷终于将法军掠走的天文仪器收回，将其安置于观象台原址。

与法国及时归还天文仪器相比，德军劫去的这些仪器于 1901 年被装船运往德国不来梅港，最终被安放在位于波茨坦的德皇威廉二世的皇家花园之中。天文仪器被运抵波茨坦后，舆论的谴责方兴未艾，甚至德国主要的政治反对势力和国际舆论站在了同一立场，指责德军掠夺天文仪器的野蛮行径。面对这些舆论压力，德国政府不得不进行一些辩解，并通过外交手段向中国政府施压，让中国谎称这些仪器是赠礼。

清廷对这一点做出了反应，表示观象台的天文仪器系国家官物，“贵国言明奉还，敝国只可感谢领受，断无推却之理”。德国方面见状，借口不归还天文仪器的原因是“本国拟送还，惟道路遥远，恐有损伤”。庆亲王奕劻为了维持战后的邦谊，只能暂时做出“既道路遥远，不便运送，本国亦不索回”的回应。于是，这件事也就不了了之。

多年之后，就在人们开始渐渐忘记天文仪器遭劫事件的时候，两位年过七旬的老人无意间给此事带来了新的转机。他们是美国资深天文学家，当时正在远东旅行。这两人是匹兹堡望远镜制作师约翰 · 布拉希尔和杰出天文学家安布罗斯 · 斯瓦西。后者还十分重视中国的基督教大学教育，曾为岭南大学和金陵大学做过捐赠。

安放在德国波茨坦皇家花园中的北京观象台天文仪器。

1917 年，在外交总长唐绍仪举办的一次招待晚宴上，斯瓦西表示他十分关注古代的天文仪器，尤其是中国的天文仪器。他认为现代天文学家应该感激数百年前耶稣会天文学家的努力，表示现在北京城墙上遗失的天文仪器应该被安置到原来的基座上，并希望在旁边再建一座现代化的天文台。布拉希尔和斯瓦西承诺，他们要协助中国人要回被劫走的天文仪器。为此，两人返回美国后，便在西方报纸上大肆抨击德皇的掠夺行为。

当时正值第一次世界大战，美国国内反德情绪高涨。这些对德国的谴责引起了美国天文学会中不少天文学家的关注。大家普遍认为，这些仪器的经济价值虽小，但事件的道德问题不容忽视，尤其是德皇在自己的宫殿内公开展览劫掠品更是无法被原谅的。

于是，在德国战败后，美国天文学会中的一些天文学家借着与威尔逊总统等政要的私人关系，呼吁在巴黎和会中积极处理中国天文仪器问题。中国作为战胜国，也要求德国归还天文仪器。最后，按《凡尔赛和约》第 131 条的规定，德国应在 12 个月内将其归还中国。

然而，就在德国政府同意归还这些天文仪器时，又发生了两个变故。先是日本企图继承德国在山东的权利并强迫中国政府接受，致使中国政府拒绝在和约上签字。如此一来，天文仪器的归还问题面临着很大的变数。当时国际社会普遍认为和约的条款是德国对于全体协约国的义务，必须无条件履行，德国政府表示愿意遵守。当时民国政府的官员们却对此感到不安，他们担心接受这些仪器就等于默许了《凡尔赛和约》，因此颇有疑虑。在山东问题这个国家主权问题的面前，天文仪器的归属似乎显得并不重要了。

德国政府为了向未签订和约的中国表达善意，于 1920 年 6 月 10 日将这批仪器从波茨坦拆卸后装上了日本轮船“南海丸号”，准备经过神户运到天津。但是，当这艘船抵达日本时，又发生了意外。

日本政府强制扣押了这批天文仪器，并迫使中国政府做出选择：要么放弃仪器，要么接受日本在山东的特权。后来，在驻日德使的周旋下，这批仪器于 1921 年被送到了北京，由荷兰驻华公使出面交还北京观象台，并经荷兰使馆人员安排，由德国工程师安装到原来的位置。

1921 年仪器归还后的北京观象台。

对此，《晨报》刊载了题为《德国还我天文仪器之经过》的文章，开头写道：“从前是九鼎入秦，现在是和璧归赵，这也算参战的教训，很不堪想及山东青岛。”其中感慨由于国力孱弱，即便作为战胜国，中国能够获得的权益也十分有限。

1921 年 10 月 9 日，当仪器在观象台安装完毕后，时任观象台台长常福元于下午 1 时邀请各界前来参观。这样，流浪了 20 年的天文仪器终于回到原来的地方。

1929 年，北京观象台改名为“国立天文陈列馆”，不再开展实际的天文观测活动。1931 年，“九一八”事变之后，为了保护观象台上的这批仪器，其中明代的简仪和浑仪被运至南京，现存于紫金山天文台。其他八件清代的大型仪器至今仍屹立于北京古观象台之上。北京古观象台于 1955 年划归北京天文馆，成为北京天文馆的一部分。

中华人民共和国成立后，北京观象台成为北京古代天文仪器陈列馆。

第 11 章　无问西东：寻道问天以自强

新旧交替中央观象台

1912 年 1 月 1 日，公历新年的头一天，孙中山于晚间 10 点发表就职演讲，成为中华民国临时大总统。而他立国的第一条政令就是改历，并当即颁布《改用阳历令》，改用当时世界上已经通用的公历，以当日作为中华民国元年元月元日。

历法是中国古代皇权的象征，改历法和定正朔是新王朝确立的象征。可以说，民国初年的改历使承载着政治责任的历法在新的历史时期以科学的名义继续发挥作用和产生影响。长期以来，历书的颁行一直是历代的厉禁，其发行始终是由中央政权来控制的。而到了近代，民间私人推算的历书开始流行，贩卖私编历书成为一种生财之道。

虽然这时旧的机制被打破了，但新的机制未能建立。因为没有一个专门的官方机构统一进行颁历授时，市面上的各种历书的内容相互矛盾，造成了许多混乱和纠纷。这样的局面对新政府来说无疑是不利的，但是理出一个头绪来也并不是一件容易的事情。尽管孙中山上任时曾下令要改历，但解决这当中的各种困难非一朝一夕之功。

1912 年春天，南北正式议和。民国政府迁都北京后，历法改革的重任最终由当时的教育部来承担。此时，随各政府部门一起前往北京的教育部连同教育总长蔡元培在内，一共也只有三位工作人员，人力资源的不足在很长时间里都是个难题。面对这样的窘境，蔡元培马上想到了一个人，这便是当时内务部疆理司司长高鲁。

蔡元培在南京临时政府任职时就知道高鲁精研历法编算，是这一领域不可或缺的人才。高鲁是福建长乐人，20 岁毕业于福建马尾船政学堂，是当时造船班的学生。1905 年，他赴比利时留学，在布鲁塞尔大学学习工科，并取得博士学位。据说在欧洲求学的时候，高鲁曾在法国遇到了弗拉马里翁。弗拉马里翁是一位杰出的天文学家，他的三卷本《大众天文学》在全世界享有盛名。高鲁受到弗拉马里翁的影响，成了一名天文爱好者，后来无意中成为中国近代天文学的开创者。

高鲁像。高鲁是中国近代天文事业的奠基人，他在学术工作的组织与管理上起到了重要的作用，同时也致力于学术研究与科学普及工作。除了天文学，他在气象工作方面也有很多建树。他出版的《相对论原理》一书是国内较早介绍相对论的著作之一。

高鲁是同盟会的活跃分子。早在1909年孙中山在巴黎组织同盟会时，他便追随孙中山，联络留学生参加同盟会。辛亥革命后，高鲁担任了临时政府的秘书，同时兼任内务部疆理司司长。1912年，中华民国政府迁往北京，高鲁在蔡元培及教育部的委托下，负责推行民国政府的历法改革。

这一年，教育部接管了清政府的编历机构钦天监。当时钦天监有三处场所，包括一所本署和两所外署。本署位于大清门外，如今天安门广场东侧，是总办公的地方，也被称作钦天监衙门。另外两个地方分别是泡子河观象台和算学馆，前者就是如今位于北京建国门的古观象台，后者则位于东交民巷。泡子河观象台被接收后作为刚成立的中央观象台台址，高鲁成为首任台长。

为了协助高鲁，教育部派遣常福元来此工作，他原本是清政府学部所属的编译图书局的职员。常福元是严复的得意门生，早年就读于北洋水师学堂。但毕业后，他没有去海军，而是去了安徽高等学堂讲授数学，后来又转入编译图书局编审数学书。常福元通晓实用天文学，成了高鲁的得力助手。

高鲁就任后，首先对中央观象台进行了机构调整。他改变了天文机构仅提供授时编历的职能，参照近代科学机构的建制，在中央观象台分设天文、历数、气象和磁力等各科。不过，由于人力所限，加之经费短缺，那时他不得不集中精力先成立历数科，以完成最为紧迫的历书编算任务。

一般来说，历书编算工作提前一年就要准备好。高鲁等人却是在民国元年5月才接到这个任务的。按照此前北洋政府的指示，要在4月之前将下一年的历书编算完毕，并由各省翻印并加盖“教育部中央观象台颁发历书之印”，然后在民间发行。政府的直属机关，蒙古、西藏和海外华侨等则直接由教育部颁发，历书采用红色封皮。另外，除了汉文版外，还准备了蒙文版和藏文版。

中央观象台外景。

可以想象，如果按照正常进度，这个时候不仅民国元年的历书无法完成，第二年的历书多半也会被耽搁。于是，高鲁决定将精力先放在下一年历书的编算上，待该项工作完成后，再设法补编元年的历书。

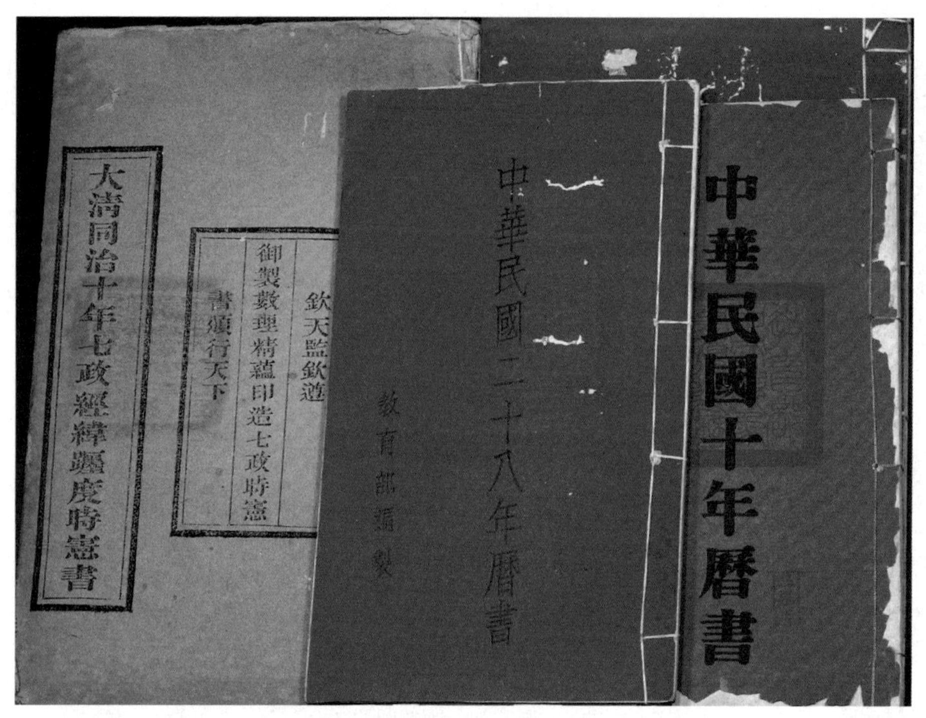

晚清和中华民国历书。民国历书的名称为“中华民国某年历书”，自民国元年（1912 年）起每年一册。

高鲁和常福元二人非常敬业，而且在历法编算方面皆有专长，但是要在短短的 7 个月内完成新历法的推算、编撰和印刷出版任务，几乎是不可能的。为此，他们在推算元年和二年的历书时，只好沿用清朝《历象考成后编》中过时的方法。所以，这两年历书的编算工作都很仓促，再加上最新的元年历书印成之时实际上已到了民国二年，所以当时仅少量印刷，以作为官方档案保存。

直到 1913 年时间相对宽裕后，高鲁和常福元两人才得以研究新的方法来编修民国三年的历书。此时，历法改革才算真正排上日程。在历书的凡例中，他们提到“自三年起，始改用西人最新之法，即日躔用纽康《太阳表》，月离用汉森《太阴表》，期于鼎新改革，密合天行”，也就是采用西方天文学家最新编制的太阳和月亮运动算表进行推算。然而事实上，因为人手短缺，加之计算条件简陋，历数科无法依照西方先进国家的编历方法自行推算，而只能以国外出版的“天文年历”作为参考，结合中国的实际情况进行转换和调整。

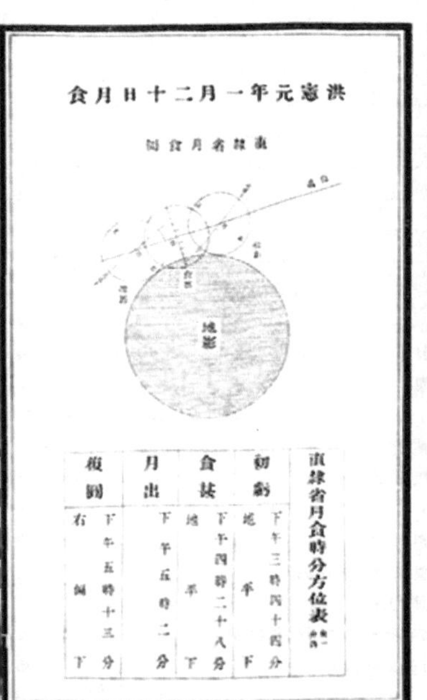

直隸省月食時分方位表

初虧	食甚	月出	復圓
下午三時四十四分 地平下	下午四時二十八分 地平下	下午五時二分	下午五時十三分 右偏下

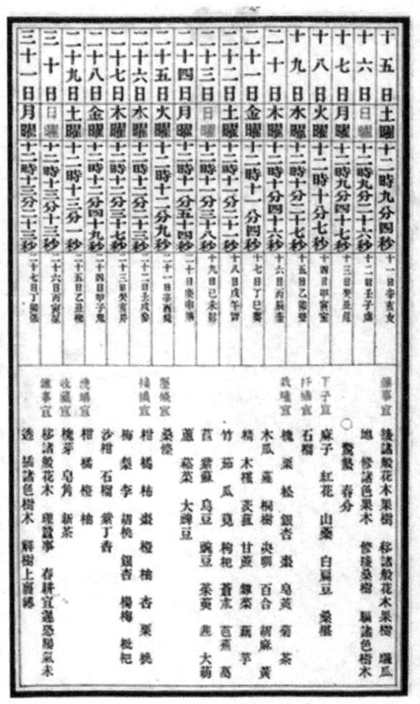

日	曜	時刻	陰曆
十五日	土曜	十二時九分四秒	十一日辛亥女
十六日	日曜	十二時九分二十六秒	十二日壬子虛
十七日	月曜	十二時九分四十七秒	十三日癸丑危
十八日	火曜	十二時十分七秒	十四日甲寅室
十九日	水曜	十二時十分二十七秒	十五日乙卯壁
二十日	木曜	十二時十分四十六秒	十六日丙辰奎
二十一日	金曜	十二時十一分四秒	十七日丁巳婁
二十二日	土曜	十二時十一分二十一秒	十八日戊午胃
二十三日	日曜	十二時十一分三十八秒	十九日己未昴
二十四日	月曜	十二時十一分五十四秒	二十日庚申畢
二十五日	火曜	十二時十二分九秒	二十一日辛酉觜
二十六日	水曜	十二時十二分二十三秒	二十二日壬戌參
二十七日	木曜	十二時十二分三十七秒	二十三日癸亥井
二十八日	金曜	十二時十二分四十九秒	二十四日甲子鬼
二十九日	土曜	十二時十三分一秒	二十五日乙丑柳
三十日	日曜	十二時十三分十三秒	二十六日丙寅星
三十一日	月曜	十二時十三分二十三秒	二十七日丁卯張

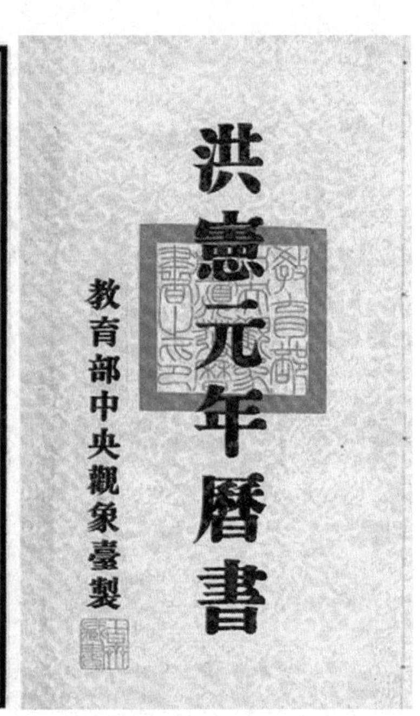

中央观象台制《洪宪元年历书》。由于袁世凯复辟称帝，所以 1916 年的历书曾短暂更名为《洪宪元年历书》，历书封面和清代一样采用黄色。

到了 1914 年，高鲁又仿效西方国家更为专业的现代天文年历来编制《观象岁书》，也就是后来人们所称的《天文年历》。不过，随着接下来的军阀混战，这件事也就不了了之。1930 年，中央研究院天文研究所才正式开展天文年历的编算工作。

清代的历书不仅可供查询日期，还有一些所谓的历注，即“诸事不宜”“宜祭祀，会亲友”等内容。高鲁编制的新历将这些内容一概废除，仅依照阳历顺序，在每日之下标注昼夜长短及节气、纪念日等，对应的阴历也只记有月亮的朔望、上下弦。历注之类的过时内容，则由精美的天文知识插图以及有关农业气象取代。这种转变让很多人都有些不习惯。高鲁甚至觉得，他面临的最大问题就是该如何推行新的历法。

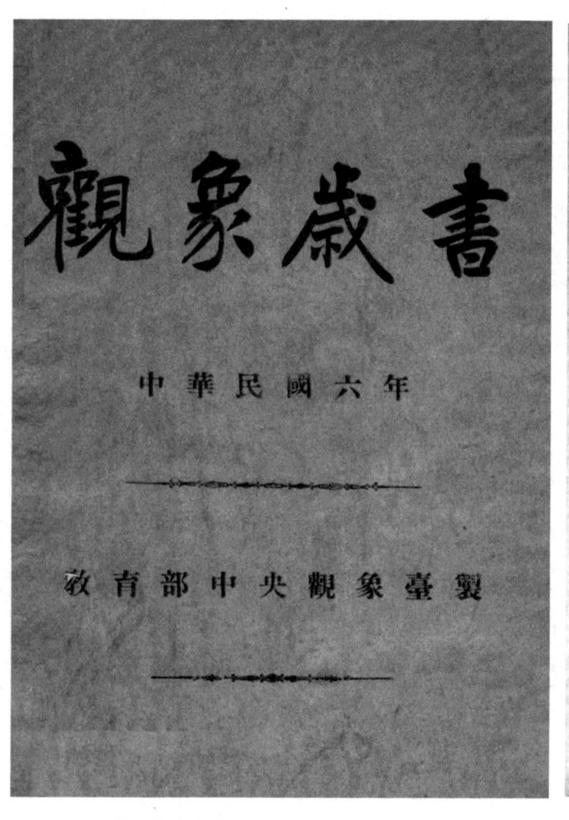

目 錄

《观象岁书》。

历法与人们的日常生活密切相关。为了使新历深入人心，就需要加大宣传和推广的力度。为此，高鲁不但将自己的生日换算成了阳历，还向全国公告，免费为国民提供将阴历生日换算成阳历的服务。这则消息一出立刻引起了广泛的反响，当时有些文化程度较高的民众积极响应，函请中央观象台换算出生日期。蔡元培的阳历生日为 1868 年 1 月 11 日，也是由高鲁亲自换算过来的。

虽然改历是高鲁就任中央观象台台长后的头等大事，不过除此之外，他还有一个更长远的目标，那就是要建造一座中国人自己的涵盖各个领域的现代化天文台。这件事的起因是 1913 年 5 月召开的远东气象台台长会议。这次会议由日本中央气象台召集，中国境内受邀单位包括法国人主持的上海徐家汇观象台、德国人主持的青岛观象台和英国人主持的香港皇家天文台，唯独没有民国政府的官方机构中央观象台。

于是，高鲁便自筹经费去了东京，在驻日公使的斡旋下才得以入会旁听。在徐家汇观象台台长劳积勋神父的支持下，他才得以在大会上发言。这件事让高鲁感触颇深，他和气象学家蒋丙然经多方努力之后，终于在中央观象台成立了气象科。

20 世纪的第二个十年，是人类视野不断向宇宙深处延伸的年代。西方天文学家已经发现了太阳并不在银河系的中央，爱因斯坦提出了广义相对论，而中国的天文学工作还停留在实用阶段。这与当时的中国缺少大型天文设备有很大的关系。于是，高鲁在 1915 年进行了大量的实地考察，决定在北京西山修建一座新型天文台。常福元时常陪同他一起去西山考察选址。虽然他们提出了一些可行的方案，但北洋政府对科学事业并不是很上心，无法提供足够的资金支持。

虽然中央观象台在 1913 年成立了气象科，又在 1921 年成立了天文科、磁力科，但总共不足 20 人。观象台的工作人员兢兢业业，其中天文工作由历数科和天文科来承担，历数科负责编制历书，天文科负责通过观测太阳和其他恒星来测定时间。但是，因为长期缺乏资金，拖欠工资的情况也很严重，不少人开始另谋生路。在当时的政治和社会大背景下，日常的维持工作已属不易，更不要说寻求大的发展了。1926 年，高鲁感到无力挽救这一衰败的局面，决定辞职南下，常福元接任台长。

1925 年，北伐军挥师北上，于 1928 年进驻北京，将北洋政府赶下台。中央观象台由南京政府直辖的中央研究院下属的天文、气象两个研究所接收。随后，中央观象台的建制被撤销，其近代天文仪器被运往南京天文研究所。中央观象台的原址设立两个新机构，分别是国立天文陈列馆和北平气象测候所，不过这两个机构为同一班人马，人员编制也很少。至此，中央观象台基本完成了它的历史使命。

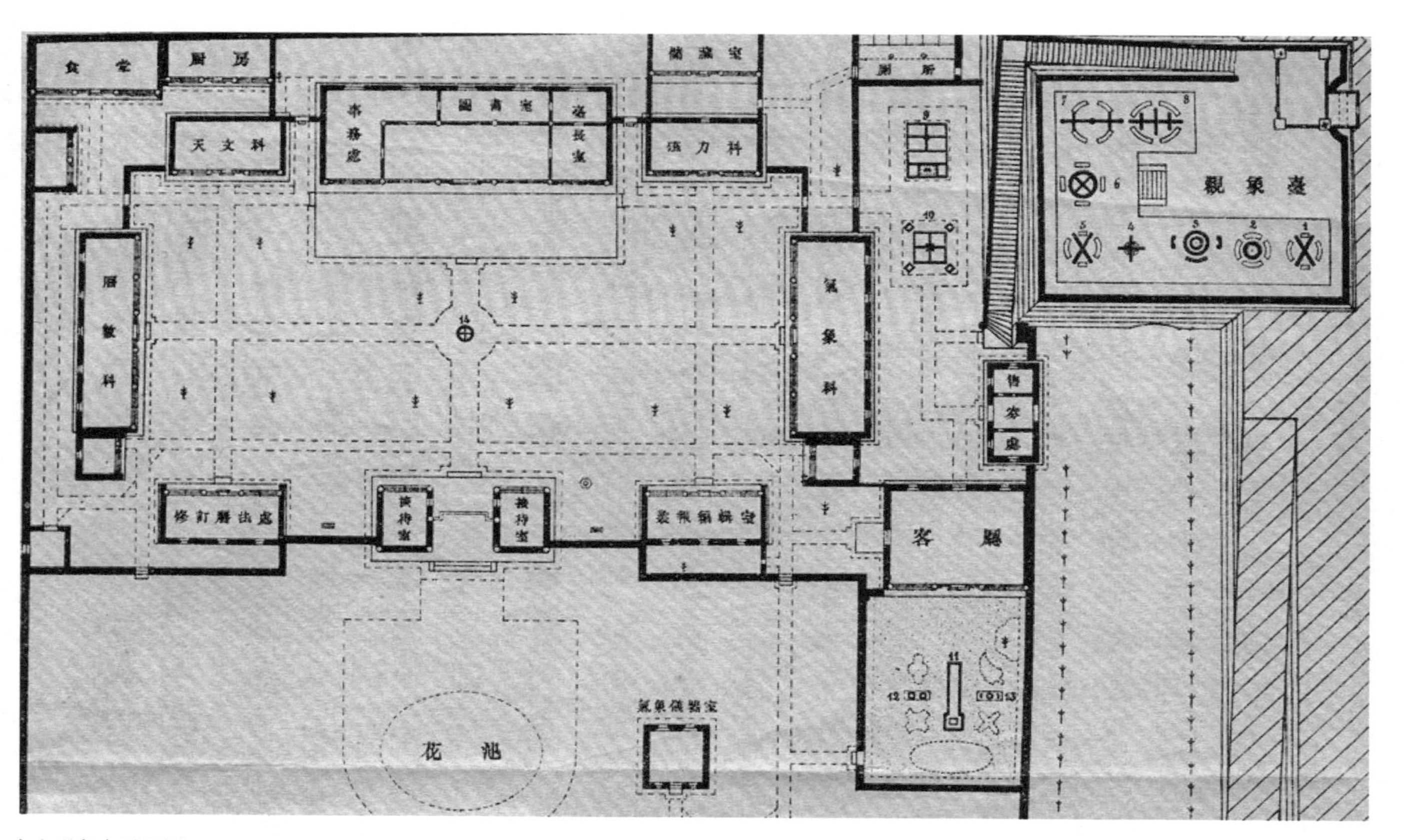

中央观象台平面图。

中央观象台艰难地维系了 16 载，在旧军阀的统治下很难取得更大的成就。不过，这是中国人自己建立的第一个近代天文观测和研究机构，在历书编算、天文观测、开启民智和科学宣传等方面都发挥了重要的启迪和先导作用。中央观象台的成立标志着中国天文事业真正进入了近代阶段，成为中国近代天文发展史上的一个里程碑。在中央观象台解散的同一年，隶属国民政府的中央研究院正式成立，其所属的天文研究所由高鲁任所长。次年，高鲁被任命为中国驻法国公使。1931 年，他回国后担任国民政府监察院监察委员。此后，他虽然没有在天文学界任职，却仍在为中国的天文事业而奔波。

近代天文学的建制化

民国初期，在“五四”新文化运动的影响下，各个领域的学术集会和讲学风气日盛。中国天文学家在发展自己的天文事业的同时，也在想方设法地扩大天文学科的影响。然而，由于普通民众对天文的了解并不多，在很长一段时间里，天文学都受到了冷遇。作为中央观象台台长，高鲁当然不会就这么放弃。为了推动天文事业全面发展，推广和普及天文基础知识，他决定先以天文学会的名义创办一份期刊——《观象丛报》，通过刊载有关天象的图表和简单的观测方法，吸引有志青年从事天文研究工作。

创办《观象丛报》和成立中国天文学会是中国天文学家早期努力的结果。他们通过这种创办期刊和组建学会的方式，在艰难的条件下，让中国近代天文学实现了建制化。

1915 年，高鲁提出在北京西山兴建新式天文台的计划被驳回，他决定将两年前创刊的《气象月刊》扩充为《观象丛报》。《观象丛报》于 1915 年 7 月创刊，每月发行一期，至 1921 年 10 月先后发行了 7 卷 69 期。对于这样的调整，高鲁有着自己的考量。

首先，他认为要促进天文学在中国的长远发展，不能单靠中央观象台的一己之力。因此，他设想在国内成立中国天文学会这样的组织。但那时国内的条件尚不成熟，在没有任何先例的情况下建立这样的全国性学会是一件很困难的事情。另外，天文学对于普通人来说比较艰深，没有多少潜在的会员。因此，要实现这个计划绝非易事。而除了集会讲学之外，发行刊物是当时最有效的宣传途径。

其次，刊载学术论文可以促进国内同行之间的交流，推动天文领域的合作。当时中央观象台仅有历数和气象两科，还应当继续增设天文、磁力等方向。创办期刊不仅可以为专业人士搭建一个沟通的平台，而且能为未来的发展储备人才。

另外，高鲁还希望能从国外获得更多的援助，搜集必要的书刊资料。于是，他便将此刊寄赠给各国的相关学术机构，进行出版物的交换，以吸纳国外先进的学术成果。

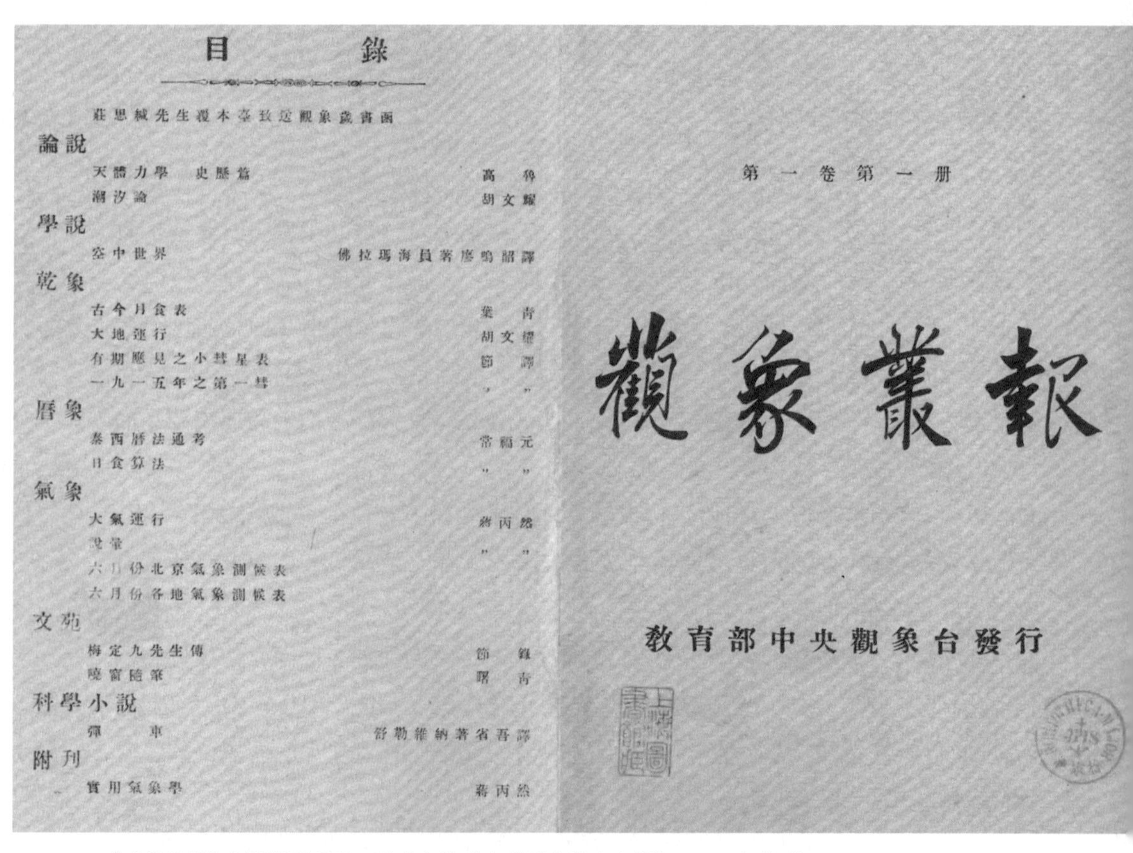
目錄

莊思緘先生覆本臺致送觀象叢書函

論說

天體力學　史略篇　高魯
潮汐論　胡文耀

學說

空中世界　佛拉瑪海員著 廖鳴韶譯

乾象

古今月食表　葉青
大地運行　胡文耀
有期應見之小彗星表　節譯
一九一五年之第一彗　” ”

曆象

泰西曆法通考　常福元
日食算法　” ”

氣象

大氣運行　蔣丙然
說暈　” ”
六月份北京氣象測候表
六月份各地氣象測候表

文苑

梅定九先生傳　節錄
曉窗隨筆　曙青

科學小說

彈車　舒勒維納著 省吾譯

附刊

實用氣象學　蔣丙然

第一卷第一冊

觀象叢報

教育部中央觀象台發行

《观象丛报》创刊号及目录。后改名为《中国天文学会会报》，1933 年停刊。

高鲁为了将这个刊物办好，在中央观象台设立了一个专门的编辑部，同时聘请了一群专职撰稿人。《观象丛报》每期的内容分成两部分，前半册刊载文章，后半册刊载气象记录。非常值得一提的是，《观象丛报》在当时开风气之先，采用了从左至右的横排排版方式。选择这种排版方式就是为了适应国际规范，毕竟这是一份寄希望于与国际接轨的期刊。

高鲁的努力没有白费，所有的计划一一付诸实施。《观象丛报》的内容十分丰富，文章主要以天文学为主，也涵盖了气象、地磁和地震等多个领域。大部分文章通俗易懂，从内容到编排都很新颖，因此很快就有了一大批忠实的读者。他们从这份刊物中了解天文知识，学习天象观测，成为天文爱好者。后来，有人曾这样评价高鲁，说他以“这样粗劣的武器作为近代天文知识在中国启蒙的工具”。

作为中国最早的天文学出版物，《观象丛报》很快就吸引了一大批天文研究者，例如余青松。他后来接替高鲁，成为中国近代天文事业的继任者。当时，他就是通过《观象丛报》和高鲁结下不解之缘的。此外，《观象丛报》在国际上也有了一些影响，登在《观象丛报》后半册的气象观测记录引起了国外同行的格外关注。所以，在期刊寄出不久后，中央观象台陆续收到近百种天文、气象和地磁等方面的交换刊物，这些都是从世界各地寄来的。在《观象丛报》停办之后，各国的相关机构依然继续为中央观象台寄赠资料。

1922 年，中国天文学会正式成立，这是高鲁的第二个心愿。为了扩大天文学在社会上的影响力，他首先通过蔡元培的关系，在北京大学举行集会讲学，邀请来中国访问的外国天文学家到中央观象台进行交流，而且中央观象台经常面向公众举办展览和组织观测活动。同时，他还亲自撰写了题为《中央观象台之过去及未来》的小册子，将其赠予政府要员以寻求支持。他还将这本书翻译为英、法两种语言，作为宣传品送给其他国家的同行。

高鲁的这些举动引起了当权者对天文研究的关注。终于，经北洋政府教育部批准，中国天文学会在中央观象台正式成立，高鲁当选为学会的首任会长。自此，中国天文学会便以“求专门天文学之进步及通俗天文学之普及”为宗旨，联络全国的天文工作者开展多种学术活动。

中国天文学会在成立之初只有 40 余人。为了扩充队伍，高鲁不忘利用各种人脉关系走上层路线，为学会的发展争取机会。当时，著名科学家竺可桢和李四光，以及蔡元培、陈嘉庚等社会名人和政要在他的劝说下加入了中国天文学会。为了鼓励会员出版天文学著作，高鲁甚至用自己母亲的资产设立了专门的基金。

1923年10月23日，中国天文学会第一届年会在中央观象台举办（前排左五为高鲁，左四为常福元）。

和同时代的知识分子一样，高鲁始终在寻求救国之路，他所追求的是“科学救国”。他在《发起中国天文学会启》中写道：“深知今兹时代，非科学竞争，不足以图存。”他一生致力于倡导科学，在从政之后也没有忘记自己的科学事业。那个时候，近代天文学研究在中国还处于起步阶段。高鲁等人大胆尝试，使中国天文事业在极其艰难的条件下得以继续发展。

民国初年，中国出现了许多新的思潮，新文化运动大力宣扬“德先生”和“赛先生”。但是，由于政局动荡和各种弊端存在，这些新的思想并没有在短时间内取得显著的效果。1928 年，东北的张学良“改旗易帜”，国民革命军完成了北伐。蒋介石成立南京政府，宣告中国形式上的统一，即将迎来国民政府所谓的“黄金十年”。

尽管国民政府实行“以党建国，以党治国”的政策，但对学术界和教育界的制约颇多。即便如此，科学的建制化已深入人心，并朝着建立起与欧美接轨的科研体系的目标发展。19 世纪末期以后，近代科学研究的重心由大学转向了研究所，德国、法国等纷纷设立专门的科研机构。不同于以科学教育为主的高校，研究机构专注于开展具体的科学研究工作，有利于促进科学的决策和发展。

蔡元培等学者曾建议，考察欧美诸国的教育制度，力图以教育独立为目标，在中国建立起学术与教育紧密结合的科学体制。1927 年，蔡元培和教育家李石曾提出了大学区制，开启了中国学术建制化的尝试。大学区制参照美国和法国的教育制度，设立中华民国大学院，作为全国最高的学术和教育行政机构，并在该院成立中央研究院作为最高研究机构。

得到政府批准后，蔡元培首先在广东、湖北、浙江和江苏四省试行改革，废除了各省的教育厅，将各省的大学分别改名为第一、第二、第三、第四中山大学。然后，在中央设立大学院，大学院内部划分为中央研究院、教育行政处和秘书处。在这次改革中，成立了一个观象台筹备委员会，这是中央研究院最先设立的业务机构。在同一年，此前为编制历书而成立的时政委员会被撤销，编入了观象台筹备委员会的天文组。

最初的时候，观象台筹备委员会只有高鲁、竺可桢和余青松三个人。余青松在厦门大学教书，只是一个名义上的成员，真正负责在南京鼓楼办公点处理事务的只有竺可桢和高鲁。高鲁原先的构想是，观象台应分设天文、气象、地磁和地震等多个小组。但由于各种原因，院方建议先设立天文和气象两个组，由高鲁和竺可桢分别负责。

中國天文學會章程

第一條　本會定名爲中國天文學會

第二條　本會以求專門天文學之進步及通俗天文學之普及爲宗旨

第三條　本會所設在北京

第四條　本會發起人爲本會會員

凡曾攻天文學及與天文學有關係之學科或志願研究天文學者由會員二人以上之介紹經評議會通過得爲本會會員

特別捐助本會或一次納會費五十元者經評議會通過得推爲本會永久會員

特別贊助本會者經評議會通過推爲本會名譽會員

第五條　本會經費以下列各項充之

(一)　會員所納會費　(一)　特別捐　(一)　官廳補助　(一)　其他收入

第六條　本會設左列各員

名譽會長

會長一人

副會長一人

評議員九人

總秘書一人

秘書四人

名譽會長由大會公舉但不及召集大會時由評議會推舉俟下次大會時報告之

會長副會長評議員總秘書由會員選舉之

秘書由總秘書就會員中選任之

第七條　會長副會長總秘書每年改選一次任滿被選得以連任但會長副會長只能連任一次評議員每年改選三分之一不得連任

第八條　本會設評議會由會長副會長評議員總秘書組織之

第九條　本會每月開評議會開會時以會長或副會長爲主席如會長副會長均缺席時由評議員臨時公推主席

第十條　本會重要事務由會長副會長提交評議會議決之

凡有會員五人之以上之提議事件得由會長提交評議會議決之

第十一條　本會例行事務由總秘書負責辦理

第十二條　本會每年開大會一次但遇有重要事項經多數評議員之同意或會員十人以上之請求得開臨時大會

第十三條　凡會員入會時納入會費一元每年納會費二元名譽及永久會員不在此例

第十四條　本會會員對於本會有擔任本會職員及調查編譯暨徵集會員之義務

第十五條　本會會員購置本會所製儀器及出版圖書得享有最低折扣之權利

第十六條　本會會員之舉動有礙本會名譽者得由評議會議決除名

第十七條　本章程得由會員五人以上提出修正經過大會到會者三分二以上之同意通過之

《中国天文学会章程》。其中提到“本会以求专门天文学之进步及通俗天文学之普及为宗旨”。另外，会员入会需缴纳入会费一元，每年需缴纳会费二元。

高鲁上任后，聘请从青岛观象台调来的陈展云和从中央观象台天文科调来的陈遵妫为时政委员会委员。时政委员会成立后，马上着手编制 1928 年的历书，并且根据陈遵妫此前在中央观象台已推算的原稿，制成了《民国十七年国民历》。新国民历书由大学院委托上海中华书局印制发行。此外，高鲁借机将原本在北京西山建立近代天文台的设想转移到南京，并着手开始选址工作。

不过，由于大学院制教育独立的理念与国民政府"以党治国"的理念不符，大学院制施行一年后就被废除。但是，在高校以外建立专业研究机构的想法仍然保留了下来。大学院制取消之后，中央研究院和北平研究院分别于 1928 年 6 月和 1929 年 9 月正式成立。这标志着科研建制化进程已取得初步实效，职业科学家有了系统化的官方研究平台。此后，这两个研究院成为民国时期最重要的科研机构。

1928 年 2 月，观象台筹备委员会的天文组和气象组分别更名为中央研究院天文研究所和中央研究院气象研究所。经历了从时政委员会到观象台筹备委员会天文组近一年的变革后，中国近代最重要的天文研究机构——中央研究院天文研究所正式宣告成立，这个机构一直延续到 1949 年 4 月 23 日南京解放。

可以说，在天文机构设置方面，在 1927 年南京国民政府成立以前，中国已经相继成立了三个天文研究机构，它们分别是北京的中央观象台、上海的徐家汇观象台和青岛观象台。尽管徐家汇观象台和青岛观象台在国际上颇有影响，但是它们其实是欧洲人的天文台，只是选址在中国而已。而当时的中央观象台仅仅接管了清朝钦天监的一小部分遗产，在北洋军阀的统治下，由于经费紧张、时局混乱，一直得不到开拓和发展，最终随着北洋政府的垮台而被撤销。

相比之下，中央研究院的成立让人们为之振奋，因为它完全是由中国的科研人员自主组织和完成的，并且得到了政府的大力资助。天文研究所则是其下设的第一批研究机构之一，在中国近代天文学上有着举足轻重的地位。天文研究所的下属部门包括紫金山天文台（又称中央天文台）和凤凰山天文台，这些天文台的建设在中国天文学日后的发展中起到了不可替代的作用。

民国时期明信片上的紫金山天文台。

紫金山的现代化开端

1935 年的一天，日本天文学家新城新藏来到南京参观落成后不久的紫金山天文台。新城新藏曾任日本京都大学校长，专攻宇宙物理学和中国古代历术。此时，他正在日方设立的“上海自然科学研究所”担任所长，考察中国的科学机构。

当新城新藏看过紫金山天文台的各种仪器和设备后，他站在变星仪室前赞叹和羡慕不已，甚至发出“盖得真好！日本目前还没有这么好的天文台，当称东亚第一流”的感叹。此时的天文台不但建造得漂亮，而且购置了德国蔡斯光学厂制造的 60 厘米反射望远镜。这是当时最新式的天文望远镜，也是东亚最大的天文望远镜。

中国是世界上最早发展天文学的国家之一，在天文领域为世界做出过许多贡献。但到了 16 世纪，中国在天文领域的发展速度就慢了下来，甚至连一座现代化的天文台都没有。自 1928 年中央研究院天文研究所成立以后，首任所长高鲁便将建设中国自己的现代化天文台作为头等大事。

南京国民政府成立后，高鲁提出在南京紫金山建造天文台。坐落在南京明城墙中山门外的紫金山形似一条盘曲的巨龙，被称为“钟阜龙蟠”。紫金山的主峰是北高峰，第二峰和第三峰分别为小茅峰和天堡峰。其中，北高峰居中偏北，为宁镇山脉的最高峰，这里是建台的理想位置。

1927 年 11 月，中央研究院通过了建设紫金山天文台的方案，高鲁的心愿终于达成了。于是，他请留法建筑师李宗侃来设计图纸，还请技术人员对主峰南侧的地势进行了测量，并打上木桩，以便修建盘山公路。当时的方案是从紫金山脚下的紫霞洞修建一条通往山顶的道路，利用当地的泉水解决天文台的用水问题。

可是，就在高鲁忙着选址建台、大展宏图之时，一封调令将他派往法国当公使。在离开之前，高鲁推荐由美国回国的余青松博士接替所长职务。这时的余青松已经是厦门大学的教授，直到 1929 年夏天，他才得以赶赴南京就任。

余青松是福建同安县（今厦门市同安区）人，从小接受良好的教育。1918 年，他从清华学堂留美预科班毕业，随后赴美留学，先攻读了土木和建筑学，取得了学士学位。他又改学天文学和哲学，在美国加利福尼亚大学获得博士学位。余青松曾在美国的多个天文台工作过，不仅是一位出色的天体物理学家，而且在光学仪器设计和制造方面有很深的造诣。

余青松博士
天文系主任兼天文學正教授

余青松像。

余青松回国后，一直期盼着能为中国人建造一个自己的天文台。1927 年任厦门大学教授期间，他便着手天文台的设计工作。他从高鲁手中接过天文研究所所长的重任后，立即开始实现他的愿望——建造东亚最好的天文台。

他视察了紫金山的主峰。根据在海外多年的天文工作经验，他认为南京紫金山并不适合修建天文台。于是，他匆忙向蔡元培报告，指出在这里建台有两大弊端。第一，南京虽然毗邻群山，但紫金山的主峰北高峰的海拔仅为 448 米，峰顶常在云层之下，其地理位置不符合通常建台的条件。第二，气象资料显示，这里平均每年晴夜天数仅为 100 多天，气候状况也不太好。

可是，余青松的提议并未被采纳。国民政府的许多要员都觉得，天文台建在首都南京，既能彰显政府对学术研究的重视，又能吸引海内外游客，结合政治和文化因素，紫金山都是最好的选择。就连蔡元培院长也直言不讳地对余青松说，其中的弊端他早就清楚，只是国民政府一开始就是从政治方面进行考虑的，而不是按科学研究的实际需求来筹备建台的。

事已至此，余青松没有反驳的余地。按照高鲁的建议，他向中山陵园管理处提出了一个划拨土地的方案。但是，对方不同意，甚至将高鲁前期勘定路线的木桩都拔掉了，说是中山陵位于紫金山第二峰（即小茅峰）的南坡，若在主峰南麓修路，那无疑是在国父头上动土。此外，在这里动工势必会露出黄土，有损陵园景观，造成不好的影响。

蔡元培为紫金山天文台题词。

问题好像又回到了起点，只得重新选定台址。于是，余青松亲自去了一趟山北勘察。他注意到山北的地形十分复杂，心中盘算如果在那里筑路，必须跨越多条涧沟，需要架设多座桥梁，这样一来工程浩大，耗资势必大增。就算天文台建成，这里也不能直通紫霞洞泉水，日后天文台用水都要从城里长途运输，成本很高。

正在犹豫的时候，余青松的目光落在了紫金山第三峰天堡峰上。天堡峰比主峰矮得多，海拔只有267米，观测条件自然不如主峰。但是，天堡峰亦有其优点，它的西北部地势平坦，峰顶也较为宽阔，无论是筑路还是建台，都能省下许多人力和财力。何况南京以东风居多，天堡峰位于上风向，受尘埃的干扰更小，能见度更好一些。

经过深思熟虑和反复权衡，他终于选定了紫金山的第三峰作为台址。这个方案很快就得到了批准。余青松在向全所宣布这个决定的时候，满怀希望地说："蔡元培院长下达政府的旨意：第一座天文台务必建在首都。他还答应我，以后条件成熟了，一定要在国内找到更适合观测和研究的地方再建造天文台。"

建台的第一步是筑路。余青松亲自上阵，从中央测绘总局借来测量仪器，每天都要带着职员们上山测量，勘定路线。1929年12月，道路开始动工。没想到不久后，中山陵园管理处又发来通告，禁止在整个工程中使用炸药。这样一来，施工增加了不少困难，只能靠人工去解决那些挡路的巨石。原本计划在6个月内修完的公路，竟然用了一年半的时间，直至1931年6月路才通到山顶。

尽管筑路的进度慢了一些，但是这条路的质量很好。这条被称为天文台路的道路是南京的第一条盘山公路，总长约为2千米，呈"之"字形从山脚一直通到山顶。沿途的曲折之处，在路面外侧都筑有水泥栏杆。栏杆统统被涂成白色，既保证安全又点缀风景。

至于观象台，最早由留法建筑师李宗侃设计。根据当时的规划，天文台由三部分组成：天文台本部、子午仪室和职员宿舍。但是，台址改为天堡峰后，面积宽广了许多，原来的图纸也就不再适用。所以，仅保留了子午仪室的设计方案，其余的建筑都由余青松自己重新设计。

不过，就在余青松将设计方案初稿送至中山陵园管理处提出划拨土地的时候，却又一次被否决了。对方认为"本园沐总理之遗教，受国家之豢养"，天文台的设计太过西洋化，其建筑外观无法与陵园保持一致，所以必须全部用中式风格重新设计。

建设中的紫金山天文台。

既然天文台建在陵园之内，余青松也难以违背这个意见，只得重新考虑一种“中式天文台”方案。他充分发挥自己在土木建筑方面的专长，经过 20 多天的苦苦思索，终于完成了紫金山天文台的全新蓝图。这一次，当他再次提交设计图纸时，对方啧啧称奇，说道："观此中西合璧式天文台设计不仅美轮美奂，亦不失为东方独创之风格。"于是，两天后设计方案就获得了批准。

1931 年 5 月，在上山的公路快要完工的时候，天文研究所开始天文台的建设招标，但应者寥寥无几，只有南京的两家营造公司报名，要价高得让人瞠目结舌。当时的南京政府忙于内战，经济萧条，原定划拨 25 万元建台费，转眼间过去了三年而分文未拨。天文研究所向各方借贷和募捐，所得非常有限。

在资金紧张的情况下，余青松认为通过招标包工建台，可谓力所不能及。这时前任所长高鲁从瑞士订购的子午仪等仪器已陆续就位，亟待开箱检验和安装。假如搁置太久过了期限，制造厂家和保险公司就不再承担责任。另外，我国还准备参加 1933 年的国际经度联测，时间上也不能有任何耽搁。

于是，余青松决定亲自监督施工，自备建筑材料，采用灵活的点工制来雇用民工。由于采用了点工制，并且就地取材，在施工中大量使用紫金山特有的虎皮石砌地基和墙面，所以节省了不少开支。

由于建台资金有限，全台的建筑不可能一次性完工，必须分阶段进行，所以最先建造的是子午仪室。子午仪室完工后，再建天文台本部和大赤道仪室，然后又建了小赤道仪室和宿舍，最后完工的是变星仪室。从 1930 年到 1934 年，整个天文台的建设历时五载，终于全部竣工。

紫金山天文台的建筑位于两座山脊之间，呈半圆形排列。整个建筑不但气势雄伟，而且造型精美。天文台有天文研究的独特构造，颇具中式建筑特色，和中山陵的建筑风格相当契合。1934 年夏天，紫金山天文台的主体部分竣工，当年 9 月 1 日揭幕典礼举行。自此，中国终于有了自己的现代天文台。

紫金山天文台是中国人自行设计、施工、建成的第一座现代天文台，也是当时东亚地区的首座具有国际一流水准的天文台。天文台占地 3 万多平方米。除了高标准的硬件设施，天文台还收藏有许多中外图书。天文研究所刚成立之时，将原中央观象台的藏书都迁往南京，后来又从海外购入大批书籍，以及星图和星表等珍贵资料。1935 年，这里天文方面的藏书已达 6000 多册。

可以说，紫金山天文台的建筑、仪器装备和图书资料在当时都是相当完备的。然而，就在余青松准备率领全台职工开展科学研究的时候，全面抗战爆发了。紫金山天文台被迫辗转迁移至昆明，在转运途中图书和仪器损失严重。

紫金山天文臺
南京紫金山天文台，隸屬於中央天文研究所，建築以來至今已歷年餘，全部工程約於今年七月可以竣工，耗資五十餘萬，爲東亞最大之天文台。
↑天體儀室
↓子午儀室
←赤道儀室
↓天文台對山路爲富貴山山礮台
↑天文台山路中正爲光復元紀念塔

竣工后的紫金山天文台。

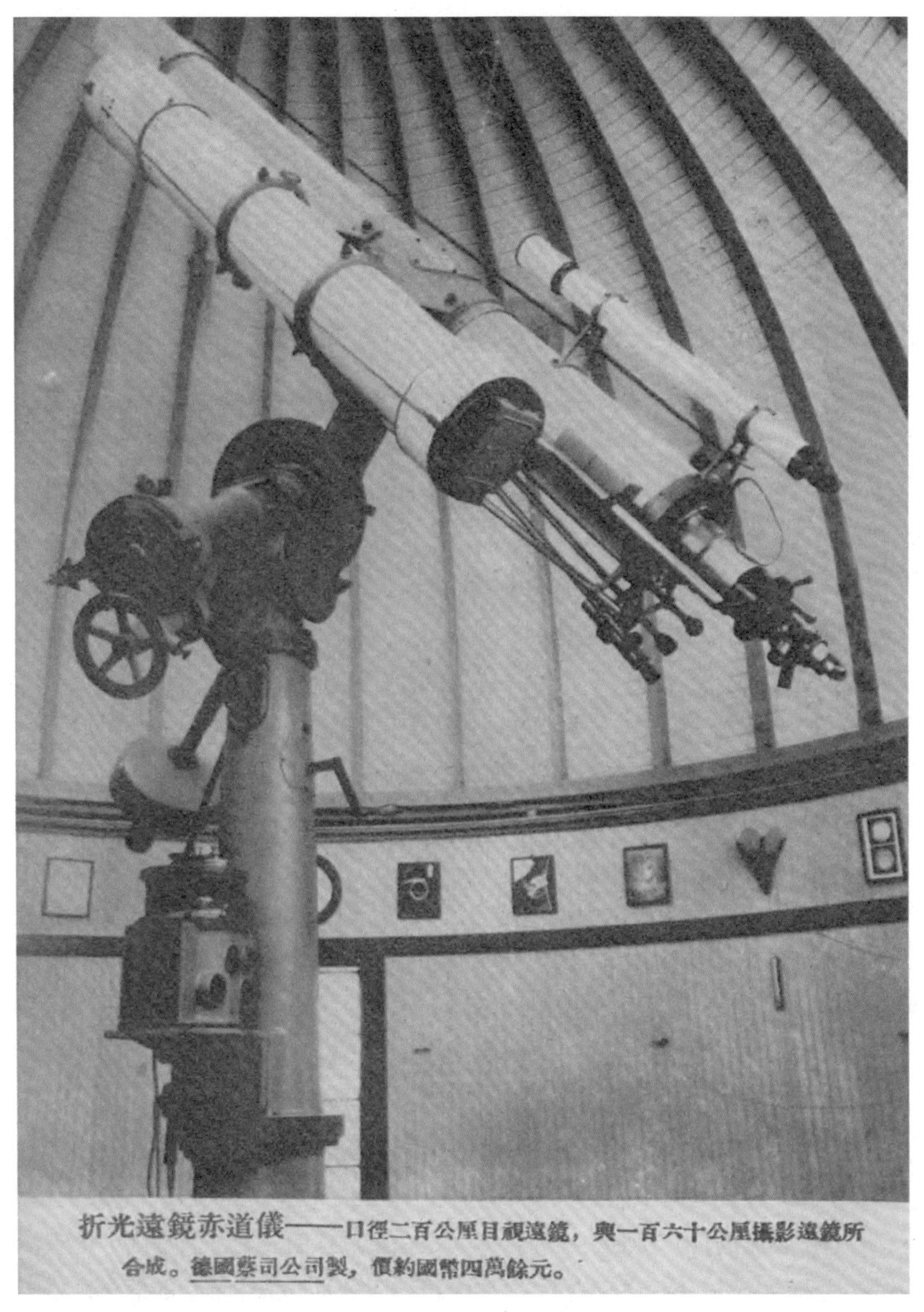

折光遠鏡赤道儀——口徑二百公厘目視遠鏡，與一百六十公厘攝影遠鏡所合成。德國蔡司公司製，價約國幣四萬餘元。

紫金山天文台的折光远镜赤道仪。

抗战胜利后，工作人员回到南京时发现天文台已面目全非，未来得及运走的子午仪等仪器早已不知去向。几年以后，南京解放，紫金山天文台再次走上了迅速发展的道路。中华人民共和国成立初期，紫金山天文台下属台站包括上海徐家汇天文台、佘山天文台、昆明工作站和青岛观象台。后来，徐家汇观象台和佘山天文台独立成为上海天文台，昆明工作站发展为云南天文台。紫金山天文台为我国天文事业的发展做出了巨大的贡献。

转移大后方的凤凰山

1937 年底，时任中央研究院天文研究所所长的余青松面临着一个进退两难的抉择，那就是如何处置紫金山天文台的浑仪和简仪等中国古代天文仪器。这些仪器是在 1931 年“九一八”事变后，从位于北京的原中央观象台迁往南京的。

淞沪会战爆发后，天文研究所的处境极为艰难，已经无力转移这些文物了。在余青松这些现代天文学家看来，这些文物“无补于观测研究”，没有需要紧急转移的现代科学仪器那么重要。但是，在历史学家看来，这些都是无价之宝。放弃这些国宝级的古代天文仪器，在当时引起了很大的非议。

关于这件事，中央研究院历史语言研究所所长傅斯年激愤难平，他致函已到了香港的蔡元培，表达了自己对余青松的强烈不满。在信中，他一直强调“天文所自北平迁来之古仪器，其中有明成化仿郭守敬之二仪，乃世界科学史上之宝器，亦是中国科学史上之第一瑰宝也”。他又说，战事一起，就由院务会议决，请其迁下，尽管自己催促了无数次，而余青松一味推诿，于危难中不顾大局。

1937 年，“卢沟桥事变”震惊世界，中国人民发起了全面抗战，国民政府开始筹划迁都。7 月 27 日，国民政府行政院通过了迁都决议，下令凡须永久保存的重要文件都要先行迁地保管，各机关的迁移逐步实施。

战争已经迫在眉睫，受到波及的不仅仅是生活在这片土地上的普通百姓，还有刚起步不久的科学事业。然而，即便是在最危急的时刻，紫金山上的观测工作也从未停止过。余青松本着“多测一日，即多留一份纪录”的信念，将一部分拆卸方便的仪器（比如太阳分光仪、变星仪等）留下来，继续进行观测。

当时，天文研究所坚持拍摄了不少关于新星、彗星、银河星云、太阳和变星的照片。

1937 年 8 月 13 日，淞沪会战爆发。8 月 15 日，战火逐渐蔓延至首都南京。这一天，共有 27 架日军战机飞临南京上空。随着震耳欲聋的爆炸声，南京的居民似乎才真正意识到战争已经就在眼前了。

淞沪会战持续了三个月，终以中国军队的溃败而告终。到了 11 月，国民政府正式迁都至重庆。天文研究所也收到紧急指示，要求疏散人员，仪器设备和图书也要立刻装箱，随时准备内迁。

由于抗战刚开始的时候，上海的形势尚好，所以天文研究所的员工一直在观望，认为没有必要急着将剩下的设备都搬走。但是，形势很快就急转直下，上海和苏州相继沦陷。余青松最终决定将余下的所有仪器运往大后方。

这个时候，运输却成了难题。铁路已经无法正常使用，只能靠长江水路运送仪器。此时，所有的轮船都被各个单位包下了，根本没有多余的运力。在走投无路之际，余青松得知金陵大学包租了一艘轮船，于是去找金陵大学理学院院长魏学仁，与其商量将这些宝贵的仪器运走。魏学仁不同意，说只有天文研究所将仪器捐给学校算作本校财产，他才便于向领导请示。对于这样苛刻的条件，余青松还是答应了。在他看来，仪器在中国人手里总比被日本人抢去要强。于是，天文研究所的一批现代仪器就以捐赠金陵大学的名义托运至重庆。

1937 年 12 月，余青松率领天文研究所余下的人员，携带仪器分乘一辆小汽车和一辆卡车离开南京，踏上了艰辛的后撤之路。这些天文学家不得不暂时告别心爱的望远镜撤往大后方。为了优先保全天文研究所的现代科学仪器，余青松不惜担着“千古罪人”的骂名，放弃转移紫金山天文台上的古代天文仪器。这让他一直感到压力巨大。第二年 12 月，余青松委托一位德国朋友上山探视。不久，他得到回信“房屋大体如旧，里面则狼藉不堪，古代仪器仍在”。这时，他终于放下了心中的一块大石头。

南京陷落后，职员们撤到了长沙城郊。而此时的长沙也在撤离中，人员已经无法再进城，甚至连南岳的局势也紧张起来。余青松和部下来到了湖南株洲，然后又从株洲撤往桂林。在桂林待了一段时间之后，天文研究所根据指示又再度西迁。终于，在 1938 年春天，天文研究所经过越南辗转迁到了云南。

民国时期的郭守敬简仪。

当大部分仪器、图书和研究人员都抵达昆明后，天文研究所决定不再搬迁，而是在这里安营扎寨，做好长期抗战的准备。战争将是旷日持久的，要想继续进行天文观测，就必须另觅新址，重新建造一座新的天文台。

昆明地处云贵高原，素有“春城”美誉，这里四季如春，阳光充足，空气湿度也低，非常适合天文观测。这触动了余青松此前考虑在南京之外建立一座天文台的想法。塞翁失马，焉知非福，或许此时正是一个不错的机会。因此，他决定在昆明建立一个“永久性”天文台，一方面将其作为战时的临时所址，另一方面等抗战结束后，还可将其作为紫金山天文台的一个分台。这个报告得到了中央研究院的批准。

抵达昆明后，余青松便带着全所员工一边整理以往的观测记录，一边寻找合适的台址。最初，他们选择西山华亭寺旁的某座山头为建台地点。这里的优点是附近有泉水，便于引水上山，但是有个缺点，附近的山峰对观测有一定的影响。

在余青松犹豫不决之时，中央研究院物理研究所所长丁燮林来昆明考察，准备随后将物理研究所也撤往昆明。物理研究所原来有一个分支机构地磁台，在南京时就和紫金山天文台是邻居。因此，丁燮林建议将地磁台迁往昆明后仍然与天文台相邻，并且希望两所共同选址。余青松正有此意，两人一拍即合。

地磁台选址有很多限制，如附近不能有铁质土壤干扰。根据地质勘查，凤凰山一带比较合适。凤凰山位于昆明城东约 8 千米处，这里对天文研究所来说同样是个不错的地点。昆明南临滇池，地势低洼，而北郊和西郊有一些山峰。自抗战以来，那里已经有许多工厂在修建。如果在那里建台，白天烟囱林立，夜晚灯火通明，天文观测就会受到很大的影响。唯独昆明的东郊没有什么工厂，夜晚也是一片漆黑，非常适合观测。

当一切准备就绪后，两个研究所便同时开始施工，天文研究所的房屋建在山顶。与建造紫金山天文台一样，余青松依旧亲自设计图纸。由于托金陵大学代运的大量仪器能否收回还是一个未知数，所以他只能根据目前已有的两台仪器来设计观测室和图书室。

1938 年秋，新的天文研究所在凤凰山正式开建，到了 1939 年春天基本建成，前后只用了半年时间便完成了第一期工程。主体建筑主要有三座：一是办公室，附变星仪圆顶室、太阳分光仪观测暗室、图书室等；二是职员宿舍；三是工友宿舍和厨房。到了年底，余青松向各方募集款项，又在凤凰山上修建了中星仪室。

尽管当时的条件十分艰苦，却是建造凤凰山天文台的最好时机。当时迁至昆明的机关、学校和研究所很多，大都抱着来此临时避难的想法，所以他们盖的基本上是草房，唯独天文研究所目光长远。这是因为天文学是一门观测科学，天文台不能仅限于首都的紫金山，在昆明建立分台本身就是十分必要的。那时已经出现了通货膨胀的苗头，只不过涨幅比较有限，只有几成而已。到了两年后的 1940 年，物价已经涨了 10 多倍，这时的天文研究所已经无力进行二期工程了。

昆明凤凰山天文台。

和南京紫金山天文台相比，昆明凤凰山天文台的规模自然小得多，而且这里既没有水也没有电，照明只能用油灯，用水靠人工从山下的池塘挑上来。虽然工作条件艰苦，但大家还能忍受。只不过物价上涨，已经超过战前的百倍，职工生活主要依靠米贴，而正式薪资成了表示级别的象征性数字，几乎没有什么购买力。如此之低的收入当然无法维持基本的日常生活，以至于不少职工不得不去兼职。

纵然在此动荡的岁月里面临着各种困难，天文研究所和中国天文学会还是在抗战期间取得了不少成绩。例如，筹备1941年的日全食观测，坚持《宇宙》期刊的发行，完成了《天文学名词》等著作的出版。

凤凰山天文台的太阳分光仪。

1940年春天，天文研究所派人到重庆联系金陵大学，收回了托其代运的部分仪器，并顺利带回昆明。但是，随着物价飞涨，天文研究所已无力再建观测室安置这些仪器，以至于不少仪器始终未能开箱安装。

到了1940年底，根据中央研究院的规定，专任研究员连续工作7年后，可以出国进修一年。余青松却放弃了出国进修，而是转至广西桂林，担任科学馆领导职务，从此离开了天文工作岗位。1941年1月，当时在位于重庆的中央大学物理系任教授的张钰哲接替余青松担任所长。

张钰哲上任后，首先着手组织日全食观测工作，并率领观测队前往甘肃临洮进行观测。9 月日食观测完成后，他们途经兰州、成都、重庆、贵阳四地，在各处停留数天，举行日食展览和科普宣传活动，直至年底才返回昆明。张钰哲原本打算马上建造新的观测室，用以安装小赤道仪，但终因资金匮乏而未能实施。在战争期间，凤凰山天文台在大后方一直坚持天文观测，成为抗战时期中国仅存的天文研究机构。

张钰哲像。

抗战时期困难重重，虽然这在很大程度上制约了中国天文学的发展，但给当时的一些学者总结中国古代天文学成就提供了契机。1937 年秋天，天文研究所的研究人员陈遵妫准备押运图书与仪器内迁。在候船的时候，他收到十余封公函，其中一封信是日本人山本一清写给余青松所长的，大意是说国际天文学联合会要搜集中国古代天文学史料，这项工作由山本一清负责，因此山本一清请天文研究所给予协助。

看到这一幕，陈遵妫极为愤懑。整理中国天文学史料，国际天文学联合会竟然让日本人越俎代庖，这对于中国天文学界岂不是莫大的侮辱吗？于是，陈遵妫便萌生了要写一部较为全面的中国古代天文学史著作的想法。这样，在那个战火纷飞的年代里，陈遵妫开始潜心研究中国古代天文学史，在中华人民共和国成立后完成了《中国天文学史》等重要著作。当时，天文学家高平子因为父亲生病，未能和大家一起内迁。于是，他避居上海租界，开始专心研究中国古代天文学文献，成为中国科学史事业的开拓者之一。

1945 年 9 月，抗战终于胜利，天文研究所准备搬回南京。这时，凤凰山天文台的善后工作成了非常棘手的事情。在昆明的各个机构的经费都十分紧缺，他们无法接收凤凰山天文台。最终，云南大学同意接收凤凰山天文台，凤凰山天文台归天文研究所和云南大学共同管理，费用也由双方共同承担。这样，暂时解决了凤凰山天文台日后管理工作的难题。

但好景不长，因国民党政权腐败以及物价迅速上涨，留守在凤凰山天文台的人员无法维持生计，陆续辞职而去，观测业务陷入停顿状态，最后仅有两名工人在那里看守房屋，一直拖到昆明解放。

到了 1950 年春，人民解放军接管了凤凰山天文台。凤凰山天文台改制为由中国科学院紫金山天文台和云南大学共同领导的昆明天文工作站。1958 年，凤凰山天文台脱离云南大学，逐步发展成具有相当规模的中国科学院云南天文台。如今，这里已经成为我国重要的天文实测和研究基地。

战火中的日全食观测

1941 年 9 月 21 日的清晨，20 多架战斗机在兰州机场集结待命。这些空军飞行员接到了一项特殊的命令，他们要为一架飞机护航，随时拦截可能出现的日军战机，以防敌机空袭兰州南部的一座不起眼的小县城——临洮。这一次，他们要不惜代价，极力保障一项不同寻常的日全食观测任务顺利完成。

在中国近代天文学发展史上，1941 年 9 月 21 日发生的日全食具有很特别的意义。这次日食的食带从新疆进入，全食带横贯全国 8 个省份 100 多个县市，全程长达 4000 多千米。由于战乱的原因，很多原本要前往中国进行观测的外国观测队取消了来中国的计划。这样，为世界天文学界留存一份珍贵的观测记录的任务就落在了中国人的肩上。

由于天文学界对这次日全食的观测非常重视，所以这次日全食观测的筹备工作早在 1934 年就已经开始了。中国天文学会在 1934 年成立了日食观测委员会，开始筹备这次观测活动。那时，紫金山天文台刚建成不久。为了积累日食观测经验，中国天文学会计划两年后派人分赴日本和苏联，开展 1936 年的日全食观测。这是我国近代科学史上首次派人赴国外进行天文观测活动。

根据精密推算，1936 年 6 月 19 日这一天，在苏联和日本境内可以看到日全食，但是中国境内没有能够观测到日全食的合适地点。为了获取日全食的观测数据，日食观测委员会负责组织这项观测活动。

张钰哲和李珩组成第一支观测队赴苏联哈巴罗夫斯克（伯力）。两人都是名副其实的“海归”，张钰哲于 1929 年从美国芝加哥大学叶凯士天文台博士毕业，李珩则于 1933 年从巴黎大学博士毕业。后来，两人都成为大名鼎鼎的天文学家。由于天公不作美，恶劣的天气让这次观测无法顺利进行，所有准备工作付之东流。

余青松等人组成的第二支观测队赴日本北海道，他们要幸运得多。这支观测队共拍摄了四幅日冕影像和一幅紫外线照片。尽管带动底片匣的留声机运转不畅，导致部分照片的拍摄效果不佳，但整体上这次观测相当成功。

虽然 1936 年的日食观测取得了一些经验，但余青松和他的同事们最大的感受是观测能力依然很薄弱，不仅要改进观测设备，还要加强人员的培训和管理。他们一致认为，应当集中全国各大学校和科研机构的力量，筹备下一次日食观测活动。

第 二 圖　　北海道我國隊觀測木屋及隊員

自右至左，余青松，陳遵嬀，鄒儀新，沈璿，魏學仁，馮簡。

北海道日食观测队。

与其他国家的观测队进行比较后，观测队中来自中山大学天文台的邹仪新女士颇有感触。她说：“日本仪器，远逊欧美，然其努力之处，人莫能讥。我国同胞，数十倍于日，应付一天界现象，仍复失败者，不必言战矣！”她认为，等到下次的1941年日全食，经过5年的认真筹备，又有什么不能做的呢？一个国家的荣辱，在于各界人士的精诚合作。如此一来，5年后中国的日全食观测必然“不失科学精神，不见讥于邻国”！

第四圖　北海道我國隊之主要儀器
德國蔡司公司特製之一六零公厘鏡

北海道观测队使用的观测仪器。

由于1941年的日全食观测意义重大，日食观测委员会在一开始就制订了一个规模宏大的观测计划，但是因为时局动荡，后来委员会不得不缩减了许多项目。1941年1月，张钰哲接任中央研究院天文研究所所长一职。他上任后的首要任务就是组织1941年的日全食观测。那时，正值抗战最艰难的岁月，日食带经过的大多数地区都已沦陷。根据地理和气象情况，他决定成立西北甘肃和东南福建两支观测队。

观测队在出发之前就遇到了许多困难。那年6月上旬，全体队员在昆明集合。在他们开始训练后不久，就传来了坏消息。日食观测委员会为了此次日食观测，特意从美国订购了一台地平仪，然而设备在香港码头被日军飞机炸毁了。现在想要紧急拨款重新订购，恐怕已来不及了。如此一来，目前的仪器仅能满足一支观测队的需要。原计划在西北地区设立两个观测点，现在只能将其合为一处，观测地点为甘肃临洮。

另外，资金不足是最大的难题。抗战期间的运输费用极高。根据运输公司的报价，从昆明至临洮的路程超过3000千米，单单一辆卡车往返的车资就要8

万元。这对于观测队来说，无论如何都是难以负担的。于是，他们只好向中央研究院汇报情况。过了几天，他们终于得到了批复，不但可以追加预算，还可以全程免费乘坐军令部的车辆。得知上级对这次科研活动非常支持，大家的信心更足了。

1941 年 6 月 29 日，队员们携带仪器设备，乘坐一辆敞篷卡车从昆明出发。他们将装仪器的箱子放在下面，然后铺上行李坐在上面。起程的时候阳光明媚，每个人都很激动。当时谁也没有料到接下来的旅程竟会如此艰难。担任队长的张钰哲后来在观测报告中将这次的行程称作艰苦的“长征”。

在前往观测地的途中，队员们其实是在穿越一道道死亡线。他们在出发的当天下午就遭到了空袭，道路和桥梁被炸毁，后来几乎每天都有不同的状况发生。战争期间，补给严重不足，沿途的很多山路非常崎岖。驾驶员为了节省油料，每当下坡的时候，便收起油门，任由车辆滑行。途中可谓惊险不断，除了舟车劳顿，还有夏季的疫病流行。高鲁和李珩等成员在到达成都的时候就病倒了。

1941 年秋天的一个清晨，昔日宁静的小山村异常热闹起来。在战争年代，这种规模的观测队来到西北边陲，自然引起了不小的轰动。当天，县长派人送来了粮食和蔬菜。到了第三天，还举行了欢迎仪式。这一天，会场前挂着巨大的横幅，街道上到处都是五颜六色的旗帜，热闹非凡。队员们很受感动，却又觉得哪里不太对劲。高鲁和张钰哲连忙上前道谢，然后诚恳地低声说道：“为了防止日军轰炸殃及百姓，观测队的行踪一定要保密。”县长这才明白过来，连忙吩咐撤去横幅和彩旗，不准再敲锣打鼓。会议结束后，县长还专门派了一队警察在观测队周围守卫。

观测队选择乡村的师范学校作为观测点。这所学校原本位于兰州，抗战全面爆发后便被搬到了距临洮县城约 2 千米的岳麓山。山上有一座泰岳庙，这里的大部分殿宇被改造为教室，仅剩下正殿和戏台。队员们居住在正殿内，戏台是他们用餐和会客的地方。庙前有一个广场，每逢庙会都有村民来此看戏。这里地势开阔，刚好可以用来摆放各种天文仪器，作为日食的观测场地。

不久以后，让大家始料不及的事发生了。在这样偏远的地方，他们还要不断躲避敌机的轰炸。队员们在一个多月时间里遭遇了多次空袭。最惨重的一次发生在 8 月底，当时有三架日军轰炸机在观测点附近的上空盘旋，然后投下 20 多枚炸弹，到处都是小孩和妇女的哭喊声。放眼望去，学校的不少房屋也遭到了破坏，四周一片狼藉。

除了空袭，还有一件事更令人揪心，那就是日食当天的天气。由于当地没有气象站，无法得到具体的气象资料，因此队员们只好分头行动去拜访当地人，询问他们每年这个季节的天气情况。人们都回忆说上一年的秋天阴雨连绵，长达两个多月。得知这个消息后，所有人都忧心忡忡，因为云雾遮日造成观测失败的事情在天文学界着实不少。

1941 年赴临洮的日食观测队。

观测队员调试设备。

这是我国现代历史上第一次在本土组织的日全食观测活动，各国天文学家因为战争放弃了来中国观测的计划。因此，这一次只有中国天文学家有机会代表全世界记录这次日全食。若是一无所获，那岂不是太可惜了？

在抗战期间，队员们跋山涉水，历经千辛万苦才来到这里。他们不仅要保障自身安全，还要克服困难，努力观测，不能无功而返。张钰哲和高鲁商议后，决定请示政府增派专机，以便届时在空中协助观测。高鲁亲自奔赴兰州联络飞机。兰州驻军将此事上报后，很快得到了特批。空军派出一架轻型轰炸机加入观测队，并且承诺如果日食当天遇到阴雨天气，可以将队员和摄像机送上天空，在云层上进行观测和摄影。

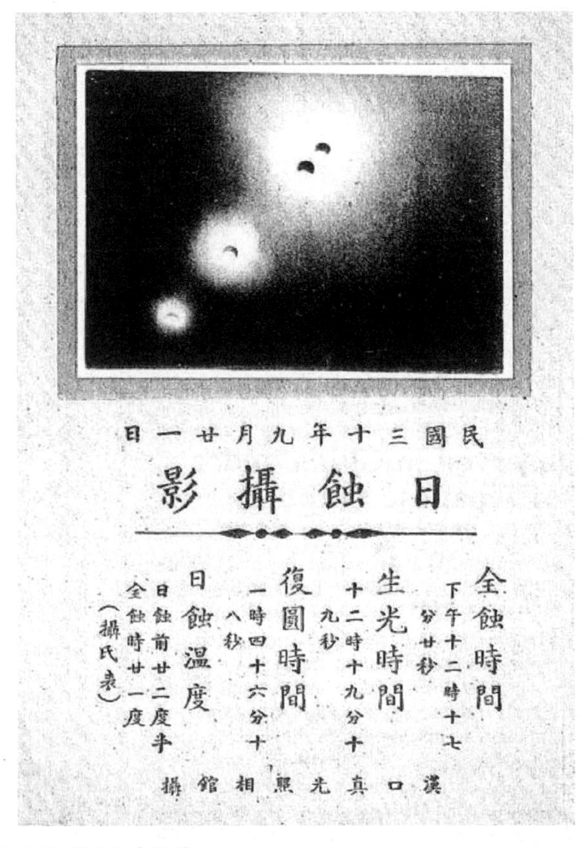

1941 年日全食照片。

随着时间一天天临近，观测队的准备工作在有条不紊地进行着。政府的许诺也一一兑现，空军的一架教练机在 9 月 15 日送来了三部摄影机和备用器材。次日，加入观测队的轻型轰炸机也已就位，同时还有两架战斗机护航。

9 月 19 日上午，当时的“中央广播电台”台长和几位记者飞抵临洮，准备对日食观测实况进行现场转播。他们先用专线电话连接兰州，再通过无线电传至位于重庆的“中央广播电台”，对全国进行广播。届时，英、美等国的广播公司也将向全世界进行同步转播。9 月 20 日，也就是日食的前一天，国民党陆军的一个炮兵团开抵临洮。与此同时，还有 20 多架战斗机在兰州机场待命。这就出现了刚开始的那一幕。可以看出，尽管当时正处在抗战最艰苦的时期，这次科学活动还是得到了很多的支持。

21日清晨，临洮上空的乌云仍未消散，张钰哲立即命令轻型轰炸机按照原计划升空，在云层上方进行观测。8时40分，天空终于放晴。9时30分，令人瞩目的日全食开始了，日食奇观在一片晴空中逐渐展现。

在地面上，观测队早就预料到有许多人会前来观看。所以，在筹备期间，他们到处张贴告示，拒绝参观，以免影响观测。为了让民众也有目睹日全食的机会，他们在布告中建议大家到山上观看。因为那里的地势很高，可以避开地表的各种建筑的影响，人们不但能看到日全食，还能看到观测队工作时的场景。

Solar Eclipse Observed in China under the Shadow of Japanese Bombers

By Y. C. CHANG

The total solar eclipse of September 21, 1941, is not the first eclipse observed by an expedition of Chinese astronomers. Two parties were sent out to observe the eclipse of June 19, 1936: one to Hokkaido, Japan, and another to Khabarovsk, Siberia. One of the countries, which extended so many courtesies to Chinese astronomers during the last eclipse, seemed to have regretted her act of kindness and turned around to occupy a large portion of our land and massacre countless number of helpless citizens. Chinese astronomers were also put to flight from their home at Nanking. The National Institute of Astronomy, Academia Sinica, had to move whatever it could carry to the interior, and establish itself on Phoenix hill, Kunming, Yunnan. However great the odds may seem to be, the spirit of Chinese astronomers has been undaunted. With eight thousand kilometers of eclipse track inside our territory, how could we let this opportunity pass without doing something? Especially since the prevailing war conditions would probably prevent astronomers in Europe and America from sending expeditions over here, those who had the eclipse track right at home would naturally be expected to perform their duty.

The meteorological data collected by Dr. C. S. Yü indicate that northwestern China has the most promising weather, although it is not so easily accessible as the southeastern provinces. There is an air service to the northwest, but the large number of boxes of instruments and personal belongings made this form of transportation out of the question. The only alternative was to go by truck. The motor road to our destination in Kansu province is about 3200 kilometers from Kunming, and the round trip for this expedition took us one hundred and sixty days. At first glance, it seemed that we travelled at a snail's pace of only four kilometers a day, on the average, but war conditions will fully explain this tardiness.

《在日本轰炸机阴影下的日食观测》，1942年张钰哲在美国的《大众天文学》期刊上发表了这篇文章。

观测队的一片苦心得到了民众的理解和支持，虽然现场内外只有一绳之隔，一切却都秩序井然。观测队还在庙门口放了一座钟表，供场外的人们校时。他们还请来师范学校的图画教员和擅长绘画的学生来现场做日全食的写生。

在岳麓山上下热闹非凡的同时，在距离兰州 20 多千米的七道岭，国民党军政大员于右任等人也观看了这次日全食。高鲁负责随同观看，同时进行了一些磁力观测。

午后时分，张钰哲特地开放泰岳庙供各界人士参观观测仪器和设备，并派专人负责解说。然后，他跑到城里去，向各方报告观测成功的好消息。由于前期准备充分，各方大力支持，加之天公作美，这次地面和空中的观测都得以圆满完成，共获得珍贵的天文观测数据 170 余项，共拍摄照片 200 余张。这些观测数据为将来的太阳研究提供了很大的帮助。

这是在中国本土开展的第一次有组织的观测活动，其成败的意义远超天文研究的范畴。一位长者甚至感慨道，上一次横经我国腹地且临近中午的日全食发生在近 400 年前——明嘉靖二十一年。当时人们以为那是因为抗倭名将戚继光建立了剿灭倭寇之殊功，而此次日全食也可作为抗战接近胜利之预演。碰巧的是，此次日全食观测两个多月后，珍珠港事件爆发，抗战胜利的曙光即将来临。

从当时的情况来看，这次观测不仅获得了大量的观测资料，而且对启发民智有很大的帮助。在返回的路上，观测队受到了各个部门的邀请，做了多场有关日食的报告。即便在一些穷乡僻壤，他们仍旧耐心地讲解日食现象和各种天文知识，当时很多人都是平生第一次听到“天文”这个词。

第 12 章　与天久长：从北京时间到中国天眼

北京时间为您报时

时间与人们的日常生活息息相关，一切生产活动都无法离开时间。时间总是在不经意间流逝，如何准确地获得时间一直是人类面临的难题。你一定遇到过这样的情况：时间一长，家里的钟表就走得不准。即便使用计算机或者手机，在没有网络信号的情况下，也需要不时校准时间，以保持时间的准确性。那么新闻中经常提到的“北京时间”是否真的来自北京？我们日常使用的时间又是怎么产生的呢？

中国古人采用立杆测影的方法来测量时间，用漏壶等工具来计量时间。在时间确定以后，还需要通过某些方式发播时间，所以古代就有了“击鼓报时”之类的方法。授时就是囊括测时、纪时和报时的一整套系统工作。古代和现代授时的分水岭是无线电技术的发明，现代授时系统以中星仪进行天文测时，石英钟守时，然后用无线电播时。

乾隆皇帝御笔亲题的“观象授时”。

时间不仅对个人的生活来说非常重要，也是规范和管理整个社会的基础。我国自光绪二十八年（1902 年）开始实行标准时制度，当时的海关以东经 120 度的时刻为标准，制定了东海沿岸的海岸时。清代后期，中国与外界的交往日益频繁，纪年和纪时系统的差异给国际交往带来了不便。民国初年，孙中山当选临时大总统后，他发布的第一条政令是改用阳历，统一时间制度。到了 20 世纪 30 年代，国民政府内政部召开了标准时间会议，确定了中央观象台将全国分为 5 个时区的方案。其中，北平（今北京）位于世界标准时的东八时区，即当时所说的“中原标准时区”。

1949 年 1 月 31 日北平和平解放，“中原标准时”就显得不合时宜。中华人民共和国需要一个旗帜鲜明的报时方式，于是“北京时间”应运而生。1949 年，中国人民政治协商会议第一届全体会议指出，中华人民共和国采用世界公历纪年。这一年的 9 月 27 日，北平新华广播电台改为北京新华广播电台。电台的时间播报使用中华人民共和国确定采用的公历纪年。纪年确定使用公历的年、月、日形式，至于每日的时、分、秒，就需要用全国统一的北京时间来确定了。

日月星辰每天东升西落，这是地球自转的反映。地球稳定地自转，使得天空成为一个天然的大钟。天上的恒星就像钟面上的钟点一样，天文学家的望远镜和观星仪如同钟面上的指针。如果将望远镜瞄准某颗恒星，天文学家就能知道它所指示的时间，这便是天文测时。长期以来，人们一直通过天文手段来确定时间，即“世界时”（Universal Time，UT）。

世界时基于地球的自转运动，以太阳和其他恒星作为参照来确定时间的尺度。太阳或其他恒星两次上中天的间隔就是一个太阳日，但太阳日并不均匀，因此人们引入了一个假想的太阳，即在天球上周年视运动均匀的“平太阳”。世界时是英国伦敦格林尼治的平太阳时，1 秒就是地球自转周期的 1/86400。

但遗憾的是，地球的自转速度并不均匀，而且这种不均匀会影响世界时的稳定性。地球的自转速度受日月摄动等因素影响，导致世界时不均匀，其精度仅为毫秒级，大约 3 年就有 1 秒的误差。

于是，人们开始寻找更加稳定的周期运动来测量时间。随着量子力学的发展，人们发现一些分子和原子内部的量子跃迁可以产生非常稳定的周期性信号，这个特征非常适合时间测量，于是原子时（Atomic Time，AT）便应运而生。1967 年，在第 13 届国际计量大会上，铯 -133 原子基态的两个超精细能级间跃迁辐射的电磁波的 9192631770 个周期所持续的时间被定义为 1 秒。于是，人们从原子钟中得出的每一秒几乎都是绝对"等长"的，甚至可以达到 1 亿年不到 1 秒的误差。

尽管世界时有很大的局限性，但其用途依然很广，人们需要兼顾世界时时刻和原子时秒长的时间系统。1972 年，国际上规定以协调世界时为国际标准时间。协调世界时依托原子时的秒长，通过添加闰秒的方式，在时刻上尽量接近世界时。

国内的标准时间——北京时间也采用通行的协调世界时，由国家授时中心负责产生和发播。北京时间采用首都北京所在的东八时区的区时，刚好比国际标准时间（即协调世界时）的零时区区时早 8 小时。

我国现代无线电授时起源于上海徐家汇观象台的 BPV 时号。前文说过，徐家汇观象台原称徐家汇天文台，成立于 1872 年，由传教士南格禄倡导创办，它是一个将科学和宗教事务相结合的机构。最初，该天文台主要负责气象观测活动，曾号称"远东气象第一台"。在 1884 年之后，授时工作成为该天文台的主要业务。19 世纪 40 年代，徐家汇天文台曾以授时工作跃入世界知名天文台的行列。然而，第二次世界大战爆发，法国被德国纳粹占领之后，该天文台失去了经费来源，日渐衰落。

1950 年，我国从法国传教士手中接管了徐家汇天文台，并将其改名为徐家汇观象台。到了 1962 年 8 月，徐家汇观象台又从紫金山天文台独立出来，成为后来的中国科学院上海天文台。

当时，徐家汇观象台的授时仪器已经年久失修，状况不佳。虽然中华人民共和国的授时工作不能说是一穷二白，但根基显然不够牢固。这种状况不久便有所改善。由于国家和政府的重视，自 1955 年起，徐家汇观象台逐渐引进了当时较为先进的授时仪器，包括德国生产的 100 毫米蔡司中星仪、瑞士生产的天文计时表、英国生产的雪特钟和法国生产的短波收报机等。

国家授时中心发播的北京时间（北京时间是在协调世界时的基础上加上 8 小时）。

当时，国家测绘部门迫切需要高精度的时间信号。尽管徐家汇观象台在 1954 年发播了 BPV 时号，但仍未达到规定的精度要求。后来，苏联专家来中国，促成中国加入苏联世界时系统，我国开始直接使用苏联发播的时号和时号改正数来校准时间。

1957 年春，徐家汇观象台引进了德国生产的 CAA 大型石英钟，用于时间和频率发播。BPV 时号也改由高精度的石英钟和电子设备来控制，从而将时号的稳定度提高到 ±0.003 秒，解决了守时中的误差问题。

为了保证授时系统稳定，当时世界上普遍采用的综合世界时系统通常由多个台站组成，但那时中国能收录时号和进行测时的只有紫金山天文台和徐家汇观象台两个台站的 6 台测时仪器。当时的科研条件相当落后，几乎没有计算机辅助设备，大量的运算工作只能依靠算盘来完成。在这种情况下，要想建立世界时系统，并且达到国际先进水平，几乎是不可能的。

历史上的徐家汇观象台。

世界时系统的精度主要反映在时号改正数上，它的误差源于主钟守时带来的误差和天文测时误差两个方面。前者通过使用高质量的石英钟可以基本解决，后者则需要通过大量天文观测来消除偶然误差。于是，在台站和设备数量都不足的情况下，国家将有限的资源集中于少数台站。科研人员放弃休息时间，不间断地进行天文观测。当时，徐家汇观象台有个口号是“观测好每一颗星，不放过每一个晴夜”。

这样，通过“集中力量办大事”和充满家国情怀的“人海战术”，我国在缺少台站和仪器的情况下，建成了非常精准的综合世界时系统。1962 年，国际时间局比较了当时全球 395 家天文台的授时工作，其中上海天文台的精度已经达到了 ±0.0022 秒，与法国的贝桑松天文台并列第二位。这一成绩甚至超过了苏联的普尔科沃天文台。

到了 1963 年，中国世界时系统共有上海天文台、紫金山天文台、北京天文台和武汉测地所 4 个台站的 9 台仪器参与。即便在艰苦的条件下，中国的授时工作也已达到世界先进水平。

进入 20 世纪 60 年代，位于东南一隅的上海天文台已经难以满足日益增长的需求，尤其是大地测量的需要。因此，迫切需要在内陆建设一个能覆盖全国的无线电授时台，以满足全国对毫秒级授时精度的要求。最后，出于“靠山进洞”的战备考虑，在陕西蒲城西北处的唐宪宗景陵附近设立了短波授时台。1966 年，这里还修建了陕西天文台，开始向全国提供授时服务。陕西天文台是国家授时中心的前身。

1967 年，第十三届国际计量大会决定，将时间单位的定义由天文时改为原子时。20 世纪 70 年代后期，陕西天文台利用国产原子钟建立了国际通行的原

中国科学院国家授时中心。

子时系统。通过短波授时台的建设，陕西天文台能够满足毫秒级的用户需求。但是，我国空间技术的快速发展和国防试验需求的不断增大对授时精度的要求越来越高。到了 80 年代，在蒲城建成了长波授时台，其精度比短波授时提高了 1000 倍，可以达到微秒级。该成果获得 1988 年的国家科技进步一等奖。原子时和长波授时等系统的相继建立运行极大地满足了国家战略需求。

1949 年，全国第一次采用统一的北京时间进行电台发播。2020 年，我国成功研制出具有自主知识产权的铯原子喷泉基准钟，使得北京时间有了更强的自主校准能力。70 多年来，经过不懈的努力，几代科研人员一次次实现了关键技术的突破，让我国在授时技术上实现了自主可控，逐步跻身于世界先进行列。

庆祝长波授时同步精度达到百万分之一秒。

近年来，随着信息、航天等技术的发展，我国对授时系统进行了新的拓展。高精度的授时体系在通信、航天和国防等领域发挥了重要作用。时间上“差之毫厘”会造成“谬以千里”的距离误差。比如，当神舟飞船对接时，即便测控系统的时间差只有百万分之一秒，也会造成 300 米的距离偏差。北斗卫星导航系统的精准定位需要一套准确可靠的时间频率系统，而北斗卫星导航系统自身也具有授时功能，其授时精度可达 10 纳秒量级。此外，我们的 5G 通信也需要高精度的时间来保驾护航，因为没有时间上的同步，就无法实现正常通信，而 5G 基站对时间同步的精度也要求达到十几纳秒才行。

目前，我国已经形成了“原子钟 - 守时 - 授时 - 用时”的完整时间频率学科链。国家授时中心的守时钟组除了产生标准的北京时间，也参与国际原子时的计算。2019 年，我们对国际原子时权重的贡献已经位居世界第三。长期以来，北京时间与国际标准时的偏差一直保持在 10 纳秒以内。2017 年以来，偏差进一步减小到 5 纳秒以内，精度远高于国际电联要求的 100 纳秒。

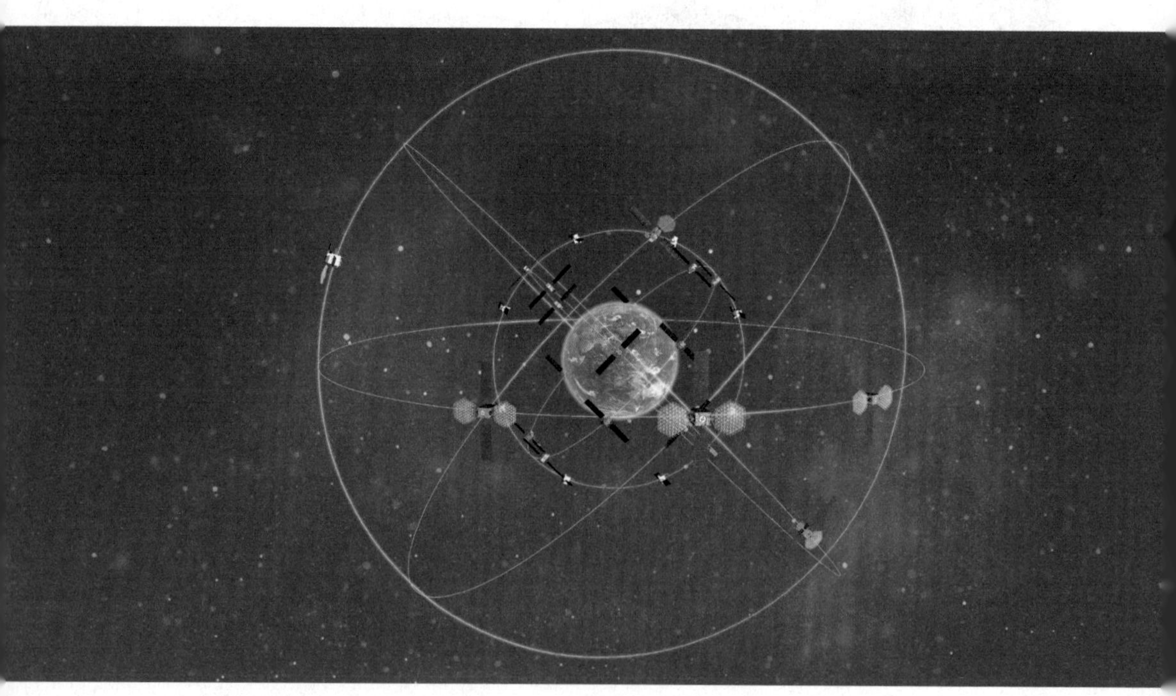

北斗卫星导航系统。

巡天遥看万千星河

天文学在当今社会的很多方面都有着广泛的运用，比如提供准确的时间、编制年历和星表。这些都是天文学的主要任务。可以说，在人们的日常生活、工农业生产、大地测量、军事活动、航天飞行等方面都少不了天文学。对于天文研究来说，最重要的推动力又是什么呢？无疑是强大的天文望远镜了。

回顾数千年来天文学的发展历程，人类起初对宇宙的认识是相当缓慢的。直到 16 世纪哥白尼确立了日心说，人们才认识到地球并非位于宇宙的中心，而只是一颗环绕太阳运动的行星。不过长期以来，人们只是将哥白尼的日心说当成一种几何学上的假说，直到伽利略发明天文望远镜并发现木星的卫星和金星位相的变化，日心说才有了最直接的证据。

自此以后，天文学的发展日新月异，其中天文望远镜的功劳不可埋没。赫歇尔是天王星的发现者。作为那个时代最伟大的天文学家之一，他也是当时最杰出的天文望远镜设计者。哈勃之所以能够观测到红移现象，提出宇宙膨胀理论，也是因为他拥有当时最强大的天文望远镜。一台强大的天文望远镜，对于任何一位天文学家来说都是一种巨大的诱惑。

威廉·赫歇尔设计的 12 米长望远镜。

400 年来，天文学进展中的许多里程碑式成就都是依靠天文望远镜来取得的。最初的天文望远镜大多是光学望远镜。那么，天文望远镜究竟能起到什么作用呢？首先是收集光，这样就能够观测到更加暗弱的天体。人眼瞳孔的直径最大也只有 8 毫米。当天体发出的光传播到地球上时，瞳孔最多只能收集到直径为 8 毫米的光束，但是天文望远镜的作用相当于把瞳孔放大到与望远镜物镜的口径相当的程度。如此一来，我们就可以看到原来看不见的暗弱天体了。现代天文望远镜主要不是用眼睛来看，而是通常利用 CCD（电荷耦合器件）来接收光。因此，只要天文望远镜的物镜足够大，理论上就可以收集更多的光，观测到更暗弱的天体。

此外，望远镜还可以提高分辨率，观测到天体的更多细节。人眼的分辨能力只有 1 角分，天文望远镜则可以放大天体的视角。例如，原来 1 角秒的细节人眼根本分辨不出，但是放大数十倍后就可以看到了。所谓的放大率等于物镜的焦距除以目镜的焦距，所以你只要将物镜的焦距做得足够大，目镜的焦距做得足够小，就可以大幅提高放大率。当然，用天文望远镜分辨天体的细节时，也会受到其他方面的一些限制。就拿折射望远镜来说，即便有曲率完美均匀的球面透镜，也存在不可避免的球差和色差缺陷。如果镜片的面形精度加工得不好，就会导致成像更加模糊。

总的来说，望远镜的口径非常重要，口径越大，收集到的光就越多，能分辨的角度也就越小。也就是说，增大望远镜的口径，可以达到增加集光量和提高分辨率的双重效果。因此，天文望远镜的历史就是沿着将其口径越做越大这条主线来发展的。让我们回望一下望远镜的发展史，伽利略的折射望远镜的口径是 4.4 厘米，牛顿的反射望远镜的口径是 2.5 厘米。经过数百年的发展，望远镜的口径发展到了 8 ~ 10 米。如今，人们已经可以造出口径超过 10 米的光学天文望远镜。给它们配上极为灵敏的接收器后，甚至可以探测到几万千米以外像烛光那么微弱的光。可以说，天文望远镜使人类的目光能够触及 100 亿光年之外的遥远天体。

但是，望远镜的设计者常常面临一个难题，那就是如何在保证成像质量的前提下，既要使望远镜的口径足够大，又要使其视场不至于过小。大视场望远镜的口径通常难以做得很大，正所谓鱼和熊掌不可兼得。

2008 年 10 月，中国建造了一架口径为 4 米、焦距为 20 米、视场为 20 平方度的中星仪式反射施密特望远镜，并将之命名为 LAMOST。在这架望远镜中，主动光学技术被应用于反射施密特系统，当跟踪天体运动时，不仅能够实时做出球差改正，还实现了大视场和大口径的完美结合。

LAMOST 的总投资为 2.35 亿元，全称为“大天区面积多目标光纤光谱天文望远镜”，在 2010 年它正式以“郭守敬望远镜”冠名。这架望远镜位于国家天文台兴隆观测站，地处河北兴隆县海拔约为 900 米的山上。兴隆观测站是我国最大的光学天文观测基地，这里曾经建有 1.26 米口径的红外望远镜以及被称作远东“镜王”的 2.16 米口径的光学望远镜，形成了一个光学望远镜群。

LAMOST 是我国天文研究领域自主创新的成果，球面主镜和反射镜采用拼接技术制造，多目标光纤技术也得到了应用，仅光纤数量就多达 4000 根。相对于一般望远镜，这是一个庞大的数字。LAMOST 可以将观测的极限星等推至 20.5 等，比美国斯隆数字巡天计划（SDSS 计划）还要高出约 2 等。

LAMOST 设计图。

我们知道，每一种化学元素的光谱线都是独一无二的。因此，根据光谱线的特征就能确定光源的化学成分。根据这个原理，天文学家可以用分光技术对天体的光谱进行分析。通过与标准谱线进行比较后，就能确定天体的物质结构、大气物态、化学组成以及运动规律等。

200 多年前，法国的哲学家孔德曾预言，恒星的化学成分是人类永远无法获取的信息。如今，天文学家对光谱技术的运用已经达到了登峰造极的地步。他们借助这一手段，发现了宇宙天体的许多重要特性。所以，光谱观测设备如今几乎成为世界上所有重要天文望远镜的标配。LAMOST 是我国自主设计、建造的光谱观测设备，截止 2023 年 3 月，已经成功地获得了 2000 多万条天体光谱信息。通过它们，天文学家将为我们揭示更多有关银河系的奥秘。

LAMOST 的成功落成，使得我们将天体光谱的观测效率提高了一个数量级，这也使我国在大规模天文光谱观测研究工作方面跃居国际领先地位，为今后我国在宇宙起源、天体演化、太阳系外行星的探索等方面的研究打下了坚实的

夜空下的 LAMOST。

基础。近年来，LAMOST 凭借其强大的性能和超高的效率，取得了一批全新的研究成果。

例如，得益于 LAMOST，中国科学院国家天文台的科研团队发现了一个迄今为止质量最大的恒星级黑洞，并提供了一种利用 LAMOST 的巡天优势寻找黑洞的新方法。这个新发现的黑洞的质量达到了太阳的 70 倍，远超理论预测的质量上限。因此，它将颠覆人们对恒星级黑洞形成的认识，有望推动恒星演化和黑洞形成理论的革新。

我们知道黑洞是极度致密的天体，它的引力大到连光都无法逃脱。根据黑洞质量的不同，一般将其分为恒星级黑洞、中等质量黑洞和超大质量黑洞。其中，恒星级黑洞是在大质量恒星消亡的过程中形成的，它们广泛存在于宇宙中。不过，目前天文学家在银河系中只发现了 20 多个这样的黑洞，而且它们的质量均小于太阳质量的 21 倍。人们预测，银河系中可能存在上亿个恒星级黑洞。

黑洞想象图。

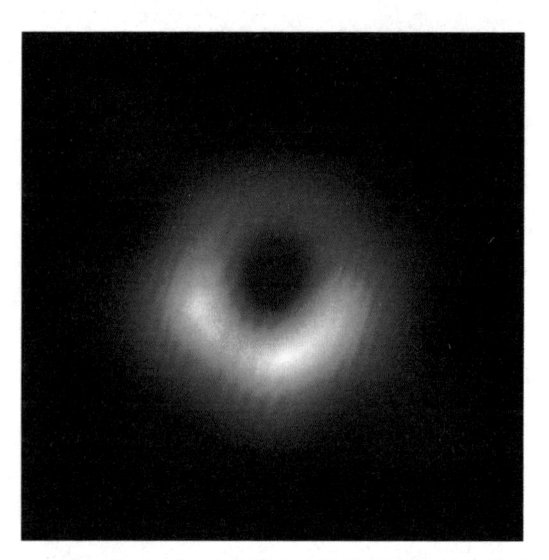

2019年4月10日，人类首次“看到”黑洞。这个黑洞的质量达到太阳质量的65亿倍，而LAMOST发现的小质量黑洞只有太阳质量的70倍左右。

LAMOST这次发现的恒星级黑洞也叫小质量黑洞。理论模型显示，这种黑洞的质量应该在太阳质量的100倍以下。不过，这只是一个大致的界限。实际上，在观测中发现的小质量黑洞的质量基本上不会超过太阳质量的30倍。这是因为一颗恒星在死亡之后，其中大量的物质都被吹散开来，最后能够形成黑洞的质量一般只有原来恒星质量的五分之一左右。这次发现的黑洞的质量能够达到太阳质量的70倍，这在现有的理论框架下是无法解释的现象。

LAMOST的口径为4米，并且拥有4000根光纤，它们可以同时对准不同的目标。这意味着用这架望远镜观测一次，相当于用很多台望远镜同时进行观测。你可以想象，这应该是世界上效率最高的天文望远镜之一，所以它特别适合执行那些“大海捞针”的工作。如果用普通的同等口径的天文望远镜去执行这次发现黑洞的任务，则恐怕要花上几十年的时间了。

人们除了在地面上架设大型天文望远镜，还将天文观测平台延伸至太空。1957年10月4日，苏联成功地发射了第一颗人造地球卫星，开创了空间观测和太阳系探测的新时代。此后，越来越多的望远镜被送到了大气层之外。

现在，为了不同的目的，在不同的频带上工作的天文探测器已经被送往太空。其中，最引人瞩目的是哈勃空间望远镜，其探测范围从近红外线到紫外线。欧洲空间局于2009年投入10亿欧元，将赫歇尔空间天文台送入太空。它是一个口径为3.5米的远红外线和亚毫米波天文望远镜，将被用于研究恒星和星系的形成。

LAMOST 的主镜和光纤定位单元。

在太空中进行观测有三个优势，首先是极暗的背景。由于大气的散射光非常强烈，白天不利于观测，即便在晚上也会有相当强烈的散射光。但是，到了大气层外面之后，就没有了大气，背景非常暗，这样更有利于观测。此外，太空中没有大气的扰动，只要天文望远镜足够好，就能获得足够清晰的像。太空观测可以在电磁波的各个波段上进行，而地球的大气层只允许其中的可见光波段、部分红外波段和无线电波段通过。

2021 年，美国国家航空航天局成功发射了詹姆斯·韦布空间望远镜，其主镜的口径达到 6.5 米，总投资超过 100 亿美元。这架全新的空间望远镜由 18 片巨大的六边形子镜构成，采光线面积可以达到哈勃空间望远镜的 5 倍以上，加之拥有更广的观测波段，因此未来它将更加适合观测宇宙边缘的天体。

国外空间望远镜的发展可谓突飞猛进，我国的天文学家自然不甘示弱。经过多年努力，中国的首颗硬 X 射线调制天文卫星终于在 2017 年成功发射，这颗卫星被命名为“慧眼号”。“慧眼号”硬 X 射线调制天文卫星的总质量为 2.7 吨，是我国的第一颗空间天文卫星。

硬X射线是一种具有很强的穿透能力的高能电磁波，它的放射源包括黑洞、中子星等强辐射和强磁场天体。但是，当X射线辐射至地球时，绝大多数都会被大气层所吸收。因此，如果科学家想通过观察硬X射线来研究宇宙中的辐射源，就需要将这种特殊的望远镜发射到大气层之外。

“慧眼号”的主要功能包括研究黑洞的性质以及极端条件下的物理规律，它还能探测大批超大质量黑洞和其他高能天体，分析其光变和能谱性质。也就是说，“慧眼号”能够以比较高的灵敏度和分辨率观测到被尘埃遮挡的超大质量黑洞和其他未知类型的高能天体。

与国外的同类卫星相比，我国的“慧眼号”的性能更加优良，可以实现宽波段、大视场X射线巡天。同时，它也具有高灵敏度的伽马射线暴全天监视仪，所提供的X射线信息可以让我们窥探到某些特殊区域异乎寻常的引力、磁场和电场强度等信息。

“慧眼号”硬X射线调制天文卫星。

中国天眼仰望苍穹

在宇宙中，各个波段的电磁波隐藏着不同的信息。仅凭可见光，人们只能窥见宇宙的冰山一角。20 世纪 30 年代初期，美国无线电工程师卡尔·央斯基发现了来自银河系中心（人马座方向）的无线电信号。如今科学家认为，这些听起来像静电或噪声的信号其实来自人马座 A 的一个黑洞。这标志着人类开启了在传统光学波段之外进行观测的一个窗口，即通过射电望远镜观测我们的宇宙。

所谓射电，其实就是一种无线电波。如果将光学望远镜比作人的眼睛，那么射电望远镜就是由天线组成的耳朵。在第二次世界大战期间，雷达技术成为各国重点发展的领域。战后，这种技术开始迅速普及，广泛用于气象探测、遥感测速、太空探索等各个方面。科学家根据雷达接收无线电信号的特点，研制出一种只接收信号而不发射信号的射电望远镜，由此开创了射电天文学。

射电望远镜的发明与应用带来了一系列重要的天文发现。人们用这种射电“大耳朵”探测来自宇宙的无线电波，不但发现了太阳的射电辐射，探明了银河系的旋臂结构，还发现了被称作 20 世纪四大天文发现的类星体、脉冲星、星际有机分子和宇宙微波背景辐射。

现在光学望远镜的口径越来越大，口径为 8 ~ 10 米甚至更大的望远镜越来越多。对于光学望远镜来说，更大的口径意味着更强大的集光和分辨能力。也就是说，要记录下更微弱的星光，或者解析出更遥远天体的信息，最简单的办法就是增大望远镜的口径。在可见光波段是这样，能够会聚射电波的射电望远镜也是如此。

大口径的射电望远镜不仅能够更好地会聚射电波，而且不受太阳光、云和雨的影响，为我们探测宇宙提供了一种独一无二的观测能力。天文学家通过大型射电望远镜分析这些从宇宙中发出的无线电波，就能进一步了解天体的结构、运动及其组成。

英国曼彻斯特大学于 1946 年制造出一架口径为 66.5 米的固定式抛物面射电望远镜，1955 年又建成了当时世界上最大的可转动式抛物面射电望远镜。美国于 20 世纪 60 年代在波多黎各的阿雷西博镇建成了一架口径为 305 米的射电望远镜。由于它是沿着斜坡建造的，所以不能转动。1974 年，这架望远镜被改建为由 38 万片纯铝瓦片拼成的球面，到了 80 年代它的口径又增加到了 366 米。

如今的射电望远镜无疑更加强大了。在美国夏威夷的莫纳克亚天文台中，由 10 架射电望远镜组成的甚长基线阵（VLBA）对天体的测量精度可以达到肉眼的 60 万倍。这是什么概念呢？这相当于一个在北京的人可以清晰地看见几千千米外广州的一张报纸上的文字。

射电望远镜通常由天线、接收机、信号处理和显示系统等部分组成。虽然射电望远镜被看作天线，但实际上它不是一根线，而是一种反射面巨大且灵敏度特别高的碟形无线电天线。所以，它看上去像一口大锅，其反射面越大，接收外太空信号的能力就越强。

所以，这口锅的直径大小是决定射电望远镜灵敏度高低的重要因素。为了探测从遥远的宇宙中传来的微弱信号，这口锅无论做得多大都不嫌大。问题在于，由于受到材料自身的限制，这口锅大到一定程度之后，其自重就会把自己压垮，无法维持应有的形状。于是，人们想到一个法子，那就是在地上刨一个锅形的大坑，然后将金属材料贴在大坑表面上。这样一来，这口锅在理论上做多大都可以。但是从成本控制的角度考虑，最省钱的方式是利用自然

银河下的射电望远镜。

形成的山谷。如此一来，只要经过简单的挖掘和处理，就可以方便地造出一口射电大锅来。

2016 年 9 月 25 日，我国的 FAST 正式投入使用，开始接收来自宇宙深处的电磁波。在建造 FAST 之前，我国上海佘山有一架口径为 65 米的天马望远镜，北京密云有一架口径为 50 米的射电望远镜，云南昆明也有一架口径为 40 米的射电望远镜，它们可以说都是 FAST 的“老前辈”。在国外，德国波恩有一架口径为 100 米的大型射电望远镜，美国阿雷西博射电望远镜建成时的口径达到了 305 米。与它们相比，FAST 的灵敏度提高了 10 倍以上。这样，FAST 就能够接收到 137 亿光年以外的电磁信号，探测范围可以达到宇宙的边缘。

FAST 又被称作“中国天眼”，它的建成标志着中国射电天文事业取得了重大突破。可以说，它浓缩了几代中国科学家在射电天文学领域艰苦奋斗的历程。FAST 的镜面直径达到了 500 米，是目前世界上口径最大的射电望远镜，它的接收面积超过了 30 个足球场。FAST 坐落在贵州的崇山峻岭之间，在建成之后立刻就引起了全世界的瞩目。它的世界第一的地位至少能够保持 20 年。

坍塌的阿雷西博射电望远镜。这架射电望远镜于 1963 年建成，有 10 个足球场那么大。在人类登月工程出现之前，它曾被美国人誉为人类 20 世纪十大工程之首。2020 年 12 月，该望远镜在经过两次电缆故障后坍塌。

“中国天眼”。从 1994 年开始，我国派出考察队在全国范围内寻找一个合适的山谷，用来建设这架超大型射电天文望远镜。在整整找了 12 年之后，终于在贵州省黔南州平塘县的一个叫大窝凼的地方找到了合适的地点。

说起 FAST 这个英文名称，倒不是因为它有多“快”。事实上，它是英文“Five-hundred-meter Aperture Spherical Telescope”的缩写，也就是“500 米口径球面射电望远镜”。FAST 拥有多项自主技术创新，首先便是它的选址，它是世界上首次完全利用天然地貌建设的巨型望远镜。之所以选择平塘县大窝凼，是因为这里有一处四周环山、中间低洼的天然场地，可以说是建设大型射电望远镜的不二之选。要知道，在平原上建造这样一架口径达 500 米的望远镜，就必须挖一个特别大的坑。据估算，需要挖走约 1522 万立方米的土石，仅此一项花费至少为 5 亿元，而 FAST 项目的总预算也不过 6.67 亿元。这样一来，不但工程造价太高，这个人造坑的后续维护成本也非常高。因为需要准备足够多的抽水机，在天降大雨时不停地抽水，才能防止暴雨将望远镜淹没。贵州平塘的岩溶地貌十分有利于排水，可以减轻流水对设备的腐蚀。另外，这里十分偏僻，光污染和地面电磁辐射比其他地方弱得多，从而保证了 FAST 在工作时不受环境因素的干扰。

FAST 的底部。

其次，FAST 采用了主动反射面技术，整个球面由 4600 多块可运动的等边球面三角形叶片构成。这样，FAST 的镜面可以根据需要主动变形，而变形能极大地扩大 FAST 精确观测的范围。比如，用望远镜观测天空中偏南一点的一颗星时，如果不移动望远镜对准它的话，是很难观测到的。由于 FAST 是依靠地形建设的，因此其自身无法像常规望远镜那样转动。不过，不能转动并不意味着无法准确观测。在整个望远镜当中，偏北的那半边大约 300 米的区域可以自动变形，形成一个局部的抛物面。这样就可以将所有的信号完美地聚焦到一个点上。FAST 像柔软的幕布一样，可以根据需要改变形状，这让它能够观测到更多的太空方位。它覆盖的天顶角可以达到美国阿雷西博望远镜的两倍，通过并联机器人进行调整后，聚焦点可以实现毫米级的动态定位。

如果将收集天文信号的反射面比作视网膜，那么还需要放置类似于瞳孔的装置。这个装置悬挂在反射面上方，它的学名是馈源舱。馈源舱的质量非常大，FAST 采用全新的馈源支撑技术，可以轻松拖拽重达 30 吨的馈源舱。另外，FAST 所用的光缆也是经过特别设计的，不仅可以通过自动操控实现复杂的弯曲变形，还能在 5 年内抗 6.6 万次拉伸，极大地延长了光缆的使用寿命。

从 FAST 底部拍摄的馈源舱。

FAST 具有前所未有的观测灵敏度，因此它非常适合用于脉冲星、中性氢、星体演化、外星文明搜寻等方面的研究。2017 年，FAST 的首批成果包括成功发现并确认了两颗脉冲星，这是中国科学家利用国内自主建造的设备首次发现脉冲星。

脉冲星是高速旋转的中子星，因不断发出电磁脉冲信号而得名。这是大质量恒星消亡后所留下的遗迹。脉冲星特别致密，它们快速旋转，有规律地发射脉冲信号。自 1967 年第一颗脉冲星被发现以来，脉冲星研究一直是科学研究的前沿和热点，被认为是 20 世纪 60 年代四大天文发现之一。

夜空下的 FAST。

脉冲星对天文学研究来说非常重要，它们如同宇宙中的灯塔，也被认为是宇宙中最精确的时钟。但是，到目前为止，全世界一共只发现了几千颗脉冲星。尽管银河系中有大量脉冲星，但由于其信号微弱，很容易被人造电磁信号的干扰淹没，所以目前人们只能观测到很少的一部分。这导致天文学家对脉冲星的了解非常有限。它们将来会演化成什么状态，其能量能持续多长时间……这些问题的答案现在都是未知数。

具有极高灵敏度的 FAST 是发现脉冲星的理想设备，而且搜寻和发现射电脉冲星是 FAST 的核心科学目标之一。仅在测试调整期间，FAST 就发现了 132 颗脉冲星。天文学家估计，用不了几年时间，FAST 就能让脉冲星的资料库扩充一倍。

南仁东。FAST 项目在 20 世纪 90 年代初由南仁东提出，他是 FAST 的总设计师。2017 年 9 月 15 日，南仁东逝世。新华社撰文评价“他从壮年走到暮年，把一个朴素的想法变成了国之重器，成就了中国在世界上独一无二的项目”。2018 年，经国际天文学联合会批准，编号为 79694 的小行星被正式命名为“南仁东星”。

嫦娥玉兔登月征途

月球是距离我们最近的天体，千百年来人们对月球充满了遐想。在中国，人们世代传诵着嫦娥奔月的神话，想象着她曾经作为我们的一员，经历了从凡人到神、从人间飞向月球的壮举。在科技进步的今天，人们不再满足于仰望星空，用肉眼或望远镜来观测月球，航天技术的突破终于使人类迈出了登月的第一步。1969 年 7 月 20 日，美国的“阿波罗 11 号”飞船将阿姆斯特朗等人送上月球，人类由此得以近距离揭开月球的神秘面纱。阿姆斯特朗从登月舱中出来后说的那句话“这是我的一小步，却是人类的一大步”被载入了人类史册。

从古至今，在中国的诗词歌赋中，登月似乎都是遥不可及的梦想，而月宫的嫦娥仙子也注定是孤独的。唐代诗人李商隐的《嫦娥》中有“云母屏风烛影深，长河渐落晓星沉”这样一句感慨。通过云母石制作的屏风透过残烛幽暗的光影，可以想象月宫是多么清冷，孤独的嫦娥在这里熬过了一个个漫漫长夜。

南宋马远绘《对月图》画轴。这幅画描绘了悬崖秋夜，皓月当空，一人坐于磐石、持杯向月的场景。画中有一童子捧壶侍立，表达了“月下独酌”的诗情画意。

如今，作为除地球之外人类唯一登陆过的星球，月球成了我国航天领域的一个重要探索目标。随着中国加入人类探月的行列，这些工程中开始涌现出更多的中国元素。2004 年，中国的月球探测工程正式启动。这样一项意义重大的航天工程从一开始就有了一个极为浪漫的名字——嫦娥工程。

嫦娥工程按照主要科学目标分为绕、落、回三个阶段。第一阶段“绕”就是进行环月探测，研制并发射月球探测器，获取月球的三维立体图像，探测月球表面的地形、地貌及环境。第二阶段“落”就是发射月面探测器进行软着陆，通过月球车巡视勘察月球表面。第三阶段“回”则是发射采样返回舱，采集月面样品并返回地球。

自 2007 年开始，中国先后向月球发射了多个探测器。其中，“嫦娥一号”和“嫦娥二号”完成了月球测绘制图，获得了全月球表面的高清图像。在此之后，“嫦娥三号”和“嫦娥四号”分别载着一架“玉兔号”月球车成功登陆月球。“嫦娥五号”探月归来后，还带来了月球的“土特产”，即珍贵的月壤。

“嫦娥一号”和“嫦娥二号”分别于 2007 年和 2010 年发射。其中，“嫦娥一号”是我国的首颗绕月人造卫星，于 2007 年 10 月 24 日在西昌卫星发射中心升空。“嫦娥一号”经过了 13 天 14 小时的飞行，行程超过 206 万千米，传回了一段语音和《歌唱祖国》的歌曲，并在月球轨道上拍摄了中国的第一张月面照片。另外，“嫦娥一号”利用多种遥感技术，对月球的资源储藏、地质构成和空间环境等进行了详细的探测。2009 年 3 月 1 日，“嫦娥一号”圆满完成了任务！这颗设计寿命为一年的卫星受控撞击月球，实际运行了 494 天。

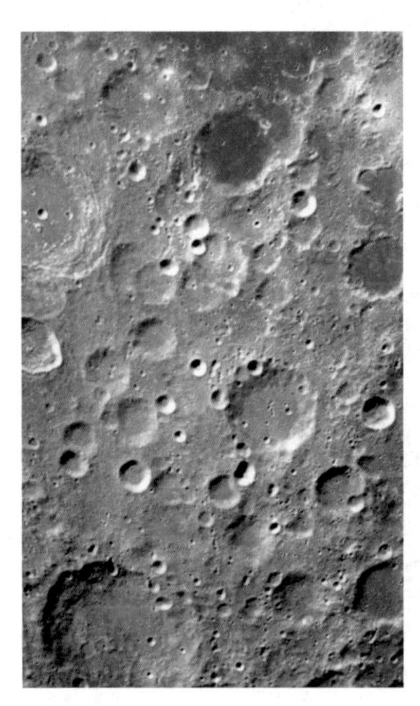
嫦娥工程拍摄的第一幅月面图像。

2012 年的元宵佳节这一天，“嫦娥二号”给全国人民带来了一份厚礼，这就是 7 米分辨率的全月球影像图。“嫦娥二号”是“嫦娥一号”的备份卫星，由于“嫦娥一号”顺利完成任务，这颗备份卫星也就不再需要了。于是，科学家们改变了任务，让它只用了四天半的时间就直接抵达月球附近，并且在更低的轨道上运行。

“嫦娥二号”的轨道比“嫦娥一号”更低，而且装备了性能更好的相机。与“嫦娥一号”获得的分辨率为 120 米的月球影像图相比，“嫦娥二号”一下子将分辨率提高了 17 倍，图像数据达到 800GB，绘制出来的图像比足球场还要大。这些图像清晰地展示了月球撞击坑边缘的细节，使人们看到了更加真实的月球形态。除中国之外，目前还没有其他国家获得过精度如此高且完全覆盖月球表面的图像。

“嫦娥二号”还装备有一个激光高度计，通过对数千万个点的数据进行测量，形成了一幅立体图像。“嫦娥二号”上还有三台仪器，用于测定月球岩石的组成及分布。根据这些数据，我们可以得到月壤的厚度，计算出月球上资源的总量及其分布状况。另外，“嫦娥二号”并没有像“嫦娥一号”那样受控撞击月球。它肩负着更为重要的实验任务，也就是运行到离地球 150 万千米以外的拉格朗日 L2 点。这是世界上首颗从月球轨道出发到达拉格朗日 L2 点的太空卫星。因为在拉格朗日 L2 点上，探测器只需消耗很少的燃料就可以实现长时间驻留。所以，这里也是探测器探测太阳系的理想位置。“嫦娥二号”在此能够继续监测太阳的活动，为人类做出更多的贡献。如今，“嫦娥二号”已经成为绕太阳飞行的人造小行星，它距离地球数千万千米，预计在 2029 年会再次飞到距地球 700 万千米的地方。

“嫦娥一号”和“嫦娥二号”为我们提供了加入探月俱乐部的入场券，自此我国取得了与欧美发达国家同台竞争的资格。2013 年，我国又发射了“嫦娥三号”，并且拍摄了全彩的月面高分辨率照片。这张全彩照片为世界各地的科学家研究月球提供了第一手资料。“嫦娥三号”用于执行嫦娥二期工程的主要任务。在完成地月转移、绕月飞行和动力下降后，“嫦娥三号”成功在月球西经 19.5 度、北纬 44.1 度的虹湾软着陆，中国的首辆月球车“玉兔号”成功地驶离着陆器并和着陆器互拍成像。

“嫦娥三号”主要承担“落”的任务。要达到这个目标，就需要解决一系列新难题，如着陆控制、月面环境适应等。在这些问题中，最难的就是如何落下去。因为它不能像“嫦娥一号”那样直接撞击，所以必须实现软着陆。但月球上没有空气，无法使用降落伞，所以唯一的办法就是一边往下降一边向上抬，使其缓慢下降，直到离月球表面 4 米高的时候，关掉发动机，让“嫦娥三号”自己降落。

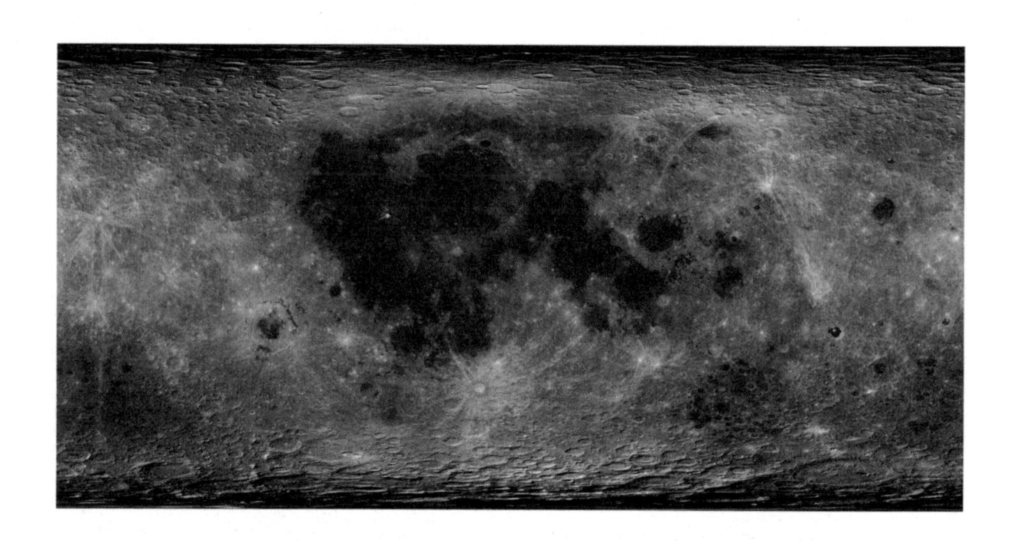

“嫦娥二号”获得的全月球影像图。

另一个难题是如何在月球上过夜。月球上的一个夜晚长达半个月，气温低至零下 180 摄氏度，普通的设备都会被冻结，所有的常规电池都无法使用，这就要求用原子能电池进行加热和保温。“嫦娥三号”果然不负众望，在月球上超期服役了 19 个月，成为月球上不折不扣的“劳模”。

“嫦娥三号”实现了中国航天器首次在地外天体上软着陆和巡视勘察，使中国成为继苏联和美国之后第三个实现月面软着陆的国家。2016 年 1 月 4 日，国际天文学联合会正式批准了“嫦娥三号”着陆区的四个月球地理实体命名申请，它们分别是“紫微”“天市”“太微”和“广寒宫”。至此，月球地理实体中以中国元素命名的达到了 22 个。伴随着“嫦娥三号”的着陆器与巡视器分离，“玉兔号”月球车顺利驶抵月球表面，第一面登上月球的五星红旗通过直播在公众面前亮相。探月工程第二步的战略目标得以全面实现，这标志着中国航天事业又向前迈出了一大步。

古往今来，人们举头望月，写出了许多优美的诗篇。但数千年来，人们发现月球的面容从未发生过大的变化。月球的存在对于维持地球自转轴的稳定性非常重要，而且月球的引力潮汐作用甚至比太阳更大。由于这个原因，月球的自转周期和公转周期基本相同，月球只以同一面朝向地球，这一现象被叫作潮汐锁定。所以，从地球上只能看到它固定朝向地球的一面。一直以来，人们都不太了解月球的背面，甚至在近代的科幻小说里，这里也被视为外星人藏匿的基地。“嫦娥四号”的任务是到月球背面探寻更多的奥秘。

在“嫦娥四号”探月之前，人类的探测器从未登陆过月球背面。这个原因很简单，因为很难在地面和月球背面之间建立直接通信的测控链路。“嫦娥四号”作为“嫦娥三号”的备份卫星，它同样由着陆器和巡视器组成，它的巡视器被命名为“玉兔二号”。“嫦娥四号”不仅首次实现了月球背面同地球的中继通信，而且实现了月球背面的软着陆。这可以说是中国航天事业的一项重大成就。此外，“嫦娥四号”还有一系列新发现，其中包括探究“月球起源之谜”。在 20 世纪，主流科学界就月球的起源提出过多种假说，包括俘获说、同源说、分裂说和撞击说等。这些假说试图解释月球是如何形成的。

“嫦娥四号”的着陆点位于冯·卡门撞击坑，这里覆盖着月海玄武岩。“玉兔二号”上搭载有一台红外成像光谱仪，因此在着陆后的第一个月昼里，“玉兔二号”就在两个探测点发现了低钙辉石和大量橄榄石。在这里找到橄榄石非常重要，这种石头是半透明的，呈现出像绿橄榄一样的颜色。在一些陨石中，也能找到类似的橄榄石（俗称“天宝石”，十分罕见和珍贵）。“嫦娥四号”的这个发现证明在月壤中存在以橄榄石和低钙辉石为主的月球深层物质，这为探究月球的起源问题提供了更多的地质学线索。

“玉兔二号”对“嫦娥四号”着陆器成像。

“嫦娥四号”着陆器对“玉兔二号”成像。“玉兔二号”是高智能机器人，可以自主导航选择路线，并指挥各种仪器去探测有价值的地方。另外，着陆器上有很多设备（如相机和天文望远镜），能够用它们从月球上探测地球的环境变化。

2020 年 12 月 17 日，“嫦娥五号”返回器携带月壤在内蒙古四子王旗预定区域成功着陆。至此，探月工程最终实现了“绕、落、回”三步走的目标。这次从月球背面取回的 1731 克月壤具有很高的科学研究价值。遥想 1978 年，美国为了推动中美建交，向中国赠送了一份国礼，这便是质量仅为 1 克的月壤。为了充分利用这 1 克样品，中国的科学家将其分成两份，一半用于科学研究，另一半用于科普宣传。由此可以看出月壤是多么珍贵。“嫦娥五号”作为中国探月工程的收官之作，成功地完成了我国首次从地外天体采样返回的任务，为我们更深层次地探索月球奠定了坚实的基础。

“长征五号”火箭搭载 8.2 吨的“嫦娥五号”探测器发射升空。

“嫦娥五号”带回的月壤样品。

2021 年 5 月 24 日，国际天文学联合会又批准了“嫦娥五号”着陆区的 8 个月球地理实体命名申请，它们分别为“天船基地”“衡山”“华山”“裴秀”“沈括”“刘徽”“宋应星”和“徐光启”。其中不仅有南岳和西岳这两座名山，还有我国古代的 5 位科技先驱人物。

值得一提的是，天船基地以中国古代星官之一的天船命名，这个星官属于二十八宿中的胃宿。而以基地命名的地点有着严格的限制，在此之前只有人类首次登月的“阿波罗 11 号”着陆点以及“嫦娥四号”的月背着陆点被分别命名为静海基地和天河基地。

基于已有的成就，中国未来还将继续实施探月工程计划，向载人登月和建造驻月基地的方向发展。另外，在地球的旁边，太阳系中还有众多行星，这些都是地球的邻居，我们人类都没有去过。中国的天文学和航天技术承担着民族复兴的艰巨任务，我们还将走到更远的地方，探索整个太阳系，其中包括对火星等天体的探测和开拓。

火星你好，我是祝融

目前中国的航天技术已经达到了什么水平？在这一问题上，“天问一号”和“祝融号”可能是最合适的诠释。我国的火星探测计划于 2016 年 1 月 11 日正式立项。2020 年 7 月 23 日，“天问一号”火星探测器成功发射升空，与它一同出征火星的还有“祝融号”火星车。这是中国自主进行火星探测的首次任务。

这项探测任务的代号“天问”取自战国后期屈原的长诗《天问》。屈原在诗中提出了“日月安属，列星安陈”等疑问，通过对一系列天文现象的追问，表达出了不断求索真理的态度。祝融则是中国古代的火神，《史记·楚世家》记载有“卷章生重黎。重黎为帝喾高辛居火正，甚有功，能光融天下，帝喾命曰祝融”。

山东嘉祥汉武梁祠画像石祝融像摹本。火神祝融在汉画像中也被称作祝诵，这幅画像的榜题写有“祝诵氏无所造为，未有耆欲，刑罚未施”。清代金石学著作《金石索》描述祝融“冠有两翅，衣不掩膝”。

事实上，在“天问一号”任务之前，中国曾以国际合作交流的方式，尝试“搭顺风车”前往火星探测。2007 年，中俄签署了火星联合探测合作协议。2008 年，中国的“萤火一号”火星探测器项目开始立项。2011 年 11 月 9 日，我国研制的“萤火一号”和俄罗斯的“福布斯 - 土壤”探测器一起搭乘俄罗斯的运载火箭向火星进发。遗憾的是，在任务执行过程中，俄罗斯的探测器因为主动推进装置未能点火而变轨失败，使整个任务以失败告终。这次挫折使得我们的火星探测任务被迫推迟了多年。

“天问一号”火星探测器的成功发射开启了中国人奔赴火星的征程，这是中国进行火星探测的第一步。火星探测一般包括环绕、着陆、巡视、取样返回等方式。“天问一号”在第一次执行任务时就要完成环绕、着陆、巡视三大任务，这在人类航天史上是一次跨越性的举动。

“长征五号”运载火箭携带“天问一号”火星探测器发射升空。

“天问一号”在发射之后，将在 6 个半月的时间内到达火星的引力势场，然后在邻近火星时实施近火制动，也就是俗称的“刹车”减速。随后，它将被火星捕获进入环火星轨道，成为火星的一颗卫星，为进一步着陆做准备。在环绕火星飞行阶段，环绕器和着陆巡视器将会分离，环绕器继续留在轨道上进行观测，着陆巡视器将在火星上软着陆，并释放出火星车，对火星表面进行巡视探测。火星车将在火星上停留 90 个火星日，在此期间会开展火星地貌特征、表面成分长期演变过程，以及火星岩石、空气和水的相互作用等科学研究工作。

“天问一号”的主要科学目标是研究火星的空间环境、形貌特征、表面结构等，其中包括探测与研究火星全球和着陆区的地形地貌、物质组成，土壤厚度和分布，次表层地下水体的分布，以及火星的磁层、电离层、大气层及其气候特征等。

“天问一号”的环绕器和着陆巡视器。“天问一号”由环绕器（也叫轨道器）和着陆巡视器（包括火星车）组成。

我国是世界上第一个在首次火星探测任务中就完成了对火星的环绕、着陆、巡视探测三项任务的国家，可以说这是中国航天部门向全国人民提交的一份完美答卷。利用火星车开展地面探测，是目前火星探测领域最前沿的任务。迄今为止，全世界发射过 40 多个火星探测器，着陆成功率仅为 43%，“祝融号”一次到位着陆成功实属不易。

为什么火星探测任务的成功率这么低？这主要是因为有三个方面的困难。第一个困难是到达难。由于地球和火星的公转周期不同，地球与火星的距离也是一个变化很大的数字，最近的时候大约为 5500 万千米，而最远的时候则超过 4 亿千米，这个距离是地球到月球的距离的 1000 多倍。这引出了两个问题。一方面，从地球上向火星发射探测器的时间窗口非常稀缺，每隔两年多才有一次，可以说机会转瞬即逝。另一方面，对从地球到火星的飞行过程进行精确控制十分困难。在长达 7 个月的飞行过程中，需要同时考虑太阳、地球和火星的引力的相互作用，在相关的控制算法中需要考虑这些复杂的问题。

“天问一号”的总质量约为 5 吨，它首先由“长征五号”火箭发射到地火转移轨道上，然后在地面测控系统的支持下，经过多次轨道机动和中途修正，再在近火点实施制动后，进入环火星椭圆轨道。所以，当“天问一号”抵达火星附近时，它距离地球大约 1.9 亿千米，而这时它已经飞行了 4.7 亿千米。

“天问一号”传回的首幅火星图像。“天问一号”在距离火星约 220 万千米的地方拍摄了首幅火星图像，火星上的阿西达利亚平原、克律塞平原、斯基亚帕雷利坑和最长的峡谷——水手谷等标志性地貌皆清晰可见。

第二个困难是着陆难。“天问一号”在接近火星后，会成为火星的一颗卫星。在运行到选定的进入窗口期时，“天问一号”将进行降轨控制，释放着陆器和巡视器组合体。当组合体进入火星大气后，通过气动外形、降落伞、发动机多级减速和着陆反冲等方式软着陆到火星表面。由于火星的大气层经常刮起剧烈的沙尘暴，并且地形复杂，所以这个过程也非常困难。整个着陆过程需要 7 ~ 10 分钟。在此期间，需要确保天气和火星表面的条件都恰到好处。如果运气特别不好，比如着陆点附近是坑坑洼洼的地形，那么着陆任务就存在巨大的风险。

此外，因为火星大气稀薄，所以登陆火星的探测器和登陆月球的探测器有很大的不同，一般都要充分利用进入火星大气层时产生的阻力和降落伞来减速。人们通过大量研究和实践，总结出了三种在火星上软着陆的方式，即气囊弹跳式、反推着陆腿式和空中吊机式。

“天问一号”采用了难度适中的反推着陆腿式。当它离火星地面大约 100 米时，利用反推发动机的动力减速，让 240 千克的着陆巡视器短暂悬停，然后快速扫描地面，选择一块平整的地方作为落地位置。除了利用反推发动机的动力减速外，由于登陆火星 99% 以上的减速都要靠大气，所以着陆点的海拔越低，减速时间就越长，着陆也就越安全。因此，应精心选择着陆点的海拔。尽管从光照的角度来看，在火星赤道附近着陆比较好，但那里的地形复杂。因此，“天问一号”的着陆巡视器选择火星上的乌托邦平原南部作为着陆点，也有这方面的考虑。

火星表面的环境。

“天问一号”的着陆巡视器顺利着陆后，仍面临生存难的考验。这是火星探测任务的第三个困难。由于火星上的昼夜温差高达 150 摄氏度，这对设备上的电子元件提出了极其苛刻的要求，而且“祝融号”还需要一套完整的温度管理系统。火星上不但有天气变化，还有季节变化。对于火星车来说，真是充满变数和风险。面对突如其来的风暴和沙尘，火星车需要随时进入自我保护的休眠状态。

由于地球和火星之间的距离很远，电磁波来回传播一次需要 15 分钟。这使得我们无法对火星车进行实时遥控，需要它通过算法进行自主判断，实时做出决策。在着陆巡视器成功着陆后，“祝融号”便成功地建立了对地通信。2021年5月17日，环绕器再次实施近火制动，进入中继通信轨道，为“祝融号”传送数据提供稳定的通信条件。随后的5月22日，“祝融号”终于安全离开着陆平台，抵达火星表面，开始了巡视探测。为了避开火星上极端天气的影响，“祝融号”具有自主休眠和自主唤醒功能，能够工作3个火星月，相当于地球上的92天（火星的自转周期与地球接近，大约为24小时37分钟）。

“天问一号”的环绕器装备有高分辨率相机和矿物光谱探测仪等7台科学设备，能够对火星展开全面的探测。“祝融号”也装备有多光谱相机、磁场探测仪和气象测量仪等6台设备，可以在着陆区进行巡视探测。尽管“祝融号”的移动速度最快只有每小时200米，但是在火星这样复杂的环境下，它的速度已经超过了此前所有的火星车。另外，“祝融号”吸取了以前火星探测器的轮子容易磨损的教训，安装了一个能主动调整轮胎高度的系统，进一步提升了其生存能力。

2021年6月11日，“天问一号”探测器在火星上着陆的首批科学影像资料正式对外公布，其中包括着陆器和“祝融号”的合影。这些成果标志着我国首次火星探测任务当中的“绕、落、巡”三个步骤都顺利完成。在第一次火星探测中同时完成了如此多的任务，这在世界航天史上也是没有先例的。

我国计划在2028年前后进行第二次火星探测，采集火星土壤样品并返回地球。这将是另一个巨大的挑战，因为迄今为止还没有任何一个国家能够成功地完成如此艰巨的任务。

着陆器与“祝融号”的合影。

名词术语解释

赤道：环绕地球表面并与南北两极的距离相等的圆周线，也是地球表面的点随地球自转而形成的轨迹中周长最长的圆周线。

天赤道：赤道平面与天球相截所得的大圆，它将天球等分为北天半球和南天半球。

黄道：古人将太阳周年视运动线路称为黄道，即地球公转轨道在天球上的反映。黄道是天球上假设的一个大圆圈，即地球轨道在天球上的投影，它与赤道面相交于春分点和秋分点。

赤经：赤道坐标系统的坐标值之一，指通过春分点的赤经圈与通过天体的赤经圈在天赤道上所截的弧段，类似于地球经度的角距离。

赤纬：赤道坐标系统的一个坐标值，与其相对应的是赤经。赤纬与地球上的纬度相似，是纬度在天球上的投影。

分野：古人仰观天象、俯察地理，认为天上的某些天象与地上发生的事件相对应，且这种对应关系是固定持久的。所谓分野就是古人将地上的列国与州郡和天上的星辰联系起来而形成的一种星占概念，可以使得星象的占验结果与地上的区域一一匹配。

交食周期：日月食发生的时间周期。古人发现每次交食后，大约经过 18 年，太阳、月球和白道与黄道的交点差不多又回到原来的相对位置，前一周期内的日月食将会重新出现。

视位置：对天体的真位置进行光行差和视差等影响修正后所得到的位置。

周日视运动：由于地球的自转，地面上的观测者看到天体在一个恒星日内在天球上自东向西沿着与赤道平行的小圆转过一周，这种直观的运动叫天体的周日视运动。

周年视运动：恒星周日视运动是地球自转运动的反映，恒星周年视运动则是地球围绕太阳公转的反映。例如，太阳在恒星背景中缓慢移动，一年沿黄道行走一圈，这就是太阳的周年视运动。

距度：古人对二十八宿距星间距的量度，也就是一个宿的距星和下一个宿的距星之间的赤经差或者黄道弧长。

距星：为了确定和测量天体在天空中的位置，古人在二十八宿中所选定的标准星称为距星。利用天体与距星的相对位置，就可以得出天体在天空中的方位和运动情况。

历元：古代历法推算的时间起点。

回归年：又称太阳年，即太阳视圆面中心相继两次过春分点所经历的时间。回归年为 365.24220 平太阳日，即 365 天 5 时 48 分 46 秒。回归年的数值并不是不变的，而是每百年减少 0.53 秒。1900 年初所对应的回归年为 365.24219878 平太阳日。

窥衡：浑仪等天体测量仪器上的瞄准器。通过窥衡可以瞄准天球上的任一天体目标进行观测。

地平高度：亦称地平纬度，通称高度和高度角，是地平坐标系的坐标值之一。

方位角：亦称地平方位角，方位概念产生于东、西、南、北四个正方向，方位角则是在平面上量度物体之间的角度的方法。方位角一般是指从某点的指北方向开始，依顺时针到目标方向之间的水平夹角。

星等：表示天体相对亮度的等级。星越亮，星等的数值就越小。公元前 2 世纪，人们将肉眼能看见的恒星分为 6 等。现代天文学规定，星的亮度每差 2.512 倍，星等就相差 1 等。所以，1 等星的亮度刚好等于 6 等星的 100 倍。

岁差：是指地球自转轴长期进动引起春分点沿黄道西移，导致回归年短于恒星年的现象。岁差使得地球如同一个晃动的陀螺一般，春分点以每年约 50.24 角秒的速度沿黄道向西缓慢运行。

百刻：中国古代将一昼夜划分为 100 等份，每份为 1 刻。

北极出地：表示某处北天极的地平高度。中国古代早期并没有清晰的地理经纬度概念，人们通过北极出地来判断观测地点的南北位置，其数值相当于地理纬度。

表：中国最古老的一种天文仪器，又称臬或者髀。早期的表是一根直立于平地上的杆子或柱子，后来通常用青铜铸造，成了皇家的测天重器。

十二辰：中国古代将天赤道、黄道附近的区域从东向西划分为 12 等份，并分别用十二地支命名，即子、丑、寅、卯、辰、巳、午、未、申、酉、戌、亥。十二辰与十二次划分方法的次序相反。

十二次：中国古代将天赤道带均匀地划分成 12 等份，并且让冬至点处于一份的正中间，这一份被称为星纪。从星纪依次向东，分别为玄枵、娵訾、降娄、大梁、实沈、鹑首、鹑火、鹑尾、寿星、大火和析木。以上统称为十二次，一般认为它起源于对木星运动的观察。

躔次：日、月、五星在运行过程中处在十二次中的位置。躔的原意为野兽走过后留下的痕迹，在古代天文学中引申为日、月、五星在恒星背景中所显示的位置。

尺：一种长度度量单位。古人在表示天球上两点之间的角距离时，除用度、分、秒之外，也常用丈、尺、寸来表示目视天体之间的距离。

畴人：中国古代对天文学家和数学家的一种称谓。

旦中星：大约在日出前二刻半的时候，天空中所呈现的南天子午线位置的星象。

昏中星：大约在日没后二刻半的时候，天空中所呈现的南天子午线位置的星象。

地中：中国古代早期将大地视为平面，并设想它有一个中心点。如果在某地夏至日的正午，高为八尺的圭表的影长刚好为一尺五寸，那么该地就是所谓的地中。

二十四节气：在中国古代历法中，为了将日期与太阳周年视运动的位置联系起来，将一个回归年的长度划分为 24 部分，每一部分对应一个节气。

平气：将一个回归年的时间长度平均分为 24 等份，使各节气等间距排列，这就是平气。

定气：由于太阳周年视运动是不均匀的，如果考虑太阳在黄道上运动的实际变化情况，每两个节气之间的时间间隔是不相等的。在划分节气时，如果考虑到太阳周年视运动不均匀的情况，这就是定气。

春分：二十四节气之一，大约在每年公历 3 月 21 日左右。太阳沿黄道由赤道以南进入赤道以北时所过的交点就是春分点。

冬至：二十四节气之一，大约在每年公历 12 月 22 日前后。当太阳走到黄经 270 度时就是冬至点。冬至日地球北半球白昼最短，黑夜最长，所以又称作日短至或日南至。

圭影：指圭表的表影。

黄道十二宫：古人为了观察太阳沿黄道运动的情况，将黄道分为 12 部分，每一部分称为一宫，合称黄道十二宫。黄道十二宫最早产生于古巴比伦。

浑象：中国古代根据浑天说宇宙论设计制造的、用于演示天象位置及其视运动的仪器。浑象又称浑天象或浑天。

浑仪：中国古代根据浑天说宇宙论设计制造的、用于测量天体位置的一种天文仪器。浑仪大多以铜制成，也有铁制或木制的。最早的浑仪为西汉落下闳所制，以后又不断得以改进完善。成熟的浑仪一般由三层环规构成，外层为六合仪，中层为三辰仪，内层为四游仪。

积年：从历法起点（即历元）到制定历法之年所积累的年数。

极星：与北天极最为接近的、有一定亮度的恒星，一般也称北极星。由于岁差现象，天极以大约 26000 年的周期在恒星之间缓慢地绕黄极运动，所以离北天极最近的亮星不会一直是固定的一颗星。

简仪：元代郭守敬创制的一种天文观测仪器。郭守敬针对浑仪上的环圈过多、遮挡视线、使用不便的缺点，将它的结构简化为赤道坐标装置和地平坐标装置两个独立的部分。

九道：古代历法术语。东汉时，天文学家认识到日月各有其道，也就是“日有光道，月有九行”。由于月球运行规律的复杂性，人们将月球的运行轨道分为九种，称为九道。

九曜：印度传入中国的天文学名词，在梵文中专指日、月、水、火、木、金、土，以及罗喉、计都，一共九个天体，也称作九执。

七曜：古代对水、金、火、木、土五大行星和日月的总称。

罗喉：古代历法术语。和计都一样，都是印度天文学中的一种假想的天体。

客星：中国古代对某些异常天象的统称，在古代天象记录中，一般用以指天空中新出现的某些星，即现代天文学中所说的新星、超新星、彗星等异常天象。

立成：主要指与日、月、五星不均匀运动改正相关的计算表格，类似于现代的表格计算法。

灵台：中国古代早期对天文台的一种称谓。

明堂：中国古代进行祭祀活动和颁布朔日时令的场所。

逆行：日、月、五星在恒星间通常都由西向东运动，称作顺行。在内行星（水星、金星）下合前后，和外行星（火星、木星、土星）冲日前后，有时会出现自东向西的视运动，这种现象称为逆行。在顺行和逆行转换时，行星运动很慢，似乎不动，这时称作“留”。

朔：日月同经称为朔。朔的时候，月球运行到日地之间，与日同升同落。日食都发生在朔日。

平朔：在假设日、月都做均匀运动的前提下，所求出的二者地心黄经相同的时刻，又称经朔。

七十二候：古代黄河流域的一种物候历，以五日为一候，三候为一气。一年分为二十四节气，共七十二候。

牵牛初度：战国时期测定的冬至点位置。牵牛为二十八宿之一，也称牛宿。牵牛初度指距牵牛之距星（即摩羯座 β 星）的赤经差为零度。

去极度：中国古代表示天体在天空中位置的坐标之一，它是天体与北天极之间的角距离。某一天体的去极度值可以由 90 度减去该天体的赤纬值换算得到。

日躔：古代指太阳的运动位置。躔，即行迹。

月离：古代指月亮的运动位置。离，即经历。

三垣：中国古代对星空中紫微垣、太微垣和天市垣这三个区域的合称。

参考文献

[1] 陈美东．中国科学技术史·天文学卷 [M]. 北京：科学出版社，2003.

[2] 陈美东．中国古代天文学思想 [M]. 北京：中国科学技术出版社，2009.

[3] 陈美东．中国计时仪器通史（古代卷）[M]. 合肥：安徽教育出版社，2011.

[4] 陈美东．中国古星图 [M]. 沈阳：辽宁教育出版社，1996.

[5] 陈美东．古历新探 [M]. 沈阳：辽宁教育出版社，1995.

[6] 陈久金．中国古代天文学家 [M]. 北京：中国科学技术出版社，2013.

[7] 陈久金，崔石竹，李东生．北京古观象台 [M]. 太原：山西教育出版社，2008.

[8] 陈久金．帝王的星占——中国星占揭秘 [M]. 北京：群言出版社，2007.

[9] 陈久金，张明昌．中国天文大发现 [M]. 济南：山东画报出版社，2008.

[10] 陈久金，杨怡．中国古代的天文与历法 [M]. 北京：商务印书馆，1998.

[11] 陈久金．斗转星移映神州：中国二十八宿 [M]. 深圳：海天出版社，2012.

[12] 陈久金．回回天文学史研究 [M]. 南宁：广西科学技术出版社，1996.

[13] 陈久金．天文学简史 [M]. 北京：科学出版社，1985.

[14] 杜昇云，陈久金．天文历数 [M]. 济南：山东科学技术出版社，1992.

[15] 杜昇云，崔振华，苗永宽，等．中国古代天文学的转轨与近代天文学 [M]. 北京：中国科学技术出版社，2008.

[16] 陈永汶．行走天穹—— 中国现代天文学家陈遵妫传 [M]. 北京：华文出版社，2007.

[17] 庄威凤．中国古代天象记录的研究与应用 [M]. 北京：中国科学技术出版社，2009.

[18] 陈遵妫．中国天文学史 [M]. 上海：上海人民出版社，1982.

[19] 潘鼐．中国古天文图录 [M]. 上海：上海科技教育出版社，2009.

[20] 潘鼐．中国古天文仪器史（彩图本）[M]. 太原：山西教育出版社，2005.

[21] 潘鼐．中国恒星观测史 [M]. 上海：学林出版社，2009.

[22] 潘鼐，崔石竹．中国天文 [M]. 上海：上海三联书店，1998.

[23] 石云里．中国古代科学技术史纲·天文卷 [M]. 沈阳：辽宁教育出版社，1996.

[24] 石云里．科学简史 [M]. 北京：首都经济贸易大学出版社，2010.

[25] 薄树人．中国天文学史 [M]. 北京：文津出版社，1996.

[26] 卢嘉锡，席泽宗．彩色插图中国科学技术史 [M]. 北京：中国科学技术出版社，1997.

[27] 席泽宗．科学编年史 [M]. 上海：上海科技教育出版社，2011.

[28] 席泽宗．科学史十论 [M]. 上海：复旦大学出版社，2003.

[29] 席泽宗．中国传统文化里的科学方法 [M]. 上海：上海科技教育出版社，1999.

[30] 席泽宗．席泽宗文集 [M]. 北京：科学出版社，2021.

[31] 刘金沂，杜昇云，等．天文学及其历史 [M]. 北京：北京出版社，1984.

[32] 刘金沂，赵澄秋．中国古代天文学史略 [M]. 石家庄：河北科学技术出版社，1990.

[33] 刘次沅．追星人生——刘次沅天文科普文选 [M]. 西安：三秦出版社，2018.

[34] 刘次沅．从天再旦到武王伐纣——西周天文年代问题 [M]. 北京：世界图书出版公司，2006.

[35] 刘次沅，马莉萍．中国古代天象记录：文献、统计与校勘 [M]. 西安：三秦出版社，2021.

[36] 韩琦．通天之学：耶稣会士和天文学在中国的传播 [M]. 北京：生活·读书·新知三联书店，2018.

[37] 韩琦．中国科学技术的西传及其影响 [M]. 石家庄：河北人民出版社，1999.

[38] 董光璧．中国近现代科学技术史 [M]. 长沙：湖南教育出版社，1997.

[39] 董光璧．二十一世纪科学与中国 [M]. 武汉：湖北教育出版社，2004.

[40] 徐振韬．中国古代天文学词典 [M]. 北京：中国科学技术出版社，2009.

[41] 吴守贤，全和钧．中国古代天体测量学及天文仪器 [M]. 北京：中国科

学技术出版社，2008.

[42] 金祖孟．中国古宇宙论 [M]. 上海：华东师范大学出版社，1991.

[43] 卢央．中国古代星占学 [M]. 北京：中国科学技术出版社，2008.

[44] 华觉明，冯立昇．中国三十大发明 [M]. 郑州：大象出版社，2017.

[45] 郑文光．中国天文学源流 [M]. 北京：科学出版社，1979.

[46] 郑文光，席泽宗．中国历史上的宇宙理论 [M]. 北京：人民出版社，1975.

[47] 中国天文学史整理研究小组．中国天文学史 [M]. 北京：科学出版社，1981.

[48] 中国科学院自然科学史研究所．中国古代重要科技发明创造 [M]. 北京：科学普及出版社，2016.

[49] 北京天文馆．中国古代天文学成就 [M]. 北京：北京科学技术出版社，1987.

[50] [英] 李约瑟．中国科学技术史第三卷：数学、天学和地学 [M]. 梅荣照，等，译．北京：科学出版社，2018.

[51] [英] 李约瑟．李约瑟文集 [M]. 潘吉星主编．陈养正，等，译．沈阳：辽宁科学技术出版社，1986.

[52] 李亮．天文观象・日月星辰（中国古代重大科技创新第一辑）[M]. 长沙：湖南科学技术出版社，2019.

[53] 李亮．灿烂星河：中国古代星图 [M]. 北京：科学出版社，2021.

[54] 李亮．古历兴衰：授时历与大统历 [M]. 郑州：中州古籍出版社，2016.

[55] 李亮．写给孩子的中国古代科技简史（天文）[M]. 北京：中国少年儿童新闻出版总社有限公司，2022.

[56] 吴政纬．从汉城到燕京 [M]. 上海：上海人民出版社，2020.

[57] 陈亚兰．沟通中西天文学的汤若望 [M]. 北京：科学出版社，2000.

[58] 王冰．勤敏之士：南怀仁 [M]. 北京：科学出版社，2000.

[59] 史习隽．西儒远来——耶稣会士与明末清初的中西交流 [M]. 北京：商务印书馆，2019.

[60]《中国大百科全书》总编辑委员会，《天文学》编辑委员会．中国大百科全书·天文学 [M]. 北京：中国大百科全书出版社，1980.

[61] 刘昭民．中华天文学发展史 [M]. 台北：台湾商务印书馆，1985.

[62] 江晓原．天学真原 [M]. 上海：译林出版社，2011.

[63] 江晓原．12 宫与 28 宿：世界历史上的星占学 [M]. 沈阳：辽宁教育出版社，2005.

[64] 江晓原，钮卫星．中国天学史 [M]. 上海：上海人民出版社，2005.

[65] 江晓原，陈志辉．中国天文学会往事 [M]. 上海：上海交通大学出版社，2008.

[66] 江晓原，吴燕．紫金山天文台史稿 [M]. 济南：山东教育出版社，2004.

[67] 江晓原，汪小虎．中国天学思想史 [M]. 南京：南京大学出版社，2020.

[68] 黄一农．制天命而用：星占、术数与中国古代社会 [M]. 成都：四川人民出版社，2018.

[69] 王钱国忠．风云岁月：传教士与徐家汇天文台 [M]. 上海：上海科学普及出版社，2012.

[70] 吴燕．科学、利益与欧洲扩张——近代欧洲科学地域扩张背景下的徐家汇观象台（1873—1950）[M]. 北京：中国社会科学出版社，2013.

[71] 冯时．天文学史话 [M]. 北京：社会科学文献出版社，2011.

[72] 冯时．中国古代物质文化史・天文历法 [M]. 北京：开明出版社，2013.

[73] 冯时．文明以止：上古的天文、思想与制度 [M]. 北京：中国社会科学出版社，2018.

[74] [美] 班大为．中国上古史实揭秘：天文考古学研究 [M]. 徐凤先，译．上海：上海古籍出版社，2008.

[75] [日] 新城新藏．中国上古天文 [M]. 沈璿，译．太原：山西人民出版社，2015.

[76] 张钰哲．天问 [M]. 南京：江苏科学技术出版社，1984.

[77] 张钰哲．张钰哲论文选 [M]. 福州：福建科学技术出版社，1993.

[78] 韦兵．完整的天下经验：宋辽夏金元之间的互动 [M]. 北京：北京师范大学出版社，2019.

[79] 赵贞．唐宋天文星占与帝王政治 [M]. 北京：北京师范大学出版社，2016.

[80] 赵贞．唐代的天文历法 [M]. 郑州：河南人民出版社，2019.

[81] 钮卫星 . 天文与人文 [M]. 上海：上海交通大学出版社，2011.

[82] 钮卫星 . 天文学史：一部人类认识宇宙和自身的历史 [M]. 上海：上海交通大学出版社，2011.

[83] 王玉民 . 以尺量天——中国古代目视尺度天象记录的量化与归算 [M]. 济南：山东教育出版社，2008.

[84] 王玉民 . 大众天文学史 [M]. 济南：山东科学技术出版社，2015.

[85] 陈展云 . 中国近代天文事迹 [Z]. 中国科学院云南天文台，1985.

[86] 欧阳自远，邹永廖 . 火星科学概论 [M]. 上海：上海科技教育出版社，2017.

[87] 欧阳自远 . 欧阳自远自传：求索天地间 [M]. 北京：中国大百科全书出版社，2021.

[88] 宁晓玉 . 经纬乾坤：叶叔华传 [M]. 北京：中国科学技术出版社，2018.

[89] 北京航天飞行控制中心 . 月背征途 [M]. 北京：北京科学技术出版社，2020.

[90] 贲德 . 大国重器：图说当代中国重大科技成果 [M]. 南京：江苏凤凰美术出版社，2019.

[91] 中国科学院国家天文台 . 中国科学院北京天文台台史（1958—2001）[M]. 北京：中国科学技术出版社，2010.

[92] 中国科学院紫金山天文台 . 紫金山天文台五十年（1934—1984）[M]. 南京：南京大学出版社，1985.

[93] 中国天文学会 . 中国天文学在前进（1922—1992）[M]. 合肥：中国科学技术大学出版社，1992.

[94] [法] 让 - 马克·博奈 - 比多 . 4000 年中国天文史 [M]. 李亮，译 . 北京：中信出版社，2020.

[95] 中国社会科学院考古研究所 . 中国古代天文文物论集 [M]. 北京：文物出版社，1989.

[96] 中国社会科学院考古研究所 . 中国古代天文文物图集 [M]. 北京：文物出版社，1980.

[97]“10000 个科学难题”天文学编委会 . 10000 个科学难题（天文学卷）

[M]. 北京：科学出版社，2010.

[98] [英] 库珀，享贝斯特 . 图解天文学史 [M]. 萧耐园，译 . 长沙：湖南科学技术出版社，2010.

[99] [日] 薮内清 . 中国的天文历法 [M]. 杜石然，译 . 北京：北京大学出版社，2017.

[100] [日] 中山茂 . “天” 的科学史 [M]. 汪丽影，谢云，译 . 南京：南京大学出版社，2017.

[101] [英] 克拉克，斯蒂芬森 . 历史超新星 [M]. 工德昌，等，编译 . 南京：江苏科学技术出版社，1982.

[102] [英] 霍斯金 . 剑桥插图天文学史 [M]. 江晓原，等，译 . 济南：山东画报出版社，2003.

[103] [英] 斯蒂尔 . 中东天文学简史 [M]. 关瑜桢，译 . 上海：上海交通大学出版社，2018.

[104] KELLEY D H,MILONE E F. *Exploring ancient skies: A survey of ancient and cultural astronomy*[M].New York: Springer, 2011.

[105] RUGGLES C LN, ed. “Handbook of archaeoastronomy and ethnoastronomy.”, 2015.

[106] LANKFORD J, ed. *History of astronomy: an encyclopedia*[M]. London: Routledge, 2013.

[107] HOSKIN M, ed. *The Cambridge concise history of astronomy*[M].London: Cambridge University Press, 1999.

[108] HOCKEY T, et al., eds. *The biographical encyclopedia of astronomers*[M].New York: Springer, 2014.

[109] NORTH J. *Cosmos: an illustrated history of astronomy and cosmology*[M].Chicago : University of Chicago Press, 2008.

[110] OSSENDRIJVER M. *Babylonian mathematical astronomy: Procedure texts*[M].Berlin: Springer Science & Business Media, 2012.

[111] WALKER C.*Astronomy before the telescope*[M].New York: St.Martin’s Press,1996.

后　　记

我之所以要写这样一本书，是由几方面的因素促成的。首先是在2018年，为了纪念中法两国合作的“天基多波段空间变源监视器”（Space Variable Objects Monitor，SVOM）天文卫星项目，我接到了法国驻华大使馆和中国科学院委托的一项翻译任务。这就是法国天体物理学家让－马克·博奈－比多的《4000年中国天文史》一书的中文翻译工作（该书中文版已于2020年由中信出版社出版）。正如我作为译者此前对这本书的评价一样，这是一部由西方科学家撰写的中国天文学史著作，其优点在于很好地做到了“古今结合”和“中西结合”，给读者提供了很多不一样的西方视角。这使得该书的内容不仅非常生动和精彩，也相当富有启发性。

当然，作为一位天体物理学家，而并非一位娴熟的汉学家，博奈教授的这本书在不少细节上很难让一些“挑剔”的读者满意。所以，我在其基础上增加了大量的译注，以满足国内读者对历史细节的追寻。后来有网友评论说：“译者的态度及注释内容是我近年来看到的最认真和最专业的，有那么点中译本《神曲》的译注味道了。”尽管这本译著的出版过程可谓一波三折，但是得到了这样的评价，我感到非常欣慰，觉得所有付出的努力都是值得的。

这本译著出版后也有不少读者反馈，对于中国天文学史这样的主题，只是读外国人的著作依然不太“过瘾”，希望哪天能有国内的学者出一本类似的通俗易懂的著作。事实上，市面上关于中国天文学史的著作已经有不少品种，如陈遵妫先生的《中国天文学史》、陈美东先生的《中国科学技术史·天文学卷》、刘金沂先生等的《中国古代天文学史略》等。此外，还有众多学者参与的中国天文学史整理研究小组编写的《中国天文学史》，以及十卷本的皇皇巨著“中国天文学史大系”等。然而，这些著作多为专业性书籍，对普通读者来说是有一定门槛的。当然，也有一些较为通俗的著作，但多为20世纪八九十年代的作品。一方面，这些著作年代久远，已经不便获取；另一方面，随着研究工作的不断深入，不少新的内容亟待得到补充。这也就促使我不断思考，如何才能满足这些热心读者的期盼。

促成这本书的另一个因素是，2019 年中央电视台的一位编导找到我，希望合作完成一部介绍中国古代天文学的纪录片。对于这样的题材，我们所面临的问题是，怎样才能在仅有五集时长的纪录片中将古代天文学的主要内容给观众讲解清楚。一方面，古代天文学里有很多名词术语和概念，如今大家已经非常陌生；另一方面，纪录片需要很强的“画面感”，如何将这些内容以更加精彩的形式呈现出来是不小的挑战。那时，我们也曾尝试过分别以主题、年代和人物作为线索的不同方案。比较遗憾的是，由于各种原因，这些想法最终还是未能付诸实施。不过，如何将中国天文学史讲得“有故事性”和“有画面感”这样的想法已经在我的心里深深地埋下了种子。

2020 年，人民邮电出版社的刘朋编辑为我实现之前的这些想法提供了机缘。他建议我撰写一本名为《星汉灿烂：中国天文五千年》的书，以满足更多读者的需求。在经过半年多的策划，以及从 2020 年底至 2022 年初差不多一年半时间的撰写后，这部篇幅既不算大也不算小的图书基本上完成了。当然，为了“有故事性”和“有画面感”，书中的内容以时间为顺序进行编排，通过 60 多个历史瞬间，将中国天文学的发展与重要成就串联起来。虽然这样的处理方式也许无法兼顾所有内容，从而做到“面面俱到”，但至少能让天文学变得更加“接地气”一些。我希望这本书能给你带来一点欢乐和启发，说不定它还能满足你的一些好奇心，或者能解答某些疑问。

李亮

2022 年 11 月 9 日于北京